主编 袁艳红

大学物理学

下册（第3版）

清華大学出版社
北京

内 容 简 介

本书参照了教育部物理基础课程教学指导分委员会制定的《理工科类大学物理课程教学基本要求》，涵盖了基本要求中的核心内容。在内容选取上采用压缩经典、简化近代；削枝强干，突出重点；简约理论论证，适度增加应用等方法，以适应不同院校和专业对大学物理的要求。同时考虑到应用型院校的特点和实际情况，在保证必要的基本训练的基础上，适度降低了例题和习题的难度，并吸收了国内外优秀教材的精髓，充实了大量物理学史和最新科技进展后编写而成。

本书不仅融入了作者多年教学经历所积累的成功经验，而且考虑到学生和教师教学的新特点，还配备了习题解答、学习指导和电子教案等教学资源。全书分上、下两册。上册内容包括力学、机械振动、机械波、狭义相对论和热学，下册内容包括电磁学、光学和量子物理。

本书可作为应用型高等院校理工科各专业大学物理课程的教材和参考书，也可供其他相关专业选用和社会读者阅读。

图书在版编目（CIP）数据

大学物理学. 下册 / 袁艳红主编. -- 3 版. -- 北京 ：清华大学出版社，2025. 7.

ISBN 978-7-302-69599-8

Ⅰ. O4

中国国家版本馆 CIP 数据核字第 202531YG96 号

责任编辑：佟丽霞
封面设计：常雪影
责任校对：赵丽敏
责任印制：刘海龙

出版发行：清华大学出版社
网　址：https://www.tup.com.cn，https://www.wqxuetang.com
地　址：北京清华大学学研大厦 A 座　　**邮　编**：100084
社 总 机：010-83470000　　**邮　购**：010-62786544
投稿与读者服务：010-62776969，c-service@tup.tsinghua.edu.cn
质量反馈：010-62772015，zhiliang@tup.tsinghua.edu.cn
印 装 者：三河市龙大印装有限公司
经　销：全国新华书店
开　本：185mm×260mm　**印　张**：16.5　**字　数**：399 千字
版　次：2010 年 9 月第 1 版　2025 年 7 月第 3 版　**印　次**：2025 年 7 月第1次印刷
定　价：66.00 元

产品编号：096987-01

序

FOREWORD

物理学是研究物质结构、性质、运动和相互作用基本规律的科学，也是一门与实践紧密结合的科学，是自然科学和技术科学的基础之一。物理学的教学不仅传授本学科的基本知识，更重要的是使学生掌握科学的认识论、方法论，培养学生的思维方法，提高学生的思辨能力。因此，大学物理不仅是一门重要的基础课，也是大学生素质教育的重要内容。这就是目前非物理类理工专业均开设大学物理课的原因。然而要写好既满足理工科不同专业的要求而又有别于物理专业的教科书，并非易事。

袁艳红教授主编的《大学物理学》是一本适合应用型高等院校非物理类理工专业使用的教材。本书不仅渗透了编者的教学经验，而且还体现了她在教学改革方面的一些创新思路，较全面地介绍了物理学的基本内容，体现了一定的时代性、应用性。本书注重物理概念阐述，避免复杂的数学推导；内容由浅入深、由易到难、由具体到抽象，图文并茂，文字流畅，并重视趣味性和直观性，通俗易懂，便于自学。书中除介绍大学本科学生所必需的物理基本知识外，还适当地向学生介绍一些现代物理前沿知识，有利于学生开阔眼界、启迪思维、丰富想象，培养创新能力。此外，对于物理知识在高新技术中的某些应用，如量子信息技术、纳米技术、激光技术、声悬浮技术、磁悬浮技术、全息技术等，结合教学做了一些介绍并留有感兴趣者进一步学习具体技术的“接口”，这有利于培养学生分析问题、解决问题，理论联系实际的能力。在资源建设上借助了现代信息技术，在书中一些章节增加动画、视频等多媒体教学资源，并配以数字课程教学平台，增加了学生学习物理学的兴趣。本教材内容在深度和广度上，符合教育部规定的有关大学物理课程教学的基本要求，例题和习题选配得当，难易程度适中，适合应用型高等院校理工科各专业用作大学物理课程的教材或参考书，也可供社会读者阅读。

作为高等教育教学改革和教材建设的一项成果，该书具有一定的创新性。编著这套《大学物理学》教材对高等教育教材的建设做出了贡献，对应用型工科院校大学物理教育大有裨益。

作为一位年轻教授，肯花时间和精力编写教材实属难能可贵，特为之序。

中国科学院院士　侯洵

2010 年 6 月 16 日

前言

PREFACE

物理学是研究物质基本结构、基本运动形式及相互作用规律的科学。 物理学最初主要研究力学运动规律，后来又研究热现象、电磁现象、光现象以及辐射的规律。到 19 世纪末，物理学已经形成了一个完整的体系，称为经典物理学。 在 20 世纪初的 30 年里，物理学经历了一场伟大的革命，诞生了相对论和量子力学，形成了近代物理学。 相对论和量子力学是近代物理学的两大理论支柱，它直接导致了现代科学技术的革命。 超大规模集成电路、人工设计的新型材料、激光技术的应用和发展、低温与超导、新能源的开发和应用等，究其根源，无不以现代物理学基本原理为基础。

以经典物理学、近代物理学和现代科学技术中的物理基础为主要内容的大学物理，是高等院校非物理类理工专业学生一门重要的课程。 该课程在培养学生综合素质、丰富科学知识、提高技术能力方面发挥着重要的作用。

针对培养应用型人才的高等学校，为适应新世纪高等教育改革必须坚持“育人为本”的宗旨，本书修订了第 2 版原理的应用、例题、习题，体现了育人内容，保留了第 2 版的以下特点。

(1) 基本内容：为了适应应用型人才培养的大学物理教学，本书内容包括基本知识、拓展内容和阅读材料三大板块。 基本知识内容以《理工科类大学物理课程教学基本要求》为根据，构成了本书的核心。 同时选取少量的拓展内容，作为知识的扩展和延伸，这部分内容以“*”号标出。 教师授课时，删去带“*”号的内容，并不影响全书的系统性和连贯性。 书中还安排了一定数量的阅读材料，这些阅读材料与教材内容相匹配，主要是一些基本原理的应用。 增加这些内容目的是使学生掌握基础性物理学的知识，了解物理学的前瞻发展，同时让学生感受到物理学与人们日常生活的密切相关性，增强学习趣味、拓宽学生视野、提高创新意识和学以致用的意识。

(2) 叙述特点：考虑到应用型人才的特点和物理学自身的特点，本书在论述方式上重视物理概念的准确性、物理推论的逻辑性和物理内容的基础性。 由浅入深、由易到难、由具体到抽象、由特殊到一般，尽可能避免复杂的数学推理，力求通俗易懂、便于学习。 对现代物理学内容的介绍深入浅出，力争不让学生感到过分抽象和复杂。

(3) 内容衔接：为了避免与中学物理内容重复，本书以中学物理为基础，以应用型工科院校为特色进行编写。 在内容衔接点上，综合考虑了不同地区、不同专业大学物理教学的情况，适度地降低了部分衔接点内容的难度，企盼绝大多数学生都能较好地与中学物理基础相衔接，同时也注意到与大学后续课程的承上启下。

(4) 习题安排：为了使学生对所学内容加以巩固，书中安排了一定量的例题和习题。习题和例题涵盖基础、应用两个方面。有些题目与实际联系较密切，且物理原理清楚，有较强的实际应用意义和一定的趣味性。习题内容和数量选择与教材内容相配合，类型有填空题、选择题和计算题。难度由浅到深，有较好的适用性。

(5) 版式格式：版式采用了与国际接轨的彩版印制；在编排上注重版面设计、图文并茂；在内容叙述上保留了原教材的基本特色，即力求做到生动形象、通俗易懂，强调了物理图像和物理思想，使学生在欣赏的过程中体验并学习物理学知识；在资源建设上借助现代信息技术，在书中一些章节增加动画、视频(物理演示实验)等多媒体教学资源，并配以数字课程教学平台(扫描纸质或 PDF 电子版教材中的二维码即可看到动画和视频)，期望突破书中知识难点，增加学生学习物理学的兴趣。由纸质教材、纸质辅助教材、电子教案和网络课程等组成了立体化系列教材。

全书采用国际单位制(SI)单位，书后有矢量运算、物理量的名称、符号及单位、常用物理常量表、习题参考答案及参考文献。

本书是上海市“十二五”规划教材，并作为核心成果获得了上海市第十一届教育科学研究优秀成果一等奖，是国家一流本科课程的指定教材。全书分上、下两册，内容包括力学、机械振动、机械波、狭义相对论、热学、电磁学、光学和量子物理，由袁艳红教授编写。苗扬和赵华修订原理应用，陈国红修订习题。书中的彩图由陈锐绘画，演示实验视频由柯磊、赵润宁拍摄，动画资源由贾鑫、杨俊伟设计，黄才杰、赵华、陈锐负责校稿工作。

在本书的编写过程中，参考了国内外大量的文献资料。此外，也从网络上搜集了大量的有关资料和图片，在此向原作者表示感谢。在本书的编写和修订过程中，得到了校内外许多老师的关心和帮助，在此谨向他们表示诚挚的感谢。

由于编者学识和教学经验有限，可能对基本要求理解不深，处理不当，书中缺点和错误在所难免，真诚企盼使用本书的读者批评指正。

编者

2022 年 6 月

目录

CONTENTS

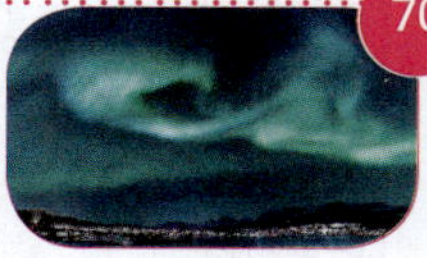

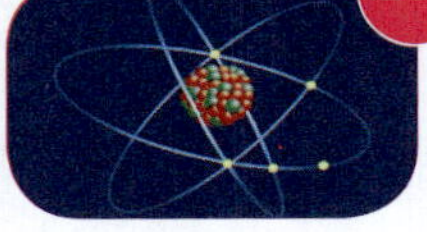

Chapter 9

第9章

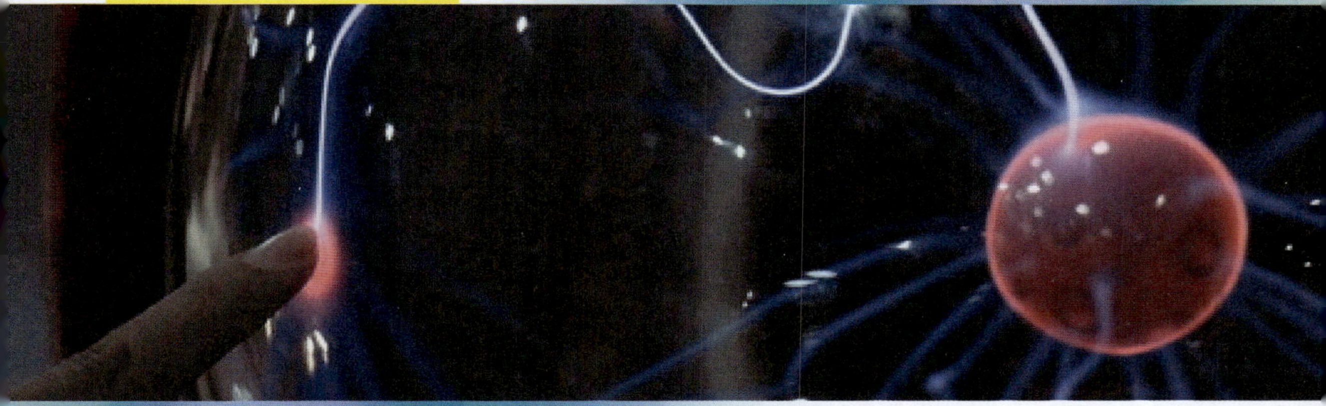

静电场

电学(electricity)是物理学的分支学科之一。“电”一词在中国是从雷电现象中引出来的,主要研究“电”的形成及其应用。

自18世纪中叶以来,人们对电的研究逐渐蓬勃开展。它的每项重大发现都引起广泛的实用研究,从而促进科学技术的飞速发展。现今,无论人类生活、科学技术活动以及物质生产活动都离不开电。随着科学技术的发展,某些带有专门知识的研究内容逐渐独立,形成专门的学科,如电子学、电工学等。电磁学(electromagnetism)是研究电、磁现象及其相互作用规律和应用的物理学分支学科。根据近代物理学的观点,磁的现象是由运动电荷所产生的,因而在电学的范围内必然不同程度地包含磁学的内容。所以,电磁学和电学的内容很难截然划分,而“电学”有时也就作为“电磁学”的简称。

电磁学从原来互相独立的两门科学(电学、磁学)发展成为物理学中一个完整的分支学科,主要是基于两个重要的实验发现,即电流的磁效应和变化的磁场的电效应。这两个实验现象,加上麦克斯韦关于变化电场产生磁场的假设,奠定了电磁学的整个理论体系,发展了对现代文明起重大影响的电工和电子技术。

电子的发现,使电磁学与原子和物质结构的理论结合了起来,洛伦兹(Hendrik Antoon Lorentz,1853—1928年,荷兰物理学家、数学家)的电子论把物质的宏观电磁性质与光学性质归结为原子中电子的效应,统一地解释了电、磁、光现象。

电磁学是物理学的一个分支。电学与磁学领域有着紧密关系,广义的电磁学包含电学和磁学,但狭义来说,它是一门探讨电性与磁性交互关系的学科。电磁学的主要研究内容包括电磁波、电磁场以及有关电荷、带电物体的动力学等。

电磁运动是物质运动的又一种基本运动形式。电磁相互作用是自然界已知的四种基本相互作用之一,自然界里的所有变化,几乎都与电和磁相联系,所以,研究电磁运动对于深入认识物质世界是十分重要的。同时,由于电磁学已经渗透到现代科学技术的各个领域,并已成为许多科学和技术的理论基础,因而学习电磁学,掌握电磁运动的基本规律,具有极其重要的意义。

一般来说,运动电荷将同时激发电场和磁场,电场和磁场是相互联系的。但是,在某种情况下,例如,当我们所研究的电荷相对于观察者静止时,电荷在这个静止的参考系中就只激发电场,而无磁场。这个电场就是本章所讨论的静电场。场是物质存在的一种特殊形式,是不同于以往的研究对象。

本章的主要内容有:真空中静电场的基本定律——库仑定律,静电场的两条基本定理——高斯定理和环路定理,描述静电场的两个基本物理量——电场强度和电势。

查利·奥古斯丁·库仑(Charlse-Augustin de Coulomb,1736—1806年),法国工程师、物理学家。他用扭秤测量静电力和磁力,导出了著名的库仑定律。库仑定律使电磁学的研究从定性进入定量阶段,是电磁学发展史上一块重要的里程碑。1781年他发现了摩擦力与正压力的关系,得出摩擦定律、滚动定律和滑动定律。

詹姆斯·克拉克·麦克斯韦(James Clerk Maxwell,1831—1879 年),英国物理学家、数学家,经典电动力学的创始人,统计物理学的奠基人之一。他主要从事电磁理论、分子物理学、统计物理学、光学、力学、弹性理论方面的研究,尤其是他建立的电磁场理论,将电学、磁学、光学统一起来,是科学史上最伟大的综合之一。他预言了电磁波的存在,提出了光的电磁说,麦克斯韦方程组不仅是电磁学的基本定律,也是光学的基本定律,是 19 世纪物理学发展的最光辉的成果。他的著作有《论电和磁》《论法拉第的力线》《论物理的力线》《电磁场的动力学理论》和《电磁理论》等。

9.1 电荷和库仑定律

9.1.1 电荷的量子化

人们对电荷的认识最早是从摩擦起电现象和自然界的雷电现象开始的。实验指出,自然界中存在两种**电荷(electric charge)**,即正电荷和负电荷。用丝绸摩擦的玻璃棒带正电,用毛皮摩擦的橡胶棒带负电。同种电荷互相排斥,异种电荷互相吸引,这种相互作用力称为**电场力**,如图 9-1 所示。物体所带电荷的多少叫作电荷量(简称电量),常用 Q 或 q 表示,在国际单位制中,电荷量的单位是库仑(C,简称库)。1897 年英国物理学家汤姆孙(J. J. Thomson)发现了电子,验证了电子带负电,并直接测出了电子的电荷量。后来人们又发现了质子和中子。质子带正电荷,中子不带电。一个质子和一个电子所带电荷量的绝对值相等。原子的电性是由它所包含的质子数和电子数决定的。在正常情况下,原子核所带的质子数与核外的电子数相等,整个原子呈**电中性(electric neutrality)**。如果原子中失去一个或多个电子,原子就表现为带正电;如果原子获得一个或多个电子,原子就表现为带负电。中性分子或原子失去或获得电子的过程,称为**电离**。

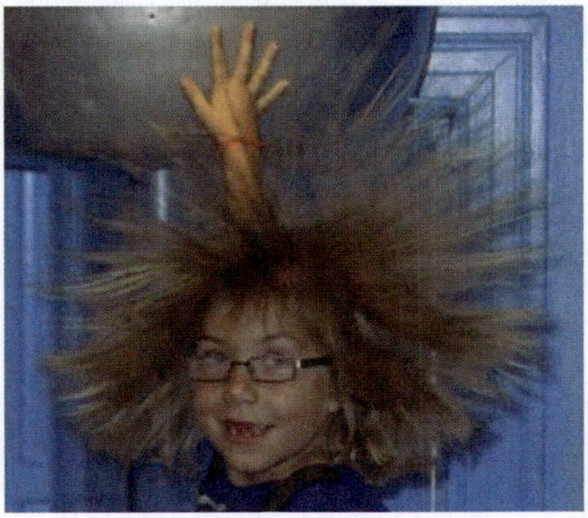

图 9-1 头发带静电后互相排斥

1913 年，密立根（R. A. Milikan，1868—1953 年，美国物理学家）在他的油滴实验中发现，油滴上的电荷量总是某一基本电荷的整数倍，证实了微小粒子所带电荷的变化是不连续的，它只能是基本电荷 e 的整数倍，即 $q=ne(n=0,\pm1,\pm2,\cdots)$。这种电荷量只能一份一份地取分立的、不连续的数值的性质，叫作**电荷的量子化**（**charge quantization**）。电荷量子化是一个实验规律，现有的实验结果已在相当高的精度下检验了电荷的量子化。不过，常见的宏观带电体所带的电荷量远大于电子的电荷量，在一般灵敏度的电学测试仪器中，电荷的量子性是显示不出来的。因此，在分析带电情况时，可以认为电荷是连续变化的。

迄今所知，电子是自然界中存在的最小负电荷，质子是最小的正电荷。它们的带电量都是**基本电荷** e，

$$e=1.602\,177\,33\times10^{-19}\,\mathrm{C}$$

1964 年，盖尔曼（Murray Gell-Mann，1929—2019 年，美国物理学家）等提出夸克模型，即一些粒子是由被称为夸克和反夸克的更小的粒子组成，每一个夸克带有 $\pm2e/3$ 或 $\pm e/3$ 电荷量。盖尔曼因此贡献在 1969 年获得了诺贝尔物理学奖。在夸克模型中，夸克是受到“禁闭”的。迄今为止，尚未在实验中找到自由状态的夸克。现在，分数电荷仍是一个悬而未决的命题。不过，好在分数电荷存在，仍然不会改变电荷量子化的结论，只不过新的基本电荷量是原来的 1/3 而已。

9.1.2 电荷守恒定律

在正常情况下，物质是由呈电中性的原子组成的，其整体也呈电中性。要使物体带电，可利用摩擦起电、接触起电、静电感应等方法。摩擦起电和其他起电过程的大量实验事实表明，任何使物体起电的过程或带电体被中和的过程，都是电荷从一个物体转移到另一个物体，或从物体的一部分转移到另一部分。在这种过程中，电荷既不能消灭，也不能产生，只能使原有的电荷重新分布。由此就可以总结出**电荷守恒定律**（**law of conservation of charge**）：**一个孤立系统的总电荷（即系统中所有正、负电荷之代数和）在任何物理过程中始终保持不变**。所谓孤立系统，就是指它与外界没有电荷的交换。

在微观过程中，近代科学研究表明电荷守恒定律仍然成立。例如，高能光子（γ 射线）和一个重原子相碰时，该光子会转化为一对正负电子（电子对产生）；反之，当一对正负电子在一定条件下相遇时，又会同时消失而产生两个或三个光子（电子对的湮灭）。光子不带电，正负电子所带的电荷等量异号，故在此微观过程中，尽管粒子产生或湮灭，但过程前后的电荷的代数和仍没有变。

电荷守恒定律就像能量守恒定律、动量守恒定律和角动量守恒定律那样，也是自然界中一条基本的守恒定律，在宏观和微观领域中普遍适用，是物理学中普遍的基本定律之一。

9.1.3 库仑定律

1785 年，法国物理学家库仑通过扭秤实验，总结出真空中两个静止的点电荷间相互作用的基本规律，称为真空中的库仑定律，简称**库仑定律**（**Coulomb law**）。**点电荷**是一种理想

模型，是指当带电体的形状和大小与它们之间的距离相比能够忽略时，可以将带电体看作是电荷量集中于一个几何点上，因此点电荷是对实际带电体的一种简化和抽象，是一个理想化模型。同力学中的质点模型一样，点电荷可以使电学中问题的研究大为简化。一个带电体能否看成一个点电荷，必须根据具体情况来决定。虽然有时不能把一个带电体看成一个点电荷，但是可以把它看为许多点电荷的集合体，从而能够由点电荷遵从的规律出发，得出我们所寻找的结论。

动画：库仑定律

库仑定律可表述为：**在真空中，两个静止的点电荷之间的相互作用力同号相斥，异号相吸，方向沿着它们的连线；作用力的大小与电荷量的乘积成正比，与它们之间距离的平方成反比。**

如图 9-2 所示，两个点电荷 q_1 和 q_2，若以 $\boldsymbol{r}$ 表示 q_2 以 q_1 为起点的位矢，其大小为 $|\boldsymbol{r}|=r$，方向从 q_1 指向 q_2，则电荷 q_2 受到 q_1 的作用力 $\boldsymbol{F}$ 为

$$\boldsymbol{F}=k\frac{q_1q_2}{r^2}\left(\frac{\boldsymbol{r}}{r}\right)=k\frac{q_1q_2}{r^2}\boldsymbol{e}_r \tag{9-1}$$

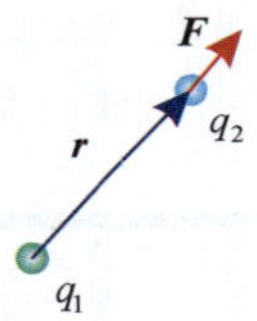

图 9-2　库仑定律

式中，$\boldsymbol{e}_r=\boldsymbol{r}/r$ 是沿 $\boldsymbol{r}$ 方向的单位矢量，它标志着位矢的方向；k 是比例系数，在国际单位制中，$k=8.9875\times10^9(\mathrm{N\cdot m^2})/\mathrm{C^2}$，计算时，我们通常取近似值 $k\approx 9\times10^9(\mathrm{N\cdot m^2})/\mathrm{C^2}$。

在电磁学中，我们引入一个新的常量 ε_0 来取代 k。

$$\varepsilon_0=\frac{1}{4\pi k}=8.8542\times10^{-12}\mathrm{C^2/(N\cdot m^2)}$$

常量 ε_0 称为真空电容率或真空介电常数。这样，真空中库仑定律便可完整地表示成如下的常用形式：

$$\boldsymbol{F}=\frac{1}{4\pi\varepsilon_0}\frac{q_1q_2}{r^2}\boldsymbol{e}_r \tag{9-2}$$

当两个点电荷 q_1、q_2 是同种电荷时，乘积 $q_1q_2>0$，$\boldsymbol{F}$ 的方向沿 $\boldsymbol{e}_r$ 的方向，表示库仑力为斥力；当两个点电荷 q_1、q_2 是异种电荷时，$q_1q_2<0$，$\boldsymbol{F}$ 的方向沿 $\boldsymbol{e}_r$ 的反方向，表示库仑力为引力。

需要说明的是，虽然引入常量 ε_0 后库仑定律的形式变得复杂了，但是以后我们将会看到，用此推导出的重要电磁学公式中，却不会出现 4π 因子，从而使公式变得简洁。

两个点电荷 q_1 与 q_2 之间的库仑力是一对作用力与反作用力，如果电荷 q_2 受到 q_1 的作用力是 $\boldsymbol{F}$，则电荷 q_1 受到 q_2 的作用力是 $-\boldsymbol{F}$。

库仑定律是从实验总结出来的规律，是静电场理论的基础。

[例题 9-1]

在氢原子的玻尔模型中，电子在静电力的作用下以一定的半径绕质子转动。设电子圆周运动轨道半径为 $r=5.3\times10^{-11}\,\text{m}$。试比较它们之间的静电力和万有引力的大小。

解 电子和质子的电荷量和质量分别为 $q_e=-e, m_e=9.1\times10^{-31}\,\text{kg}$；$q_p=e, m_p=1.7\times10^{-27}\,\text{kg}$。由库仑定律和万有引力定律可得，氢原子中的电子和质子间的静电力和万有引力的大小分别为

$$F_e=\frac{e^2}{4\pi\varepsilon_0 r^2}=\frac{9.0\times10^9\times(1.60\times10^{-19})^2}{(5.3\times10^{-11})^2}\,\text{N}=8.2\times10^{-8}\,\text{N}$$

$$F_g=\frac{Gm_em_p}{r^2}=\frac{6.7\times10^{-11}\times9.1\times10^{-31}\times1.7\times10^{-27}}{(5.3\times10^{-11})^2}\,\text{N}=3.7\times10^{-47}\,\text{N}$$

它们大小的比值为

$$\frac{F_e}{F_g}=2.2\times10^{39}$$

由此可知，在原子内部静电力比万有引力大得多，它们相差 39 个数量级。因此，在考虑原子内部的相互作用时，万有引力完全可以忽略不计。

9.1.4 静电力叠加原理

静电力是矢量，满足矢量运算法则。当真空中有两个以上的点电荷时，作用在某一点电荷上的总静电力，等于其他各点电荷单独存在时对该点电荷所施加的静电力的矢量和。这是**静电力叠加原理**。

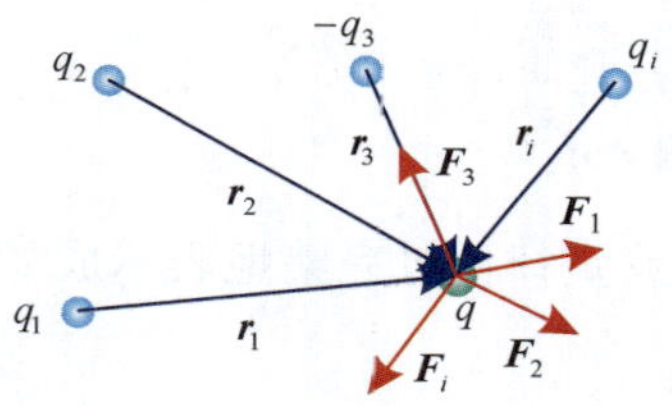

图 9-3 静电力的叠加原理

如图 9-3 所示，设 $\boldsymbol{F}_1, \boldsymbol{F}_2, \cdots, \boldsymbol{F}_n$ 分别为点电荷 $q_1, q_2, \cdots, q_n$ 单独存在时对点电荷 q 作用的静电力，则电荷 q 所受静电力的合力 $\boldsymbol{F}$（矢量和）为

$$\boldsymbol{F}=\sum_{i=1}^{n}\boldsymbol{F}_i=\sum_{i=1}^{n}\frac{1}{4\pi\varepsilon_0}\frac{qq_i}{r_i^2}\boldsymbol{e}_{ri}$$

式中，r_i 为第 i 个点电荷 q_i 到受力电荷 q 的距离，$\boldsymbol{e}_{ri}$ 为第 i 个点电荷 q_i 指向 q 的单位矢量。

9.2 电场和电场强度

9.2.1 电场

库仑定律只给出了两个点电荷之间相互作用的定量关系，并未指明这种作用是通过怎样的方式进行的。日常生活中的许多实际例子告诉我们，相互作用必须借助于物质来传递，

并且相互作用的传递需要一定的时间，也就是说作用是以一定的速度传递的。两个带电体在真空中并未直接接触，那么它们之间的相互作用是如何实现的呢？对于这个问题历史上曾有长期的争论。一种观点认为，这类力不需要任何媒介，也不需要时间，就能由一个物体立刻作用到另一个相隔一定距离的物体上去，这种观点叫作“超距作用”。另一种观点认为这类力也是通过它们中间的媒介物质传递过去的，只是这种媒介我们看不见，这种媒介物质是充满空间的一种弹性物质，称为“以太”，这种观点叫作“近距作用”。直到 20 世纪，人们才从电、磁现象的实践和电磁波的发现中逐渐形成另一种观点：库仑力不是超距作用，电相互作用是通过场以有限速度传播的。充满空间的弹性物质“以太”也不存在。也就是说，任何带电体的周围空间内都存在着一种特殊物质，这种特殊物质叫作由该带电体所激发的**电场**(**electric field**)，当另一个带电体处于该带电体所激发的电场之中时，它就要受到所在处的电场作用。换句话说，电荷与电荷之间是通过电场这种特殊物质而相互作用的。

例如，两个电荷 q_1、q_2 间的相互作用，可以看作是 q_1 作为场源电荷在周围空间激发的电场对电荷 q_2 有力的作用，也可以看作是 q_2 作为场源电荷在周围空间激发的电场对电荷 q_1 有力的作用。

现代科学和实践证明，场是物质存在的一种形式，它与实物一样也具有能量、动量和质量。但是场是一种特殊的物质，它与我们平常所理解的由分子、原子等微粒所构成的物质在表现的形态上是不相同的。实物和场的不同具体体现在：①实物物质具有大小确定的存在空间，场是弥散在整个空间的；②实物物质具有不可入性，但它的运动形态具有可叠加性；场本身和运动形态都具有可叠加性。

如果带电体相对于观察者所在的惯性参考系(例如地球等)是静止的，那么在这带电体周围存在的电场称为**静电场**(**electrostatic field**)。

静电场的对外表现：①引入电场中的带电体，都要受到电场对其作用的力；②当带电体在电场中移动时，电场所作用的力要对带电体做功。这表明电场具有能量；③电场能对引入电场中的导体产生静电感应，电场也能对引入电场中的电介质产生极化现象。

在这一章中，我们将通过静电场的这些对外表现来研究电场的性质。我们由电场强度和高斯定理来研究电场对电荷所作用的力，由电势能和电势的概念来讨论电场所作用的力对带电体所做的功，在第 10 章研究导体的静电感应和电介质的极化现象。

9.2.2 电场强度

既然可以把一个电荷引到空间某点，用观察它是否受到电场力的作用来判断该点是否存在电场，那么我们也一定可以根据这个电荷在该点受到的电场力的大小和方向来表征该点电场的状况。

实验表明，在一般情况下，当把电荷 q_0 引入某带电体所产生的电场时，电荷 q_0 所产生的电场的作用引起了带电体上电荷的重新分布，因而带电体在周围所激发的电场情况也发生了改变。可是，如果 q_0 的电荷量很小，它所引起的电场变化也将很小。为此，可利用一个电荷量必须很小的正电荷 q_0(称其为试验电荷)来检测电场。对于试验电荷而言，它应是点电荷，以便能细致地反映出电场中各点的性质。

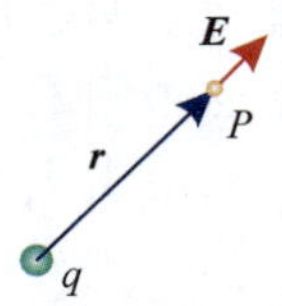

图 9-4 点电荷电场

如图 9-4 所示，在电荷 q 形成的电场中 P 点，先后放置一系列量值不同而电性相同的试验电荷，例如 $q_0, 2q_0, 3q_0, \cdots$，实验指出，试验电荷受力的方向相同、而大小不同，相应地为 $\boldsymbol{F}, 2\boldsymbol{F}, 3\boldsymbol{F}, \cdots$，显然，在同一点 P 上，有

$$\frac{\boldsymbol{F}}{q_0}=\frac{2\boldsymbol{F}}{2q_0}=\frac{3\boldsymbol{F}}{3q_0}=\cdots=\text{恒矢量}$$

这表明在电场中的某一个确定点上，若试验电荷的量值改变，它所受的力的大小也改变，但后者与前者之比的这个矢量却是确定而不变的，亦即其大小和方向是一定的。换句话说，在电场中某一确定点上，尽管我们可以引入量值不同的试验电荷，然而，试验电荷所受的力与其量值之比并不因之而变，它与试验电荷的量值无关。

实验表明，对于电场中不同的点，一般来说，矢量 $\boldsymbol{F}/q_0$ 的大小和方向是不同的，但各点分别都有其确定的大小和方向。

由此可见，$\boldsymbol{F}/q_0$ 只与激发电场的电源电荷和电场中各点的位置有关，而与试验电荷 q_0 无关。于是我们可在电场中每一点上，把所测出的作用于该处试验电荷上的力 $\boldsymbol{F}$ 与 q_0 之比 $\boldsymbol{F}/q_0$，作为描述静电场性质的一个物理量，称为**电场强度**(**electric field strength**)(有时简称场强)，用 $\boldsymbol{E}$ 表示，即

$$\boldsymbol{E}=\frac{\boldsymbol{F}}{q_0} \tag{9-3}$$

从上述电场强度的定义式可知，电场中某点的电场强度是一个矢量，其大小等于位于该点的单位正电荷所受的力的大小，其方向与正电荷在该点所受电场力的方向一致。

在国际单位制中，电场强度的单位为牛顿/库仑(N/C)或伏/米(V/m)。以后可以看到，这两种单位是等同的，在电工学中常常使用后者。

电场的存在与否是客观的，与是否引入试验电荷无关。引入试验电荷只是为了检验电场的存在和讨论电场的性质而已。

9.2.3 点电荷的电场强度

由库仑定律及电场强度的定义，可求得真空中点电荷周围电场的电场强度。如图 9-5 所示，在真空中，点电荷 Q 位于直角坐标系的原点，由原点 O 指向场点 P 的位矢为 $\boldsymbol{r}$。若把试验电荷 q_0 置于场点 P，由库仑定律式(9-2)和电场强度定义式(9-3)可得，点电荷 Q 在任意点 P 处的电场强度

$$\boldsymbol{E}=\frac{\boldsymbol{F}}{q_0}=\frac{\dfrac{1}{4\pi\varepsilon_0}\dfrac{Qq_0}{r^2}\boldsymbol{e}_r}{q_0}=\frac{1}{4\pi\varepsilon_0}\frac{Q}{r^2}\boldsymbol{e}_r \tag{9-4}$$

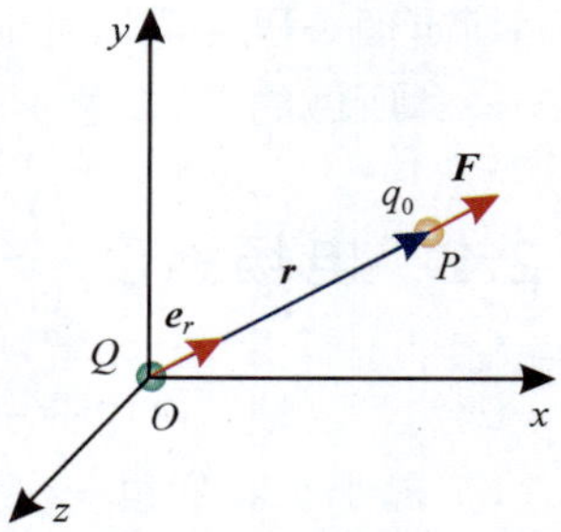

图 9-5 点电荷的电场强度

式中，$\boldsymbol{e}_r=\boldsymbol{r}/r$ 是沿 $\boldsymbol{r}$ 方向的单位矢量。由此可以看出，如果以点电荷 Q 为球心，并以 r 为半径作一球面，球面上所有点的电场强度大小都相等，电场强度的方向均沿该点位矢 $\boldsymbol{r}$ 的方向，即点电荷的电场具有球对称性。当 Q 为正电荷(即 $Q>0$)时，$\boldsymbol{E}$ 的方向与 $\boldsymbol{r}$ 的方向相同；当 Q 为负电荷(即 $Q<0$)时，$\boldsymbol{E}$ 的方向与 $\boldsymbol{r}$ 的方向相反。如果电场中各处的电场强度大

小相等，电场强度的方向一致，这种电场叫作**匀强电场**或**均匀电场**，否则为非均匀电场。因此，真空中点电荷的电场是非均匀电场。

9.2.4 电场强度叠加原理

一般来说，空间可能存在有许多点电荷组成的点电荷系，那么点电荷系的电场强度如何计算呢？下面从力的叠加原理引出电场强度叠加原理。

如图 9-6 所示的点电荷系，设在点电荷 $q_1, q_2, \cdots, q_n$ 共同激发的电场中点 P，放置一个试验电荷 q_0。根据静电力叠加原理，试验电荷所受的力 $\boldsymbol{F}$，等于各点电荷 $q_1, q_2, \cdots, q_n$ 单独存在时产生的电场施于试验电荷的力 $\boldsymbol{F}_1, \boldsymbol{F}_2, \cdots, \boldsymbol{F}_n$ 的矢量和，即

$$\boldsymbol{F} = \boldsymbol{F}_1 + \boldsymbol{F}_2 + \cdots + \boldsymbol{F}_n$$

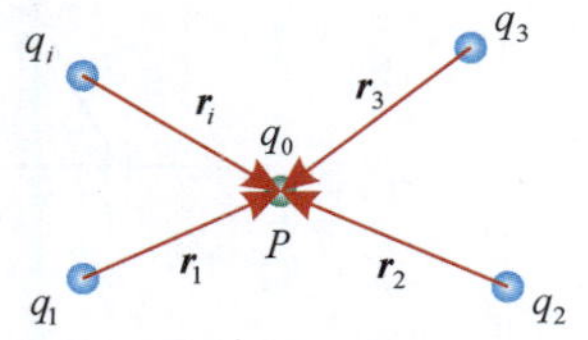

图 9-6 点电荷系的电场

用 q_0 除上式两边，并根据电场强度的定义，得到

$$\boldsymbol{E} = \boldsymbol{E}_1 + \boldsymbol{E}_2 + \cdots + \boldsymbol{E}_n = \sum_{i=1}^{n} \boldsymbol{E}_i \tag{9-5}$$

式中，$\boldsymbol{E}_1, \boldsymbol{E}_2, \cdots, \boldsymbol{E}_n$ 分别代表 $q_1, q_2, \cdots, q_n$ 单独存在时在点 P 产生的电场强度，而 $\boldsymbol{E}$ 代表这些点电荷同时存在时点 P 的总电场强度，即**电场中任何一点的总电场强度等于各个点电荷在该点产生的电场强度的矢量和**。这就是**电场强度叠加原理**，其数学表达式为

$$\boldsymbol{E} = \sum_{i=1}^{n} \boldsymbol{E}_i = \sum_{i=1}^{n} \frac{1}{4\pi\varepsilon_0} \frac{q_i}{r_i^2} \boldsymbol{e}_{ri} \tag{9-6}$$

式中，r_i 表示第 i 个场源电荷 q_i 到所研究的场点 P 的距离，$\boldsymbol{e}_{ri}$ 表示由 q_i 所在点指向点 P 的单位矢量。电场强度叠加原理是电场的基本性质之一。

[例题 9-2]

电偶极子(electric dipole)是由两个相距很近的带等量异号的点电荷 $+q$ 和 $-q$ 组成的点电荷系。从 $-q$ 到 $+q$ 的矢量线段 $\boldsymbol{l}$ 称为电偶极子的臂。定义矢量 $\boldsymbol{p}=q\boldsymbol{l}$，$\boldsymbol{p}$ 称为**电偶极矩(electric moment)**，试求：(1) 电偶极子中垂线上距中心较远处一点的电场强度；(2) 电偶极子延长线上距中心较远处一点的电场强度。

解 (1) 如图 9-7(a)所示，设 $+q$ 和 $-q$ 到电偶极子中垂线上距中心较远处一点 P 的位置分别为 $\boldsymbol{r}_+$ 和 $\boldsymbol{r}_-$。点 P 到电偶极子中心的距离为 r。由式(9-4)，$+q$ 和 $-q$ 在点 P 处产生的电场强度分别为

$$\boldsymbol{E}_+ = \frac{q\boldsymbol{r}_+}{4\pi\varepsilon_0 r_+^3}$$

$$\boldsymbol{E}_- = \frac{-q\boldsymbol{r}_-}{4\pi\varepsilon_0 r_-^3}$$

因点 P 距离电偶极子很远，即 $r \gg l$，有 $|\boldsymbol{r}_+| = |\boldsymbol{r}_-| \approx |\boldsymbol{r}|$，另外有矢量关系 $\boldsymbol{r}_+ - \boldsymbol{r}_- = -\boldsymbol{l}$，则点 P 处合电场强度为

$$\boldsymbol{E}=\boldsymbol{E}_{+}+\boldsymbol{E}_{-}\approx\frac{q}{4\pi\varepsilon_0 r^3}(\boldsymbol{r}_{+}-\boldsymbol{r}_{-})=\frac{-q\boldsymbol{l}}{4\pi\varepsilon_0 r^3}=\frac{-\boldsymbol{p}}{4\pi\varepsilon_0 r^3}$$

此结果表明：电偶极子中垂线上距离中心较远处一点的电场强度，与电偶极子的电偶极矩成正比，与该点离电偶极子中心的距离的三次方成反比，方向与电偶极矩方向相反。

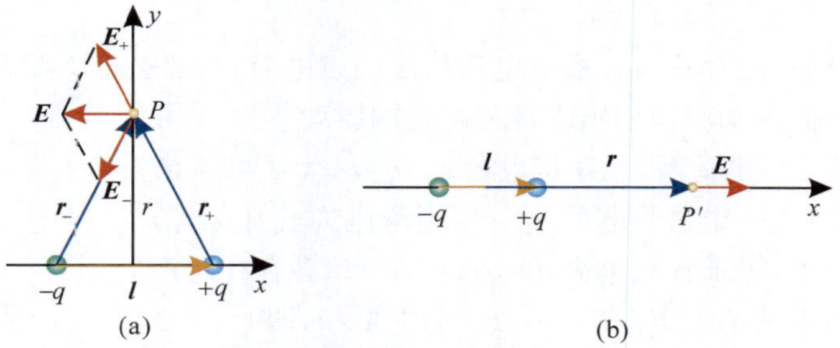

图 9-7　例题 9-2 用图

(2) 如图 9-7(b)所示，电偶极子中心到电偶极子延长线上距中心较远处一点 P' 的位矢为 $\boldsymbol{r}$，用 $\boldsymbol{i}$ 表示水平向右的单位矢量，则在 P' 点处的合电场强度等于 $+q$ 和 $-q$ 单独存在时在点 P' 处产生的电场强度的矢量和，即

$$\boldsymbol{E}=\boldsymbol{E}_{+}+\boldsymbol{E}_{-}=\left[\frac{q}{4\pi\varepsilon_0(r-l/2)^2}-\frac{q}{4\pi\varepsilon_0(r+l/2)^2}\right]\boldsymbol{i}$$

因 $r\gg l$，有 $\left(r^2-\frac{l^2}{4}\right)^2\approx r^4$，所以可近似求出

$$\boldsymbol{E}=\frac{2\boldsymbol{p}}{4\pi\varepsilon_0 r^3}$$

此结果表明：电偶极子延长线一点的电场强度与电偶极子的电偶极矩成正比，与该点离电偶极子中心的距离的三次方成反比，方向与电偶极矩方向相同。

9.2.5 电荷连续分布带电体电场中的电场强度

对于一些电荷连续分布的带电体，如一维线分布的带电细杆、带电圆环，二维面分布的带电平板、带电球壳，以及三维体分布的带电球、带电圆柱体等，显然不能直接利用电场强度叠加原理式(9-5)计算它们在空间产生的电场强度。

处理连续带电体问题的一般方法是：虽然不能把整个带电体看成是点电荷来处理，但是任意带电体都可以分成很多电荷元 $\mathrm{d}q$，并可以把 $\mathrm{d}q$ 看作是点电荷，整个带电体在空间一点 P 产生的电场强度，就可以看作是这些电荷元在点 P 产生的电场强度的叠加。如果点 P 相对于电荷元 $\mathrm{d}q$ 的距离为 r，则 $\mathrm{d}q$ 在点 P 产生的电场强度为

$$\mathrm{d}\boldsymbol{E}=\frac{1}{4\pi\varepsilon_0}\frac{\mathrm{d}q}{r^2}\boldsymbol{e}_r$$

式中，$\boldsymbol{e}_r$ 为由 $\mathrm{d}q$ 指向点 P 的单位矢量。对上式求矢量积分，可得整个带电体在该点产生的电场强度

$$E=\int dE=\frac{1}{4\pi\varepsilon_0}\int\frac{dq}{r^2}e_r \tag{9-7}$$

注意：式(9-7)是一个矢量积分，在积分时，不仅要考虑到电场强度的大小，还要考虑其方向。为此，通常将 dE 分解到各个坐标轴上，例如在直角坐标系中

$$dE=dE_x i+dE_y j+dE_z k$$

因此

$$E=\int dE=\int dE_x i+\int dE_y j+\int dE_z k$$

式中，i、j、k 分别表示 x、y、z 轴正方向的单位矢量，dE_x、dE_y、dE_z 分别表示 dE 在 x、y、z 轴上的分量。

为了用式(9-7)处理问题，必须引入**电荷密度(charge density)**的概念。如果电荷沿细线分布，即带电体是一细线，则定义**电荷线密度(linear charge density)**为 $\lambda=\frac{dq}{dl}$。式中 dq 为线元 dl 的电荷量。对于这样的带电体，式(9-7)可以写为

$$E=\frac{1}{4\pi\varepsilon_0}\int_l\frac{\lambda dl}{r^2}e_r \tag{9-8a}$$

如果电荷沿平面或曲面分布，即带电体是一平面或曲面，则定义**电荷面密度(surface charge density)**为 $\sigma=\frac{dq}{dS}$。式中 dq 为面元 dS 的电荷量。对于这样的带电体，式(9-7)可以写为

$$E=\frac{1}{4\pi\varepsilon_0}\iint_S\frac{\sigma dS}{r^2}e_r \tag{9-8b}$$

如果电荷沿某一体积分布，即带电体是一个具有一定体积的物体，则定义**电荷体密度(volume charge density)**为 $\rho=\frac{dq}{dV}$。式中 dq 为体元 dV 的电荷量。对于这样的带电体，式(9-7)可以写为

$$E=\frac{1}{4\pi\varepsilon_0}\iiint_V\frac{\rho dV}{r^2}e_r \tag{9-8c}$$

下面通过两个典型例题学习上述计算连续带电体电场强度的方法。用电场强度叠加原理求解电场强度的步骤如下：

(1) 建立坐标系，目的是便于表示电场强度的方向和选择积分的变量；

(2) 选取电荷元，即对连续带电体进行微分；

(3) 写出电荷元在考察点的电场强度大小；

(4) 分析元电荷在考察点电场强度的方向，目的是为写其分量做准备；

(5) 写出电荷元在考察点电场强度的各个分量，目的是为对各个分量积分做准备；

(6) 分别对各个分量积分，并在积分过程中选择恰当的积分变量和统一变量。

[例题 9-3]

求均匀带电细杆中垂面上任一点(杆外)的电场强度，设细杆的长度为 L，细杆的电荷线密度为 λ。

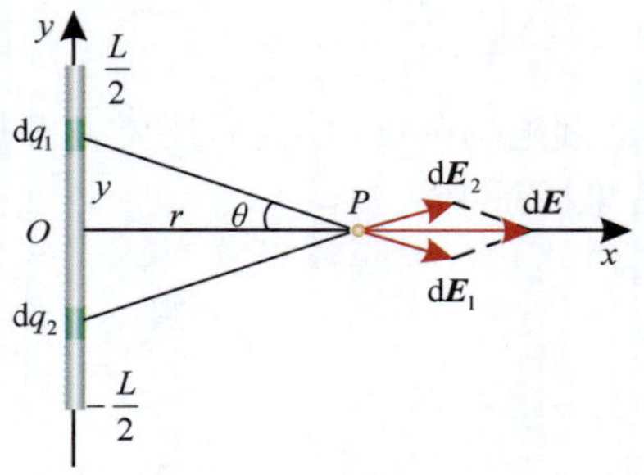

图 9-8 例题 9-3 用图

解 如图 9-8 所示，点 P 是细杆的中垂面上任一点，点 P 到细杆的垂直距离为 r。选取细杆中点 O 为坐标原点，取坐标轴 y 沿细杆向上，OP 为其中垂线，x 轴正方向沿 OP 方向，建立坐标系 xOy。把沿细杆上连续分布的电荷分割成无限多个电荷元，在细杆上任取一电荷元 dq_1，由于带电细杆关于其中垂面上下对称，设 dq_1 和 dq_2 是细杆上与中垂面对称的两个电荷量相等的电荷元，$d\boldsymbol{E}_1$ 和 $d\boldsymbol{E}_2$ 对连线 OP 完全对称，因此它们的合电场强度 $d\boldsymbol{E}$ 的方向沿着连线 OP。将整个带电细杆上每一对上下对称的电荷元在点 P 的电场强度叠加，所得的总电场强度 $\boldsymbol{E}$ 的方向也必定沿着连线 OP，即沿着与细杆垂直的方向。

电荷元 $dq_1=\lambda dy$，dq_1 在点 P 产生的电场强度大小为

$$dE_1=\frac{1}{4\pi\varepsilon_0}\frac{\lambda dy}{r^2+y^2}$$

dq_1 和 dq_2 在点 P 处产生的合电场强度 $d\boldsymbol{E}$ 沿 x 轴方向，其大小为

$$dE=2dE_1\cos\theta=\frac{1}{2\pi\varepsilon_0}\frac{\lambda dy}{r^2+y^2}\frac{r}{\sqrt{r^2+y^2}}$$

根据电场强度叠加原理

$$\boldsymbol{E}=\int d\boldsymbol{E}=\int_0^{L/2}\frac{1}{2\pi\varepsilon_0}\frac{\lambda dy}{r^2+y^2}\frac{r}{\sqrt{r^2+y^2}}=\frac{\lambda}{4\pi\varepsilon_0 r}\frac{L}{\sqrt{r^2+\left(\frac{L}{2}\right)^2}}$$

这样得到均匀带电细杆的中垂面上任一点处的电场强度

$$\boldsymbol{E}=\frac{\lambda}{4\pi\varepsilon_0 r}\frac{L}{\sqrt{r^2+\left(\frac{L}{2}\right)^2}}\boldsymbol{i}$$

当 $L\gg r$，即在带电细杆中部附近区域内

$$\boldsymbol{E}\approx\frac{\lambda}{2\pi\varepsilon_0 r}\boldsymbol{i}=\frac{q}{2\pi\varepsilon_0 rL}\boldsymbol{i}$$

此时，可将该带电细杆视为“无限长”，因此，可以说，在无限长带电细杆周围任意点电场强度与该点到带电细杆的距离成反比。

当 $L\ll r$，即在远离带电细杆的区域内

$$\boldsymbol{E}\approx\frac{\lambda L}{4\pi\varepsilon_0 r^2}\boldsymbol{i}=\frac{q}{4\pi\varepsilon_0 r^2}\boldsymbol{i}$$

结果显示，距离带电细杆很远处，该带电细杆的电场强度相当于一个点电荷 q 的电场。

[例题 9-4]

求半径为 R 的均匀带电细圆环轴线上任一点的电场强度，设圆环上电荷线密度为 λ。

解　如图 9-9 所示，在圆环上任取一个微元 $\mathrm{d}l$，$\mathrm{d}l$ 带的电荷量 $\mathrm{d}q=\lambda\mathrm{d}l$。设点 P 与 $\mathrm{d}q$ 的距离为 r，点 P 与环心 O 的距离为 x，圆环在 yOz 平面上，坐标原点与环心相重合。由点电荷电场强度公式，$\mathrm{d}q$ 在圆环轴线上任一点 P 产生的电场强度大小为

$$\mathrm{d}E=\frac{1}{4\pi\varepsilon_0}\frac{\lambda\mathrm{d}l}{R^2+x^2}$$

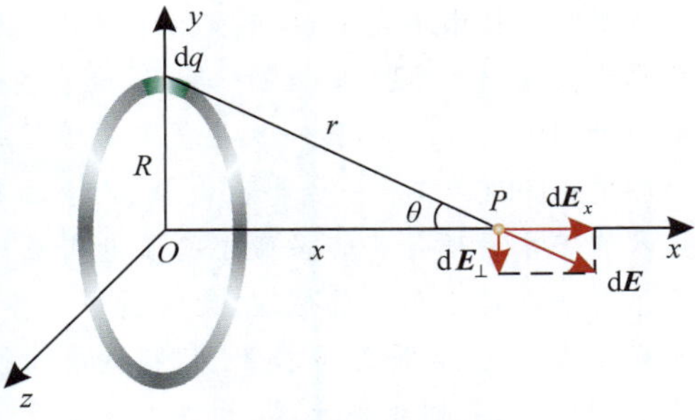

图 9-9　例题 9-4 用图

$\mathrm{d}\boldsymbol{E}$ 在 x 方向的分量为

$$\mathrm{d}E_x=\mathrm{d}E\cos\theta=\frac{1}{4\pi\varepsilon_0}\frac{\lambda\mathrm{d}l}{R^2+x^2}\frac{x}{r}$$

由于圆环上电荷分布对于轴线对称，所以 $\mathrm{d}\boldsymbol{E}$ 在垂直于 x 方向的各个分量的矢量和等于零，即

$$\int\mathrm{d}\boldsymbol{E}_\perp=\boldsymbol{0}$$

因此

$$E=\int\mathrm{d}E_x=\frac{1}{4\pi\varepsilon_0}\frac{qx}{(x^2+R^2)^{3/2}}$$

点 P 的电场强度的方向沿 x 轴方向，即 $\boldsymbol{E}=E\boldsymbol{i}$。

当 $x\gg R$ 时，$E=\dfrac{1}{4\pi\varepsilon_0}\dfrac{q}{x^2}$，与点电荷 q 的电场强度相同，即在远离环心的地方，环上电荷看成全部集中在环心处的一个点电荷。而当 $x=0$ 时，即在圆心处，$E=0$。

从上面两个例题可以看到，利用电场强度叠加原理求各点的电场强度时，由于电场强度是矢量，具体运算中需将矢量的叠加转化为各分量（标量）的叠加，并且在计算时，关于电场强度的对称性的分析也是很重要的，在某些情形下，它往往能使我们立即看出矢量的某些分量的矢量和等于零，使计算大为简化。

原理应用

喷墨打印机

目前，市场上常见的打印机有三大类：针式打印机、喷墨打印机和激光打印机。喷墨打印机是在针式打印机的基础上发展起来的，采用非打击的工作方式。

（1）喷墨打印机简介

彩色喷墨打印机因其有良好的打印效果与较低价位的优点而占领了广大中低端市场。此外喷墨打印机还具有更为灵活的纸张处理能力，在打印介质的选择上，喷墨打印机也具有一定的优势：既可以打印信封、信纸等普通介质，还可以打印各种胶片、照片纸、光盘封面、卷纸、T 恤转印纸等特殊介质。

喷墨打印技术早在1960年就有人提出，但过了16年第一部喷墨打印机才诞生，此中应用的技术称为连续式喷墨技术；1976年，压电式墨点控制技术问世；1979年，气泡式喷墨(bubble jet)技术问世，1980年8月，第一次将气泡式喷墨技术应用于喷墨打印机Y-80，从此开始了喷墨打印机的应用；1991年，第一台彩色喷墨、大幅面打印机出现；1994年，微压电打印技术问世。微压电技术的基本原理是将许多微小的压电陶瓷放置到喷墨打印机的打印头喷嘴附近，利用墨水在电压作用下会发生形变的原理，使喷嘴中的墨汁喷出，在输出介质表面形成图案。此后，智能墨滴变换技术、自然色彩还原技术、超精微墨滴技术、专业照片优化技术、四重色控技术、富丽图分层技术、智能色彩增强技术等，均进一步提升了喷墨打印机的技术含量。

(2) 喷墨打印机的工作原理

喷墨打印机的工作原理如图P9-1所示，两偏转极板之间有均匀的、方向向下的偏转电场$\boldsymbol{E}$，墨滴发生器射出墨滴，墨滴必须在进入偏转系统之前通过充电装置，充电装置本身又驱动打印材料编码的电子信号。墨滴在充电装置中接收电荷，从计算机来的输入信号控制给每个墨滴带上不等量的负电荷q。由式(9-3)可得电荷$-q$在电场$\boldsymbol{E}$中所受静电场力为$\boldsymbol{F}=-q\boldsymbol{E}$，可见，电荷$-q$的墨滴受到向上的偏转力，当墨滴进入极板的水平速度和极板与纸间的距离一定时，墨滴打在纸上的位置仅由充电装置传给墨滴的电荷$-q$决定。形成一个字母约需100个微小墨滴。

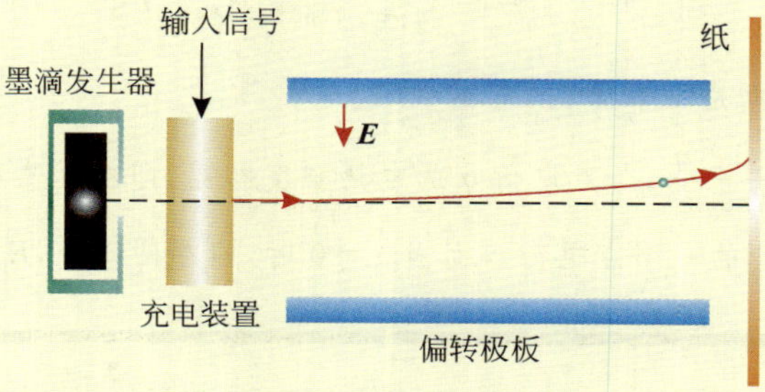

图P9-1 喷墨打印机的工作原理

9.3 电场强度通量 高斯定理

9.3.1 电场线

法拉第(Michael Faraday，1791—1867年，英国物理学家、化学家)在19世纪引入了电场的概念，他认为带电体的周围空间充满力线，尽管我们已不再认为这些现在被叫作**电场线(electric field line)**的力线是真实的，但它们仍然提供了一种好的方法使电场中的图像形象化。电场线是按下述规定在电场中画出的一系列假象的曲线：电场线上任意一点P的切线给出该点电场强度$\boldsymbol{E}$的方向，曲线的疏密表示场强的大小。如图9-10所示，电场线上的箭头表示线上各点切线应取的正方向，利用电场线，可确定它所通过的每一点电场强度的方向，因而也就可以表示出放在该点上的正电荷所受电场力的方向。但要注意，一般情况下，电场线并非是正电荷受电场力作用的运动轨道，因为电荷运动方向（即速度方向）不一定沿力的方向。

定量地说，为了表示电场中某点电场强度的大小，设想通过该点画一个垂直于电场方向的面元 $\mathrm{d}\boldsymbol{S}_\perp=\mathrm{d}S_\perp\boldsymbol{e}_\mathrm{n}$，$\mathrm{d}\boldsymbol{S}_\perp$ 是一个矢量，其大小等于面积 $\mathrm{d}S_\perp$，其方向是面元的法向 $\boldsymbol{e}_\mathrm{n}$，如图 9-10 所示，通过面元 $\mathrm{d}S_\perp$ 的电场线条数 $\mathrm{d}\Phi_\mathrm{e}$ 满足以下的关系：

$$\frac{\mathrm{d}\Phi_\mathrm{e}}{\mathrm{d}S_\perp}=E \tag{9-9}$$

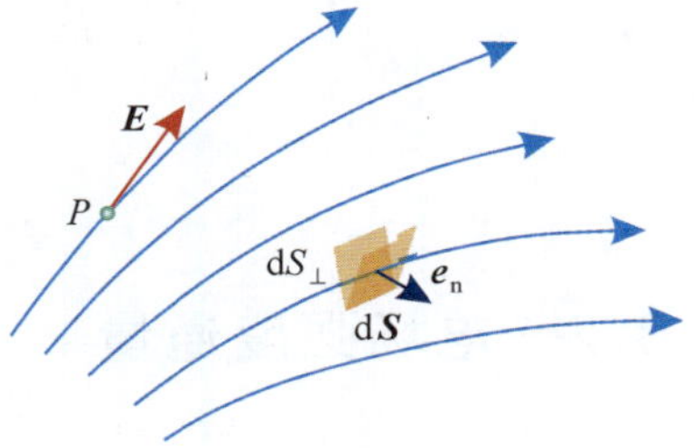

图 9-10　电场线

式中，$\frac{\mathrm{d}\Phi_\mathrm{e}}{\mathrm{d}S_\perp}$ 称为**电场线密度**，即**通过垂直于电场方向单位面积的电场线条数**。

根据式(9-9)，我们规定：在电场中任一点处的电场线密度在数值上等于该点处电场强度的大小。这样，用电场线密度表示电场强度的大小时，电场线密度大的区域，电场线密集，表示该处的电场强度较强，电场线密度小的区域，电场线较稀疏，表示该处的电场强度较弱。图 9-11 是一些典型电场的电场线图。

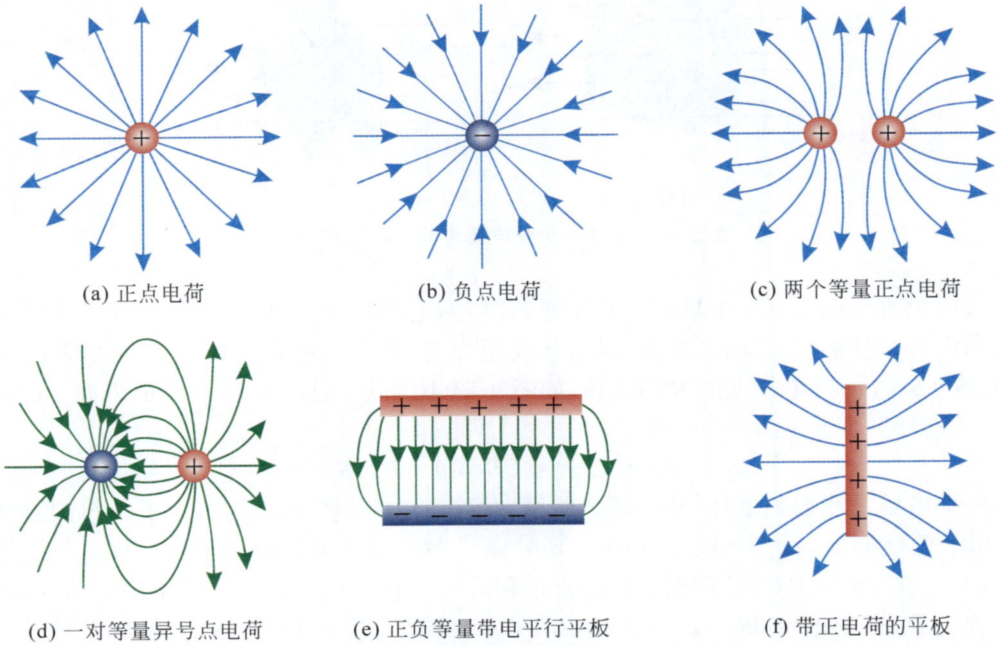

图 9-11　几种典型带电体周围的电场线

静电场线具有以下性质：①电场线起于正电荷（或来自无穷远处），止于负电荷（或伸向无穷远），它们不会在没有电荷的地方中断，电场线不闭合；②电场线的稀疏表示电场的强弱；③电场线不能相交。因为在电场中的任一点处只有一个电场强度，方向唯一，如相交则该处出现两个电场强度方向，所以不能相交。

视频：平行板电场分布

9.3.2 电场强度通量

我们把穿过电场中任一给定面积的电场线条数称为**电场强度通量**或 ***E* 通量**(**electric flux**)，用 Φ_e 表示，在国际单位制中，电场强度通量的单位为 $N \cdot m^2/C$。

对于匀强电场的情况，当面积为 S 的平面与电场强度 $\boldsymbol{E}$ 相垂直时，如图 9-12(a)所示，由于电场强度在数值上等于通过垂直于电场方向单位面积的电场线条数，那么根据式(9-9)，穿过 S 的电场线条即电场强度通量为

$$\Phi_e = ES$$

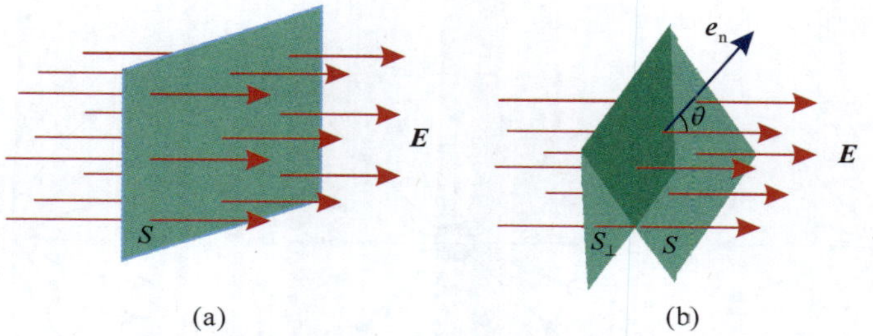

图 9-12　平面在匀强电场中的电场强度通量

当面积为 S 的平面与电场强度 $\boldsymbol{E}$ 不垂直时，为了把面 S 在电场中的大小和方位两者同时表示出来，我们引入面积矢量 $\boldsymbol{S}$，规定其大小为 S，其方向用它的单位法线矢量 $\boldsymbol{e}_n$ 来表示，有 $\boldsymbol{S}=S\boldsymbol{e}_n$，$\boldsymbol{e}_n$ 与电场强度 $\boldsymbol{E}$ 成 θ 角，如图 9-12(b)所示，通过 $\boldsymbol{S}$ 垂直于 $\boldsymbol{E}$ 方向上的投影面 $S_\perp$ 的电场强度通量为

$$\Phi_e = ES_\perp = ES\cos\theta = \boldsymbol{E} \cdot \boldsymbol{S}$$

如果电场是非匀强电场，S 是任意曲面，如图 9-13(a)所示，那么，为了求得穿过曲面 S 的电场强度通量，我们可以把曲面 S 划分成许多小面元 dS，dS 足够小，可以把它看为平面，并且在 dS 范围内电场强度 $\boldsymbol{E}$ 的大小和方向可认为处处相同。若 $\boldsymbol{e}_n$ 为面积元的单位法线矢量，则 $\boldsymbol{e}_n dS = d\boldsymbol{S}$。如图 9-13(b)所示。这样，穿过面元 $d\boldsymbol{S}$ 的电场通量可以表示为

$$d\Phi_e = EdS_\perp = EdS\cos\theta = \boldsymbol{E} \cdot d\boldsymbol{S}$$

式中，$\boldsymbol{E} \cdot d\boldsymbol{S} = EdS\cos\theta$ 是矢量 $\boldsymbol{E}$ 与 $d\boldsymbol{S}$ 的标积，θ 是 $\boldsymbol{e}_n$ 与 $\boldsymbol{E}$ 的夹角。

这样，在电场强度分布为 $\boldsymbol{E}$ 的电场中，通过任意曲面 S 的电场强度通量可以通过积分得到

$$\Phi_e = \iint d\Phi_e = \iint_S \boldsymbol{E} \cdot d\boldsymbol{S} = \iint_S EdS\cos\theta \tag{9-10}$$

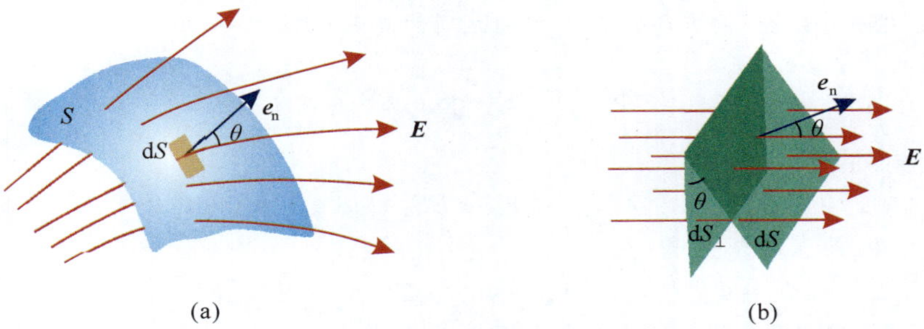

图 9-13 曲面上的电场强度通量

如果曲面 S 是闭合曲面，式(9-10)的积分就可以写成闭合曲面积分形式

$$\Phi_e = \oint_S E\,dS\cos\theta \tag{9-11}$$

对于不闭合曲面，面上各处法向单位矢量的正方向可以任意取一侧；对于闭合曲面，通常规定自内向外为面元法线的正方向，所以如果电场线从曲面之内向外穿出，则电场强度通量为正($\Phi_e>0$)；反之，如果电场线从外部穿入曲面，则电场强度度通量为负($\Phi_e<0$)；如果电场线与曲面相切，即 $\theta=90°$，则电场强度通量为零($\Phi_e=0$)。通过整个闭合曲面的电场强度通量等于进入和穿出闭合曲面的电场强度通量的代数和，即净穿出闭合曲面的电场线的总条数。

[例题 9-5]

如图 9-14 所示，有一个三棱柱体放在电场强度 $\boldsymbol{E}=200\boldsymbol{i}$ N/C 的匀强电场中，求通过此三棱柱体的电场强度通量。

解 如图 9-14 所示，三棱柱体由 5 个平面构成了一个闭合曲面，其中 $MNPOM$ 所围的面积为 S_1，$MNQM$ 和 $OPRO$ 所围的面积分别为 S_2 和 S_3，$MORQM$ 和 $NPRQN$ 所围的面积分别为 S_4 和 S_5。设在此匀强电场中通过 S_1，S_2，S_3，S_4，S_5 的电场强度通量分别为 Φ_{e1}，Φ_{e2}，Φ_{e3}，Φ_{e4}，Φ_{e5}，则通过闭合曲面的电场强度通量为

$$\Phi_e = \Phi_{e1} + \Phi_{e2} + \Phi_{e3} + \Phi_{e4} + \Phi_{e5}$$

利用式(9-10)，得通过 S_1 的电场强度通量为

$$\Phi_{e1} = \int_{S_1} \boldsymbol{E}\cdot d\boldsymbol{S}$$

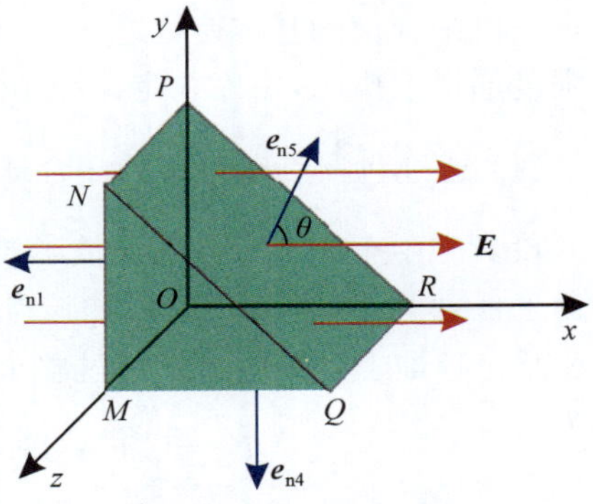

图 9-14 例题 9-5 用图

由图 9-14 可知，面 S_1 的正法线矢量 $\boldsymbol{e}_{n1}$ 的方向和 $\boldsymbol{E}$ 的方向之间的夹角为 π，故

$$\Phi_{e1} = ES_1\cos\pi = -ES_1$$

面 S_2，S_3 和 S_4 的正法线矢量 $\boldsymbol{e}_{n2}$，$\boldsymbol{e}_{n3}$，$\boldsymbol{e}_{n4}$ 的方向均与 $\boldsymbol{E}$ 的方向垂直，所以

$$\Phi_{e2} = \Phi_{e3} = \Phi_{e4} = \int_S \boldsymbol{E}\cdot d\boldsymbol{S} = 0$$

面 S_5 的正法线矢量 $\boldsymbol{e}_{n5}$ 的方向和 $\boldsymbol{E}$ 的方向之间的夹角 $0<\theta<\frac{\pi}{2}$，所以

$$\Phi_{e5}=\int_{S_5}\boldsymbol{E}\cdot d\boldsymbol{S}=ES_5\cos\theta$$

因 $S_5\cos\theta=S_1$，故

$$\Phi_{e5}=ES_1$$

将它们代入 Φ_e 的表达式中，得

$$\Phi_e=\Phi_{e1}+\Phi_{e2}+\Phi_{e3}+\Phi_{e4}+\Phi_{e5}=-ES_1+ES_1=0$$

上述结果表明，在匀强电场中穿入三棱柱体的电场线与穿出三棱柱体的电场线相等，即穿过闭合曲面(三棱柱体表面)的电场强度通量为零。

9.3.3 高斯定理

既然可以用电场线来形象地描述电荷所激发的电场，那么，对一定电荷量的电荷来说，通过空间某一给定闭合曲面的电场线数也应是一定的。可见，这两者之间必有确定的关系。高斯(Johann Carl Friedrich Gauss，1777—1855 年，德国数学家、物理学家、天文学家、大地测量学家)曾从理论上证明，静电场中任一闭合曲面上所通过的电场强度通量与这一闭合曲面内所包围的电荷量间存在着确定的量值关系，这一关系被称为**高斯定理(Gauss theorem)**：**在真空静电场中通过任何一闭合曲面 S 的电场强度通量，等于该闭合曲面所包围的电荷量除以 ε_0**，而与 S 以外的电荷无关，即

$$\Phi_e=\oint_S\boldsymbol{E}\cdot d\boldsymbol{S}=\frac{q}{\varepsilon_0}\tag{9-12}$$

式中，q 表示对闭合曲面 S 内部的电荷量的代数和。该闭合曲面 S 通常称为**高斯面**。高斯定理是电磁理论的基本方程之一，它反映了电场强度与电荷之间的普遍关系。下面利用电场强度通量的概念，由库仑定律和场强叠加原理导出高斯定理。

(1) 通过包围点电荷 q 的闭合球面 S 的电通量为 $\frac{q}{\varepsilon_0}$。

设真空中有一个点电荷 q 被半径为 r 的球面 S 所包围，并且 q 处于球心。显然，这样的球面上任意一点，电场强度 $\boldsymbol{E}$ 和该点处面元 $d\boldsymbol{S}$ 的方向一致，都沿着半径向外，且 $\boldsymbol{E}$ 的大小 E 在整个球面上处处相等。通过整个球面的电场强度通量应为

$$\Phi_e=\oint_S\boldsymbol{E}\cdot d\boldsymbol{S}=\oint_S E\,dS\cos0=\frac{q}{4\pi\varepsilon_0 r^2}\oint_S dS=\frac{q}{\varepsilon_0}$$

与高斯定理给出的结果一致。

(2) 通过包围点电荷 q 的任意闭合曲面 S 的电通量为 $\frac{q}{\varepsilon_0}$。

如图 9-15 所示，如果以任意闭合曲面 S 包围点电荷 q，这时我们以 q 所在点为中心，作球面 S_1，并使 S_1 处于闭合曲面 S 的外部。在球面 S_1 与曲面 S 之间无其他电荷存在时，根据电场线的连续性，穿过球面 S_1 的电场线，必定也穿过闭合曲面 S。所以穿过任意闭合曲面 S 的电场线条数即电场强度通量必然为 q/ε_0，即

$$\Phi_e=\oint\!\!\!\oint_S \boldsymbol{E}\cdot d\boldsymbol{S}=\frac{q}{\varepsilon_0}$$

可见，对于包围着一个点电荷的任意闭合曲面，高斯定理是成立的。

(3) 通过不包围点电荷 q 的任意闭合曲面 S 的电通量必为零。

如图 9-16 所示，点电荷 q 在闭合曲面 S 之外时，在前面的讨论中已经得出结论，电场线不在没有电荷的地方中断，而是一直延伸到无限远。所以由 q 发出的电场线凡是穿入 S 的，必定又从 S 穿出。于是穿过 S 的电场线净条数必定等于零，即闭合曲面 S 的电场强度通量必定等于零，这也是与高斯定理的结论一致，同时说明了高斯面外面的电荷对该面的电场强度通量没有贡献。

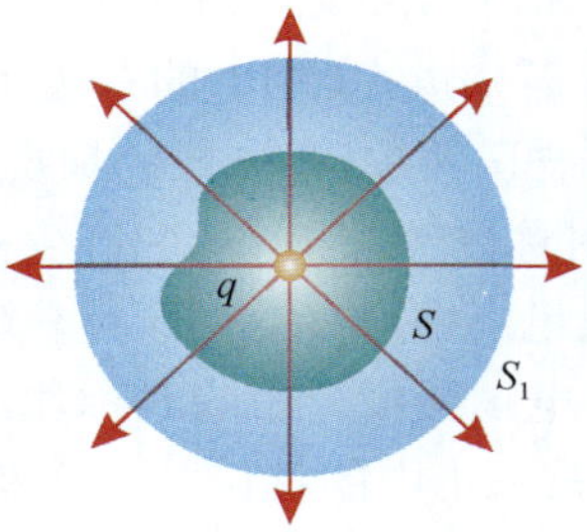

图 9-15 曲面内点电荷的电场强度通量

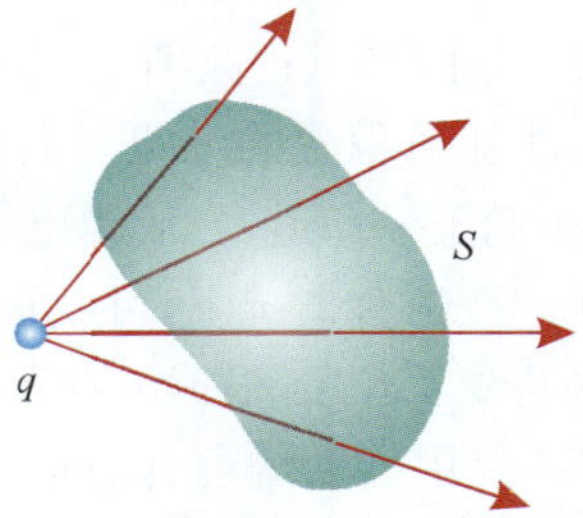

图 9-16 曲面外点电荷的电场强度通量

(4) 计算通过包围点电荷系的任意闭合曲面 S 的电通量。

设任意闭合曲面 S 包围 n 个点电荷 $q_1,q_2,\cdots,q_n$，在曲面 S 外还有 k 个点电荷，q_{n+1}，$q_{n+2},\cdots,q_{n+k}$。根据电场强度叠加原理，可得通过闭合曲面 S 的电场强度通量为

$$\begin{aligned}\Phi_e&=\oint\!\!\!\oint_S \boldsymbol{E}\cdot d\boldsymbol{S}=\oint\!\!\!\oint_S(\boldsymbol{E}_1+\boldsymbol{E}_2+\cdots+\boldsymbol{E}_n+\boldsymbol{E}_{n+1}+\cdots+\boldsymbol{E}_{n+k})\cdot d\boldsymbol{S}\\&=\left(\oint\!\!\!\oint_S \boldsymbol{E}_1\cdot d\boldsymbol{S}+\oint\!\!\!\oint_S \boldsymbol{E}_2\cdot d\boldsymbol{S}+\cdots+\oint\!\!\!\oint_S \boldsymbol{E}_n\cdot d\boldsymbol{S}\right)+\\&\quad\left(\oint\!\!\!\oint_S \boldsymbol{E}_{n+1}\cdot d\boldsymbol{S}+\oint\!\!\!\oint_S \boldsymbol{E}_{n+2}\cdot d\boldsymbol{S}+\cdots+\oint\!\!\!\oint_S \boldsymbol{E}_{n+k}\cdot d\boldsymbol{S}\right)\\&=\left(\frac{q_1}{\varepsilon_0}+\frac{q_2}{\varepsilon_0}+\cdots+\frac{q_n}{\varepsilon_0}\right)+(0+0+\cdots+0)=\frac{1}{\varepsilon_0}\sum_i q_i\end{aligned}$$

这样就证明了高斯定理式(9-12)的正确性。

如果任意闭合曲面 S 包围了一个任意的带电体，这时，可以把带电体划分成很多很小的点电荷 dq，不过这时式(9-12)右边的求和要改为积分，高斯定理可表示为

$$\Phi_e=\oint\!\!\!\oint_S \boldsymbol{E}\cdot d\boldsymbol{S}=\frac{1}{\varepsilon_0}\int dq \tag{9-13}$$

需要指出的是，在高斯定理的表达式(9-12)中，等号右端的是包围在高斯面内的电荷量的代数和，而左端的 $\boldsymbol{E}$ 却是空间(包括高斯面内和高斯面外)所有电荷在高斯面上产生的合电场强度。这就是说，高斯面以外的电荷虽然对高斯面的电场强度通量无贡献，但是对高斯面上的电场强度有贡献。

应该指出，虽然高斯定理的存在与库仑定律的 r 平方反比律相联系，但库仑定律是从电荷间的作用反映静电场的性质，而高斯定理则是从场和场源电荷间的关系反映静电场的性质。从场的研究方面来看，高斯定理比库仑定律更基本，应用范围更广泛。库仑定律只适用于静电场，而高斯定理不但适用于静电场，对变化电场也是适用的，关于这一点，我们将在第12章中论述。

9.3.4 高斯定理的应用

高斯定理普遍适用于任何电场，一方面利用高斯定理可以求电荷分布。在式(9-12)中，高斯面具有任意性。因此，若在某区域内电场强度分布已知，利用高斯定理可求出此区域内的电荷及分布；另一方面可以由高斯定理求电场强度分布。若知道式(9-12)的右端(即知道电荷在空间的分布)，即知道积分的结果。若要求出定积分的被积函数，在一般的情况下不能做到。但是，由前述我们已经知道，当场源电荷分布具有某种对称性时，相应地，它产生的电场也将具有某种对称性。在这种情况下，可以运用高斯定理求出电场强度分布。这种求解电场强度的方法一般包含两步：首先，根据电荷分布的对称性分析电场强度分布的对称性，选取高斯面，计算 Φ_e；然后，应用高斯定理计算电场强度数值。在第一步中的关键技巧是根据场的对称性特点选取(或设想)合适的高斯面，以便能使电场强度的大小 E 以常量的形式从积分中提出来。例如：点电荷、均匀带电球(体、面)的高斯面选球面；无限长均匀带电体(直线、柱面、柱体)的高斯面选柱面；无限大均匀带电平面及几个无限大均匀带电平行平面的高斯面选柱面。下面通过几个例题来说明。

[例题 9-6]

求均匀带电球面内、外的电场强度。设球面半径为 R，带电荷量为 $+Q$。

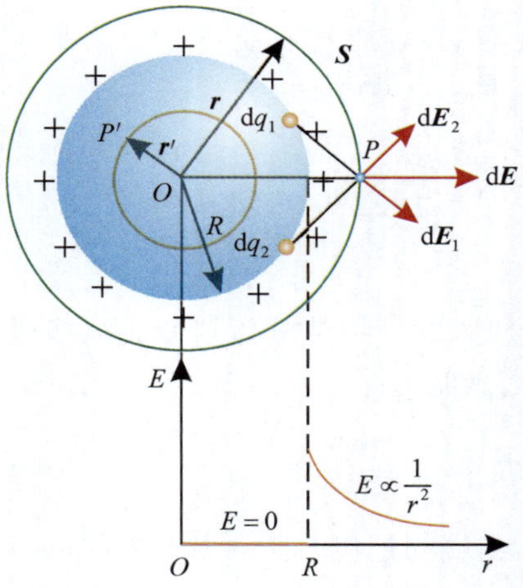

图 9-17 例题 9-6 用图

解 由于电荷均匀分布在球面上，该带电体具有球对称性，所以电场强度分布也具有球对称性，在任何与带电球面同圆心的球面上电场强度的大小都相等，方向沿半径向外。如图 9-17 所示，在带电球面外、与球心 O 相距 r 处取任一场点 P，点 P 和球心的连线 OP 沿半径方向。故对球面上任一电荷元 dq_1，总可在球面上找到等电荷量的另一电荷 dq_2，两者关于连线 OP 完全对称，故它们在点 P 产生的电场强度 $d\boldsymbol{E}_1$ 和 $d\boldsymbol{E}_2$ 对称于连线 OP。将整个带电球面上的每一对称电荷元在点 P 的电场强度叠加，所得的总电场强度 $\boldsymbol{E}$ 的方向也必定沿着连线 OP，即沿半径方向。同理，可得通过点 P 并与带电球面同心的球面上和在带电球面内各点的电场强度，其方向各自沿所在半径向外，所以，均匀带电球面的电场强度分布是球对称的。

根据上述分析，取通过点 P 的同心球面作为高斯面 $\boldsymbol{S}$，面上各点的电场强度 $\boldsymbol{E}$ 的大小处处都与点 P 的电场强度相同，$\boldsymbol{E}$ 的方向沿其半径而指向球外。球面上某点的电场强度与该点外法线即面元 $\mathrm{d}\boldsymbol{S}$ 的方向一致，即 $\boldsymbol{E}$ 与 $\mathrm{d}\boldsymbol{S}$ 之间的夹角 $\theta=0$，$\cos\theta=1$。通过此高斯面的电场强度通量为

$$\Phi_e=\oint\!\!\!\oint_S \boldsymbol{E}\cdot\mathrm{d}\boldsymbol{S}=\oint\!\!\!\oint_S E\,\mathrm{d}S=E\cdot 4\pi r^2$$

当场点 P 在带电球面外($r>R$)时，高斯面所包围的电荷量 $\sum_i q_i$ 即为球面上所带电荷量 Q。根据高斯定理，有

$$E\cdot 4\pi r^2=\frac{Q}{\varepsilon_0}$$

由此得到点 P 的电场强度大小为

$$E=\frac{Q}{4\pi\varepsilon_0 r^2}$$

用 $\boldsymbol{e}_r$ 表示 r 方向的单位矢量(沿半径向外为正方向)，可以把电场强度写成矢量式

$$\boldsymbol{E}=\frac{Q}{4\pi\varepsilon_0 r^2}\boldsymbol{e}_r,\quad r>R$$

上式表明，均匀带电球面外的电场强度分布与球面上的电荷都集中在球心时所形成的点电荷在该区域的电场强度分布一样。若 $Q<0$，则电场强度 $\boldsymbol{E}$ 的方向与 $\boldsymbol{e}_r$ 的方向相反，即沿半径指向球内。

当场点 P' 在带电球面内($r'<R$)，则选取通过点 P' 的同心球面 $\boldsymbol{S}'$ 作为高斯面，由于球面内没有电荷，即 $\sum_i q_i=0$，根据高斯定理，有

$$E\cdot 4\pi r'^2=0$$
$$E=0,\quad r'<R$$

由此得到，在球面内的电场强度均为零。在球面处($r=R$)电场强度不连续，存在突变。

[例题 9-7]

求无限大均匀带电平面产生的电场强度。已知带电平面的电荷面密度为 σ。

解 如图 9-18 所示，由于均匀带电平面无限大，带电平面两侧附近电场分布对称于该平面。因此，在离带电平面等距离处的电场强度大小都相等、方向都垂直于带电平面。

根据上述分析，选取一个穿过平面且轴线垂直于带电平面的直圆柱体的表面作为高斯面 $\boldsymbol{S}$，带电平面平分此圆柱体，场点 P 位于它的一个底面上。由于圆柱侧面上各点的电场强度方向垂直于侧面的法线方向，$\theta=\pi/2$，$\cos\theta=0$，所以通过圆柱侧面的电场强度通量为零，又两个对称底面上的电场强度相等，故通过它们的电场强度通量也相等，均匀穿出(设 $\sigma>0$)，且电场强度方向与底面法向的夹角 $\theta=0$，$\cos\theta=1$。设圆柱体两底面积均为 ΔS，则通过高斯面的电场强度通量为

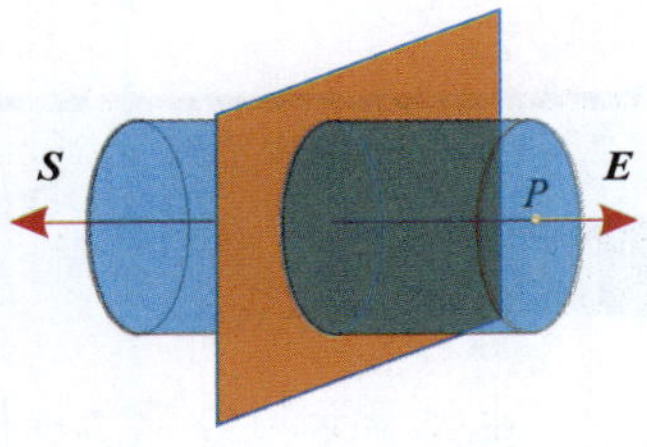

图 9-18 例题 9-7 用图

$$\Phi_e = \oint_S \boldsymbol{E} \cdot d\boldsymbol{S} = \iint_{左底面} \boldsymbol{E} \cdot d\boldsymbol{S} + \iint_{右底面} \boldsymbol{E} \cdot d\boldsymbol{S} = 2E\iint_{\Delta S} dS = 2E\Delta S$$

该圆柱面 S 内所包围的电荷为

$$\sum_i q_i = \sigma \Delta S$$

根据高斯定理

$$2E\Delta S = \frac{\sigma \Delta S}{\varepsilon_0}$$

解得

$$E = \frac{\sigma}{2\varepsilon_0} \tag{9-14}$$

式(9-14)表明，电场强度 $\boldsymbol{E}$ 的大小与场点到平面的距离无关。因此，无限大均匀带电平面在其两侧产生的电场都是匀强电场。当 $\sigma>0$ 时，电场强度 $\boldsymbol{E}$ 的方向背离平面；当 $\sigma<0$ 时，电场强度 $\boldsymbol{E}$ 的方向指向平面。

利用上述结果，可求出两个带等量异号电荷、平行的无限大均匀带电平面的电场强度分布。如图 9-19 所示，设两个平面上的电荷密度分别为 $+\sigma$ 和 $-\sigma$，它们在各自两侧产生的电场强度分别为 $\boldsymbol{E}_1$ 和 $\boldsymbol{E}_2$，由式(9-14)可知，$\boldsymbol{E}_1$ 和 $\boldsymbol{E}_2$ 的大小都是 $E=\frac{\sigma}{2\varepsilon_0}$，方向如图 9-19(a)所示，在Ⅰ、Ⅲ区域电场强度 $\boldsymbol{E}_1$ 和 $\boldsymbol{E}_2$ 方向相反，Ⅱ区域电场强度 $\boldsymbol{E}_1$ 和 $\boldsymbol{E}_2$ 方向一致。

根据电场强度叠加原理可得(取正方向向右)如下结果：

Ⅰ 区域 $\quad E = E_2 - E_1 = 0$

Ⅱ 区域 $\quad E = E_2 + E_1 = \dfrac{\sigma}{\varepsilon_0}$

Ⅲ 区域 $\quad E = E_1 - E_2 = 0 \qquad (9\text{-}15)$

上述结果可以看出，两个带等量异号电荷的无限大平行平面之间的电场是均匀电场，其方向由带正电的平面指向带负电的平面，如图 9-19(b)所示。

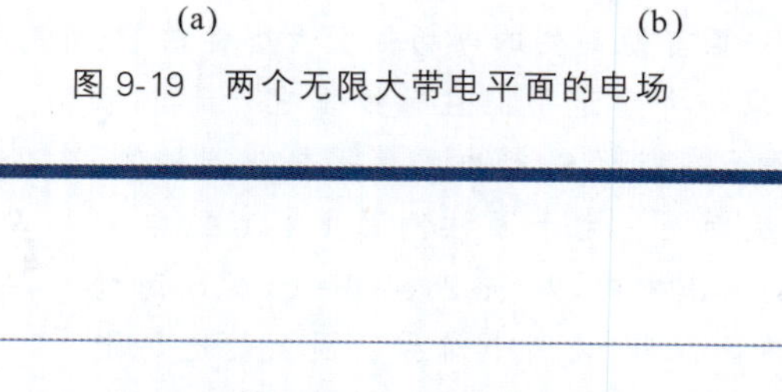

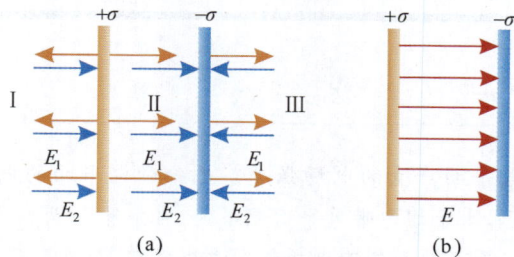

图 9-19 两个无限大带电平面的电场

[例题 9-8]

求无限长均匀带电细棒产生的电场强度分布。设细棒电荷线密度为 λ。

解 由于带电细棒无限长，其电荷分布是均匀的，所以在任何垂直于细棒的平面内的同心圆周上电场强度的大小都相等，方向都垂直于细棒向外辐射。这就是说，无限长均匀带电细棒的电场强度具有轴对称性。如图 9-20 所示，在细棒外任取一点 P，以带电细棒为轴，作一个通过点 P、高为 l、半径为 r 的圆柱面为高斯面 $\boldsymbol{S}$，通过高斯面 $\boldsymbol{S}$ 的电场强度通量等于通过圆柱体侧面以及上、下底面三部分的电场强度通量之和。

$$\Phi_e = \oint_S \boldsymbol{E} \cdot d\boldsymbol{S} = \iint_{侧面} \boldsymbol{E} \cdot d\boldsymbol{S} + \iint_{上底面} \boldsymbol{E} \cdot d\boldsymbol{S} + \iint_{下底面} \boldsymbol{E} \cdot d\boldsymbol{S}$$

此圆柱面上、下底面上的电场强度方向与底面法向垂直（即电场强度平行于底面）。$\theta=\pi/2$，$\cos\theta=0$，即上式中后两项为零。侧面的法线方向和电场强度的方向一致，$\theta=0$，$\cos\theta=1$，因此得

$$\iint_{侧面} \boldsymbol{E} \cdot d\boldsymbol{S} = \iint_{侧面} E dS = E \iint_{侧面} dS = E \cdot 2\pi r l$$

此高斯面内所包围的电荷量为 λl。根据高斯定理有

$$\Phi_e = E 2\pi r l = \frac{\lambda l}{\varepsilon_0}$$

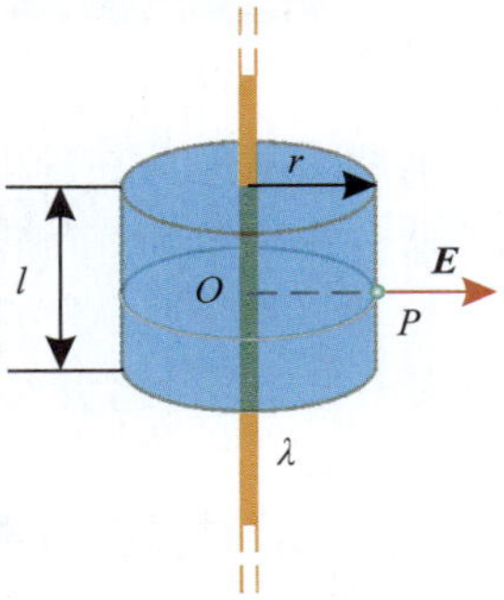

图 9-20 例题 9-8 用图

由此得到距离细棒 r 处的电场强度 $\boldsymbol{E}$ 的大小为

$$E = \frac{\lambda}{2\pi\varepsilon_0 r} \tag{9-16}$$

其方向沿场点到细棒的垂线方向，指向由电荷的符号决定。

这与例题 9-3 的推论是一致的，但是利用高斯定理计算却简便得多。

利用式(9-16)可以计算出闪电的电子柱的半径。闪电的可见部分之前有一个不可见的阶段，在该阶段一根电子柱从浮云向下延伸到地面，这些电子柱来自浮云和在该柱内被电离的空气分子，沿该柱的电荷线密度为 -1×10^{-3} C/m。当电子柱到达地面，柱内电子迅速地倾泻到地面，在倾泻期间，运动电子与柱内空气的碰撞导致明亮的闪电。尽管电子柱不是直的或无限长，但我们可把它近似为图 9-21 中的电荷线，若空气分子在超过 3×10^6 N/C 的电场中被击穿，则电场 $\boldsymbol{E}$ 的大小随离电子柱轴线距离的增大而减小，电子柱的表面在半径 r 处 $\boldsymbol{E}$ 的大小为 3×10^6 N/C，因此在该半径内的空气分子电离而那些向外更远的分子则不电离。由式(9-16)解得 r 并代入数据，可以得到电子柱的半径

图 9-21 壮观的闪电

$$r = \frac{\lambda}{2\pi\varepsilon_0 E} = \frac{1\times10^{-3}}{2\pi\times8.85\times10^{-12}\times3\times10^6}\,\text{m} = 6\,\text{m}$$

虽然一次闪电的发光半径可能只是 6m，但因为轰击所倾泻的电子柱沿地面行进，这种地面电流是致命的。因此在离轰击点距离较大的某地也不会是安全的。

从上面所举的几个例题可以看出，在应用高斯定理求电场强度时，带电体必须具有一定的对称性，使高斯面上的电场强度分布具有一定的对称性。只有在这种情况下，利用高斯定理才有可能较简便地求得电场强度。

9.4 静电场的环路定理　电势

前两节从电荷在静电场中受到静电场力的角度引入了电场强度 $\boldsymbol{E}$，并以 $\boldsymbol{E}$ 描述静电场的性质。由于电荷在静电场中受静电场力作用，所以电荷在静电场中运动时，静电场力就要对它做功。本节将从静电场力对静电场中的运动电荷做功的特性出发，研究静电场的另一个重要性质，并由此引入描述静电场的另一个物理量——电势(electric potential)。

9.4.1 静电场力是保守力

在牛顿力学中，我们曾论证了保守力——万有引力和弹性力对质点做功只与质点的起始和终了位置有关，而与路径无关这一重要特性，并由此引入相应的势能概念。那么静电场力——库仑力的情况怎样呢？是否也具有保守力做功的特性而可以引入电势能的概念？

从库仑定律和电场强度叠加原理出发，可以证明静电场力所做的功与路径无关，即静电场力是保守力。证明分两个步骤：首先证明在单个点电荷产生的电场中，静电场力所做的功与路径无关；然后证明对任何带电体系产生的电场来说，也有相同的结论。

(1) 单个点电荷产生的电场

如图 9-22 所示，在一固定位置的正点电荷 q 的电场中移动试验点电荷 q_0，位矢 $\boldsymbol{r}$ 处电荷 q 的电场强度为 $\boldsymbol{E}$，试验点电荷 q_0 受到的静电场力为 $q_0\boldsymbol{E}$。点电荷 q_0 从位矢 $\boldsymbol{r}$ 处移动 $\mathrm{d}\boldsymbol{l}$，电荷 q 的电场对 q_0 做的元功为

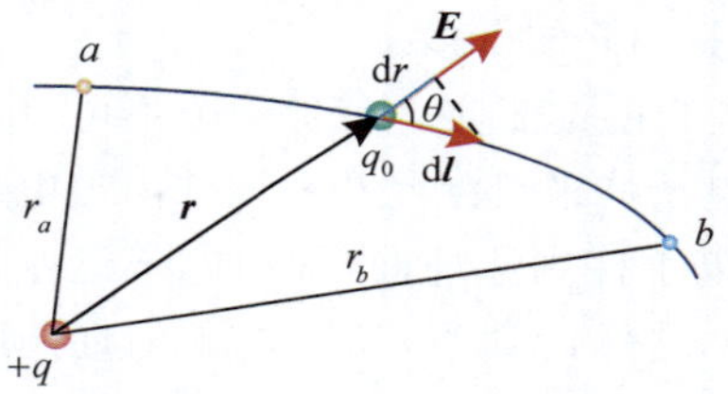

图 9-22　静电场力做功

$$\mathrm{d}W = q_0\boldsymbol{E}\cdot\mathrm{d}\boldsymbol{l} = q_0E\,|\,\mathrm{d}\boldsymbol{l}\,|\cos\theta = q_0\,\frac{q}{4\pi\varepsilon_0 r^2}\mathrm{d}r$$

式中，θ 是 $\boldsymbol{E}$ 与 $\mathrm{d}\boldsymbol{l}$ 之间的夹角，$E=\dfrac{q}{4\pi\varepsilon_0 r^2}$，$\cos\theta\mathrm{d}l=\mathrm{d}r$，$\mathrm{d}r$ 是位移 $\mathrm{d}\boldsymbol{l}$ 沿电场强度方向的投影。

当试验电荷 q_0 从点 a 移动到点 b，电场力所做的功为

$$W_{ab}=\int_a^b \mathrm{d}W=\int_{r_a}^{r_b}\frac{q_0q}{4\pi\varepsilon_0 r^2}\mathrm{d}r=\frac{qq_0}{4\pi\varepsilon_0}\left(\frac{1}{r_a}-\frac{1}{r_b}\right) \tag{9-17}$$

式(9-17)表明，试验点电荷 q_0 在静止点电荷 q 的电场中移动时，静电场力所做的功只与 q_0 的始点和终点位置以及试验电荷 q_0 的量值有关，而与试验电荷 q_0 在电场中所经历的路径无关。这是因为在上述计算中，我们取的是任意路径且式(9-17)的计算结果并未反映出路径的形状、长短等特征。上述结论对于任何静电场皆适用。

(2) 任何带电体系产生的电场

一般静电场是由点电荷系或任意带电体激发的，而任意带电体可以分割成无限多个点电荷。由电场强度叠加原理已知，点电荷系的电场强度 $\boldsymbol{E}$ 是点电荷 $q_1,q_2,\cdots,q_n$ 分别单独存在时的电场强度 $\boldsymbol{E}_1,\boldsymbol{E}_2,\cdots,\boldsymbol{E}_n$ 的矢量和，即

$$\boldsymbol{E}=\boldsymbol{E}_1+\boldsymbol{E}_2+\cdots+\boldsymbol{E}_n=\sum_{i=1}^{n}\boldsymbol{E}_i$$

当试验电荷 q_0 在电场 $\boldsymbol{E}$ 中从场点 a 沿任意路径移动到点 b 时，电场力 $q_0\boldsymbol{E}$ 对试验电荷 q_0 所做的功为

$$
\begin{aligned}
W_{ab} &= \int_a^b q_0\boldsymbol{E}\cdot\mathrm{d}\boldsymbol{l} = \int_a^b q_0(\boldsymbol{E}_1+\boldsymbol{E}_2+\cdots+\boldsymbol{E}_n)\cdot\mathrm{d}\boldsymbol{l} \\
&= q_0\left(\int_a^b \boldsymbol{E}_1\cdot\mathrm{d}\boldsymbol{l}+\int_a^b \boldsymbol{E}_2\cdot\mathrm{d}\boldsymbol{l}+\cdots+\int_a^b \boldsymbol{E}_n\cdot\mathrm{d}\boldsymbol{l}\right) \\
&= \sum_{i=1}^{n}\frac{q_0q_i}{4\pi\varepsilon_0}\left(\frac{1}{r_{ia}}-\frac{1}{r_{ib}}\right)
\end{aligned}
\tag{9-18}
$$

即静电场力所做的功等于各个场源点电荷对试验电荷所施电场力做功的代数和。由于每一个场源点电荷施于试验电荷的电场力所做的功，都与路径无关，因此这些功的代数和也与路径无关。故得出结论：**试验电荷在任何静电场中移动时，静电场力所做的功，仅与试验电荷及其始点和终点的位置有关，而与所经历的路径无关。**

一般地，点电荷 q_0 在任何静电场中移动时，电场力对 q_0 所做的功均与 q_0 移动的路径无关，这一特性叫作**静电场的保守性**，相应的静电场力是保守力，这与万有引力和弹性力做功的特性是一样的。

9.4.2 静电场的环路定理

静电场力所做的功与路径无关这一结论还可以表述成另一种等价的形式。如图 9-23 所示，当试验电荷 q_0 在静电场中从某点 a 出发，经过一个任意闭合路径 L 又回到起点 a，由式(9-17)或式(9-18)可知，电场力做的功应为零，即

$$
\begin{aligned}
W &= q_0\oint_L \boldsymbol{E}\cdot\mathrm{d}\boldsymbol{l} = q_0\int_{acb}\boldsymbol{E}\cdot\mathrm{d}\boldsymbol{l} + q_0\int_{bda}\boldsymbol{E}\cdot\mathrm{d}\boldsymbol{l} \\
&= q_0\int_{acb}\boldsymbol{E}\cdot\mathrm{d}\boldsymbol{l} - q_0\int_{adb}\boldsymbol{E}\cdot\mathrm{d}\boldsymbol{l} = 0
\end{aligned}
$$

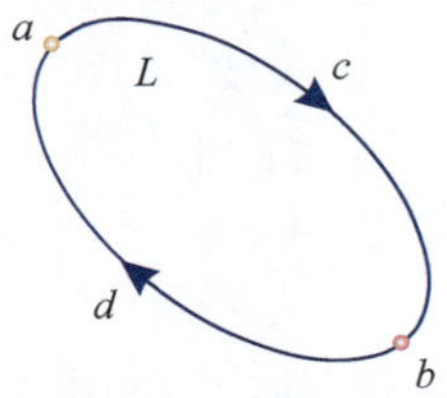

图 9-23 环路积分

上式也可写为

$$
\oint_L \boldsymbol{E}\cdot\mathrm{d}\boldsymbol{l} = 0 \tag{9-19}
$$

上式表明，电场强度沿任意闭合路径的线积分(电场强度 $\boldsymbol{E}$ 的环流)为零，这是静电场的保守性的另一种表述。式(9-19)反映了静电场的又一个基本规律，称为**静电场的环路定理(circuital theorem of electrostatic field)**。静电场的环路定理是电场力做功与路径无关的必然结果，它是描述静电场规律的另一条重要的定理。

静电场的高斯定理和环路定理是描述静电场规律的两条基本定理。高斯定理指出静电场是有源的，环路定理指出静电场是一种保守力场。

9.4.3 电势能 电势和电势差

力学中的重力、万有引力、弹性力是保守力，可以引入相应的重力势能、引力势能和弹性势能来描述质点在保守力场中与位置有关的能量。静电场力做功与路径无关这一特性，表明静电场是保守力场，亦即静电场力是保守力。完全类似地，我们也可以引入一个描述点电

荷在电场中与位置有关的能量，这就是电势能。根据电势能可以进一步引入电势和电势差的概念。

1. 电势能

由于在保守力场中，保守力所做的功等于相应势能增量的负值，所以静电场力所做的功也等于电势能增量的负值。用符号 ε 表示试验电荷 q_0 在电场中一定的位置处具有的电势能。设 q_0 在位置 a 的电势能是 ε_a，在位置 b 时的电势能是 ε_b，当试验电荷 q_0 从位置 a 沿任意路径运动到位置 b 时，电场力所做的功 W_{ab} 应等于相应势能增量的负值，即

$$W_{ab}=-(\varepsilon_b-\varepsilon_a)=\int_a^b q_0\boldsymbol{E}\cdot \mathrm{d}\boldsymbol{l} \tag{9-20}$$

电势能与重力势能相似，是一个相对量。为了确定电荷在电场中某一点电势能的大小，必须选定一个参考点作为零电势能点。当带电体系局限在有限大的空间时，通常选择无穷远处的电势能为零。在式(9-20)中，如果令 $\varepsilon_b=0$，即选取点 b 为零势能点，则 q_0 在电场中任一点 a 的电势能为

$$\varepsilon_a=W_{a\infty}=\int_a^\infty q_0\boldsymbol{E}\cdot \mathrm{d}\boldsymbol{l} \tag{9-21}$$

即试验电荷在电场中任一点 a 的电势能，等于电荷 q_0 从点 a 移到无限远处(零电势能点)电场力对它所做的功。在国际单位制中，电势能的单位是焦耳(J)，还有一个常用单位为 eV，$1\mathrm{eV}=1.602\times10^{-19}\mathrm{J}$。

电势能属于静电场和试验电荷所组成的系统。由于零电势能规定的相对性，因此电势能的大小是相对的，并且电势能也有正负之分，是标量。

2. 电势和电势差

由式(9-20)可知，q_0 在移动过程中，电势能的减小量 $\varepsilon_a-\varepsilon_b$ 与试验电荷量 q_0 成正比，但是它们的比值

$$\frac{\varepsilon_a-\varepsilon_b}{q_0}=\int_a^b\boldsymbol{E}\cdot \mathrm{d}\boldsymbol{l}$$

却与试验电荷的电荷量 q_0 无关，完全由电场强度在 a、b 两点间的线积分决定。我们把**单位正电荷在某位置上的电势能称为电势(electric potential)**，即

$$V=\frac{\varepsilon}{q_0} \tag{9-22}$$

因此 $\frac{\varepsilon_a}{q_0}-\frac{\varepsilon_b}{q_0}=V_a-V_b$，$V_a$ 和 V_b 分别是电场中点 a 的电势和点 b 的电势，显然它们分别等于单位正电荷在点 a 和点 b 的电势能。电势与试验电荷无关。电势是标量，在国际单位制中，电势的单位是伏特(V)，即 $1\mathrm{V}=1\mathrm{J/C}$。

静电场中任意两点 a 和 b 的电势之差，即 V_a-V_b 称为**电势差(electric potential difference)**，用 U_{ab} 表示。于是有

$$U_{ab}=V_a-V_b=\int_a^b\boldsymbol{E}\cdot \mathrm{d}\boldsymbol{l} \tag{9-23}$$

式(9-23)就是电势差的定义式，它表明电场中 a、b 两点间的电势差在量值上等于把单位正电荷从点 a 移到点 b 时电场力所做的功。电势差又称为电压(见表 9-1)。

表 9-1 几种常见的电势差　　单位：V

类　型	电 势 差	类　型	电 势 差
生物电	10^{-3}	家用交流电源	110 或 220
普通干电池	1.5	高压输电线	可达 5.5×10^5
汽车电源	12	闪电	$10^8\sim10^9$

式(9-23)给出的只是电场中两点的电势差，而不是各点的电势，为了确定某点的电势，必须选择一个电势为零的参考点。在理论上，如果电荷分布在有限空间内，则可选择无限远处的电势为零。然而在实际问题中，常选择大地的电势为零。这样，任何导体接地后，就认为它的电势也为零。如某点相对于大地的电势差为 380V，那么该点的电势就为 380V。在电子仪器中，常取机壳或公共地线的电势为零，各点的电势值就等于它们与公共地线(或机壳)之间的电势差，只要测出这些电势差的数值，就很容易判定仪器工作是否正常。电势能零点的选择与电势零点的选择是一致的，电荷处于电场中电势为零的地方，其电势能也必定为零。如果选择无限远处的电势为零，根据式(9-23)，电场中任意一点 a 的电势可以表示为

$$V_a = V_a - V_\infty = \int_a^\infty \boldsymbol{E}\cdot \mathrm{d}\boldsymbol{l} \tag{9-24}$$

式(9-24)表明电场中某点的电势，等于把单位正电荷从该点沿任意路径移到无限远处电场力所做的功。如果知道电场的分布，则可由式(9-24)求得电场中各点的电势。

电势差和电势的单位相同。电势是相对的，而电势差是绝对的。任意两点的电势差与电势的零点选取无关。

如果已知电场中的电势分布，根据式(9-20)，可以方便地利用电势差求出点电荷在电场中移动时电场力所做的功

$$W_{ab} = q_0 U_{ab} = q_0 (V_a - V_b) \tag{9-25}$$

9.4.4 电势的计算

1. 点电荷电场的电势

设在点电荷 q 的电场中，任意一点 a 距点电荷 q 的距离为 r。点电荷 q 在点 a 处的电场强度为

$$\boldsymbol{E} = \frac{1}{4\pi\varepsilon_0}\frac{q}{r^2}\boldsymbol{e}_r$$

进行与式(9-24)相同的积分，需要从场点 a 到电势零点(无限远处)选取一个积分路径。由于积分的结果与路径无关，我们就可以选取一条便于计算的路径对 $\boldsymbol{E}$ 进行积分。如图 9-24 所示，选积分路径 L 沿点电荷 q 到点 a 的连线向外(即单位矢量 $\boldsymbol{e}_r$ 的方向)，就有 $\boldsymbol{E}\cdot \mathrm{d}\boldsymbol{l} = \boldsymbol{E}\cdot \mathrm{d}\boldsymbol{r} = E\mathrm{d}r$。这样就可计算出点 a 的电势

$$V = \int_a^\infty \boldsymbol{E}\cdot \mathrm{d}\boldsymbol{l} = \int_r^\infty E\mathrm{d}r$$

$$= \int_r^\infty \frac{1}{4\pi\varepsilon_0}\frac{q}{r^2}\mathrm{d}r = \frac{q}{4\pi\varepsilon_0 r} \tag{9-26}$$

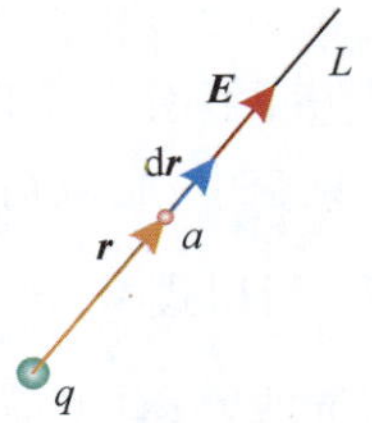

图 9-24　点电荷电场的电势

由式(9-26)可知，如果场源点电荷 q 是正的，则电场中所有点的电势都是正的，且离电荷越远，电势越低，到无限远处电势

为零，这是最小值；如果场源点电荷 q 是负的，则电场中所有点的电势都是负的，且离电荷越远，电势越高，到无限远处电势为零，这是最大值。

2. 电势叠加原理

在由 n 个点电荷 $q_1, q_2, \cdots, q_n$ 组成的点电荷系共同激发的电场中，每个点电荷单独存在时在电场中某一点 a 处产生的电场强度分别为 $\boldsymbol{E}_1, \boldsymbol{E}_2, \cdots, \boldsymbol{E}_n$。根据电场强度叠加原理，点电荷 $q_1, q_2, \cdots, q_n$ 在点 a 产生的总电场强度为 $\boldsymbol{E}=\boldsymbol{E}_1+\boldsymbol{E}_2+\cdots+\boldsymbol{E}_n$，由电势定义式(9-24)可得，点 a 处的电势为

$$V_a=\int_a^{\infty}\boldsymbol{E}\cdot\mathrm{d}\boldsymbol{l}=\int_a^{\infty}(\boldsymbol{E}_1+\boldsymbol{E}_2+\cdots+\boldsymbol{E}_n)\cdot\mathrm{d}\boldsymbol{l}$$

$$=\int_a^{\infty}\boldsymbol{E}_1\cdot\mathrm{d}\boldsymbol{l}+\int_a^{\infty}\boldsymbol{E}_2\cdot\mathrm{d}\boldsymbol{l}+\cdots+\int_a^{\infty}\boldsymbol{E}_n\cdot\mathrm{d}\boldsymbol{l}$$

根据式(9-26)，上式中右端各项分别为各点电荷单独存在时产生的电场在点 a 的电势，即

$$V_1=\int_a^{\infty}\boldsymbol{E}_1\cdot\mathrm{d}\boldsymbol{l}=\frac{q_1}{4\pi\varepsilon_0 r_1}$$

$$V_2=\int_a^{\infty}\boldsymbol{E}_2\cdot\mathrm{d}\boldsymbol{l}=\frac{q_2}{4\pi\varepsilon_0 r_2}$$

$$\vdots$$

$$V_n=\int_a^{\infty}\boldsymbol{E}_n\cdot\mathrm{d}\boldsymbol{l}=\frac{q_n}{4\pi\varepsilon_0 r_n}$$

式中，$r_1, r_2, \cdots, r_n$ 分别为场源点电荷 $q_1, q_2, \cdots, q_n$ 到点 a 的距离。这样

$$V_a=V_1+V_2+\cdots+V_n=\sum_{i=1}^{n}V_i=\sum_{i=1}^{n}\frac{q_i}{4\pi\varepsilon_0 r_i} \tag{9-27}$$

上述结果表明：**点电荷系的电场中某点的电势等于各个点电荷单独存在时在该点建立的电势的代数和**，这称为静电场的**电势叠加原理**(superposition principle of electric potential)。式(9-27)是它的数学表达式。

如果场源电荷在有限区域内连续分布的，可将它分成无限个电荷元 $\mathrm{d}q$(均为点电荷)，每一电荷元在电场中点 a 建立的电势为

$$\mathrm{d}V=\frac{\mathrm{d}q}{4\pi\varepsilon_0 r}$$

而该点的电势则为这些电荷元电势的叠加，即

$$V_a=\int_q\frac{\mathrm{d}q}{4\pi\varepsilon_0 r} \tag{9-28}$$

式中，r 为 $\mathrm{d}q$ 到某一场点 a 的距离，积分号下的 q 表示对整个带电体求积分。

把式(9-28)和式(9-7)相比可以看出，求电势的积分是一个标量积分，而求电场强度的积分是矢量积分。所以一般来说，求电势比求电场强度要简单一些。

在真空中，当电荷系的电荷分布已知时，计算电势的方法有两种。

(1) 利用式 $V_a=\int_{ab}\boldsymbol{E}\cdot\mathrm{d}\boldsymbol{l}+V_b$，$V_b$ 为参考点 b 的电势。应用此式求电势时，应考虑参考点的选取，只有电荷分布在有限空间里，才能选无限远处的电势为零($V_\infty=0$)；还应注意，在积分路径上 $\boldsymbol{E}$ 的函数表达式必须是已知的。

(2) 利用式 $V_a=\int_q \frac{\mathrm{d}q}{4\pi\varepsilon_0 r}$ 所表达的点电荷系的电势叠加原理求解。

[例题 9-9]

如图 9-25 所示，bcd 是以 O 为圆心，以 r 为半径的半圆弧，在点 a 有一电荷量为 Q 的点电荷，点 O 有一电荷量为 q 的点电荷，线段 $ab=r$，现将一单位正电荷从点 b 沿半圆弧轨道 bcd 移到点 d，求电场力所做的功。

解　设无限远处电势为零，根据电势叠加原理，点 b 和点 d 的电势分别为

$$V_b=\frac{Q}{4\pi\varepsilon_0 r}+\frac{q}{4\pi\varepsilon_0 r}=\frac{Q+q}{4\pi\varepsilon_0 r}$$

$$V_d=\frac{Q}{4\pi\varepsilon_0(3r)}+\frac{q}{4\pi\varepsilon_0 r}$$

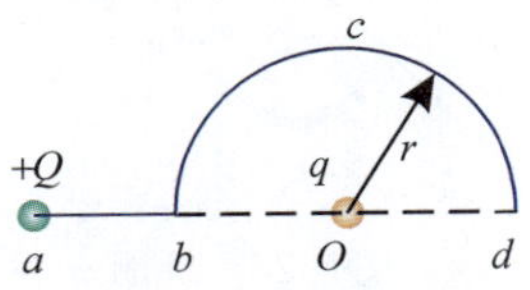

图 9-25　例题 9-9 用图

点 b 和点 d 的电势差为

$$U_{bd}=V_b-V_d=\frac{Q}{6\pi\varepsilon_0 r}$$

当一单位正电荷从点 b 沿半圆弧轨道 bcd 移动到点 d 时，电场力所做的功等于单位正电荷从点 b 移动到点 d 时电势能的减少量，即

$$W_{bd}=q_0U_{bd}=1\times\frac{Q}{6\pi\varepsilon_0 r}=\frac{Q}{6\pi\varepsilon_0 r}$$

[例题 9-10]

求无限长均匀带电圆柱体在柱体内、外任一点的电势。设圆柱体半径为 R，其电荷体密度为 ρ。(以轴线为参考点，电势为零。)

解　(1) 由高斯定理可得

$$E_1=\frac{\rho r}{2\varepsilon_0},\quad r<R,$$

$$E_2=\frac{\rho R^2}{2\varepsilon_0 r},\quad r>R$$

(2) 由于电荷分布在无限大范围内，不能选无限远处作为电势零点。求无限长均匀带电圆柱体在柱体内、外任一点的电势时应注意分段积分。利用式 $V_a=\int_{ab}\boldsymbol{E}\cdot\mathrm{d}\boldsymbol{l}+V_b$ 求在柱体内、外点 a 的电势，选取圆柱体轴线上任一点 b 为零电势的参考点，点 b 处的电势 V_b 为零，即 $V_b=0$。

在圆柱体内($r<R$)

$$V_a=\int_r^0\boldsymbol{E}\cdot\mathrm{d}\boldsymbol{l}=-\frac{\rho r^2}{4\varepsilon_0}$$

在圆柱体外($r>R$)

$$V_a=\int_r^0\boldsymbol{E}\cdot\mathrm{d}\boldsymbol{l}=\int_R^0 E_1\mathrm{d}r+\int_r^R E_2\mathrm{d}r=\frac{\rho R^2}{2\varepsilon_0}\left(\ln\frac{R}{r}-\frac{1}{2}\right)$$

[例题 9-11]

求半径为 R 的均匀带电细圆环轴线上任一点的电势分布，已知圆环上电荷线密度为 λ。

解 如图 9-26 所示，取轴线为 x 轴，圆心为原点，在轴线任取一点 P，其坐标为 x。在圆环上取一个线元 dl，dl 带的电荷量 $dq=\lambda dl$，点 P 到线元 dl 的距离为 r。由点电荷的电势公式，dl 在圆环轴线上任一点 P 产生的电势为

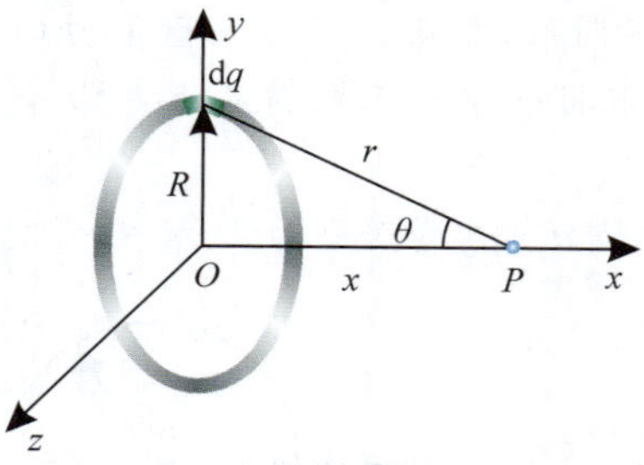

图 9-26 例题 9-11 用图

$$dV=\frac{1}{4\pi\varepsilon_0}\frac{\lambda dl}{r}=\frac{1}{4\pi\varepsilon_0}\frac{\lambda dl}{\sqrt{R^2+x^2}}$$

由电势叠加原理，整个均匀带电细圆环在点 P 的电势为

$$V_P=\int_l\frac{\lambda dl}{4\pi\varepsilon_0 r}=\frac{\lambda}{4\pi\varepsilon_0\sqrt{x^2+R^2}}\int_0^{2\pi R}dl=\frac{q}{4\pi\varepsilon_0\sqrt{x^2+R^2}}$$

如果 $x=0$，即在圆心处，那么 $V_P=\dfrac{q}{4\pi\varepsilon_0 R}$。

9.5 等势面 电场强度与电势

9.5.1 等势面

前面我们曾用电场线形象地描述静电场中电场强度的分布，同样也可以用等势面来形象地描述静电场中电势的分布。

在静电场中由电势相等的点所组成的面叫作**等势面(equipotential surface)**。不同电荷分布的电场具有不同形状的等势面，例如，由点电荷的电势式(9-26)可知，一个点电荷电场中的等势面是以点电荷为中心的一系列同心球面。与电场线类似，为了使等势面能够反映出电场强度的分布，规定两个相邻等势面的电势差相等，因此等势面较密集的地方，电场强度较大，等势面较稀疏的地方，电场强度较小，图 9-27 所示是正点电荷和电偶极子的电场线和等势面，图中实线表示电场线，虚线表示等势面。

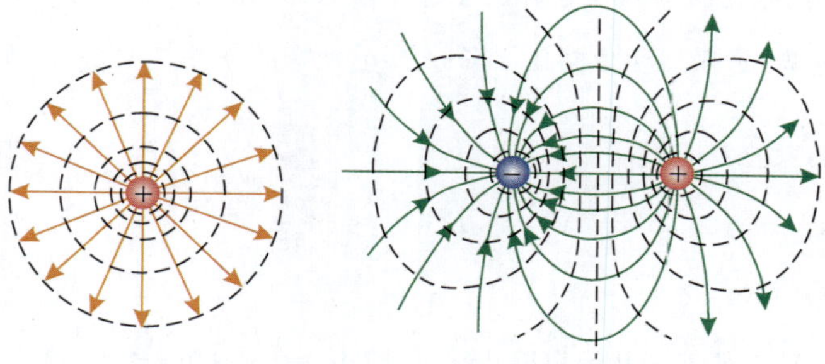

(a) 正点电荷　(b) 电偶极子

图 9-27 两种常见电场的等势面和电场线

等势面具有如下性质：等势面处处与电场线正交。证明如下：

当试验电荷 q_0 在电场强度为 $\boldsymbol{E}$ 的电场中沿着等势面有位移 $\mathrm{d}\boldsymbol{l}$，电场力做的元功为

$$\mathrm{d}W = q_0\boldsymbol{E}\cdot\mathrm{d}\boldsymbol{l} = q_0E\mathrm{d}l\cos\theta$$

式中，θ 是位移 $\mathrm{d}\boldsymbol{l}$ 与该处电场强度 $\boldsymbol{E}$ 之间的夹角，如图 9-28 所示，又根据电场力的功等于电势能增量的负值有，$\mathrm{d}W=-q_0\mathrm{d}V$，而等势面上 $\mathrm{d}V=0$，则 $\mathrm{d}W=0$。因此

$$q_0E\cos\theta\,\mathrm{d}l = 0$$

因为 q_0、E、$\mathrm{d}l$ 都不为零，所以 $\cos\theta=0$，$\theta=\dfrac{\pi}{2}$。即 $\mathrm{d}\boldsymbol{l}$ 与 $\boldsymbol{E}$ 相垂直。因为 $\mathrm{d}\boldsymbol{l}$ 是处于等势面上的任意微小位移，所以 $\boldsymbol{E}$ 必定与该处的等势面相垂直。

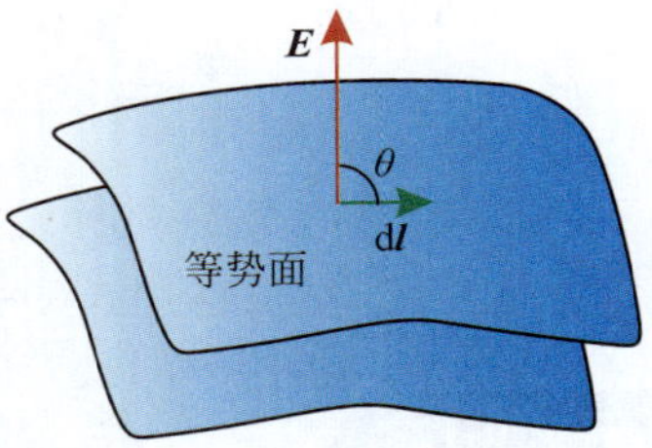

图 9-28 电场线与等势面的关系

与电场线一样，等势面是为了直观描述电场的分布而人为想象出来的。在实际问题中，由于电势比电场强度容易计算，故等势面的分布比较容易通过实验测绘出来。往往先得到电场的等势面的分布，再根据等势面和电场线之间的关系得到电场的电场线分布，因此画等势面是研究电场的一种极为有用的方法之一。

9.5.2 电势与电场强度的关系

电场强度和电势都是描述电场的物理量，即它们是同一事物的两个不同侧面，它们之间应存在一定的关系。实际上，式(9-24)已经反映了这种关系，通过这个关系可以由电场强度分布求得电势。前面我们曾说过，在实际问题中往往由测得的电势(或等势面)分布情况去估计电场强度分布的情况，因此，在理论上建立一个由电势分布求得电场强度分布的关系式，就变得十分重要了。

对于一个在电场中缓慢移动的电荷，电场力若做正功，该电荷的电势能必定降低；电场力若做负功，该电荷的电势能必定增加。现有一试验电荷 q_0 在电场强度为 $\boldsymbol{E}$ 的电场中的位移为 $\mathrm{d}\boldsymbol{l}$，尽管在整个电场中场强 $\boldsymbol{E}$ 是不均匀的，但是由于 $\mathrm{d}\boldsymbol{l}$ 很小，在 $\mathrm{d}\boldsymbol{l}$ 的范围内可以认为场强 $\boldsymbol{E}$ 是不变的。如若电荷 q_0 完成了位移 $\mathrm{d}l$ 后，电势增高了 $\mathrm{d}V$，就表明电荷 q_0 的电势能是增大的，增加量为 $q_0\mathrm{d}V$，这时电场力必定做负功，因而有

$$q_0\mathrm{d}V = -q_0\boldsymbol{E}\cdot\mathrm{d}\boldsymbol{l}$$

即

$$\mathrm{d}V = -E\mathrm{d}l\cos\theta \tag{9-29}$$

式中，θ 是场强 $\boldsymbol{E}$ 与位移 $\mathrm{d}\boldsymbol{l}$ 之间的夹角。由此我们可以得到

$$E\cos\theta = -\frac{\mathrm{d}V}{\mathrm{d}l}$$

因为 $E\cos\theta$ 就是电场强度 $\boldsymbol{E}$ 在 $\mathrm{d}\boldsymbol{l}$ 方向的分量，若用 E_l 表示，则上式可改写为

$$E_l = -\frac{\mathrm{d}V}{\mathrm{d}l} \tag{9-30}$$

上式表示，电场强度在任意方向的分量，等于电势在该方向上的变化率的负值。这就是电场强度与电势的关系。式中负号意味着 $\boldsymbol{E}$ 指向 V 减小的方向。

在直角坐标系 $Oxyz$ 中，电势 V 是坐标 x,y,z 的函数，因此，由式(9-30)就可以得到电场强度在这三个方向上的分量：

$$E_x=-\frac{\partial V}{\partial x},\quad E_y=-\frac{\partial V}{\partial y},\quad E_z=-\frac{\partial V}{\partial z}$$

将各分量合并在一起，用矢量式表示为

$$\begin{aligned}\boldsymbol{E}&=-\left(\frac{\partial V}{\partial x}\boldsymbol{i}+\frac{\partial V}{\partial y}\boldsymbol{j}+\frac{\partial V}{\partial z}\boldsymbol{k}\right)\\&=-\nabla V=-\mathrm{grad}V\end{aligned}\tag{9-31}$$

应该指出，电势 V 是标量，与矢量 $\boldsymbol{E}$ 相比，V 比较容易计算，所以，在实际计算时，常是先计算电势 V，然后再用式(9-31)来求出电场强度 $\boldsymbol{E}$。

[例题 9-12]

用电场强度与电势的关系，求半径为 R 的均匀带电细圆环轴线上一点的电场强度。

解 在例题 9-11 中，已求得在 x 轴上点 P 的电势为

$$V=\frac{q}{4\pi\varepsilon_0\sqrt{x^2+R^2}}$$

由式(9-31)可得，点 P 的电场强度为

$$\begin{aligned}E=E_x&=-\frac{\mathrm{d}V}{\mathrm{d}x}=-\frac{\mathrm{d}}{\mathrm{d}x}\left(\frac{1}{4\pi\varepsilon_0}\frac{q}{\sqrt{x^2+R^2}}\right)\\&=\frac{1}{4\pi\varepsilon_0}\frac{qx}{(x^2+R^2)^{3/2}}\end{aligned}$$

这与例题 9-4 的计算比较，结果相同，但这里的方法简便。

原理应用

离子推进器

1. 离子推进器简介

离子推进器(图 P9-2)安装在同步卫星上，可以使卫星保持适当的方位并处在指定的轨道上。离子推进器将电能和氙气转化为带正电荷的高速离子流，金属高压输电网对离子流施加静电引力，离子流获得加速度，加速后的离子使推进器获得时速高达 143 201km 的速度，推动航天器前进。

新型离子推进器研制计划是在“深空”1 号探测器任务成功完成的基础上制定的。该探测器由一个直径 3.048dm 的离子推进器提供动力，在为期 20 个月的飞行任务期间，航天器达到了 12 711km 的时速。“深空”1 号飞行任务的成功是向大功率离子推进器广泛应用迈出的第一步。

国际上核推进技术的研发也已崭露头角。核推进火箭提供的最大速度增量可达到每秒

图 P9-2　离子推进器

22km，可以大大缩短探测器到达月球的时间。运用核推进火箭，探测器到达土星的飞行时间只需要 3 年，而传统航天器则要花费 7 年的时间。核推进火箭非常安全而且环保，这一点与人们平时的想象相反，因为发射核火箭时，放射性并不强。载有核助推器的空间探测器可作为普通化学火箭头部的有效载荷被发射出去，当有效载荷进入地球高轨道（即大约 800km 以上）时，核反应堆开始工作。

制造核动力火箭发动机所需的技术并非遥不可及。目前美国已经设计出一种小型核动力火箭发动机，称为微型核反应堆发动机，预计还要 6～7 年才制造出来。

在月球探测中，缩短到达月球的时间，使观测卫星能以较少的推进剂携带更多的观测仪器等要求，都会使电推进、核推进等高效推进技术成为最重要的技术而得以更快地发展。

2. 离子推进器产生的推力

离子推进器示意图如图 P9-3 所示。推进剂从 P 处进入，在 S 处电离为正离子。A 为射束成形电极，B 为加速电极。在加速电压 U 的作用下，形成正离子束。为了获得推力，在出口处，灯丝 C 发射的电子注入正离子束中，使它成为中性的粒子束排出去。这些高速粒子流喷射出去，导致一个相反方向的推力，推动卫星运动。下面，我们简单估算推进器产生推力的大小。

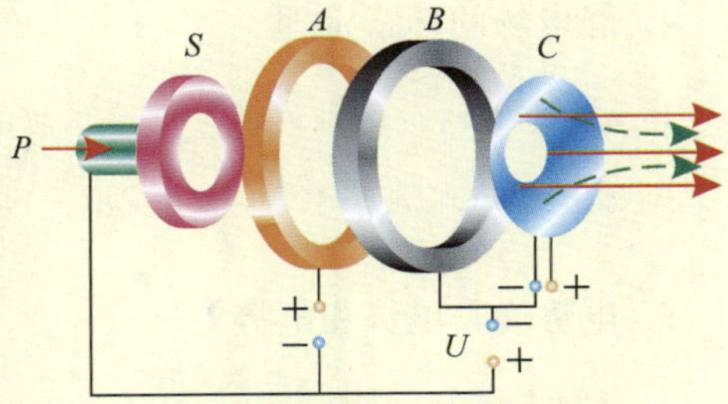

图 P9-3　离子推进器示意图

设推进器在加速电压 U 的作用下，单位时间内排出 N 个质量为 m，电荷量为 q 的正离子，粒子束中的正离子电流为 I。由牛顿运动定律、电场强度与电压 U 的关系式（9-30）和初始条件以及动量定理，可得推进器推力的大小为

$$F = I\sqrt{-\frac{2mU}{q}}$$

如果用铯（Cs）作为推进剂，铯离子荷质比 $q/m = 7.3\times10^5\,\mathrm{C/kg}$，设加速电压 $U = -50\mathrm{kV}$。离子电流 $I = 0.1\mathrm{A}$，则推进器推力大小为

$$F = 0.1\times\left(\frac{2\times50\times10^3}{7.3\times10^5}\right)^{1/2}\mathrm{N} = 3.7\times10^{-2}\,\mathrm{N}$$

在外层空间中，当同步卫星在其参考位置附近漂移时，利用上述离子推进器产生推力的估算值足以能够纠正卫星的轨道，使它保持适当的方位并处在指定的轨道上。

内容提要

1. 库仑定律

真空中点电荷 q_1 和 q_2 之间的作用力：$\boldsymbol{F}=\dfrac{1}{4\pi\varepsilon_0}\dfrac{q_1q_2}{r^2}\boldsymbol{e}_r$

静电力叠加原理：$\boldsymbol{F}=\sum\limits_{i=1}^{n}\boldsymbol{F}_i=\sum\limits_{i=1}^{n}\dfrac{1}{4\pi\varepsilon_0}\dfrac{qq_i}{r_i^2}\boldsymbol{e}_{ri}$

2. 电场强度

电场强度的定义：$\boldsymbol{E}=\dfrac{\boldsymbol{F}}{q_0}$

点电荷的电场：$\boldsymbol{E}=\dfrac{1}{4\pi\varepsilon_0}\dfrac{Q}{r^2}\boldsymbol{e}_r$

电场强度叠加原理：$\boldsymbol{E}=\boldsymbol{E}_1+\boldsymbol{E}_2+\cdots+\boldsymbol{E}_n=\sum\limits_{i=1}^{n}\boldsymbol{E}_i$

3. 高斯定理

通过任意曲面 S 的电场强度通量：$\Phi_{\mathrm{e}}=\iint\limits_S\boldsymbol{E}\cdot\mathrm{d}\boldsymbol{S}=\iint\limits_S E\mathrm{d}S\cos\theta$

高斯定理：$\Phi_{\mathrm{e}}=\oiint\limits_S\boldsymbol{E}\cdot\mathrm{d}\boldsymbol{S}=\dfrac{q}{\varepsilon_0}$

利用高斯定理求电场强度，典型对称性带电体的电场强度。

4. 静电场的环路定理

静电场力对电荷所做的功与电荷移动的路径无关，静电场力是保守力。

静电场 $\boldsymbol{E}$ 的环流等于零：$\oint_L\boldsymbol{E}\cdot\mathrm{d}\boldsymbol{l}=0$

5. 电势能　电势和电势差

静电场力所做的功 W_{ab} 等于电势能增量的负值：$W_{ab}=-(\varepsilon_b-\varepsilon_a)=\int_a^b q_0\boldsymbol{E}\cdot\mathrm{d}\boldsymbol{l}$

电势是单位正电荷处在某位置上的电势能：$V=\dfrac{\varepsilon}{q_0}$

电势差：$U_{ab}=V_a-V_b=\int_a^b\boldsymbol{E}\cdot\mathrm{d}\boldsymbol{l}$

电场中任意一点 a 的电势：$V_a=V_a-V_\infty=\int_a^\infty\boldsymbol{E}\cdot\mathrm{d}\boldsymbol{l}, V_\infty=0$

电势叠加原理：$V_a=V_1+V_2+\cdots+V_n=\sum\limits_{i=1}^{n}V_i=\sum\limits_{i=1}^{n}\dfrac{q_i}{4\pi\varepsilon_0 r_i}$

6. 电场强度与电势

等势面与电场线：等势面处处与电场线正交。

电场强度与电势的关系：$\boldsymbol{E}=-\left(\frac{\partial V}{\partial x}\boldsymbol{i}+\frac{\partial V}{\partial y}\boldsymbol{j}+\frac{\partial V}{\partial z}\boldsymbol{k}\right)=-\boldsymbol{\nabla}V=-\text{grad}V$

习题

一、选择题

9-1 两个电荷量均为 $2q$ 的等量异号电荷，形状相同的金属小球 A 和 B 相互作用力为 $\boldsymbol{f}$，它们之间的距离 R 远大于小球本身的直径，现在用一个带有绝缘柄的原来不带电的相同的金属小球 C 去和小球 A 接触，再和 B 接触，然后移去，则球 A 和球 B 之间的作用力变为(　　)。

(A) $\frac{\boldsymbol{f}}{4}$　　(B) $\frac{\boldsymbol{f}}{8}$　　(C) $\frac{3}{8}\boldsymbol{f}$　　(D) $\frac{\boldsymbol{f}}{16}$

9-2 关于电场强度定义式 $\boldsymbol{E}=\boldsymbol{F}/q_0$，下列说法中正确的是(　　)。

(A) 电场场强 $\boldsymbol{E}$ 的大小与试探电荷 q_0 的大小成反比

(B) 对场中某点，试探电荷受力 $\boldsymbol{F}$ 与 q_0 的比值不因 q_0 而变

(C) 试探电荷受力 $\boldsymbol{F}$ 的方向就是电场强度 $\boldsymbol{E}$ 的方向

(D) 若场中某点不放试探电荷 q_0，则 $\boldsymbol{F}=\boldsymbol{0}$，从而 $\boldsymbol{E}=\boldsymbol{0}$

9-3 如图所示，任一闭合曲面 S 内有一点电荷 q，O 为 S 面上任一点，若将 q 由闭合曲面内的点 P 移到点 T，且 $OP=OT$，那么(　　)。

(A) 穿过 S 面的电场强度通量改变，点 O 的电场场强大小不变

(B) 穿过 S 面的电场强度通量改变，点 O 的电场场强大小改变

(C) 穿过 S 面的电场强度通量不变，点 O 的电场场强大小改变

(D) 穿过 S 面的电场强度通量不变，点 O 的电场场强大小不变

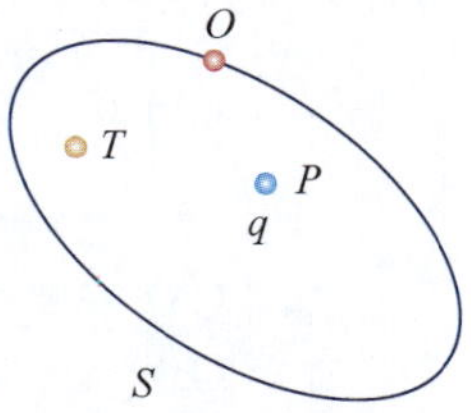

习题 9-3 图

9-4 在边长为 a 的正立方体中心有一个电荷量为 q 的点电荷，则通过该立方体任一面的电场强度通量为(　　)。

(A) q/ε_0　　(B) $q/2\varepsilon_0$　　(C) $q/4\varepsilon_0$　　(D) $q/6\varepsilon_0$

9-5 在静电场中，高斯定理表明(　　)。

(A) 高斯面内不包围电荷，则面上各点 $\boldsymbol{E}$ 的量值处处为零

(B) 高斯面上各点的 $\boldsymbol{E}$ 只与面内电荷有关，但与面内电荷分布无关

(C) 穿过高斯面的 $\boldsymbol{E}$ 通量，仅与面内电荷有关，而与面内电荷分布无关

(D) 穿过高斯面的 $\boldsymbol{E}$ 通量为零，则面上各点的 $\boldsymbol{E}$ 必为零

9-6 两个均匀带电的同心球面，半径分别为 R_1、R_2($R_1<R_2$)，小球带电荷量 Q，大球带电荷量 $-Q$，图中正确表示了电场分布的是(　　)。

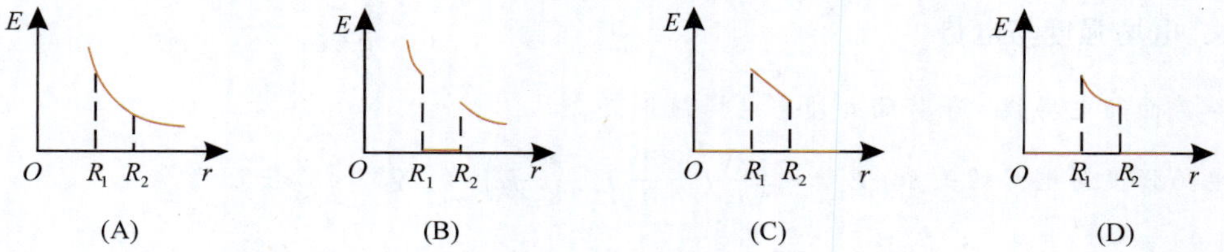

习题 9-6 图

9-7　如图所示，在匀强电场中，将一负电荷从 A 移动到 B，则(　　)。

(A) 电场力做正功，负电荷的电势能减少

(B) 电场力做正功，负电荷的电势能增加

(C) 电场力做负功，负电荷的电势能减少

(D) 电场力做负功，负电荷的电势能增加

9-8　如图所示，在点电荷 $+q$ 的电场中，点 P 和点 M 位置如图所示，则点 M 和点 P 之间的电势差为(　　)。

(A) $\dfrac{q}{4\pi\varepsilon_0 a}$　　(B) $\dfrac{q}{8\pi\varepsilon_0 a}$　　(C) $\dfrac{-q}{4\pi\varepsilon_0 a}$　　(D) $\dfrac{-q}{8\pi\varepsilon_0 a}$

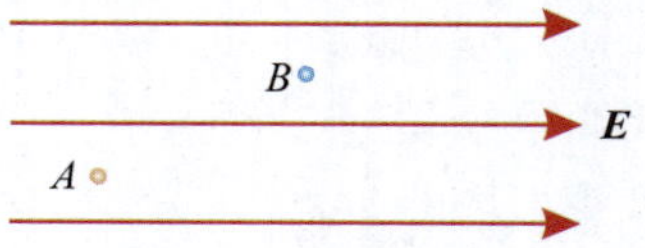

习题 9-7 图

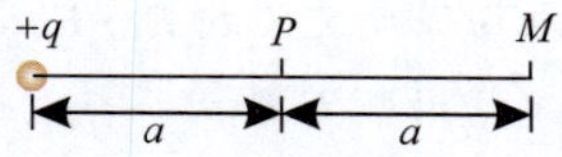

习题 9-8 图

9-9　真空中两块互相平行的无限大均匀带电平板，两板间的距离为 d，其中一块的电荷面密度为 $+\sigma$，另一块的电荷面密度为 $+2\sigma$，则两板间的电势差为(　　)。

(A) 0　　(B) $\dfrac{\sigma}{2\varepsilon_0}d$　　(C) $\dfrac{\sigma}{\varepsilon_0}d$　　(D) $\dfrac{3\sigma}{2\varepsilon_0}$

9-10　关于电场强度与电势之间的关系，下列说法中，正确的是(　　)。

(A) 在电场中，电场强度为零的点，电势必为零

(B) 在电场中，电势为零的点，电场强度必为零

(C) 在电势梯度不变的空间，电场强度处处相等

(D) 在电场强度不变的空间，电势处处相等

二、填空题

9-11　点电荷 q_1、q_2、q_3、q_4 在真空中的分布如图所示。图中 S 为闭合曲面，则通过该闭合曲面的电场强度通量 $\oiint_S \boldsymbol{E}\cdot \mathrm{d}\boldsymbol{S}=$ ________。

9-12　如图所示，真空中两块平行无限大均匀带电平面，其电荷面密度分别为 $+\sigma$ 和 -2σ，则 A、B、C 三个区域的电场强度分别为 $E_A=$ ________；$E_B=$ ________；$E_C=$ ________。(设方向向右为正。)

9-13　无限大的均匀带电平板放入均匀电场中，得到如图所示的电场(E_0 和 ε_0 为已知值)，则该带电平板的电荷面密度 $\sigma=$ ________，均匀电场的电场强度大小为 ________。

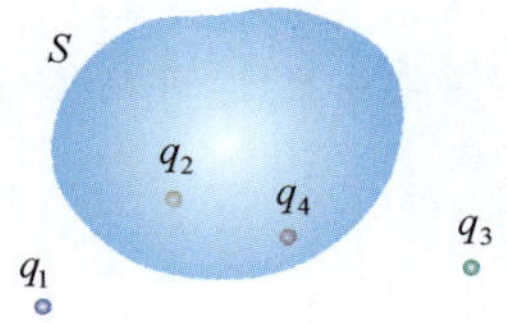

习题 9-11 图

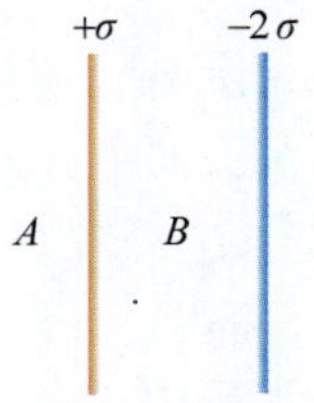

习题 9-12 图

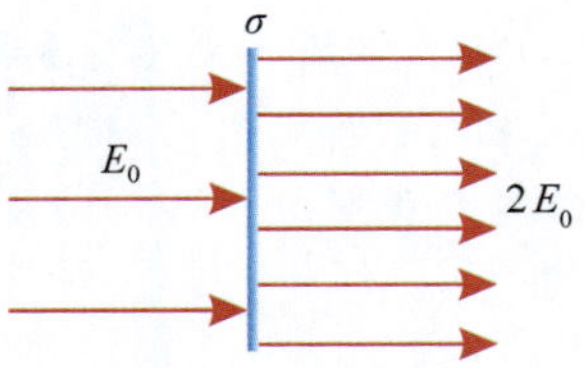

习题 9-13 图

9-14　无限大均匀带电平板附近，有一点电荷 q，沿电场线方向移动距离 d 时，电场力做的功为 W，则平板上的电荷面密度 σ＝________。

9-15　如图所示是静电场中的一簇电场线，则 A、B 两点中电场强度 E_A ________ E_B，电势 V_A ________ V_B。（填“>”“＝”或“<”。）

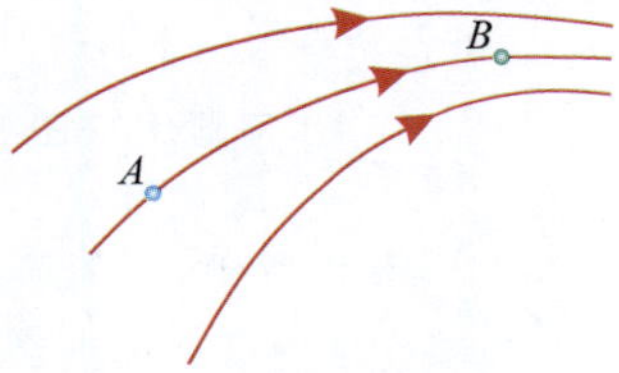

习题 9-15 图

9-16　正负电荷放置如图所示，那么在正四边形对角线中心处，电场强度为零的是图________，电场强度和电势都为零的是图________，电场强度为零，电势不为零的是图________。

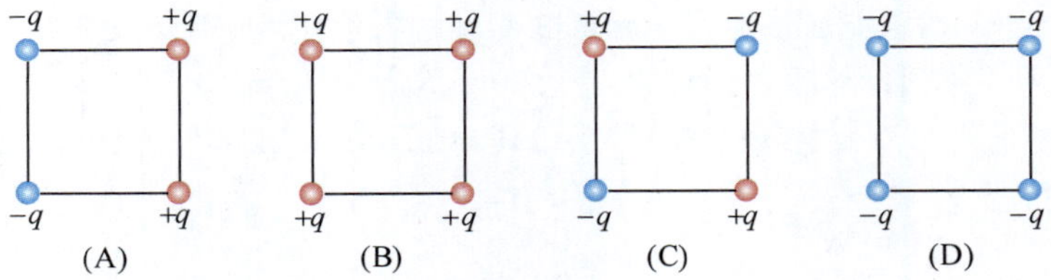

习题 9-16 图

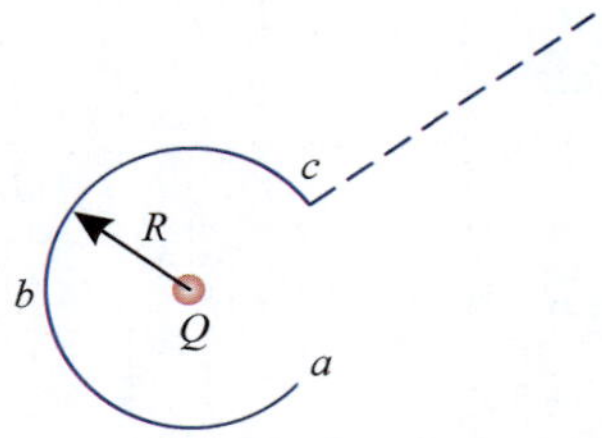

习题 9-18 图

9-17　在电荷量为 q 的点电荷的静电场中，与点电荷相距分别为 r_1 和 r_2 的 A、B 两点之间的电势差 V_A-V_B＝________。

9-18　如图所示，一带电荷量为 q_0 的试验电荷，在点电荷 Q 的电场中，沿半径为 R 的四分之三圆弧形轨道 abc 从 a 移动到 c 电场力所做的功 W_1＝________，再从 c 移动到无限远电场力所做的功 W_2＝________。

9-19　有一均匀带电球面，所带电荷量为 Q，半径为 R，则球心 O 的电场强度大小 E＝________，电势 V＝________。

9-20　说明下列各式的物理意义：

(1) $\int_a^b \boldsymbol{E}\cdot \mathrm{d}\boldsymbol{l}$ 表示 ________________________________；

(2) $\oint_S \boldsymbol{E}\cdot \mathrm{d}\boldsymbol{S}$ 表示 ________________________________；

(3) $\oint_l \boldsymbol{E}\cdot \mathrm{d}\boldsymbol{l}=0$ 表示 ________________________________。

三、计算题

9-21　两个点电荷所带电荷量分别为 q 和 $2q$，相距 L。将第三个点电荷放在何处时，它所受合力为零?

9-22 四个点电荷到坐标原点的距离均为 d,如图所示,求坐标原点处的电场强度。

9-23 如图所示,有一均匀带电细棒,长为 l,电荷量为 Q,求在棒的延长线,且离棒右端为 a 处的点 O 电场强度。

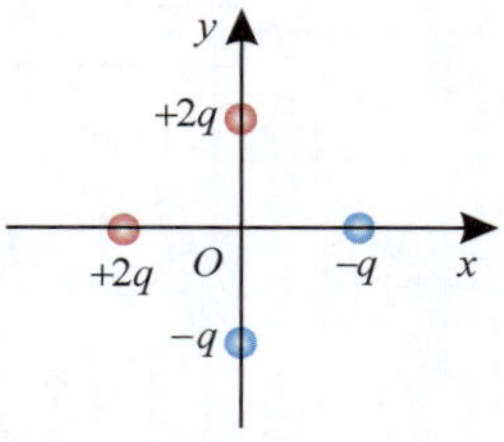

习题 9-22 图

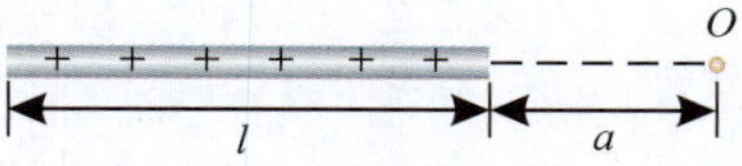

习题 9-23 图

9-24 如图所示,一电场强度为 $\boldsymbol{E}$ 的匀强电场,$\boldsymbol{E}$ 的方向与一半径为 R 的半球面对称轴平行,试求通过此半球面的电场强度通量。

9-25 设在半径为 R 的球体内电荷均匀分布,电荷体密度为 ρ,求带电球体内外的电场强度分布。

9-26 求半径为 R,电荷面密度为 σ 的无限长均匀带电圆柱面的场强分布。

9-27 图为两带电同心球面,已知:$R_1=0.10\text{m}$,$R_2=0.30\text{m}$,$Q_1=1.0\times10^{-8}\text{C}$,$Q_2=1.5\times10^{-8}\text{C}$。求以下不同半径处的电场强度大小:(1)$r_1=0.05\text{m}$;(2)$r_2=0.20\text{m}$;(3)$r_3=0.50\text{m}$。

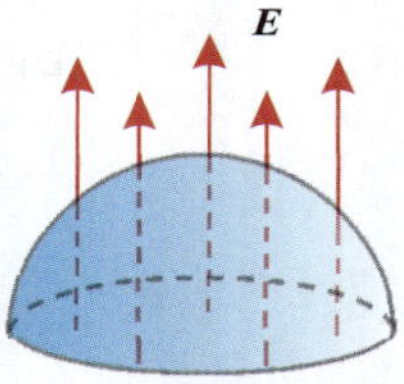

习题 9-24 图

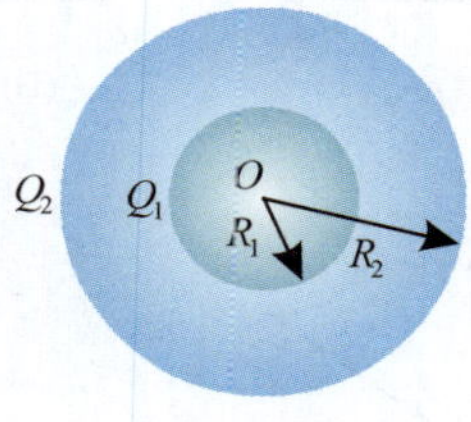

习题 9-27 图

9-28 两个带等量异号电荷的无限长同轴圆柱面,半径分别为 R_1 和 R_2($R_1<R_2$),如图所示,单位长度上的电荷为 λ,求空间电场强度的分布。

9-29 如图所示,AO 相距 $2R$,弧 BCD 是以 O 为圆心、R 为半径的半圆。点 A 有电荷 $+q$,点 O 有电荷 $-3q$。(1)求点 B 和点 D 的电势;(2)将电荷 $+Q$ 从点 B 沿弧 BCD 移到点 D,电场力做的功为多少?(3)若将电荷 $-Q$ 从点 D 沿直线 DE 移到无限远处去,则外力所做的功又为多少?

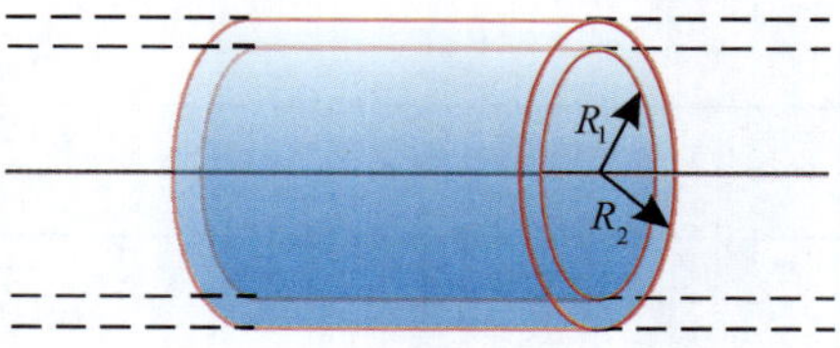

习题 9-28 图

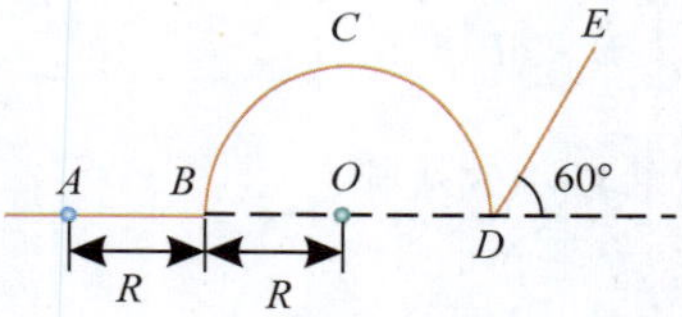

习题 9-29 图

9-30 求习题 9-23 中点 O 处的电势。

9-31 在真空中,有一电荷为 Q,半径为 R 的均匀带电球壳,其电荷是均匀分布的。试求:

(1)球壳外两点间的电势差；(2)球壳内两点间的电势差；(3)球壳外任意点的电势；(4)球壳内任意点的电势。

9-32　两个同心球面的半径分别为 R_1 和 R_2，各自带有电荷 Q_1 和 Q_2。求：

(1) 空间各区域的电势分布；(2) 两球面上的电势差。

9-33　图为一均匀带电球壳，其电荷体密度为 ρ，球壳内外表面半径分别为 R_1、R_2，求图中点 A 的电势。

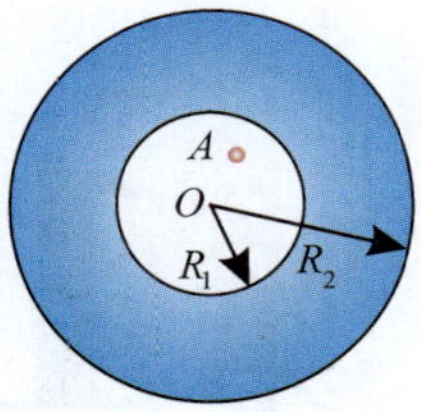

习题 9-33 图

9-34　两个很长的同轴圆柱面，内外半径分别为 $R_1=3.0\times10^{-2}$m，$R_2=0.1$m，带有等量异号电荷，两圆柱面的电势差为 450V。求：(1)圆柱面单位长度上带有多少电荷？(2)距离轴心 0.05m 处的电场强度的大小。

9-35　在 Oxy 平面上，各点的电势满足 $V=\dfrac{ax}{x^2+y^2}$，式中 x 和 y 为任一点的坐标，a 为常量。求：平面上任一点电场强度的两个分量 E_x 和 E_y。

Chapter 10

第10章

静电场中的导体和电介质

在第9章中,我们学习了真空中的静电场及其性质。实际上,在静电场中总有**导体**或**电介质**(也称为绝缘体)存在,导体和电介质在静电场中有着完全不同的特性。本章将研究有导体和电介质存在时的静电现象,主要内容有:导体的静电平衡条件,静电场中的电学性质,电介质的极化现象和相对电容率 ε_r 的物理意义,有电介质时的高斯定理,电容器及其连接,电场的能量等。由此可以看到,本章所讨论的问题,不仅在理论上有重大意义,使我们对静电场的认识更加深入,而且在应用上也有重大意义。

卡尔·弗里德里希·高斯(Carl Friedrich Gauss,1777—1855年),德国著名数学家、物理学家、天文学家、大地测量学家。他被认为是世界上最重要的数学家之一,享有"数学王子"的美誉。他发明了日光反射仪、磁强计,与德国物理学家韦伯(Wilherm Weber)制成第一台有线电报机。他建立了地磁观测台,创立了电磁量的绝对单位值。

10.1 静电场中的导体

10.1.1 导体的静电平衡条件

金属导体由大量的带负电的自由电荷和带正电的晶体点阵构成,当导体不受外电场影响时,自由电子在导体内部作无规则的热运动,没有宏观的定向运动。由于自由电子的负电荷和晶体点阵的正电荷的总量是相等的,故导体呈电中性。

若把金属导体放在外电场 $\boldsymbol{E}_0$ 中,如图10-1所示,导体中的电子受外电场作用后作定向运动,引起导体中电荷的重新分布。结果在导体的一侧,因电子的堆积而出现负电荷,在另一侧,因相对缺少负电荷而出现等量的正电荷。这就是**静电感应(electrostatic induction)现象**,出现的电荷叫作**感应电荷(induced charge)**,感应电荷产生一个附加电场 $\boldsymbol{E}'$,与外电场 $\boldsymbol{E}_0$ 方向相反。因此导体内的合电场为

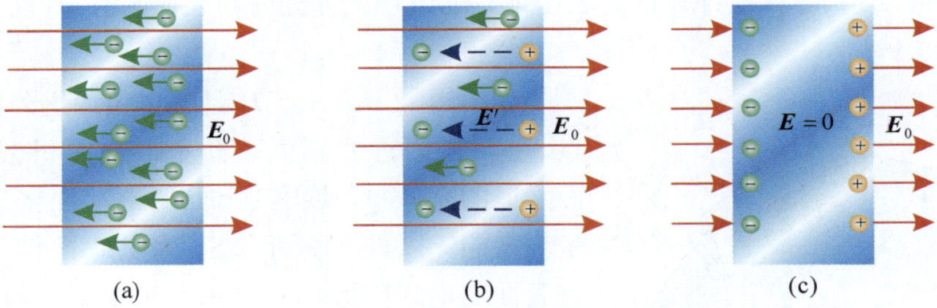

图10-1 平板导体的静电感应过程

$$\boldsymbol{E}=\boldsymbol{E}_0+\boldsymbol{E}'$$

开始时 $\boldsymbol{E}'<\boldsymbol{E}_0$，金属导体内部的电场强度不为零，自由电子会不断地向左移动，从而使 $\boldsymbol{E}'$ 增大。这样的过程可以一直进行下去，直到感应电荷产生的电场 $\boldsymbol{E}'$ 与外电场 $\boldsymbol{E}_0$ 在导体内部完全相互抵消，使导体内部合电场 $\boldsymbol{E}$ 为零，这时电子受到的合力为零，不再发生宏观定向运动，导体两侧的感应电荷达到稳定的分布，我们就说导体达到了**静电平衡**（**electrostatic equilibrium**）。

动画：静电平衡

当导体处于静电平衡状态时，必须满足以下两个条件。

用电场表述：(1) 导体内部电场强度处处为零。如果导体内电场强度不为零，自由电子将在电场的作用下继续发生定向移动。

(2) 导体表面外侧的电场强度（电场线）必定和导体表面垂直。这是因为如果导体表面外侧的电场强度和导体表面不垂直，那么电场强度在导体表面就有切向分量，电子就会在这个切向分量的作用下沿导体表面作定向移动。

用电势表述：(1) 导体是等势体。由于在静电平衡时，导体内部的电场强度为零。因此，如在导体内取任意两点 A 和 B，这两点间的电势差为零，即

$$U=\int_{AB}\boldsymbol{E}\cdot \mathrm{d}\boldsymbol{l}=0$$

这表明，在静电平衡时，导体内任意两点的电势是相等的。

(2) 导体表面是等势面。由于在静电平衡时，导体表面的电场强度和导体表面垂直，电场强度沿表面的分量为零。因此导体表面上任意两点的电势差也为零。故在静电平衡时，导体表面为一等势面。

静电平衡条件是由导体的电结构特征和静电平衡的要求所决定的。与导体的形状无关。导体在外电场因静电感应达到静电平衡的过程是极为迅速的，对于良导体，静电感应过程经历的时间为 $10^{-14}\sim10^{-13}$ s。

10.1.2 导体表面的电场

我们已经知道，导体以外靠近其表面地方的电场强度处处与表面垂直，现在来求电场强度的大小。

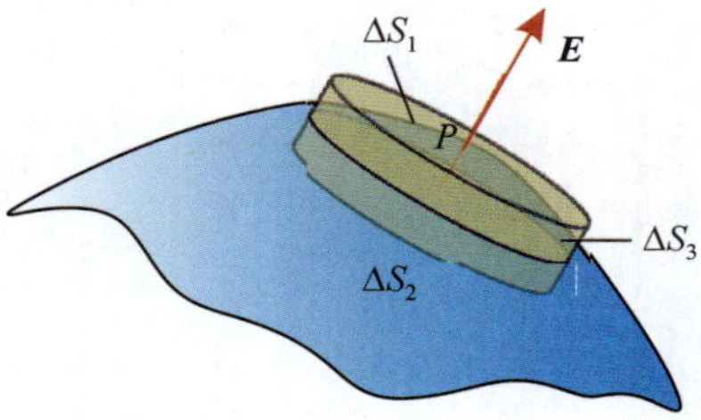

图 10-2 导体表面的电场强度

如图 10-2 所示，点 P 是导体表面之外附近空间的点，在点 P 附近的导体表面上取一面积微元 ΔS_1，该面元取的充分小，使得其上面的电荷面密度 σ 可认为是均匀的。以面积微元 ΔS_1 为上底面作一个穿过导体表面的扁圆柱形表面作为高斯面 S，扁圆柱形在导体内的下底面面积为 ΔS_2，侧面积为 ΔS_3。根据导体的静电平衡条件，导体内部的电场强度为零，因此通过

ΔS_2 的电场强度通量为零。侧面 ΔS_3 分为导体内外两部分，在导体内部的那部分侧面上，电场强度为零，其上的电场强度通量为零，在导体外部的那部分侧面上，电场强度的方向处处与侧面垂直，其上的电场强度通量也为零。因此。通过高斯面 S 的电场强度通量仅为 $E\Delta S_1$，高斯面内包围的电荷量为 $\sigma\Delta S_1$。由高斯定理可得

$$\oiint_S \boldsymbol{E}\cdot \mathrm{d}\boldsymbol{S}=E\Delta S_1=\frac{\sigma\Delta S_1}{\varepsilon_0}$$

得

$$E=\frac{\sigma}{\varepsilon_0} \tag{10-1}$$

这表明，带电体处于静电平衡时，导体表面邻近任一点的电场强度大小 E 与该处电荷面密度 σ 成正比，电场强度的方向与导体表面垂直。当表面带正电荷时，电场强度的方向垂直表面向外；当表面带负电荷时，电场强度的方向垂直表面指向导体。

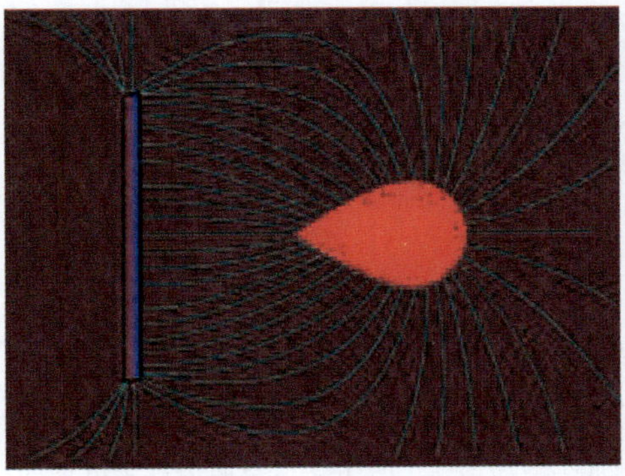

图 10-3 导体表面附近电场的分布

实验表明，孤立导体处于静电平衡时，它表面各处的电荷面密度与各处表面的曲率有关，曲率越大(或曲率半径越小)的地方，电荷面密度越大。对于具有尖端的带电体，尖端曲率大，分布的电荷面密度也大，在尖端附近的电场强度特别强；而在平坦之处，即曲率较小的地方，电荷面密度小，电场强度较弱；表面凹进去的地方，即曲率半径为负的地方，电荷面密度更小，电场强度最弱，如图 10-3 所示。

10.1.3 静电平衡时导体上电荷的分布

在静电平衡时，导体内部各处净电荷为零，电荷只能分布在导体的表面。这个结论可用静电平衡条件和高斯定理证明。

1. 实心导体

如图 10-4 所示，假设导体内某处有净电荷 q，则在导体内取高斯面 S 包围 q，应用高斯定理得

$$\oiint_S \boldsymbol{E}\cdot \mathrm{d}\boldsymbol{S}=\frac{q}{\varepsilon_0}\neq 0$$

由于导体内部任一点电场强度 $\boldsymbol{E}=\boldsymbol{0}$，因此上述高斯面 S 上的电场强度通量为零，这与假设发生矛盾。故静电平衡时，**导体内部不会有净电荷，电荷只分布在导体的外表面**。

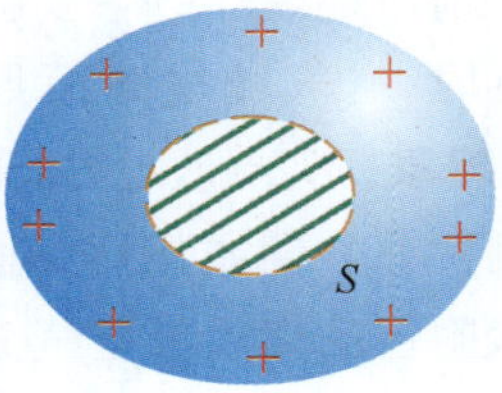

图 10-4 静电平衡时电荷分布在实心导体的外表面

2. 导体壳(空腔内无带电体)

如图 10-5 所示，在空腔内无带电体的导体球壳内任取一环绕空腔的闭合曲面 $\boldsymbol{S}$，$\boldsymbol{S}$ 面接近空腔表面(导体壳的内表面)。由静电平衡条件可知，$\boldsymbol{S}$ 面上的电场强度处处为零，因此穿过

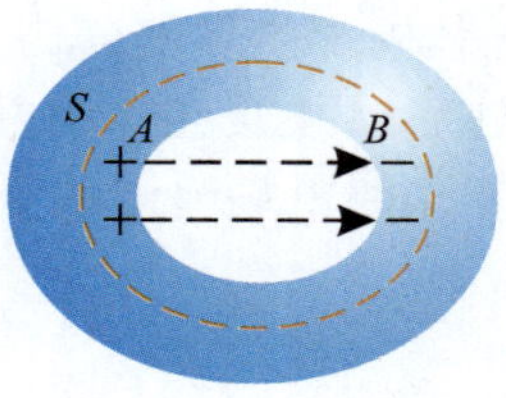

图 10-5 空腔内无带电体的导体壳的电荷分布

S 面电场强度通量为零，即 $\Phi_e=\oint\!\!\oint_S \boldsymbol{E}\cdot d\boldsymbol{S}=0$。由高斯定理可知，$S$ 面内的净电荷 $\sum_i q_i=0$。一般情况下，我们只能说在导体内表面存在等量的正电荷和负电荷。

假设在导体内表面的某些部分存在正电荷，则在其他地方一定存在等量负电荷，由于空腔内没有电荷，所以从正电荷发出的电场线不会在腔内中断，只能终止于内表面上的某个负电荷。假想有从 A 到 B 的路径 L，它从某一正电荷至某一负电荷的电场线穿过空腔。电场强度沿这条电场线从正电荷至负电荷所取得积分不会等于零，因此有 $U_{AB}=\int_{AB}\boldsymbol{E}\cdot d\boldsymbol{l}\neq 0$。但是由静电平衡的条件我们知道，导体是一个等势体，导体表面是一个等势面，即 $U_{AB}=\int_{AB}\boldsymbol{E}\cdot d\boldsymbol{l}=0$，这彼此相矛盾。因此在空腔里不可能存在电场，**导体壳内表面上处处没有电荷，电荷只能分布在导体壳的外表面**。

3. 导体壳（空腔内有带电体）

在空腔内有带电体的导体内作任一包围空腔的闭合曲面 S，如图 10-6 所示，则在静电平衡时 S 面上的电场强度处处为零，所以通过 S 面的电场强度通量为零。根据高斯定理，S 面内电荷的代数和也为零。若空腔中带电体的电荷为 $+q$，则分布在空腔内表面的电荷必为 $-q$，这是空腔中电场的感应电荷。由于孤立导体上感应电荷的总量恒为零，所以在导体的外表面必有相应的感应电荷 $+q$。

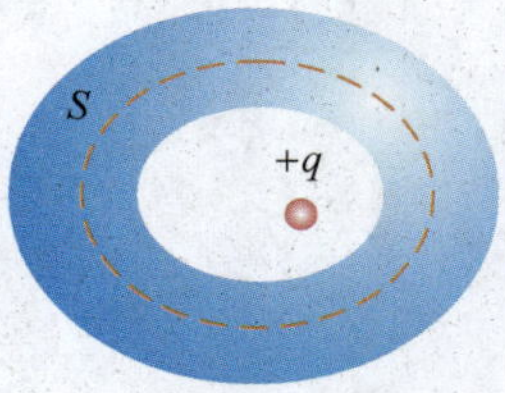

图 10-6 空腔内有带电体的导体壳的电荷分布

10.1.4 导体静电平衡的应用

1. 尖端放电

如前所述，在导体尖端部位，电荷面密度大，电场强度特别大，当电场强度超过空气的击穿场强时，空气被电离而形成正、负电子流，这种现象称为**尖端放电（discharge at sharp point）现象**。尖端放电时，周围往往隐隐地笼罩着一层光晕，叫作**电晕（corona）**，在黑暗中看得特别明显。例如，阴雨潮湿天时常可在高压输电线表面附近看到淡蓝色的辉光，就是由于输电线附近的离子与空气分子碰撞时使分子处于激发状态，从而产生辐射，形成电晕，如图 10-7 所示。

尖端放电会使电能白白损耗，还会干扰精密测量和通信。因此在高压电器设备中，所有金属元件都应避免带有尖棱，最好做成球形，并尽量使导体表面光滑而平坦，这都是为了避免尖端放电的产生。然而尖端放电也有很广泛的用途，例如避雷针（lighting rod）就是通过与带电的雷云发生尖端放电，把强大的雷击电流引入大地而保护建筑物不受损坏。如图 10-8 所示。

视频：范式起电机

图 10-7 高压输电导线附近出现的电晕

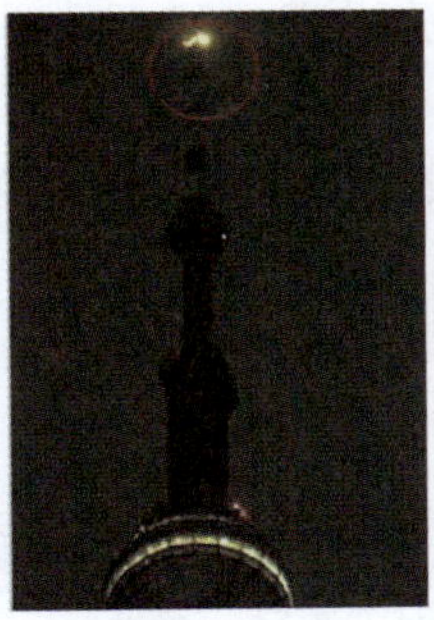

(a) 尖端放电

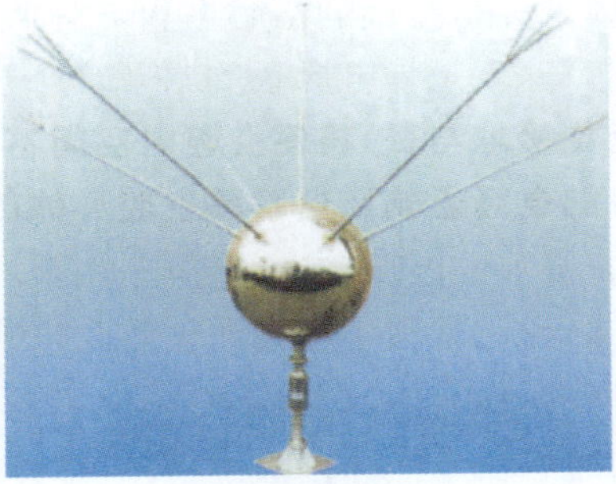

(b) 避雷针

图 10-8 尖端放电及避雷针

视频：雅格布天梯

2. 静电屏蔽

在静电场中，因导体的存在使某些特定区域不受电场影响的现象称为**静电屏蔽**（**electrostatic shielding**）。在如图 10-9 所示的静电场中，放置一个空腔导体，空腔内没有电荷，空腔内及导体内部电场强度处处为零，导体内部和导体的内表面上处处皆无电荷，电荷仅仅分布在导体表面上。此时，空腔内各点的电势均相等，与导体电势相等。因此，如果把空心的导体放在电场中时，电场线将垂直地终止于导体的外表面上，而不能穿过导体进入腔内。这样，放在导体空腔中的物体因空腔导体屏蔽了外电场，而不会受到任何外电场的影响。

当空腔导体内部有带电体，空腔导体在静电平衡时，内表面所带总电荷量与空腔内带电体的电荷量相等、符号相反，空腔外表面上的感应电荷的电荷量与内表面上的电荷量之和遵守电荷守恒定律，腔内电荷 $+q$ 与内表面的感应电荷 $-q$ 对外部场的贡献恒为零，腔内电场不为零，其电场分布由腔内电荷以及腔内表面上的感应电荷的具体分布决定，如图 10-10(a)所示。

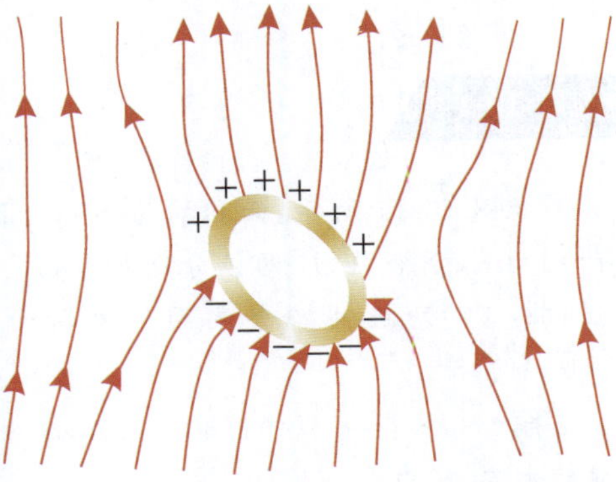

图 10-9 用空腔导体屏蔽外电场

如图 10-10(b)所示，空腔导体接地时，外表面上的感应电荷被大地电荷中和，所以外表面

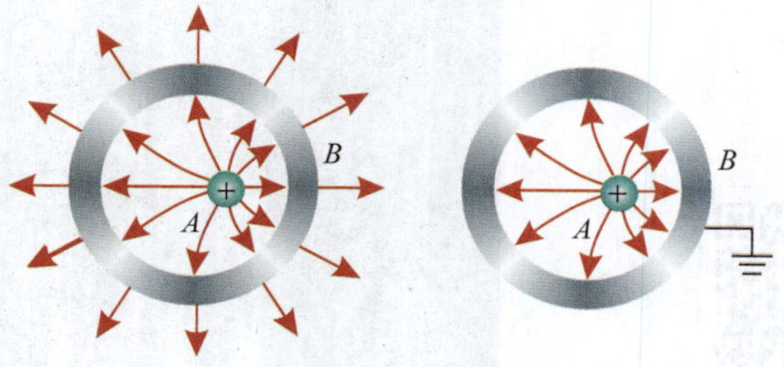

(a) (b)

图 10-10 内部有带电体的空腔导体的电场

不带电荷,金属空腔是等势体。一个接地的空心金属导体隔离了放在它内腔中的带电体与外界带电体之间的静电作用。这就是静电屏蔽的原理。

综上所述,**空腔导体(无论接地与否)将使空腔内空间不受外电场的影响,而接地空腔导体将使外部空间不受空腔内的电场影响。这就是空腔导体的静电屏蔽作用。**

在工程技术中,如果需要屏蔽的区域较大,还可采用金属屏蔽网,也有良好的屏蔽效果。在电子仪器中,为了免受静电干扰,常利用接地的仪器金属外壳作为屏蔽装置。电测量仪器中的某些连接线的导线绝缘外面包有一层金属丝网作为屏蔽。某些用途的电源变压器中,常在初级绕组与次级绕组之间放置一不闭合的金属薄片作为屏蔽装置。

利用静电平衡条件下空腔导体是等势体以及静电屏蔽的道理,人们可在高压输电线路上进行带电维修和检测等工作。当工作人员登上数十米高的铁塔,接近高压线(如 500kV)时,人体通过铁塔与大地相连接,人体与高压线间有非常大的电势差,因而它们之间存在很强的电场,能使人体周围的空气电离而放电,从而危及人体安全。利用空腔导体能屏蔽外电场的原理,用细铜丝(或导电纤维)和纤维编织成的导电性能良好的工作服(通常也叫屏蔽服、均压服),和同样材料做成的手套、帽子和袜子连成一体,构成一导体网壳。工作人员工作时穿上它,就相当于把人体置于空腔导体内部,使电场不能影响人体,保证了工作人员的安全。此外,由于输电线通过的是交流电,在输电线周围存在很强的交变电磁场,这个电磁场所产生的感应电流也只在屏蔽服上流过,从而也避免了感应电流对人体的危害。即使在工作人员接触电线的瞬间,放电也只在手套与电线之间发生。之后,人体与电线便有了相同的电势,检修人员就可以在不停电的情况下,安全地、自由地在几万伏高压输电线上工作了。

[例题 10-1]

如图 10-11 所示,面积均为 $S=0.1\text{m}^2$ 的两金属平板 A,B 平行对称放置,间距为 $d=1\text{mm}$,今给 A,B 两板分别带电 $Q_1=3.54\times10^{-9}\text{C}$,$Q_2=1.77\times10^{-9}\text{C}$,忽略边缘效应,求:(1)两板共四个表面的电荷面密度 $\sigma_1,\sigma_2,\sigma_3,\sigma_4$;(2)两板间的电势差 $U=V_A-V_B$。

解 (1)在 A 板体内取一点 A,B 板体内取一点 B,它们的电场强度是四个表面的电荷产生的,应为零,有

$$E_A=\sigma_1/(2\varepsilon_0)-\sigma_2/(2\varepsilon_0)-\sigma_3/(2\varepsilon_0)-\sigma_4/(2\varepsilon_0)=0$$
$$E_B=\sigma_1/(2\varepsilon_0)+\sigma_2/(2\varepsilon_0)+\sigma_3/(2\varepsilon_0)-\sigma_4/(2\varepsilon_0)=0$$

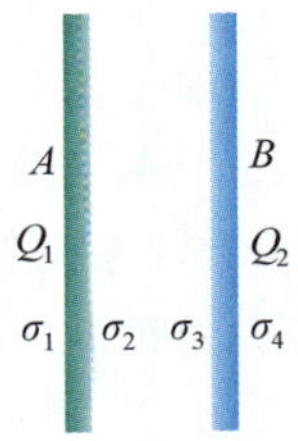

图 10-11　例题 10-1 用图

则

$$\sigma_1-\sigma_2-\sigma_3-\sigma_4=0$$
$$\sigma_1+\sigma_2+\sigma_3-\sigma_4=0$$

因为

$$S(\sigma_1+\sigma_2)=Q_1$$
$$S(\sigma_3+\sigma_4)=Q_2$$

所以

$$\sigma_1+\sigma_2=Q_1/S$$
$$\sigma_3+\sigma_4=Q_2/S$$

解得

$$\sigma_1=\sigma_4=(Q_1+Q_2)/2S=2.66\times10^{-8}\mathrm{C/m^2}$$
$$\sigma_2=-\sigma_3=(Q_1-Q_2)/2S=0.89\times10^{-8}\mathrm{C/m^2}$$

故两板间的场强为

$$E=\sigma_2/\varepsilon_0=(Q_1-Q_2)/(2\varepsilon_0 S)$$

(2) 两板间的电势差

$$U=V_A-V_B=\int_A^B \boldsymbol{E}\cdot \mathrm{d}\boldsymbol{l}=Ed=(Q_1-Q_2)d/(2\varepsilon_0 S)=1\mathrm{V}$$

原理应用

静电除尘器

不少工业部门，在生产过程中会产生大量的烟尘。如处理不当，会严重污染大气环境。因此，“除尘”就成为现代化工业生产迫切需要解决的一个问题。在多种除尘方法中，电除尘技术自 20 世纪初问世以来，由于具有除尘效率高、电能消耗小、处理气量大、能处理高温及有害气体等优点，已被越来越多的生产部门所采用。

1. 静电除尘器的工作原理

静电除尘器的工作原理是利用高压直流不均匀电场使烟气中的气体分子电离，产生大量电子和离子，在电场力的作用下向两极移动，在移动过程中碰到气流中的粉尘颗粒使其荷电，荷电粉尘在电场力作用下与气流分离向极性相反的极板或极线运动，荷电粉尘到达极板或极线时由静电力吸附在极板或极线上，通过振动装置使粉尘落入灰斗从而使烟气净化。

2. 静电除尘器的分类

静电除尘器按集尘极形式不同，通常分为板式静电除尘器（见图 P10-1）和管式静电除尘器（见图 P10-2）；按内部荷电区和分离区布置，分为单区电除尘器（荷电与分离在同一区内完成）和双区电除尘器(荷电与分离分别在两个区完成);按气流流动,分为卧式电除尘器(气流水平运动)和立式电除尘器(气流垂直运动);按清灰方式,分为干式电除尘器(振打清灰)和湿式电除尘器(集尘极上的粉尘靠水流排出);根据电除尘器的结构形式和电压,可分为常规电除尘器和新型电除尘器。常规电除尘器的基本结构形式为线板式或线管式,极间距为200~300mm,电压为50~60kV。而新型电除尘器在结构形式和供电方式方面都有所改变。较具有代表性的新型电除尘器类型有:新型结构的电除尘器、联合作用的电除尘器和脉冲供电电除尘器。

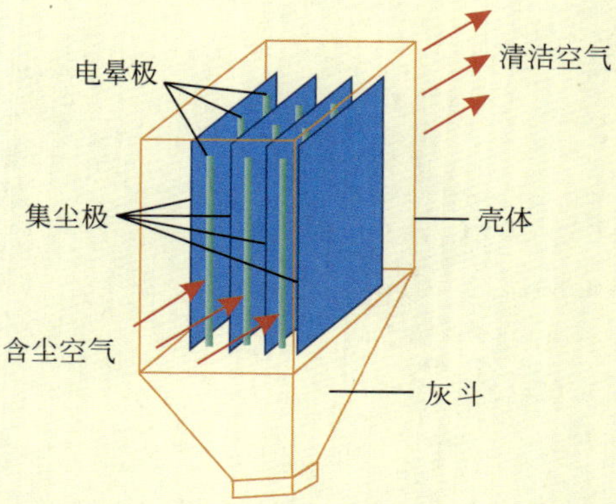

图 P10-1　板式静电除尘器

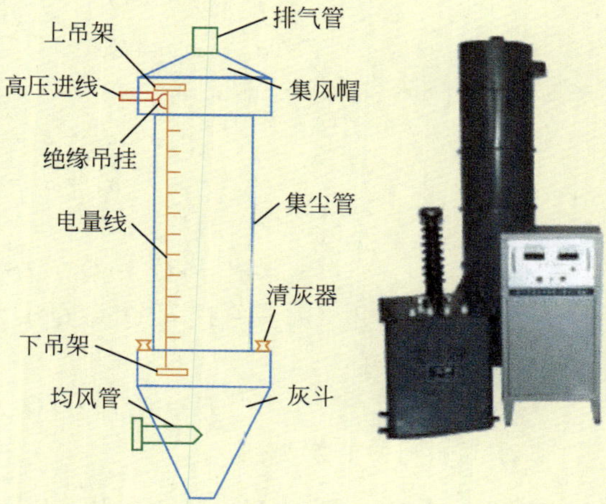

图 P10-2　管式静电除尘器

新型结构的电除尘器的结构形式与常规电除尘器有所不同,如超高压宽间距电除尘器,其极间距达400~1000mm,电压提高到80~200kV。该类电除尘器在水泥、电站、烧结机等工业中得到了应用,在皮带运输机尘源控制方面也得到了应用。还有一种新型结构的电除尘器是横向极板电除尘器;联合作用的电除尘器是在同一除尘器中利用电的作用和其他除尘机理联合作用,以提高除尘器的性能;脉冲供电可提高电压和电晕电流,因而可改善电除尘器的性能,粉尘穿透率可减少50%~60%。

进入20世纪80年代以来,电除尘技术飞速发展。我国也开始采用宽间距电场,脉冲供电及高炉煤气干法除尘等新技术。电除尘理论的研究引起了人们的高度重视。

10.2 静电场中的电介质

静电场与物质的相互作用,既表现在静电场对物质的影响,也表现在物质对静电场的影响。上一节我们主要讨论了静电场中的导体对电场的影响,这一节将着重讨论**电介质(dielectric)**对静电场的影响。电介质就是通常所说的绝缘体,是电阻率很大、导电能力很差的物质。例如:空气、氢气等气态电解质;纯水、油漆等液态电介质和玻璃、云母、橡胶、陶瓷、塑料等固态电介质。首先我们从实验出发讨论电介质对电场强度的影响,然后讨论电介质的极化机理、电极化强度的概念以及电极化强度与极化电荷面密度的关系。

10.2.1 电介质对电场的影响 相对电容率

在第9章中我们已知，面积为S，相距为d的平行平板，若两板各带有等量异号电荷，极板间为真空，则板间的电场强度为$E_0=\sigma/\varepsilon_0$，此处σ为板上的电荷面密度。现若维持两板上的电荷不变，并使两极板间充满均匀的各向同性的电介质，从实验测得两板间电介质中的电场强度E仅是两板间为真空时电场强度E_0的$1/\varepsilon_r$倍（此处ε_r为大于1的纯数），即

$$E=\frac{E_0}{\varepsilon_r} \tag{10-2}$$

ε_r叫作电介质的**相对电容率**；相对电容率ε_r与真空电容率ε_0的乘积叫作**电容率**ε，即$\varepsilon=\varepsilon_0\varepsilon_r$。空气的相对电容率近似等于1，其他电介质的相对电容率均大于1。

10.2.2 电介质的极化

在构成电介质的分子中，原子核和电子之间的引力相当大，使得电子和原子核结合得非常紧密，电子处于束缚状态。所以，在电介质内几乎不存在可自由运动的电荷。当把电介质放到外电场中时，电介质中的电子等带电粒子，也只能在电场力作用下作微观的相对运动。

各向同性的电介质可分成两类：有些材料，如氢、甲烷、石蜡、聚苯乙烯等，它们的分子正、负电荷中心在无外电场时是重合的，这种分子叫作**无极分子（nonpolar molecule）**；有些材料，如水、有机玻璃、纤维素、聚氯乙烯等，即使在外电场不存在时，它们的分子正、负电荷中心也是不重合的，这种分子相当于一个有着固有**电偶极矩（intrinsic electric moment）**的电偶极子，所以这种分子叫作**有极分子（polar molecule）**。

无极分子电介质在外电场$\boldsymbol{E}$的作用下，无极分子中的正、负电荷将偏离原来的位置，正、负电荷中心将产生相对的位移$\boldsymbol{r}_0$，位移的大小与电场强度大小有关。这时，每个分子可以看作是一个电偶极子。电偶极子的电偶极矩$\boldsymbol{p}$的方向和外电场$\boldsymbol{E}$的方向将大体一致，这种电偶极矩叫作**诱导电偶极矩**。

对于由有极分子构成的电介质来说，每个分子都可当作一个电偶极子，并有一定的固有电偶极矩，但在没有外电场的情况下，由于分子的热运动，电介质中各电偶极子的电偶极矩的排列是无序的，所以电介质对外不呈现电性。在有外电场作用的情况下，电偶极子都要受到力矩的作用。在此力矩的作用下，电介质中各电偶极子的电偶极矩将转向外电场的方向。

处于外电场中的电介质，如果电介质的密度是均匀的，则任意小体积内所含有的异号电荷数量相等，即电荷体密度仍然保持为零。但在电介质与外电场垂直的两个表面上却要分别出现正电荷和负电荷。必须注意，这种正电荷和负电荷是不能用诸如接地之类的导电方法使它们脱离电介质中原子核的束缚而单独存在的，所以把它们叫作**极化电荷（polarization charge）**或**束缚电荷**，以与自由电荷相区别。这种**在外电场作用下介质表面产生极化电荷的现象**，叫作**电介质的极化（polarization）**。当外电场撤销后，无极分子的正、负电荷中心将重合而恢复原状，极化现象也随之消失。

综上所述，在静电场中，虽然不同电介质极化的微观机理不尽相同，但是在宏观上，都表现为在电介质表面上出现极化面电荷。所以，在静电场范围内，就不需要把这两类电介质分开讨论。

10.2.3 电极化强度矢量

在电介质中任取一宏观小体积 ΔV，当外电场存在时，电介质将被极化，此小体积中分子电偶极矩 $\boldsymbol{p}$ 矢量和将不为零，即 $\sum \boldsymbol{p} \neq 0$。外电场越强，分子电偶极矩的矢量和越大。因此，我们用单位体积中分子电偶极矩的矢量和来表示电介质的极化程度

$$\boldsymbol{P} = \frac{\sum \boldsymbol{p}}{\Delta V} \tag{10-3}$$

$\boldsymbol{P}$ 叫作**电极化强度**(polarization)。电极化强度的单位是 $\mathrm{C/m^2}$。

我们仍以两平行带电平板中充满各向同性的均匀电介质为例来进行讨论，如图 10-12 所示，在电介质中取一长为 l，底面积为 ΔS 的柱体，柱体两底面的极化电荷密度分别为 $-\sigma'$ 和 $+\sigma'$。由于是均匀的电介质，这柱体内所有分子电偶极矩的矢量和的大小为

$$\sum p = \sigma' \Delta S l$$

因此，式(10-3)电极化强度的大小为

$$P = \frac{\sum p}{\Delta V} = \frac{\sigma' \Delta S l}{\Delta S l} = \sigma' \tag{10-4}$$

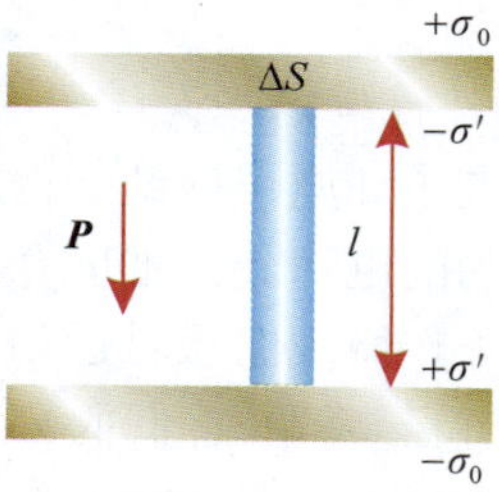

图 10-12　电极化强度

式(10-4)表明，平行平板中的均匀电介质，其电极化强度的大小等于极化产生的极化电荷面密度。

10.3 电位移　有电介质时的高斯定理

10.3.1 有电介质时的高斯定理

第 9 章我们只研究了真空中静电场的高斯定理。当静电场中有电介质时，在高斯面内不仅会有自由电荷，而且还会有极化电荷。这时，高斯定理有什么变化呢？

我们仍以两平行带电平板中充满各向同性的均匀电介质为例来进行讨论。在如图 10-13 所示的情形中，取一闭合的圆柱面作为高斯面，高斯面的两端面与极板平行，其中一个端面在电介质内，端面的面积为 S。设极板上的自由电荷面密度为 σ_0，电介质表面上的极化电荷面密度为 σ'。对此高斯面来说，由高斯定理有

$$\oint\!\!\!\oint_S \boldsymbol{E} \cdot \mathrm{d}\boldsymbol{S} = \frac{1}{\varepsilon_0}(Q_0 + Q') \tag{10-5}$$

式中，Q_0 和 Q' 分别为 $Q_0 = \sigma_0 S$ 和 $Q' = \sigma' S$。式(10-5)中出现极化电荷项而难于求解，需要作变换。在所作的高斯面内极化强度 $\boldsymbol{P}$ 的方向与电场 $\boldsymbol{E}$ 的方向相同，在高斯面上取面元

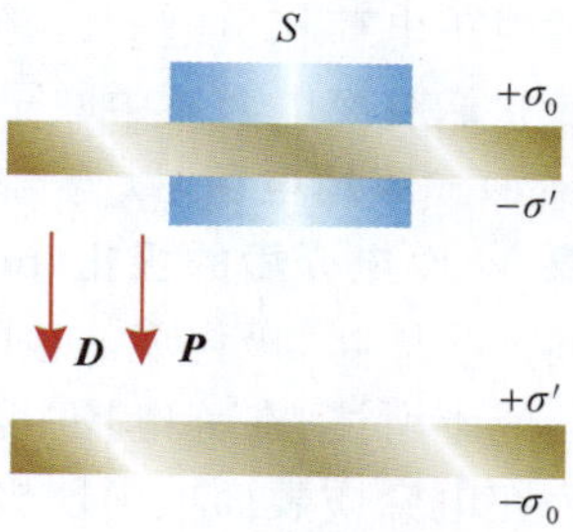

图 10-13　有介质的高斯定理

d**S**，以 d**S** 乘以 **P**，由其矢量关系和式(10-4)写出表达式，并对整个高斯面积分，可以得到

$$\oiint_S \boldsymbol{P} \cdot \mathrm{d}\boldsymbol{S} = -\oiint_S \sigma' \mathrm{d}S = -Q'$$

把上式代入式(10-5)，有

$$\oiint_S \boldsymbol{E} \cdot \mathrm{d}\boldsymbol{S} + \frac{1}{\varepsilon_0}\oiint_S \boldsymbol{P} \cdot \mathrm{d}\boldsymbol{S} = \frac{1}{\varepsilon_0}Q_0 \qquad (10\text{-}6)$$

令

$$\boldsymbol{D} = \varepsilon_0 \boldsymbol{E} + \boldsymbol{P} \qquad (10\text{-}7)$$

那么式(10-6)可写成

$$\oiint_S \boldsymbol{D} \cdot \mathrm{d}\boldsymbol{S} = Q_0 \qquad (10\text{-}8a)$$

式中，**D** 称为**电位移(electric displacement)**，是矢量，而 $\oiint_S \boldsymbol{D} \cdot \mathrm{d}\boldsymbol{S}$ 则是通过任意闭合曲面 **S** 的电位移通量。**D** 的单位为 $\mathrm{C/m^2}$。

式(10-8a)虽是从两平行带电平板中充以均匀的各向同性的电介质得出的，但可以证明，它在一般情况下也是正确的。所以，**有电介质时的高斯定理**可叙述为：**在静电场中，通过任意闭合曲面的电位移通量等于该闭合曲面内所包围的自由电荷的代数和**。其数学表达式为

$$\oiint_S \boldsymbol{D} \cdot \mathrm{d}\boldsymbol{S} = \sum_{i=1}^{n} Q_{0i} \qquad (10\text{-}8b)$$

由式(10-8b)可以看出，通过闭合曲面的电位移通量只与闭合曲面内的自由电荷有关。

10.3.2 电场强度、电极化强度和电位移之间的关系

下面简述电介质中电场强度 **E**、电极化强度 **P** 和电位移矢量 **D** 之间的关系。设两平行带电平板中充满了相对电容率为 ε_r 的均匀电介质，在电介质中，极化电荷面密度为 σ'，由极化电荷产生的电场强度大小：

$$E' = \frac{\sigma'}{\varepsilon_0}$$

介质中的电场强度大小：

$$E = E_0 - E'$$

及实验证实：

$$E = \frac{1}{\varepsilon_r}E_0$$

得

$$E' = \frac{\varepsilon_r - 1}{\varepsilon_r}E_0$$

将极化电荷产生的电场强度大小的表达式代入上式，并利用 $P = \sigma'$，可得电介质中电极化强度 **P** 与电场强度 **E** 之间的关系为

$$P = \sigma' = (\varepsilon_r - 1)\varepsilon_0 E$$

写成矢量式有

$$\boldsymbol{P}=(\varepsilon_r-1)\varepsilon_0\boldsymbol{E}$$

又根据式(10-7)得

$$\boldsymbol{D}=\varepsilon_0\varepsilon_r\boldsymbol{E} \tag{10-9}$$

式(10-9)虽然是从各向同性电介质的情形得到的，但无论是各向同性的或是各向异性的电介质都适用。也就是说，在一般情况下，$\boldsymbol{D}$ 是两个矢量之和。可见，$\boldsymbol{D}$ 是在考虑了电介质极化这个因素的情形下，被用来简化对电场规律的表述而设定的。但要注意，$\boldsymbol{D}$ 只是一个辅助矢量，描述电场性质的物理量仍是电场强度 $\boldsymbol{E}$ 和电势 V。若把一试验电荷 q_0 放到电场中去，决定它受力的是电场强度 $\boldsymbol{E}$，而不是电位移矢量 $\boldsymbol{D}$。

[例题 10-2]

如图 10-14 所示，半径为 R_1 的金属球 A 的外面包着同心的金属球壳 B，B 的内半径为 R_2，外半径为 R_3，A，B 间充满相对电容率为 ε_r 的均匀电介质，球壳 B 外是空气，A 球上带有 $+Q_1$，球壳 B 上带有 $+Q_2$。求：(1) 离球心距离为 $r_1(R_1<r_1<R_2)$ 的点 P_1 的电场强度大小和电势；(2) 离球心距离为 $r_2(r_2>R_3)$ 的点 P_2 的电场强度大小和电势；(3) 球 A 与球壳 B 之间的电势差。

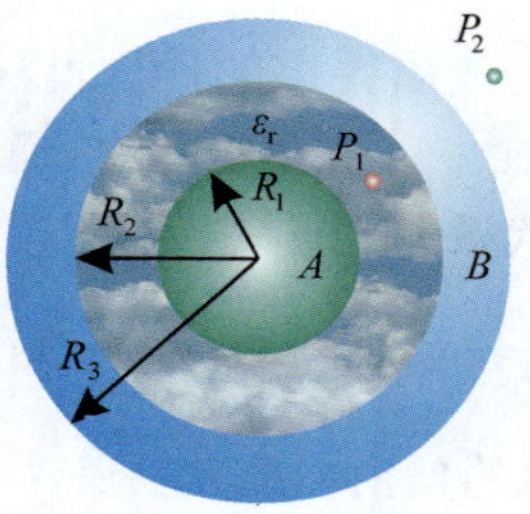

图 10-14 例题 10-2 用图

解 由于电荷分布是均匀对称的，所以电介质中的电场也是对称的，则在同一球面上各点的电场强度的大小相等，且电场强度与球面上各处的 dS 相垂直。由有电介质时的高斯定理：

$$\oiint_S \boldsymbol{D}\cdot \mathrm{d}\boldsymbol{S}=\sum_{i=1}^{n}Q_{0i}$$

得

$$D=\begin{cases}0, & r<R_1\\ \dfrac{Q_1}{4\pi r^2}, & R_1\leqslant r<R_2\\ 0, & R_2\leqslant r\leqslant R_3\\ \dfrac{Q_1+Q_2}{4\pi r^2}, & r>R_3\end{cases}$$

$$E=\begin{cases}0, & r<R_1\\ \dfrac{Q_1}{4\pi\varepsilon_0\varepsilon_r r^2}, & R_1\leqslant r<R_2\\ 0, & R_2\leqslant r\leqslant R_3\\ \dfrac{Q_1+Q_2}{4\pi\varepsilon_0 r^2}, & r>R_3\end{cases}$$

(1) 点 P_1 的电场强度大小和电势分别为

$$E_1=\frac{Q_1}{4\pi\varepsilon_0\varepsilon_r r_1^2}$$

$$V_1=\int_{r_1}^{\infty}E\mathrm{d}l=\int_{r_1}^{R_2}\frac{Q_1}{4\pi\varepsilon_0\varepsilon_r r^2}\mathrm{d}r+\int_{R_3}^{\infty}\frac{Q_1+Q_2}{4\pi\varepsilon_0 r^2}\mathrm{d}r=\frac{Q_1}{4\pi\varepsilon_0\varepsilon_r}\left(\frac{1}{r_1}-\frac{1}{R_2}\right)+\frac{Q_1+Q_2}{4\pi\varepsilon_0}\frac{1}{R_3}$$

(2) 点 P_2 的电场强度大小和电势分别为

$$E_2=\frac{Q_1+Q_2}{4\pi\varepsilon_0 r_2^2}$$

$$V_2=\int_{r_2}^{\infty}\frac{Q_1+Q_2}{4\pi\varepsilon_0 r^2}\mathrm{d}r=\frac{Q_1+Q_2}{4\pi\varepsilon_0}\frac{1}{r_2}$$

(3) 球 A 与球壳 B 之间的电势差为

$$U_{AB}=\int_{R_1}^{R_2}E\mathrm{d}l=\int_{R_1}^{R_2}\frac{Q_1}{4\pi\varepsilon_0\varepsilon_r r^2}\mathrm{d}r=\frac{Q_1}{4\pi\varepsilon_0\varepsilon_r}\left(\frac{1}{R_1}-\frac{1}{R_2}\right)$$

[例题 10-3]

图 10-15 是由半径为 R_1 的长直圆柱导体和同轴的半径为 R_2 的薄导体圆筒组成，并在直圆柱导体与圆筒之间充以相对电容率为 ε_r 的电介质。设直圆柱导体和圆筒单位长度上的电荷线密度分别为 $+\lambda$ 和 $-\lambda$。求：(1)电介质中的电场强度、电位移矢量和电极化强度的大小；(2)电介质内、外表面的极化电荷面密度的值。

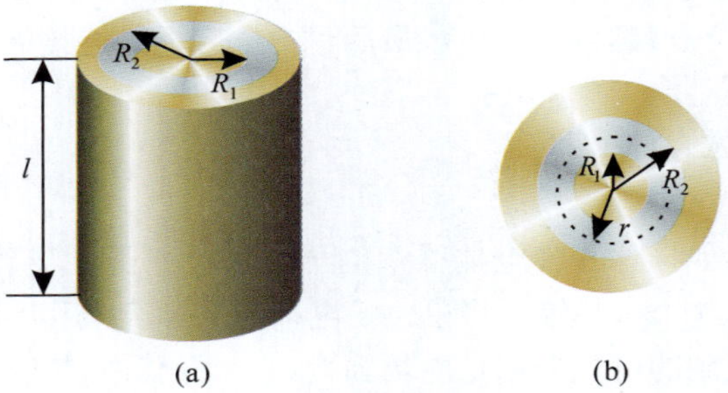

图 10-15 例题 10-3 用图

解 (1) 由题意可知，电荷分布是均匀的，所以电介质中的电场也是柱对称的，电场强度的方向沿柱面的矢径方向。作一与圆柱导体同轴的柱形高斯面，其半径为 $r(R_1<r<R_2)$，长为 l。因为电介质中的电位移矢量 $\boldsymbol{D}$ 与柱形高斯面的两底面的法线方向垂直，所以通过这两底的电位移通量为零。由有电介质时的高斯定理，得

$$\oint\!\!\oint_S \boldsymbol{D}\cdot\mathrm{d}\boldsymbol{S}=\lambda l$$

$$D2\pi rl=\lambda l$$

电介质中电位移矢量的大小为

$$D=\frac{\lambda}{2\pi r}$$

因 $D=\varepsilon_0\varepsilon_r E$，所以电介质中的电场强度的大小为

$$E=\frac{\lambda}{2\pi\varepsilon_0\varepsilon_r r},\quad R_1<r<R_2$$

由 $P=(\varepsilon_r-1)\varepsilon_0 E$，得电介质中的电极化强度的大小为

$$P=\frac{(\varepsilon_r-1)\lambda}{2\pi\varepsilon_r r},\quad R_1<r<R_2 \qquad \text{(a)}$$

(2) 根据式(a),可求得电介质两表面处的电极化强度大小分别为

$$P_1=\frac{(\varepsilon_r-1)\lambda}{2\pi\varepsilon_r R_1},\quad r=R_1$$

$$P_2=\frac{(\varepsilon_r-1)\lambda}{2\pi\varepsilon_r R_2},\quad r=R_2$$

所以,由式(10-4)可得电介质两表面极化电荷面密度的值分别为

$$\sigma'_1=P_1=\frac{(\varepsilon_r-1)\lambda}{2\pi\varepsilon_r R_1}$$

$$\sigma'_2=P_2=\frac{(\varepsilon_r-1)\lambda}{2\pi\varepsilon_r R_2}$$

10.4 电容 电容器

电容(capacity)是电学中一个重要的物理量,它反映了导体的容电本领。本节先讨论孤立导体的电容,然后讨论电容器及其电容,最后讨论电容器的连接。

10.4.1 孤立导体的电容

孤立导体是指离其他导体和带电体很远的导体。设一孤立导体带电荷量为 q,达到静电平衡后,其电势为 V,这个电势等于将单位正电荷从导体表面移至无限远处时电场力所做的功。而单位正电荷受到的电场力就是电场强度,它与导体所带的电荷量成正比,因此导体所带的电荷量增大时,各场点的电场强度将成正比地增大,电场力所做的功相应地增大,进而导体的电势也将增大同样的倍数。这就是说,孤立导体的电势值与它的带电荷量成正比。我们用电容来描述导体的这种属性,表示为

$$C=\frac{q}{V}\tag{10-10}$$

在国际单位制中,电容的单位是F(法拉),1F=1C/V(库仑/伏特)。

[例题 10-4]

求在真空中,一个半径为 R 的孤立导体球的电容。

解 设孤立导体带电荷 q,电荷均匀分布在球面上。根据高斯定理,可得带电球面内的电场强度为零,在球面外的电场强度为

$$\boldsymbol{E}=\frac{q}{4\pi\varepsilon_0 r^2}\boldsymbol{e}_r,\quad r>R$$

取无限远处为电势零点,则导体球的电势为

$$V=\int_R^{\infty}\frac{q}{4\pi\varepsilon_0 r^2}\mathrm{d}r=\frac{q}{4\pi\varepsilon_0 R}$$

则孤立导体球的电容

$$C=\frac{q}{V}=4\pi\varepsilon_0 R$$

若将地球看作导体球，取地球的半径 $R=6.4\times10^6\,\mathrm{m}$，在真空中它的电容为

$$C=4\pi\varepsilon_0 R=4\pi\times8.85\times10^{-12}\times6.4\times10^6\,\mathrm{F}=7.11\times10^{-4}\,\mathrm{F}$$

由此可见，法拉是一个很大的单位，在实际中常采用 μF（微法）和 pF（皮法）作为电容的单位，它们间的换算关系是

$$1\mu\mathrm{F}=10^{-6}\,\mathrm{F},\quad 1\mathrm{pF}=10^{-6}\,\mu\mathrm{F}=10^{-12}\,\mathrm{F}$$

孤立导体的电容与导体的大小和形状有关，与导体是否带电无关。对于具有同样电势的导体，所带电荷量越多，它的电容也越大。因此，导体就像能盛电的容器。

10.4.2 电容器的电容

在电子电路和电力工程中，孤立导体并不存在，大多是由若干导体组成的系统。由两个相互靠近的导体（极板）构成的导体组，称为**电容器（capacitor）**。电容器带电时常使两极板带上等量异号的电荷。电容器的电容定义为电容器一个极板所带电荷量 q（指它的绝对值）和两极板 A、B 之间的电势差（不是某一极板的电势）之比，即

$$C=\frac{q}{V_A-V_B}=\frac{q}{U_{AB}} \tag{10-11}$$

电容器的电容由两极板的大小、形状、相对位置以及板间填充的绝缘材料等因素决定，与两极板的带电荷量和电势差无关，其值等于两导体间的电势差为 1V 时极板上所带的电荷量。

电容器作为一种储存电荷和电能的元件，被广泛应用于各种电路中。下面分别计算几种常见电容器的电容。电容的计算步骤如下：①假定在两极板上分别带有等量异号电荷 $+q$ 和 $-q$；②根据此电荷，应用高斯定理计算两极板之间的电场强度 $\boldsymbol{E}$；③利用公式 $U=\int_{+}^{-}\boldsymbol{E}\cdot\mathrm{d}\boldsymbol{l}$ 计算两极板之间的电势差，其中“+”和“−”表示积分路径起始于正极板并终止于负极板；④根据电容定义式（10-11）计算电容 C。

1. 平行板电容器

如图 10-16 所示，设有两平行的金属极板，每板的面积为 S，两板的内表面之间相距为 d，并使板面的线度远大于两板的内表面的间距。令极板 A 带正电 $+q$，极板 B 带等量的负电 $-q$。由于板面线度远大于两板的间距，所以除边缘部分以外，两板间的电场可认为是均匀的，而且电场局限于两板之间。设两板之间充满相对电容率为 ε_r 的电介质。由式（9-15）和式（10-2）可知电场强度的大小为

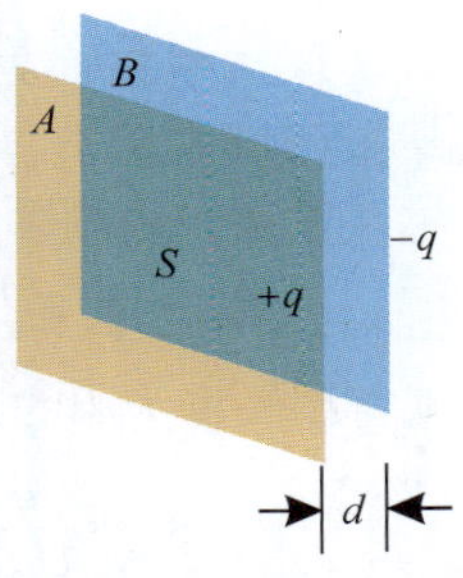

图 10-16 平行板电容器

$$E=\frac{\sigma}{\varepsilon_0\varepsilon_r}=\frac{q/S}{\varepsilon_0\varepsilon_r}$$

两极板间的电势差为

$$U_{AB}=Ed=\frac{qd}{\varepsilon_0\varepsilon_r S}=\frac{qd}{\varepsilon S}$$

由电容器电容的定义，得

$$C=\frac{q}{U_{AB}}=\frac{\varepsilon S}{d}$$

可知，C 正比于极板面积 S，反比于极板间距 d。通过减小两极板的间距 d，并加大两极板的面积，就可获得较大的电容。

2. 球形电容器

如图 10-17 所示，球形电容器由两个同心的金属球壳 A、B 构成，这两个球壳就是电容器的两个极板。设两极板分别带有等量异号电荷 $\pm q$，半径分别为 R_A、R_B，其间充满相对电容率为 ε_r 的电介质。由高斯定理可知，两球壳之间电场强度的大小为

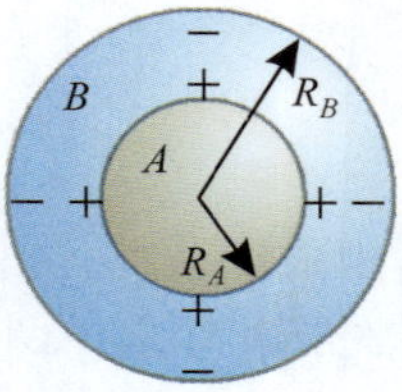

图 10-17　球形电容器

$$E=\frac{q}{4\pi\varepsilon_0\varepsilon_r r^2}=\frac{q}{4\pi\varepsilon r^2},\quad R_A<r<R_B$$

两极板间的电势差为

$$U_{AB}=\int_A^B \boldsymbol{E}\cdot \mathrm{d}\boldsymbol{l}=\int_{R_A}^{R_B}\frac{q}{4\pi\varepsilon r^2}\mathrm{d}r=\frac{q}{4\pi\varepsilon R_A}-\frac{q}{4\pi\varepsilon R_B}$$

所以球形电容器的电容为

$$C=\frac{q}{U_{AB}}=\frac{4\pi\varepsilon R_A R_B}{R_B-R_A}$$

若 $d=R_B-R_A\ll R_A$，则

$$C\approx\frac{4\pi\varepsilon R_A^2}{d}=\frac{\varepsilon S}{d}$$

式中，S 是球面的面积。上述结果与平行板电容器的电容相同。

3. 圆柱形电容器

如图 10-18 所示，圆柱形电容器由两个内外半径分别为 R_A 和 R_B 的直长同轴圆柱面状(圆筒)导体组成，其间充满电容率为 ε 的电介质。设内圆筒单位长度的带电荷量即电荷线密度为 $+\lambda$，外圆筒电荷线密度为 $-\lambda$。利用高斯定理可得到在两圆柱面间距轴线 r 处任一点的电场强度大小为

$$E=\frac{\lambda}{2\pi\varepsilon r},\quad R_A<r<R_B$$

两极间的电势差为

$$U_{AB}=\int_A^B \boldsymbol{E}\cdot \mathrm{d}\boldsymbol{l}=\int_{R_A}^{R_B}\frac{\lambda}{2\pi\varepsilon r}\mathrm{d}r=\frac{\lambda}{2\pi\varepsilon}\ln\frac{R_B}{R_A}$$

这样就得到长度为 l 的圆柱形电容器的电容

$$C=\frac{q}{U_{AB}}=\frac{\lambda l}{V_A-V_B}=\frac{2\pi\varepsilon l}{\ln\dfrac{R_B}{R_A}}$$

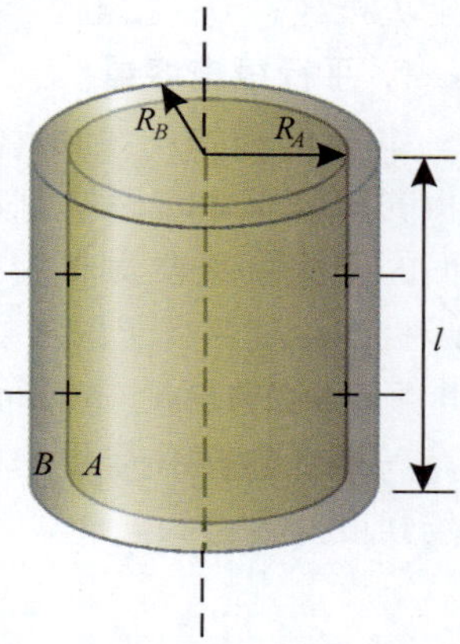

图 10-18　圆柱形电容器

圆柱形电容器的应用也较多，同轴电缆实际上可看成圆

柱形电容器，超高频信号的传输就要使用同轴电缆（如有线电视的传输线）。单位长度的电容

$$C_0 = \frac{2\pi\varepsilon}{\ln \frac{R_B}{R_A}}$$

至此，大家可以看到，电容器的电容仅依赖于电容器的几何形状、大小和电介质的电容率。对于结构、形状和电介质一定的电容器，其电容具有固定值，与它是否带电或所带电荷量的多少无关。

电容器的种类很多，按极板间所充的电介质分类，有空气电容器、云母电容器、纸质电容器和陶瓷电容器等。如图 10-19 所示。按电容器的变化分类，有固定电容器、半可变电容器和可变电容器。如图 10-20 所示。虽然它们的用途各不相同，但其基本结构都是相同的。

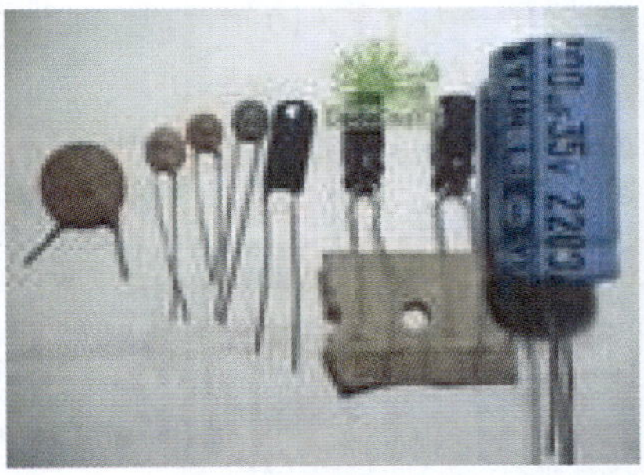

图 10-19 部分电容器的外观图

图 10-20 可变电容器

当电容器极板上加一定的电压时，极板间就有一定的电场强度，电压越大，电场强度也就越大。当电场强度增大到某一最大值 E_b 时，电介质中分子发生电离，从而使电介质失去绝缘性，这时我们就说电介质被**击穿**（**breakdown**）了。电介质能够承受的最大电场强度 E_b 称为电介质的**击穿场强**，此时两极板的电压称为击穿电压 U_b。对于平行板电容器来说，击穿场强 E_b 与击穿电压 U_b 之间的关系为

$$E_b = \frac{U_b}{d}$$

式中，d 为两极板之间的距离。不同电介质的击穿场强是不同的。表 10-1 给出了几种电介质的相对电容率和击穿场强。

表 10-1 几种常见电介质的相对电容率和击穿场强

电介质	相对电容率	击穿场强（室温）/(10^3 kV/mm)
空气(0℃)	1.000 59	3
变压器油	2.2～2.5	12
纸	2.5	5～14

电容器是现代电工技术和电子技术中的重要元件，其大小、形状不一，种类繁多，有大到比人还高的巨型电容器，也有小到肉眼难辨的微型电容器。在超大规模集成电路中，1cm^2 中可以容纳数以万计的电容器，而随着纳米材料的发展，更微小的电容器将会出现，电子技术正日益向微型化发展。同时，电容器的大型化也日趋成熟，利用高功率电容器可以获得高

强度的激光束，为将来实现人工控制热核聚变提供了条件。

10.4.3 电容器的并联和串联

在实际的电路设计和使用中，有时需要把一些电容器组合起来使用。电容器最基本的组合方式是并联和串联。下面讨论电容器**并联**(**connection in parallel**)和**串联**(**connection in series**)的等效电容的计算方法。

1. 电容器的并联

如图10-21所示，将两个电容器C_1,C_2的极板一一对应地连接起来，这种连接叫作并联。将它们接在电压为U的电路上，则C_1,C_2上的电荷分别为Q_1,Q_2。根据式(10-10)有

$$Q_1=C_1U,\quad Q_2=C_2U$$

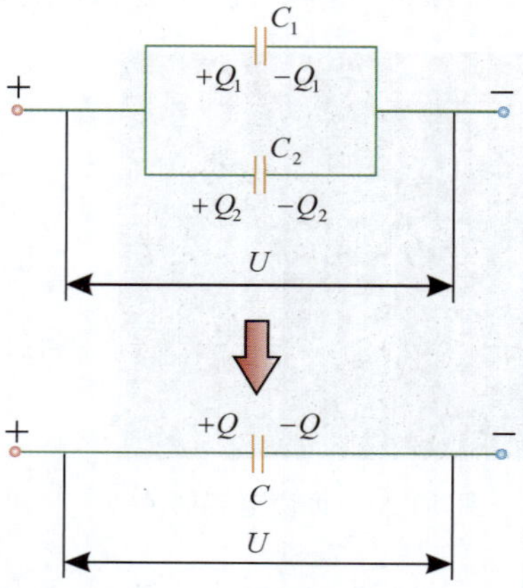

图10-21 C_1和C_2并联，C为它们的等效电容

两电容器上总电荷Q为

$$Q=Q_1+Q_2=(C_1+C_2)U$$

若用一个电容器来等效地代替这两个电容器，使它在电压为U时，所带电荷也为Q，那么这个等效电容器的电容C为

$$C=\frac{Q}{U}$$

把它与前式相比较可得

$$C=C_1+C_2 \tag{10-12}$$

推及一般情况，这说明，**当几个电容器并联时，其等效电容等于这几个电容器电容之和**。可见，并联电容器组的等效电容比电容器组中任何一个电容器的电容都要大，但各电容器上的电压却是相等的。

2. 电容器的串联

如图10-22所示，将两个电容器的极板首尾相连接，这种连接叫作串联。设加在串联电容器组上的电压为U，则两端的极板分别带有$+Q$和$-Q$的电荷。由于静电感应使虚线框内的两块极板所带的电荷分别为$-Q$和$+Q$。这就是说，串联电容器组中每个电容器极板上所带的电荷是相等的。根据式(10-10)可得每个电容器的电压为

$$U_1=\frac{Q}{C_1},\quad U_2=\frac{Q}{C_2}$$

而总电压U则为各电容器上的电压U_1,U_2之和，即

$$U=U_1+U_2=\left(\frac{1}{C_1}+\frac{1}{C_2}\right)Q$$

如果用一个电容为C的电容器来等效地代替这两个电容器，使它两端的电压为U时，所带电荷也为Q，则有

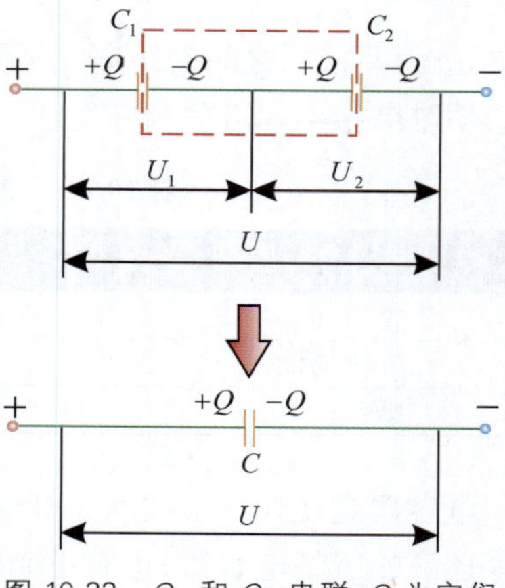

图10-22 C_1和C_2串联，C为它们的等效电容

$$U=\frac{Q}{C}$$

把它与前式相比较可得

$$\frac{1}{C}=\frac{1}{C_1}+\frac{1}{C_2} \tag{10-13}$$

推及一般情况，这说明，**当几个电容器串联时，其等效电容的倒数等于电容器组中各电容倒数之和**。可见，串联电容器组的等效电容比电容器组中任何一个电容器的电容都要小，但每一电容器上的电压却小于总电压。

原理应用

静电复印

静电复印机自20世纪50年代投入市场以来得到越来越广泛的应用。静电复印又名干印，下面就其基本原理作简单的介绍。

静电复印是在一块厚度约为0.05mm的光电导体薄片的表面上完成的。所谓光电导体，就是在光的照射下具有导电性能，而在不受光照射时又是良好的绝缘体。一般的静电复印机中，该光电导体的薄片由一张大的接地的金属片衬底（一般为铝片）支撑（图P10-3）。

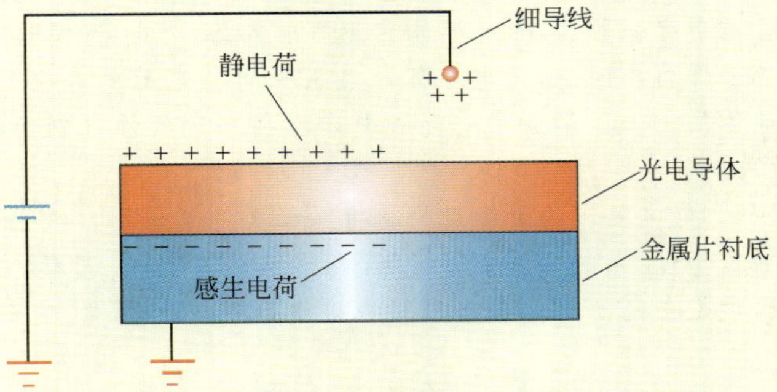

图P10-3　充电过程

静电复印的过程主要分为以下四步。

第一步为充电过程。这个过程如图P10-3所示，整个过程是在不受光照射的黑暗情况下进行的。

通常在图中的细导线上加以5000V的电压，这时细导线周围的空气中电场强度很大，足以使得细导线周围的空气分子被电离为自由电子和正离子。当细导线扫过光电导体的表面时，导线周围空气电离所产生的正离子在电场的作用下便均匀地附着到光电导体的上表面，使它被充电，充电后，其电势可达1000V左右。因为这个过程是在不受光照射的条件下进行的，所以光电导体表现出绝缘介质状态。由于静电感应现象，金属片衬底的上表面（与光电导体的交界面）被感应带上负电荷，而衬底的下表面因接地而不带电荷。这样，充电过程使光电导体薄片的上下两个表面间形成了较大的电势差。

第二步为曝光过程。当光照射需要复印的原稿文件时，从原稿反射的光(具有原稿文件图像)照射到光电导体上，使光电导体曝光。这时光电导体表面各处接收到的光强度不同，如图P10-4所示。在光照射的地方，光子被吸收并产生一对电子-空穴。由于光电导体被充电后上下两表面间的场强很大(达 $1000\text{V}/0.05\text{mm}=2\times10^{7}\text{V}\cdot\text{m}^{-1}$ 的数量级)，足以使电子和空穴被拉开。这时在光的照射下，光电导体表现出导电性，即电子与空穴在光电导体中可以自由流动。于是电子在电场的作用下向上表面运动并与那里的正电荷中和，而空穴则向下表面(与金属片衬底的交界面)运动并与那里的负电荷中和。

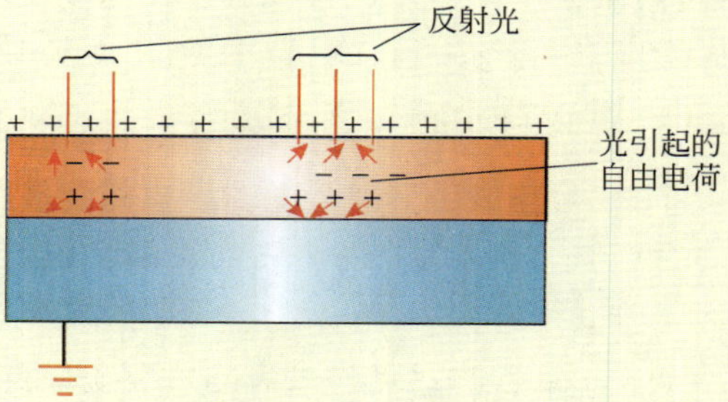

图 P10-4　曝光过程

因此，凡是待复印的原稿上无字无图呈白色的地方，反射光强大，光电导体受光照射强，光电导体上表面在充电过程所带的正电荷完全消失；凡是待复印的原稿上有字或有图呈黑色的地方，反射光强为零，相当于光电导体未受光的照射，保留原来所带的全部正电荷；凡是待复印原稿上半白半黑的地方，反射光强较弱，光电导体受光照射较弱，光电导体上表面在充电过程所带的正电荷部分消失、部分保留。因此，光电导体上表面保留正电荷的多少正好反映了复印原稿的图像，从而在光电导体的上表面形成了一幅与复印原稿一致的静电图像(电荷分布图像)，称为静电潜像。这是最关键的一步。

第三步为显像过程。静电复印的最终目的是将原稿文件复印到白纸上。为此，让带负电的细微颜料粒子(上色剂粒子)和光电导体表面接触，如图P10-5所示。显然，这些上色剂粒子被吸引到带正电荷的区域，于是在光电导体表面上形成了清晰可见的图像，这个图像与复印原稿上的图像一致。

第四步为转印过程。将带正电的白纸放在光电导体上表面的上方，光电导体表面上的带负电的上色剂粒子便附着在白纸上，因此白纸上便出现了与复印原稿相同的图像。这时再让白纸短暂加热，那么上色粒子便熔合到白纸上，成为永久性的照相复制品，如图P10-6所示。这便是复印件了。

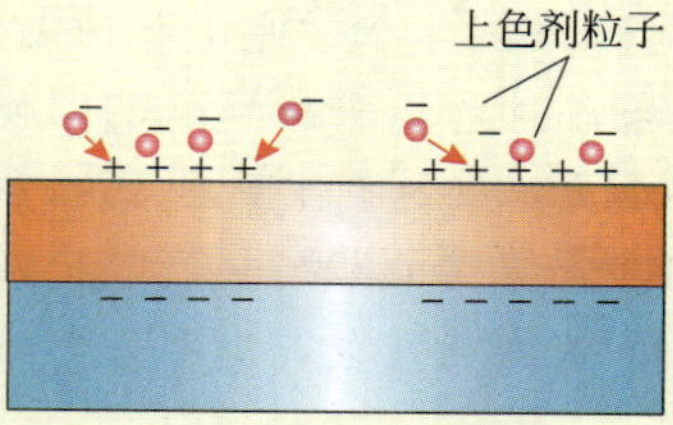

图 P10-5　显像过程

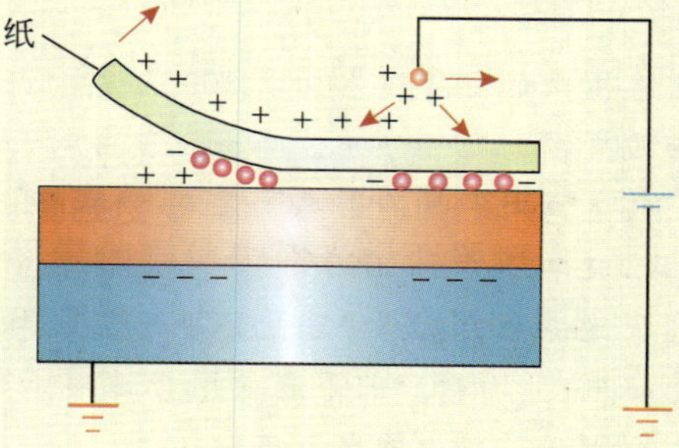

图 P10-6　转印过程

为了重复以上的步骤，再行复印，残留在光电导体表面上的上色剂粒子需机械地清除，并通过全面的光照，使得残留在光电导体表面上的正电荷全部消除，原理和曝光过程的原理类似。经过这些处理，复印系统已经复原，又可再一次复印文件了。

当然，要完成以上各步都需要从工艺上给出保证，这里我们不予赘述。一般复印机的复印速率为每秒几张，而快速复印机，光电导体层往往做成可连续转动的滚筒或带子的形式，在其周围装上能完成以上各步复印过程的装置，用以提高复印的速率。

10.5 静电场的能量

在恒定的状态下，电荷和电场总是同时存在，相伴而生的，使我们无法分辨电能是与电荷还是与电场相关联，然而电磁波可以在空间传播，电场可以脱离电荷而传播，因此电能是存在于电场中的。既然电能分布在电场中，电能一定与描述电场特性的特征量 $\boldsymbol{E}$ 有某种联系。下面从平行板电容器这个特例来寻求这种联系。

设一个平行板电容器两极板的面积为 S，内表面间的距离为 d，两个极板间充满了相对电容率为 ε_r 的电介质，电容为 C。该电容器通过一个充电过程，两极板上的电荷量从 0 达到 Q，两极板间的电势差为 U，如图 10-23 所示。设想平行板电容器的充电过程是这样的，外力不断地从原来中性的极板 B 上取出正电荷并搬到极板 A 上，这样 A 极板带正电，B 极板因失去正电荷带负电。在电容器充电过程中某时刻，两极板上的电荷量分别达到 $\pm q$，把 $\mathrm{d}q$ 的电荷从负极板 B 搬到正极板 A，外力做的功等于 $\mathrm{d}q$ 电势能的量，即

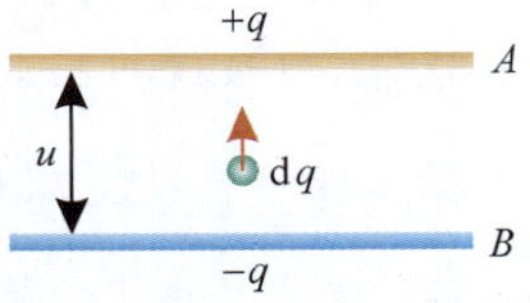

图 10-23 电容器充电过程

$$\mathrm{d}W = u\,\mathrm{d}q$$

在极板带电荷量从零达到 Q 的整个过程中，外力做的功为

$$W = \int \mathrm{d}W = \int u\,\mathrm{d}q = \int_0^Q \frac{q}{C}\mathrm{d}q = \frac{Q^2}{2C} \tag{10-14a}$$

根据电容器电容的定义式，式(10-14a)也可写成

$$W_e = \frac{1}{2}CU^2 = \frac{1}{2}QU \tag{10-14b}$$

可以将上述结论推广到一般情形，不管电容器的结构如何，式(10-14)对任何电容器都是正确的。

从上述讨论可见，在电容器的带电过程中，外力通过克服静电场力做功，把非静电能转换为电容器的电能了。

利用平行板电容器电容的公式，将储存在电容器中的能量式(10-14a)改写为

$$W_e = \frac{Q^2}{2C} = \frac{Q^2 d}{2\varepsilon S} = \frac{\varepsilon}{2}\left(\frac{Q}{\varepsilon S}\right)^2 Sd = \frac{\varepsilon}{2}\left(\frac{\sigma}{\varepsilon}\right)^2 Sd$$

式中，σ 是极板上的电荷面密度，而 $\frac{\sigma}{\varepsilon}$ 就是两极之间的电场强度的大小 E。因此

$$W_e=\frac{\varepsilon}{2}E^2V \tag{10-15}$$

这就是**静电场的能量**(electrostatic energy),式中的 $V=Sd$ 是电容器极板间电场占空间的体积。平行板电容器极板间的电场是均匀的,W_e 与电场所占空间体积成正比,表明平行板电容器的电场能量均匀分布在它的电场中。

将电场能量除以电场体积,即为**电场的能量密度**(energy density),故由式(10-15)得

$$w_e=\frac{\varepsilon}{2}E^2 \tag{10-16}$$

上述结果虽从均匀电场导出,但可证明它是一个普遍适用的公式。也就是说,在任何非均匀电场中,只要给出场中某点的电场强度,那么该点的电场的能量密度就可由式(10-16)确定。电场中所储存的总能量,只要将电场的能量密度对整个电场空间的体积 V 积分即可

$$W_e=\int_V w_e\mathrm{d}V=\int_V\frac{\varepsilon}{2}E^2\mathrm{d}V \tag{10-17}$$

因为能量是物质的状态特性之一,所以它是不能和物质分割开的。电场具有能量,这证明了电场也是一种物质。

[例题 10-5]

一平行板电容器带电荷量为 Q,中间充满电容率为 ε 的电介质中,在保持 Q 不变的情况下,将板间间距从 d 缓慢拉动至 $2d$。求电容器能量变化。

解 由平行板电容器的电容公式 $C=\frac{q}{U_{AB}}=\frac{\varepsilon_0\varepsilon_r S}{d}$ 可知,当电容器的极板间距增大时,其电容将减小。由于保持 Q 不变,根据式(10-14b),电容器能量变化

$$\Delta W_e=W_{e末}-W_{e初}=\frac{Q^2}{2C_末}-\frac{Q^2}{2C_初}$$

$$=\frac{Q^2}{2}\left(\frac{2d}{\varepsilon S}-\frac{d}{\varepsilon S}\right)=\frac{Q^2d}{2\varepsilon S}$$

由此计算结果可知,电容器的能量增加了,因此在这个过程中需要外力做功。

[例题 10-6]

求在电容率为 ε 的电介质中半径为 R、带电荷量为 Q 的均匀带电球面的电场的能量。

解 由高斯定理,可得球内外的电场强度的大小分别为

$$E_1=0,\quad r<R$$

$$E_2=\frac{1}{4\pi\varepsilon}\frac{Q}{r^2},\quad r\geqslant R$$

电场具有球对称性。取半径为 r、厚度为 $\mathrm{d}r$ 的薄球壳作为体积元,即 $\mathrm{d}V=4\pi r^2\mathrm{d}r$,根据式(10-17),可得均匀带电球面的电场的能量为

$$W_e=\int_V \frac{1}{2}\varepsilon E^2 \mathrm{d}V=\frac{\varepsilon}{2}\int_0^R E_1^2 4\pi r^2 \mathrm{d}r+\frac{\varepsilon}{2}\int_R^{\infty} E_2^2 4\pi r^2 \mathrm{d}r$$

$$=\frac{\varepsilon}{2}\int_R^{\infty}\left(\frac{Q}{4\pi\varepsilon r^2}\right)^2 4\pi r^2 \mathrm{d}r=\frac{Q^2}{8\pi\varepsilon R}$$

由电容器储能公式计算得到的均匀带电球面的电场的能量与上述结果相同。读者可自己验证。

原理应用

心脏除颤器

心脏除颤器(defibrillator)又名电复律机，是一种应用电击来抢救和治疗心律失常病人的医疗电子设备，具有疗效高、作用迅速、操作简便以及与药物相比较为安全等优点。

原始的除颤器是利用工业交流电直接进行除颤的，这种除颤器常会因触电而伤亡，因此，目前除心脏手术过程中还有用交流电进行体内除颤(室颤)外，一般都用直流电除颤。

一般心脏除颤器多数采用 RC 阻尼放电的方法，其核心元件为电容器。电压变换器是将直流低压变换成脉冲高压，经高压整流后向储能电容 C 充电，使电容获得一定的储能。除颤治疗时，控制高压继电器动作，使充电电路被切断，由储能电容 C 及人体(负荷)串联接通，使之构成 RC(R 为人体电阻、导线本身电阻、人体与电极的接触电阻三者之和)串联谐振衰减振荡电路，即阻尼振荡放电电路。实验和临床都表明，这种 RC 放电的双向尖峰电流除颤效果较好，并且对人体组织损伤小。放电时间一般为 4～10ms，可以适当选取 C 实现。

除颤器工作时，电击板被放置在患者的胸膛上，控制开关闭合，电容器通过患者从一个电击板到另一个电击板释放它存储的一部分能量。例如除颤器中一个 100μF 的电容器被充电到 4000V，电容器中存储能量为

$$W=\frac{1}{2}CU^2=\frac{1}{2}\times(100\times10^{-6})\times4000^2\,\mathrm{J}=800\mathrm{J}$$

这个能量中约 200J 在 2ms 的脉冲期间被发送给患者，该脉冲的功率为 100kW，它远大于电池或低压直流电源本身的功率，完全可以满足救护患者的需求。

心脏除颤器除了应有上述充电电路和放电电路，还应有监视装置，以便及时检查除颤的进行和除颤效果。监视装置有两种：一种是心电示波器，在示波器荧光屏上观察除颤器的输出波形，从而进行监视；另一种是如心电图机一样的自动记录仪，把除颤器的输出波形以及心电图自动描记在记录纸上，达到监视目的。当然，有的同时具有上述两种装置，既可以在荧光屏上观察波形，又可以把波形自动描记下来。

利用电池或低压直流电源给电容器缓慢充电，然后在高得多的功率下使它放电的技术通常也被用于闪电照相术和频闪照相术中。

电容器中储存有电能，如果把一个已充电的电容器的两个极板用导线短路，则可以看到放电的火花，利用放电火花的热能，可以熔焊金属，这就是常说的“电容焊”。利用已充电的电容器在极短的时间内放电，可得到较大的功率，这在激光和受控热核反应中有重要的作用。

内容提要

1. 导体的静电平衡条件

静电感应现象：当导体处于外电场中时，导体中的电子受外电场力的作用后作定向运动，引起导体中电荷重新分布的现象。

导体的静电平衡条件：

(1) 导体内部电场强度处处为零；

(2) 导体表面外侧的电场强度(电场线)必定和导体表面垂直；

(3) 导体是一个等势体，其表面是一个等势面。

2. 静电平衡时导体的电荷分布

(1) 导体内部无净电荷：$q=0$；

(2) 导体所带电荷只能分布在导体的表面上：$\sigma=\varepsilon_0 E$。

3. 静电屏蔽

在静电平衡状态下，空腔导体外面电荷不会影响空腔内部；一个接地的导体空腔，空腔内的电荷对空腔外的物体不会产生影响。

4. 静电场中的电介质

电介质的极化：电介质中出现极化电荷的现象，称为电介质的极化。

电介质对电场的影响：电场中充满介质时，$\boldsymbol{E}=\boldsymbol{E}_0/\varepsilon_r$，$C=\varepsilon_r C_0$。

电位移矢量：电位移矢量 $\boldsymbol{D}$ 仅是一个辅助量，对于各向同性电介质

$$\boldsymbol{D}=\varepsilon_0\varepsilon_r\boldsymbol{E}$$

式中，ε_r 称为介质的相对电容率。

有电介质时的高斯定理：通过任意闭合曲面的电位移通量等于该闭合曲面内所包围的自由电荷的代数和。

$$\oint_S \boldsymbol{D}\cdot d\boldsymbol{S}=\sum_{i=1}^{n} Q_{0i}$$

5. 电容器和电容

电容器：两个相互靠近的导体(极板)构成的导体组。

电容器的电容：两导体中任意一个导体所带的电荷量 Q 与两导体电势差 U 之比。

$$C=\frac{Q}{U}$$

几种典型电容器的电容：

孤立导体球

$$C=4\pi\varepsilon_0 R \quad (R\ \text{为球体半径})$$

平行板电容器

$$C=\frac{\varepsilon_0 S}{d}\quad (S\text{ 为极板面积},d\text{ 为极板间距})$$

同心球形电容器

$$C=4\pi\varepsilon_0 R_A R_B/(R_B-R_A)\quad (R_A,R_B\text{ 分别为内外球形极板半径})$$

同轴圆柱形电容器

$$C=\frac{2\pi\varepsilon_0 l}{\ln\frac{R_B}{R_A}}\quad (R_A,R_B\text{ 为内外圆柱形极板的半径},l\text{ 为圆柱形极板长度})$$

电容器的连接：

串联：

$$\frac{1}{C}=\sum_i\frac{1}{C_i}$$

并联：

$$C=\sum_i C_i$$

电容器的能量：

$$W_e=\frac{Q^2}{2C}=\frac{1}{2}CU^2=\frac{1}{2}QU$$

6. 静电场的能量和电场的能量密度

静电场的能量密度：单位体积电场内所具有的能量

$$w_e=\frac{1}{2}\varepsilon_0\varepsilon_r E^2$$

均匀静电场的能量：

$$W_e=\frac{1}{2}\varepsilon E^2 V$$

非均匀电场的能量：

$$W_e=\int_V\frac{1}{2}\varepsilon E^2\,\mathrm{d}V$$

积分要遍及整个有电场分布的空间。根据电场的分布情况合理地选择体积元 dV 的形状。

习题

一、选择题

10-1　当一个带电导体达到静电平衡时，(　　)。

(A) 表面上电荷密度较大处电势较高

(B) 表面曲率较大处电势较高

(C) 导体内部的电势比导体表面的电势高

(D) 导体内任一点与其表面上任一点的电势差等于零

10-2 将一个带正电的带电体 A 从远处移到一个不带电的导体 B 附近，导体 B 的电势将(　　)。

(A) 升高　　(B) 降低
(C) 不会发生变化　　(D) 无法确定

10-3 在带电体 A 旁有一不带电的导体壳 B，C 为导体空腔内的一点，如图所示。则正确的是(　　)。

(A) 带电体 A 在 C 点产生的电场强度为零
(B) 带电体 A 与导体壳 B 的外表面的感应电荷在 C 点所产生的合电场强度为零
(C) 带电体 A 与导体壳 B 的内表面的感应电荷在 C 点所产生的合电场强度为零
(D) 导体壳 B 的内外表面的感应电荷在 C 点所产生的合电场强度为零

10-4 若选无穷远处为电势零点，一半径为 R 的导体球均匀带电，导体球上的电势为 V_0，则球外离球心距离为 r 处的电场强度的大小为(　　)。

(A) $\dfrac{R^2V_0}{r^2}$　　(B) $\dfrac{RV_0}{r^2}$
(C) $\dfrac{V_0}{R}$　　(D) $\dfrac{V_0}{r}$

10-5 如图所示，两个同心球壳，内球壳半径为 R_1，均匀带有电荷量 Q；外球壳半径为 R_2，壳的厚度忽略，原先不带电，但与地相连接。设地为电势零点，则在内球壳里面，距离球心为 r 处的点 P 的电场强度大小及电势(即点 P 和外球壳之间的电势差)分别为(　　)。

(A) $E=0, V=\dfrac{Q}{4\pi\varepsilon_0 R_1}$　　(B) $E=0, V=\dfrac{Q}{4\pi\varepsilon_0}\left(\dfrac{1}{R_1}-\dfrac{1}{R_2}\right)$
(C) $E=\dfrac{Q}{4\pi\varepsilon_0 r^2}, V=\dfrac{Q}{4\pi\varepsilon_0 r}$　　(D) $E=\dfrac{Q}{4\pi\varepsilon_0 r^2}, V=\dfrac{Q}{4\pi\varepsilon_0 R_1}$

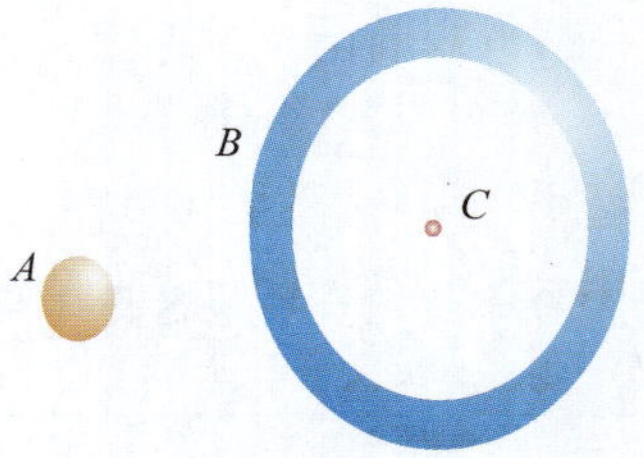

习题 10-3 图

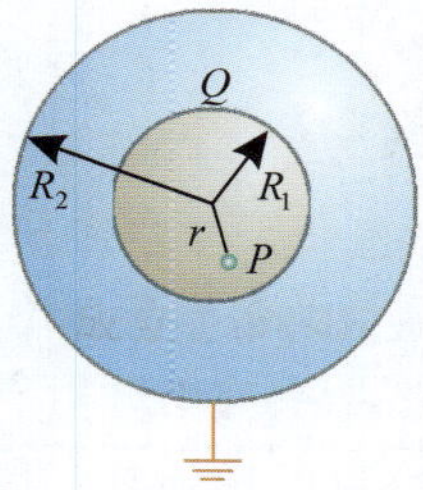

习题 10-5 图

10-6 极板间为真空的平行板电容器，充电后与电源断开，将两极板用绝缘工具拉开一些距离，则下列说法正确的是(　　)。

(A) 电容器极板上电荷面密度增加　　(B) 电容器极板间的电场强度增加
(C) 电容器的电容不变　　(D) 电容器极板间的电势差增大

10-7 在静电场中，作闭合曲面 S，若有 $\oiint_S \boldsymbol{D}\cdot d\boldsymbol{S}=0$(式中 $\boldsymbol{D}$ 为电位移矢量)，则 S 面内必定(　　)。

(A) 既无自由电荷，也无束缚电荷　　(B) 没有自由电荷
(C) 自由电荷和束缚电荷的代数和为零　　(D) 自由电荷的代数和为零

10-8 对于各向同性的均匀电介质，下列概念正确的是（　　）。

(A) 电介质充满整个电场并且自由电荷的分布不发生变化时，介质中的电场强度一定等于没有电介质时该点电场强度的 $1/\varepsilon_r$ 倍

(B) 电介质中的电场强度一定等于没有介质时该点电场强度的 $1/\varepsilon_r$ 倍

(C) 在电介质充满整个电场时，电介质中的电场强度一定等于没有电介质时该点电场强度的 $1/\varepsilon_r$ 倍

(D) 电介质中的电场强度一定等于没有介质时该点电场强度的 ε_r 倍

10-9 把一空气平行板电容器，充电后与电源保持连接。然后在两极板之间充满相对电容率为 ε_r 的各向同性均匀电介质，则（　　）。

(A) 极板间电场强度增加　　(B) 极板间电场强度减小

(C) 极板间电势差增加　　(D) 电容器静电能增加

10-10 两空气电容器 C_1 和 C_2 并联后接上电源充电，再将电源断开，然后把一电介质板插入 C_1 中，如图所示，则（　　）。

(A) C_1 和 C_2 极板上电荷都不变

(B) C_1 极板上电荷增大，C_2 极板上电荷不变

(C) C_1 极板上电荷增大，C_2 极板上电荷减少

(D) C_1 极板上电荷减少，C_2 极板上电荷增大

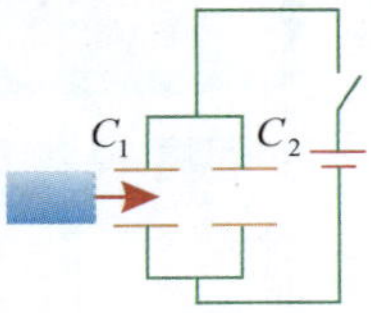

习题 10-10 图

二、填空题

10-11 任意形状的导体，其电荷面密度分布为 $\sigma(x,y,z)$，则在导体表面外附近任意点处的电场强度的大小 $E(x,y,z)=$________，其方向________。

10-12 如图所示，同心导体球壳 A 和 B，半径分别为 R_1、R_2，分别带有电量 q、Q，则内球 A 的电势 $V_A=$________；若把内球 A 接地，则内球 A 所带电量 $q_A=$________。

10-13 如图所示，在真空中将半径为 R 的金属球接地，在与球心 O 相距为 $r(r>R)$ 处放置一点电荷 $-q$，不计接地导线上电荷的影响，则金属球表面上的感应电荷总量为________，金属球表面电势为________。

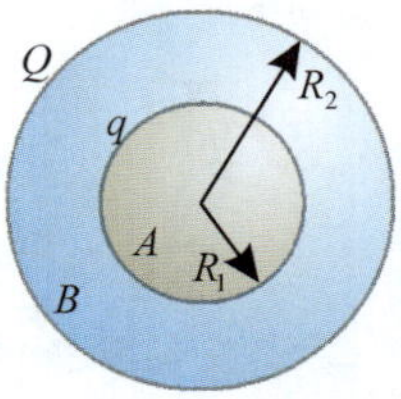

习题 10-12 图

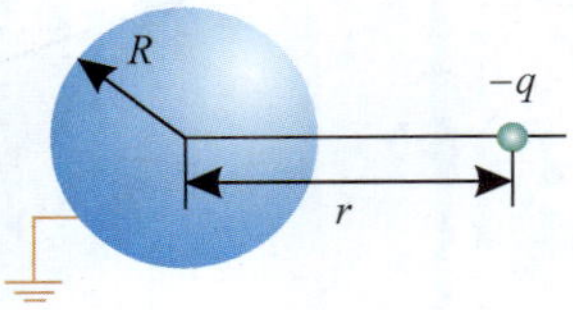

习题 10-13 图

10-14 两带电导体球半径分别为 R 和 $r(R>r)$，它们相距很远，用一根导线连接起来，则两球表面的电荷面密度之比 $\sigma_R:\sigma_r=$________。

10-15 一半径为 R 的导体球表面的电荷面密度为 σ，在距球面为 R 处，电场强度大小为____________。

10-16 对下列问题选取“增大”“减小”或“不变”作答。(1)平行板电容器保持板上电量不变（即充电后切断电源）。现在使两板的距离增大，则两板间的电势差________，电场强度________，电容________，电场能量________。(2)如果保持两板间电压不变（即充电后与电源连

接着)，则两板间距离增大时，两板间的电场强度________，电容________，电场能量________。

10-17 一平行板电容器，两板间充满各向同性均匀电介质。已知相对电容率为ε_r，若极板上的自由电荷面密度为σ，则介质中电位移矢量的大小$D=$________，电场强度的大小$E=$________，电场的能量密度$w_e=$________。

10-18 在电容为C_0的空气平行板电容器中，平行地插入一厚度为两极板距离一半的金属板，则电容器的电容$C=$________。

10-19 一平行板电容器，两极板间是真空时，电容为C_0，充电到电压为u_0时，断开电源，然后将极板间充满相对电容率为ε_r的均匀电介质，则此时电容$C=$________，电场能量$W_e=$________。

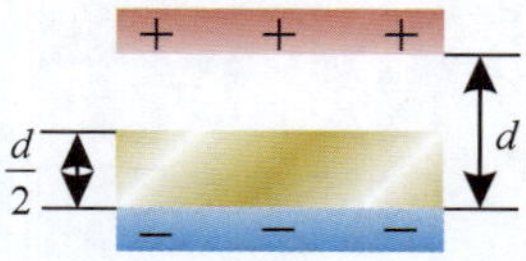

习题 10-20 图

10-20 一平行板电容器两极板间距离为d，电荷面密度为σ_0，将一块相对电容率为$\varepsilon_r=2$，厚度为$\frac{d}{2}$的均匀电介质插入两极板间如图所示。则电容器的两极板间电压是插入前的________倍，电容器的电容是插入前的________倍，电容器储存的电能是插入前的________倍。

三、计算题

10-21 如图所示，点电荷$q=4.0\times10^{-10}$C处在导体球壳的中心，壳的内外半径分别为$R_1=2.0$cm和$R_2=3.0$cm，求：(1)导体球壳的电势；(2)离球心$r=1.0$cm处的电势。

10-22 如图所示，半径为$R_1=0.01$m的金属球，带电量$Q_1=1\times10^{-10}$C，球外套一内外半径分别为$R_2=3\times10^{-2}$m和$R_3=4\times10^{-2}$m的同心金属球壳，壳上带电量$Q_2=11\times10^{-10}$C，求：(1)金属球和金属球壳的电势差；(2)若用导线把球和球壳连接在一起，这时球和球壳的电势各为多少?

10-23 半径为R_0的导体球带有电荷Q，球外有一层均匀介质同心球壳，其内、外半径分别为R_1和R_2，介质的相对电容率为ε_r，如图所示，求：(1)空间的电位移矢量和电场强度分布；(2)介质内的表面上的极化电荷面密度。

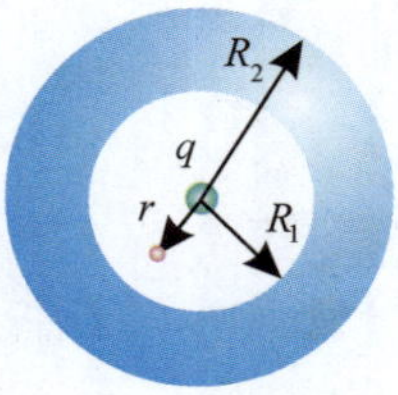

习题 10-21 图

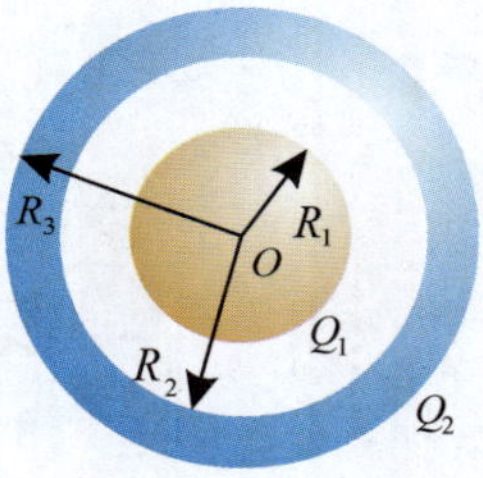

习题 10-22 图

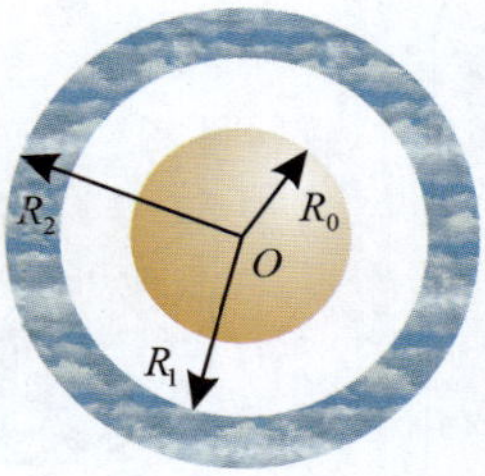

习题 10-23 图

10-24 地球和电离层可当作球形电容器，它们之间相距约为100km，求地球—电离层系统的电容。(设地球和电离层之间为真空)

10-25 如图所示，两根平行无限长均匀带电直导线，相距为d，导线半径都是$R(R\ll d)$。导线上电荷线密度分别为$+\lambda$和$-\lambda$。试求：(1)两导线间任一点P的电场强度；(2)两导线间的电势差；(3)该导体组单位长度的电容。

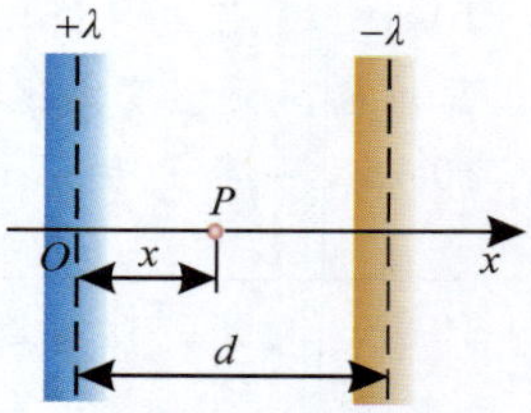

习题 10-25 图

10-26 如图所示，一平行板电容器充满两层厚度各为 d_1 和 d_2 的电介质，它们的相对电容率分别为 ε_{r1} 和 ε_{r2}，极板的面积为 S。求：(1)电容器的电容；(2)当极板上的自由电荷面密度为 σ_0 时，两介质分界面上的极化电荷面密度；(3)两层介质中的电位移矢量。

10-27 三个电容器的电容分别为 8μF、8μF 和 4μF，在三者串联后的 A、B 两端加 12V 的电压。求：4μF 的电容器极板所带的电量及两端的电压。

10-28 如图所示，在点 A 和点 B 之间有五个电容器。(1)求 A，B 两点之间的等效电容；(2)若 A，B 之间的电势差为 12V，求 U_{AC}，U_{CD} 和 U_{DB}。

习题 10-26 图

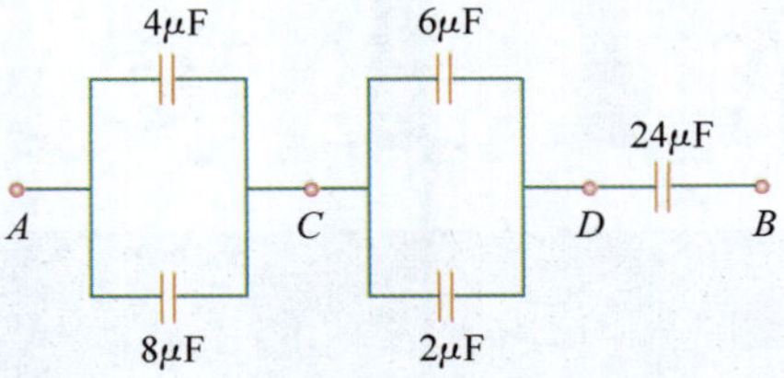

习题 10-28 图

10-29 平行板电容器两极板间充满某种电介质，极板间距离 $d=2$mm，电压为 600V，若断开电源后抽出电介质，则电压升高到 1800V。求：(1)电介质的相对电容率；(2)介质中的电场强度。

10-30 求真空中一均匀带电球体(非导体)的静电能。设球体半径为 R，所带电量为 Q。

10-31 一平行板电容器，极板形状为圆形，其半径为 8cm，极板间距为 1.0mm，中间充满相对电容率为 5.5 的电介质，若电容器充电到 100V，求两极板所带电量为多少？储存的电能是多少？

Chapter 11

第11章

稳恒磁场

磁学(magnetism),又称为铁磁学(ferromagnetism),是现代物理学的一个重要分支。现代磁学是研究磁、磁场、磁材料、磁效应、磁现象及其实际应用的一门学科。我国是对磁现象认识最早的国家之一,公元前 4 世纪前后成书的《管子》中就有“上有慈石者,其下有铜金”的记载,这是关于磁的最早记载。类似的记载,在其后的《吕氏春秋》中也可以找到“慈石召铁,或引之也”。东汉高诱在《吕氏春秋注》中谈道:“石,铁之母也。以有慈石,故能引其子。石之不慈者,亦不能引也。”在东汉以前的古籍中,一直将磁写作慈。相映成趣的是,磁石在许多国家的语言中都含有慈爱之意。

我国古代典籍中也记载了一些磁石吸铁和同性相斥的应用事例。例如《史记·封禅书》说:汉武帝命方士栾大用磁石做成的棋子“自相触击”;而《椎南万毕术》(西汉刘安)还有“取鸡血与针磨捣之,以和磁石,用涂棋头,曝干之,置局上则相拒不休”的详细记载。南北朝(51—518 年)的《水经注》(郦道元)和另一本《三辅黄图》都有秦始皇用磁石建造阿房宫北阙门,“有隐甲怀刃入门”者就会被查出的记载。古代,还常常将磁石用于医疗。《史记》中有“五石散”内服治病的记载,磁石就是五石之一。晋代有用磁石吸出体内铁针的病案。到了宋代,有人把磁石放在耳内,口含铁块,因而治愈耳聋。

现在人们认识到,电流、运动电荷、磁体或变化电场周围空间存在一种特殊形态的物质就是磁场。如果作宏观定向运动的电荷在空间的分布不随时间变化,即形成恒定电流。在恒定电流的周围产生不随时间变化的磁场,称为稳恒磁场,又称静磁场。变化的电流或变化的电场周围会产生变化的磁场。现代磁学理论中的主要概念包括:磁场强度,磁感应强度,磁通量,磁化强度,磁矩,磁化率,磁势,磁阻,磁导率等。

磁场是广泛存在的,地球,恒星(如太阳),星系(如银河系),行星、卫星,以及星际空间和星系际空间,都存在着磁场。为了认识和解释其中的许多物理现象和过程,必须考虑磁场这一重要因素。在现代科学技术和人类生活中,处处可遇到磁场,发电机、电动机、变压器、电报、电话、收音机以及加速器、热核聚变装置、电磁测量仪表等无不与磁现象有关。甚至在人体内,伴随着生命活动,一些组织和器官内也会产生微弱的磁场。

本章学习稳恒磁场的性质和规律,首先介绍恒定电流的描述,以及电源的电动势等概念,然后学习恒定电流产生的稳恒磁场的性质和规律,以及稳恒磁场对电流和运动电荷的作用。虽然稳恒磁场与静电场的性质、规律不同,但是,在研究方法上却有类似之处。主要内容有:描述磁场的重要物理量磁感应强度的定义,毕奥-萨伐尔定律,磁场的高斯定理,安培环路定理,磁场对载流导线的作用以及洛伦兹力等。

汉斯·克里斯蒂安·奥斯特(Hans Christian Oersted,1777—1851 年),丹麦物理学家。他坚信自然力是可以相互转化的,长期探索电与磁之间的联系,从而发现了电流的磁效应,促进了 19 世纪中叶电磁理论的统一和发展。

11.1 恒定电流

11.1.1 电流 电流密度

电流是由大量电荷作定向运动形成的。电荷的携带者可以是**自由电子**(free electron)、**质子**、**正负离子**(positive ion/cation, negative ion/anion),这些带电粒子亦称为**载流子**(carrier)。由带电粒子定向运动形成的电流叫作**传导电流**(conduction current)。此外,带电体作机械运动时也能形成电流,这种电流叫作**运流电流**(convection current)。本章讨论传导电流。

电流的强弱用电流强度来表示。单位时间内通过导体任一截面的电荷量称为电流强度,简称**电流**(electric current),用符号 I 表示。设在 $\mathrm{d}t$ 时间内通过导体某截面的电荷量为 $\mathrm{d}q$,则通过该截面的电流为

$$I=\frac{\mathrm{d}q}{\mathrm{d}t} \tag{11-1}$$

电流是标量,在金属导体中,自由电子移动的方向由低电势到高电势。但在历史上人们规定正电荷流动的方向为电流的正方向,因而电流的方向与负电荷的移动方向恰好相反。

在国际单位制中,规定电流的单位为安培,符号为 A。这是为纪念安培(André-Marie Ampère,1775—1836 年,法国物理学家、化学家、数学家)而命名的。我们把 1s 内通过导体任一截面的电荷量为 1C 的电流称为 1A,即 1A=1C/s。常用的电流单位还有 mA 和 μA 等。

$$1\mu\mathrm{A}=10^{-3}\mathrm{mA}=10^{-6}\mathrm{A}$$

电流反映了单位时间内载流子通过导体整个截面的状况,不涉及穿越该截面各处细节,如图 11-1(a)所示,如果导体的粗细不均匀,在大截面各处和小截面各处载流子的分布状况显然是不同的。为了描述电流的分布,需要引入另一个物理量,即**电流密度**(current density)。电流密度是矢量,**导体内某点处电流密度 $\boldsymbol{j}$ 的方向为该点处正电荷的运动方向,其大小等于单位时间内在该点附近垂直于电荷运动方向的单位截面上所通过的电荷量**。按以上定义,在导体内某点处一微小的与该点处电荷运动方向相垂直的面积元 $\mathrm{d}S_{\perp}$,如果通

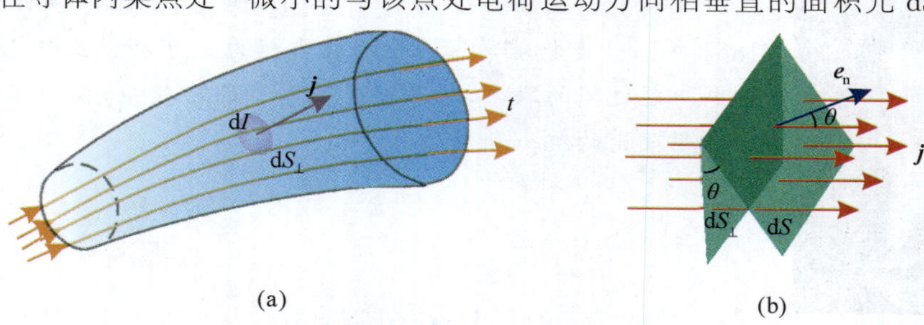

图 11-1 电流与电流密度矢量

过 $dS_\perp$ 的电流为 dI，则该点处电流密度矢量 $\boldsymbol{j}$ 可表示为

$$\boldsymbol{j}=\frac{dI}{dS_\perp}\boldsymbol{e}_n=\frac{dq}{dt\,dS_\perp}\boldsymbol{e}_n \tag{11-2}$$

式中，$\boldsymbol{e}_n$ 是面元 dS 的法向单位矢量。电流密度的单位是安培/米²(A/m^2)。

如图 11-1(b)所示，若某点处的面元 $d\boldsymbol{S}$ 不垂直于电流，其法线 $\boldsymbol{e}_n$ 与该处电流密度 $\boldsymbol{j}$ 之间有一夹角 θ，则 $dS_\perp=dS\cos\theta$。根据式(11-2)，该处电流可以表示为

$$dI=j\,dS_\perp=j\,dS\cos\theta=\boldsymbol{j}\cdot d\boldsymbol{S} \tag{11-3}$$

通过导体中任一有限曲面 S 的电流 I 可以表示为

$$I=\iint_S \boldsymbol{j}\cdot d\boldsymbol{S} \tag{11-4}$$

在金属导体中，电流是由大量自由电子在电场作用下作定向移动所提供的，因此电流密度的大小必定与电子定向移动的平均速率 $\bar{u}$ 有关。在导体中取一小截面 ΔS，使 ΔS 的法线与电流方向平行。设导体中自由电子数密度为 n，每个电子所带电荷量的绝对值为 e，单位时间内通过截面 ΔS 的自由电子的总量就是通过 ΔS 的电流 ΔI。而单位时间内通过 ΔS 的电子都应处于以 ΔS 为底，以平均定向移动速率 $\bar{u}$ 为高的柱体内，所以

$$\Delta I=n\Delta S\bar{u}e$$

故电流密度的大小为

$$j=\frac{\Delta I}{\Delta S}=ne\bar{u}$$

上式表明，金属导体中电流密度的大小，等于自由电子数密度、电子电荷量和电子平均定向移动速率三者的乘积。电流密度矢量可以表示为

$$\boldsymbol{j}=\frac{\Delta I}{\Delta S}=-ne\bar{\boldsymbol{u}} \tag{11-5}$$

式中，负号来源于电子带负电，矢量 $\boldsymbol{j}$ 的方向与自由电子定向移动的方向相反。

11.1.2 恒定电流的条件

如果导体中的电流不随时间而变化，这种电流叫作**恒定电流**(**steady current**)。如果不作特别声明，本章所提到的电流均指恒定电流。

在导体内任取一闭合曲面 S，由式(11-4)可知，通过这一闭合面的电流

$$I=\oint\!\!\oint_S \boldsymbol{j}\cdot d\boldsymbol{S} \tag{11-6}$$

在恒定情况下，电流密度 $\boldsymbol{j}$ 不随时间变化，因此电流 I 也不随时间变化，这要求电流场中的电荷分布也不随时间变化，由分布不随时间变化的电荷所激发的电场，称为**恒定电场**，既然恒定电场中电荷分布不随时间变化，式(11-6)必定具有下面的形式：

$$\oint\!\!\oint_S \boldsymbol{j}\cdot d\boldsymbol{S}=0 \tag{11-7}$$

式(11-7)就是**电流的恒定条件**，电流的恒定条件表明，**在恒定电流场中通过任意闭合曲面的电流必定等于零**。

上面所说的恒定电场，是由运动而分布不随时间变化的电荷所激发的，它服从与静电场

同样的基本规律，如高斯定理和环路定理，电势差的概念也同样适用。所以两者统称为库仑电场。但与静电场中导体内部的电场强度为零不同的是，在恒定电场中导体内部的电场强度不等于零。

11.1.3 电动势

若在导体两端维持恒定的电势差，那么导体中就会有恒定的电流流过。怎样才能在导体两端形成恒定的电势差呢？试设想，将一个已充了电的电容器两极板沿外部用导线连接起来，构成闭合回路，**电路**(electric circuit)上将有电流流过。不过，随着两极板电荷量的减少，它们之间的电势差降低，电流很快就消失了。因此，单靠静电场不能在导体中维持稳恒的电流流动，要维持恒定的电流，必须设法沿另一路径(例如沿电容器内部)，将流到负极板的正电荷再送回到正极板，这样才能在导体两端维持有稳恒的电势差。但要这样做，必须克服两极板间的静电场而做功。能够提供这种功的力，一定是除静电力以外的力，这种力称为**非静电力**。提供非静电力的装置称为**电源**(power supply)，如化学电池、硅(硒)太阳能电池、发电机等。实际上电源是把其他形式的能量转换为电能的装置。

电流经电源内部从负极板流向正极板的电路叫作**内电路**。电流经电源外部从正极板流向负极板的电路叫作**外电路**。在电源内部，即内电路电荷同时受到恒定电场和非静电性电场的作用，而在外电路却只有恒定电场的作用。静电力使正电荷从高电势移到低电势，而非静电力则使正电荷从低电势移到高电势。

为了表述不同电源转化能量的能力，人们引入了电动势这一物理量。电源电动势是描述电源非静电力做功能力大小的物理量。我们把**单位正电荷从负极板经电源内部移至正极板时非静电力所做的功叫作电源电动势**(electromotive force)。如图 11-2 所示，如果用 $\boldsymbol{E}_k$ 表示非静电场强度，则电源电动势定义为

$$\varepsilon = \int_{-}^{+} \boldsymbol{E}_k \cdot \mathrm{d}\boldsymbol{l} \tag{11-8}$$

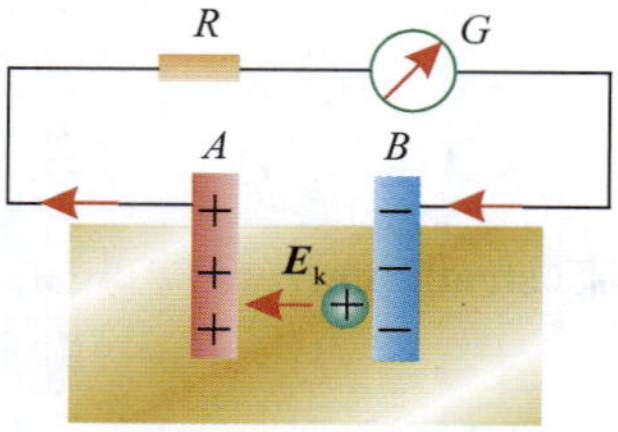

图 11-2　电源电动势

电动势是标量，它在电路中可取正、反两种方向。我们规定，从负极经电源内部到正极的方向为电动势的方向。ε 越大，表示电源将其他形式能量转换为电能的本领越大。其大小与电源结构有关，与外电路无关。

电动势的单位与电势的单位相同，在国际单位制中为伏特(V)，1V=1J/C。

考虑在如图 11-2 所示的闭合回路中，因为外电路中 E_k 为零，于是我们还可以将电动势表示为非静电场的电场强度 E_k 沿闭合电路上的环流

$$\varepsilon = \oint \boldsymbol{E}_k \cdot \mathrm{d}\boldsymbol{l} \tag{11-9}$$

式(11-9)表示电源电动势的大小等于**单位正电荷绕闭合回路一周时，非静电力所做的功**。这是电动势的又一种表示法，它比式(11-8)更具普遍性。

应该指出，电源电动势的大小只取决于电源本身的性质，一定的电源具有一定的电动势，而与外电路无关。另外，电源内部也有电阻，叫作电源的内阻。

11.2 磁场 磁感应强度

11.2.1 磁的基本现象

在历史上，磁现象的发现比电现象要早得多。我国是最早发现和应用磁现象的国家，战国时期(公元前 300 年)就发现磁石吸铁的现象。东汉时期的王充指出古代的“司南勺”是个指南针，如图 11-3 所示。11 世纪初，我国已将指南针用于航海。11 世纪末，指南针传入欧洲，指南针是我国古代发明之一，对世界文明的发展有重大影响。

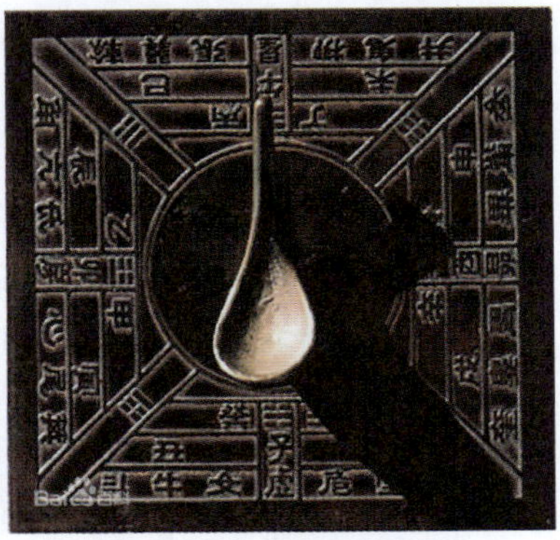

图 11-3 司南勺示意图

人们把磁铁能够吸引铁、镍、钴等物质的性质称为**磁性**(**magnetism**)。磁铁上的磁性特别强的区域称为**磁极**(**magnetic pole**)。磁极间在水平内自由转动，平衡时它总是沿南北取向，指南的那一端为南极(S 极)，指北的那一端称为北极(N 极)。人们发现，如果把一条磁铁折成数段，无论段数多少或各段的长短如何，每一小段仍将形成一个很小的磁铁，仍具有 N、S 两极，即 N 极与 S 极相互依存而不可分离，且同名磁极相互排斥，异名磁极相互吸引。

历史上很长一段时间内，电学和磁学的研究一直彼此独立地发展着，直到 1820 年丹麦科学家奥斯特发现电流对小磁针的作用。奥斯特的实验表明，电流可以对磁针施加作用力。后来法国科学家安培发现放在磁铁附近的载流导线或载流线圈，也要受到力的作用而产生运动。进一步实验还发现，电流和电流之间也有相互作用力。

通过螺线管和磁棒的相似性，启发我们提出这样一个问题：磁铁和电流是否在本质上是一致的呢？1822 年安培从微观上解释了物质磁性的原因，提出了著名的关于物质磁性本质的假说——**分子电流**(**molecular current**)**假说**：一切磁现象的根源是电流，任何物质的分子，都存在着环形电流，即分子电流。组成磁铁的最小单元(磁分子)就是分子电流，若这样一些分子环流有规则地排列起来，在宏观上就会显示出 N、S 极来。我们知道，原子是由原子核和绕核旋转的负电子组成的，电子不仅旋转，而且还有自旋。原子、分子等微观粒子内电子的这些运动形成“分子环流”，这便是物质磁性的基本来源。无论是电流还是磁铁，它们的来源都是一个，即电荷的运动。安培的分子电流假说指明了一切磁现象都可归纳为电流的磁效应。

11.2.2 磁感应强度

从静电场的研究中我们已经知道，在静止电荷周围的空间存在着电场，静止电荷间的相互作用是通过电场来传递的。电流间(包括运动电荷)的相互作用也是通过场来传递的，这种场称为**磁场(magnetic field)**。磁场是存在于运动电荷周围空间除电场以外的一种特殊物质,磁场对位于其中的运动电荷有力的作用。因此,运动电荷与运动电荷之间、电流与电流之间、电流(或运动电荷)与磁铁之间的相互作用,都可以看成是它们中任意一个所激发的磁场对另一个施加作用力的结果。当载流导体在磁场中运动时,磁场力对它做功。磁场和电场一样,也具有能量,也是物质存在的一种形式。

在静电学中,为了考察空间某处是否有电场存在,可以在该处放一静止试验电荷 q_0,若 q_0 受到力 $\boldsymbol{F}$ 的作用,我们就可以说该处存在电场,并以电场强度 $\boldsymbol{E}=\boldsymbol{F}/q_0$ 来定量地描述该处的电场。与此类似,我们将从磁场对运动电荷的作用力,引入**磁感应强度 $\boldsymbol{B}$(magnetic induction)**来定量地描述磁场。但是,磁场作用在运动电荷上的力不仅与电荷的多少有关,而且还与电荷运动速度的大小和方向有关。所以,磁场作用在运动电荷上的力比电场作用在静止电荷上的力要复杂得多。因此,对 $\boldsymbol{B}$ 的定义比对 $\boldsymbol{E}$ 的定义也要复杂些。

下面我们以运动电荷在磁场力的作用下发生偏转这一事实为对象,进行分析。

(1) 实验指出,当带电粒子在磁场中沿某一方向运动时,受力为零,而不管带电粒子的电荷量有多大,也不管它的运动速率有多大。因此,这条特定直线是该处磁场本身的属性,我们把该带电粒子运动的方向就定义为磁感应强度的方向。

(2) 实验发现,当带电粒子垂直于上述特定直线运动时,所受力的大小与沿其他方向运动所受的力相比,是最大的;当带电粒子的速度 $\boldsymbol{v}$ 沿任意方向时,受力 $\boldsymbol{F}$ 的大小与 $qv\sin\theta$ 成正比,θ 是 $\boldsymbol{v}$ 和 $\boldsymbol{B}$ 之间的夹角。而且比值 $F/qv\sin\theta$ 对于确定的场点 P 有唯一的量值。所以,这个比值代表了在该场点处磁场的强弱,因此规定磁感应强度 $\boldsymbol{B}$ 的大小为

$$B=\frac{F}{qv\sin\theta} \tag{11-10}$$

磁场作用于运动电荷的磁力大小为

$$F=qvB\sin\theta$$

实验表明,运动点电荷所受的磁力 $\boldsymbol{F}$ 总是垂直于 $\boldsymbol{v}$ 和 $\boldsymbol{B}$,故又可将上式写成矢量式

$$\boldsymbol{F}=q\,\boldsymbol{v}\times\boldsymbol{B} \tag{11-11}$$

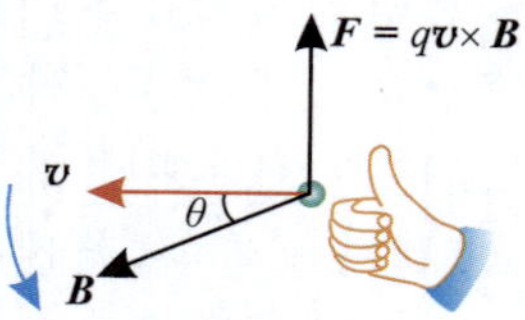

图 11-4 洛伦兹力

$\boldsymbol{F}$ 称为**洛伦兹力(Lorentz force)**。洛伦兹力与速度、磁感应强度构成右手螺旋关系,如图 11-4 所示。

当带电粒子的速度垂直于磁感应强度 $\boldsymbol{B}$ 的方向时,电荷受力最大,$F_{max}=qvB$。若电荷静止不动,则电荷不受磁力作用。运动电荷与静止电荷不同之处在于:静止电荷的周围空间只存在静电场,而任何运动电荷或电流的周围空间,除了和静止电荷一样存在电场之外,还存在磁场。电场对处于其中的任何电荷(无论运动与否)都有电场力作用,而磁场则只对运动电荷有磁力作用,磁场力作用在运动电荷上。这是磁力与电力的显著不同。

在国际单位制中,磁感应强度 $\boldsymbol{B}$ 的国际单位是特斯拉(T),1T=1N/(A·m)。这是为纪念特斯拉(Nikola Tesla,1856—1943 年,塞尔维亚裔美籍发明家、物理学家、机械工程师、电气工程师)而命名的。磁场还有一个辅助单位,称为高斯(Gs),$1\text{T}=10^4\text{Gs}$。表 11-1 列出了有关自然界的一些磁场的近似值。

表 11-1 有关自然界的一些磁场的近似值 单位：T

地 点	磁近似值	地 点	磁近似值
中子星(估算)	10^8	太阳表面的磁场	10^{-2}
超导电磁铁	5～40	地球两极附近	6×10^{-5}
大型电磁铁	1～2	太阳在地球轨道上的磁场	3×10^{-9}
地球赤道附近	3×10^{-5}	人体磁场	10^{-12}

顺便指出，如果磁场中某一区域内各点的磁感应强度 $\boldsymbol{B}$ 都相同，即该区域内各点 $\boldsymbol{B}$ 的方向一致、大小相等，那么，该区域内的磁场就叫作均匀磁场。不符合上述情况的磁场就是非均匀磁场。长直密绕**螺线管(solenoid)**内中部的磁场是常见的均匀磁场。

11.3 磁场叠加原理 毕奥-萨伐尔定律

这一节我们将介绍恒定电流激发磁场的规律。在稳恒磁场中，任意一点的磁感应强度 $\boldsymbol{B}$ 仅是空间坐标的函数，而与时间无关。

11.3.1 磁场叠加原理

产生磁场的运动电荷或电流可称为磁场源。实验指出，在有若干个磁场源的情况下，它们产生的磁场的计算方法与在静电场中计算带电体的电场时的方法相似。如图 11-5 所示，为了求恒定电流的磁场，我们可以将载流导线分成无限多个小的载流线元，即在载流导线上沿电流流向取一段长度为 dl 的线元，若线元中通过恒定电流为 I，则我们就把 Idl 表示为矢量 $I\mathrm{d}\boldsymbol{l}$，$I\mathrm{d}\boldsymbol{l}$ 的方向沿着线元中的电流流向。这一载流线元矢量 $I\mathrm{d}\boldsymbol{l}$ 就称为**电流元**，电流元可作为计算电流磁场的基本单元。

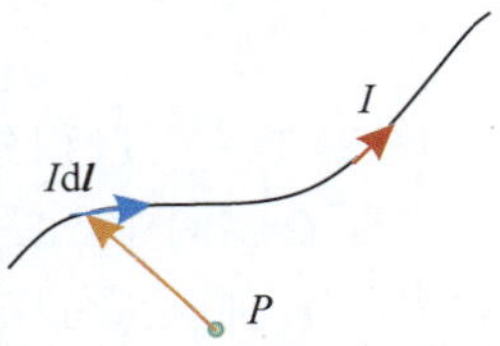

图 11-5 磁场叠加原理

实验证明，在由 n 个电流共同激发的磁场中，某点的磁感应强度 $\boldsymbol{B}$ 等于各个电流单独存在时在该点产生的磁感应强度的矢量和，即

$$\boldsymbol{B}=\sum_{i=1}^{n}\boldsymbol{B}_i \tag{11-12}$$

式中，$\boldsymbol{B}_i$ 是第 i 个电流在该点产生的磁场。这就是**磁场叠加原理**。

根据磁场叠加原理，一根载流导线 L 在空间中某点 P 所激发的磁感应强度 $\boldsymbol{B}$，可以看作是这根导线上所有电流元 $I\mathrm{d}\boldsymbol{l}$ 在该点激发的磁感应强度 $\mathrm{d}\boldsymbol{B}$ 的叠加(矢量和)，即

$$\boldsymbol{B}=\int_L \mathrm{d}\boldsymbol{B} \tag{11-13}$$

积分号下的 L 表示对整根导线中的电流求积分。

11.3.2 毕奥-萨伐尔定律

1820 年，法国物理学家毕奥(J. B. Biot，1774—1862 年)、萨伐尔(F. Savart，1791—1841 年)

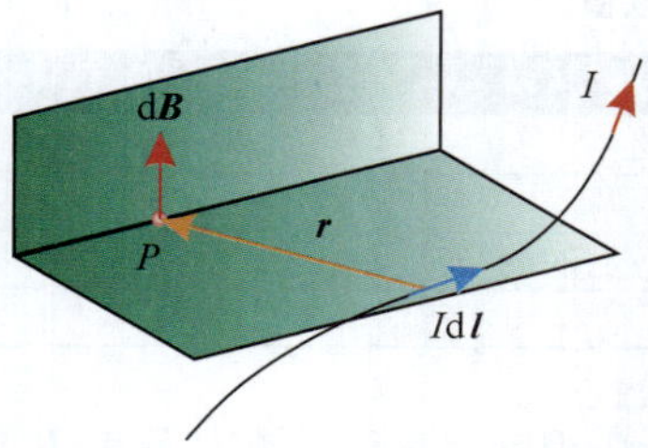

图 11-6　电流元产生的磁场

等分析了许多电流回路产生磁场的实验数据，得到了载流导线周围磁场与电流的关系。法国数学家和物理学家拉普拉斯(P. S. Laplace，1749—1827 年)又以公式的形式概括得出电流元产生磁感应强度 d$\boldsymbol{B}$ 的规律，从而建立了著名的毕奥-萨伐尔定律。

如图 11-6 所示，电流元 $I\mathrm{d}\boldsymbol{l}$ 在空间某点 P 处产生的磁感应强度 d$\boldsymbol{B}$ 的大小与电流元 $I\mathrm{d}\boldsymbol{l}$ 的大小成正比，与电流元 $I\mathrm{d}\boldsymbol{l}$ 所在处到点 P 的位置矢量 $\boldsymbol{r}$ 和电流元 $I\mathrm{d}\boldsymbol{l}$ 之间的夹角 θ 的正弦成正比，而与电流元 $I\mathrm{d}\boldsymbol{l}$ 到点 P 的距离 r 的平方成反比，即

$$\mathrm{d}B=\frac{\mu_0 I\,\mathrm{d}l\sin\theta}{4\pi r^2} \tag{11-14}$$

考虑到电流元 $I\mathrm{d}\boldsymbol{l}$、位矢 $\boldsymbol{r}$ 和磁场 d$\boldsymbol{B}$ 三者的方向，电流元的磁场可写成矢量形式：

$$\mathrm{d}\boldsymbol{B}=\frac{\mu_0 I}{4\pi r^3}\mathrm{d}\boldsymbol{l}\times\boldsymbol{r} \tag{11-15}$$

式中，电流元 $I\mathrm{d}\boldsymbol{l}$、位矢 $\boldsymbol{r}$ 和磁场 d$\boldsymbol{B}$ 三个矢量的方向之间服从右手螺旋定则，由此可确定电流元磁场 d$\boldsymbol{B}$ 的方向。式(11-15)称为**毕奥-萨伐尔定律**(**Biot-Savart law**)。式中的 $\mu_0=4\pi\times10^{-7}\,\mathrm{N/A^2}$ 称为**真空磁导率**(**permeability of vacuum**)。

这样，任意载流导线中的电流 I 在点 P 产生的磁感应强度可以由式(11-13)求得

$$\boldsymbol{B}=\int_L\frac{\mu_0 I}{4\pi r^3}\mathrm{d}\boldsymbol{l}\times\boldsymbol{r} \tag{11-16}$$

式(11-16)是一矢量积分，具体计算时要用它在选定的坐标系中的分量式。

由于在实验中无法得到电流元，因而毕奥-萨伐尔定律无法用实验验证，但根据它，我们可以计算各种电流分布的磁场，从而间接地证明它的正确性，同时也证明了磁感应强度也遵从矢量叠加原理。下面应用毕奥-萨伐尔定律来讨论几种载流导体所激发的磁场。

11.3.3　毕奥-萨伐尔定律的应用举例

应用毕奥-萨伐尔定律和磁场叠加原理原则上可以计算任意电流的磁场。计算磁场中各点磁感应强度的基本步骤如下。

(1) 将载流导线划分为一段段电流元，任选一段电流元 $I\mathrm{d}\boldsymbol{l}$，并标出 $I\mathrm{d}\boldsymbol{l}$ 到场点 P 的位矢 $\boldsymbol{r}$，确定两者的夹角 θ。

(2) 根据毕奥-萨伐尔定律，求出电流元 $I\mathrm{d}\boldsymbol{l}$ 在场点 P 所激发的磁感应强度 d$\boldsymbol{B}$ 的大小 dB，并由右手螺旋定则确定 d$\boldsymbol{B}$ 的方向。

(3) 在一般的情况下，各电流元 $I\mathrm{d}\boldsymbol{l}$ 在所研究的场点产生的 d$\boldsymbol{B}$ 方向不同。故需要建立坐标系，将 d$\boldsymbol{B}$ 在坐标系中分解。一般选取直角坐标系，则 $\mathrm{d}\boldsymbol{B}=\mathrm{d}B_x\boldsymbol{i}+\mathrm{d}B_y\boldsymbol{j}+\mathrm{d}B_z\boldsymbol{k}$。对于一些具有对称性分布的电流，常常利用磁场叠加原理对 d$\boldsymbol{B}$ 进行对称性分析，以简化计算。

(4) 最后，就整个载流导线对 d$\boldsymbol{B}$ 的各个分量分别积分

$$\boldsymbol{B}_x=\int_L\mathrm{d}\boldsymbol{B}_x,\quad \boldsymbol{B}_y=\int_L\mathrm{d}\boldsymbol{B}_y,\quad \boldsymbol{B}_z=\int_L\mathrm{d}\boldsymbol{B}_z$$

对积分结果进行矢量合成，求出磁感应强度 $\boldsymbol{B}$，即

$$\boldsymbol{B}=B_x\boldsymbol{i}+B_y\boldsymbol{j}+B_z\boldsymbol{k}$$

[例题 11-1]

如图 11-7 所示，在真空中有一通有电流为 I，长为 L 的载流直导线，试计算导线外任意一点 P 的磁感应强度。

解 选取如图 11-7 所示的坐标轴，在载流直导线上任意取一电流元 $I\mathrm{d}z$，根据毕奥-萨伐尔定律，此电流元在点 P 产生的磁感应强度 $\mathrm{d}\boldsymbol{B}$ 的大小为

$$\mathrm{d}B=\frac{\mu_0}{4\pi}\frac{I\mathrm{d}z\sin\theta}{r^2}$$

式中，θ 为电流元与位矢 r 之间的夹角。$\mathrm{d}\boldsymbol{B}$ 的方向垂直于电流元 $I\mathrm{d}z$ 与位矢 $\boldsymbol{r}$ 所决定的平面，即垂直纸面向里，由于该载流直导线上的电流元在点 P 产生的 $\mathrm{d}\boldsymbol{B}$ 的方向都相同，因此载流直导线在点 P 产生的磁感应强度 $\boldsymbol{B}$ 的方向也垂直纸面向里，其大小为

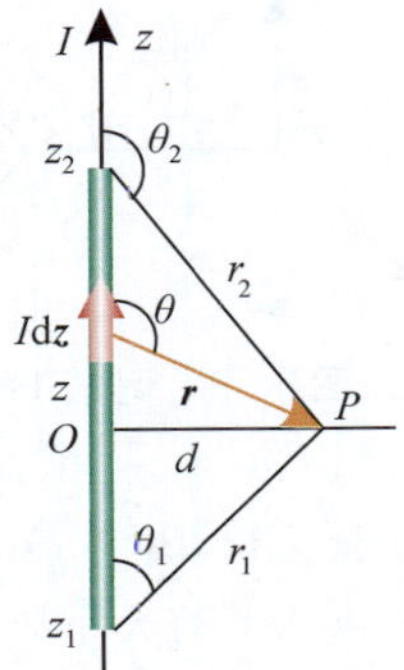

图 11-7 例题 11-1 用图

$$B=\frac{\mu_0}{4\pi}\int\frac{I\mathrm{d}z\sin\theta}{r^2}$$

设点 P 到载流直导线的垂直距离为 d，由图 11-7 可知

$$z=-d\cot\theta,\quad r=d/\sin\theta$$

而且 $\mathrm{d}z=d\,\mathrm{d}\theta/\sin^2\theta$，于是

$$B=\frac{\mu_0 I}{4\pi d}\int_{\theta_1}^{\theta_2}\sin\theta\,\mathrm{d}\theta=\frac{\mu_0 I}{4\pi d}(\cos\theta_1-\cos\theta_2) \tag{a}$$

式中，θ_1 和 θ_2 分别是电流的始端和终端至点 P 的连线与电流方向之间的夹角。

如果载流直导线为无限长，即点 P 到导线的距离 $d\ll L$，即 $\theta_1=0,\theta_2=\pi$，这样由式(a)可得磁感应强度的大小为

$$B=\frac{\mu_0 I}{2\pi d} \tag{b}$$

这表明，无限长的载流直导线在某点所激发的磁感应强度的大小，正比于电流，反比于该点与载流直导线间的垂直距离 d。

如果载流直导线为半无线长，即 $\theta_1=\frac{\pi}{2},\theta_2=\pi$，由式(1)可得磁感应强度的大小为

$$B=\frac{\mu_0 I}{4\pi d} \tag{c}$$

如果点 P 在载流直导线的延长线上，即 $\theta_1=\theta_2=0$(点 P 在上端)，或 $\theta_1=\theta_2=\pi$(点 P 在下端)，由式(a)可得磁感应强度的大小为

$$B=0 \tag{d}$$

这表明，在载流直导线延长线上各点，磁感应强度为零。

[例题 11-2]

如图 11-8 所示，设在真空中，有一圆形载流导线(称为圆电流)，其半径为 R，电流为 I，计算它在轴线上任意一点 P 的磁感应强度。

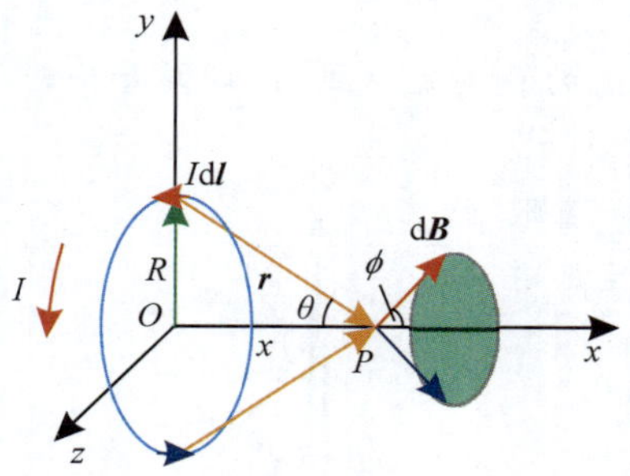

图 11-8　例题 11-2 用图

解　选取如图 11-8 所示的坐标轴，其中 Ox 轴通过圆心 O，并垂直圆形导线的平面。在圆电流上任取一个电流元 $I\mathrm{d}\boldsymbol{l}$，它到点 P 的位矢为 $\boldsymbol{r}$，这电流元 $I\mathrm{d}\boldsymbol{l}$ 在轴线上点 P 产生的磁感应强度 $\mathrm{d}\boldsymbol{B}$ 的大小为

$$\mathrm{d}B=\frac{\mu_0}{4\pi}\frac{I\mathrm{d}l\sin 90^\circ}{r^2}=\frac{\mu_0}{4\pi}\frac{I\mathrm{d}l}{r^2}$$

$\mathrm{d}\boldsymbol{B}$ 的方向垂直于电流元 $I\mathrm{d}\boldsymbol{l}$ 与位矢 $\boldsymbol{r}$ 所组成的平面，将 $\mathrm{d}\boldsymbol{B}$ 分解为平行于 x 轴的分量和垂直于 x 轴的分量。由于对称性，圆电流上的所有电流元产生的各个 $\mathrm{d}\boldsymbol{B}$ 在垂直于 x 轴方向的所有分量逐一抵消，只有沿着 x 轴方向的分量。设 $\mathrm{d}\boldsymbol{B}$ 与 Ox 轴的夹角为 ϕ，$\cos\phi=\sin\theta$，得圆形载流导线在轴线上任意一点 P 的磁感应强度的大小为

$$B=\int \mathrm{d}B_x=\frac{\mu_0 I}{4\pi}\int\frac{\mathrm{d}l\cos\phi}{r^2}=\frac{\mu_0 I\cos\phi}{4\pi r^2}\int_0^{2\pi R}\mathrm{d}l=\frac{\mu_0 I\cos\phi}{2r^2}R=\frac{\mu_0 IR^2}{2r^3}$$

$$=\frac{\mu_0 IR^2}{2(R^2+x^2)^{3/2}} \tag{a}$$

$\boldsymbol{B}$ 的方向沿轴线与电流方向成右手螺旋关系。

当 $x=0$ 时，即在载流线圈的圆心处，由式(a)得到圆心处磁感应强度的大小为

$$B=\frac{\mu_0 I}{2R} \tag{b}$$

如果线圈有 N 匝，通过每匝线圈的电流都为 I，则磁感应强度为

$$B=\frac{\mu_0 NI}{2R} \tag{c}$$

当 $x\gg R$ 时，即在轴线上离线圈很远的地方，由式(a)得到圆心处磁感应强度的大小为

$$B\approx\frac{\mu_0}{2}\frac{R^2 I}{x^3}=\frac{\mu_0}{2\pi}\frac{IS}{x^3} \tag{d}$$

式中，$S=\pi R^2$ 是圆线圈的面积。

[例题 11-3]

用两根彼此平行的半无限长 L_1、L_2 的导线把半径为 R 的均匀导体圆环连接到电源上，如图 11-9 所示。已知直导线上的电流为 I，求圆环中心 O 点的磁感应强度。

解　应用磁场叠加原理求解，点 O 的磁感应强度由 L_1、L_2 和 acb 弧、adb 弧四段的电流产生，它们各自在点 O 处所激发的磁感应强度分别是

L_1：$B_1=0$。

L_2：$B_2=\frac{\mu_0 I}{4\pi R}\left(\cos\frac{\pi}{2}-\cos\pi\right)=\frac{\mu_0 I}{4\pi R}$，磁感应强度的方向垂直纸面向外。

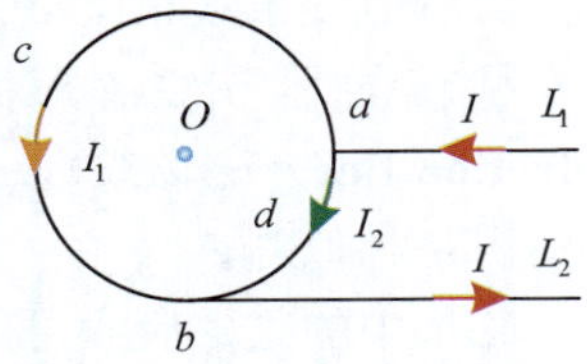

图 11-9　例题 11-3 用图

acb 弧：$B_3=\frac{\mu_0 I_1}{2R}\frac{3}{4}$，磁感应强度的方向垂直纸面向外。

adb 弧：$B_4=\frac{\mu_0 I_2}{2R}\frac{1}{4}$，磁感应强度的方向垂直纸面向内。

由于 $\boldsymbol{I}_2=3\boldsymbol{I}_1$，所以 $\boldsymbol{B}_3+\boldsymbol{B}_4=0$。

由磁场叠加原理可得，点 O 的磁感应强度为

$$B=B_2=\frac{\mu_0 I}{4\pi R}$$

磁感应强度的方向垂直纸面向外。

11.3.4　磁矩

在静电场中，我们讨论了电偶极子的电场，并引入电偶极矩 $\boldsymbol{p}=q\boldsymbol{l}$ 来表示电偶极子。与之相似，我们引入磁矩来描述载流线圈的性质。如图 11-10 所示，有一平面圆电流，其面积为 S，电流为 I，$\boldsymbol{e}_n$ 为线圈平面的正法向单位矢量，$\boldsymbol{e}_n$ 与电流的方向成右手螺旋关系。定义载流平面线圈的**磁矩** $\boldsymbol{m}$（magnetic moment）为

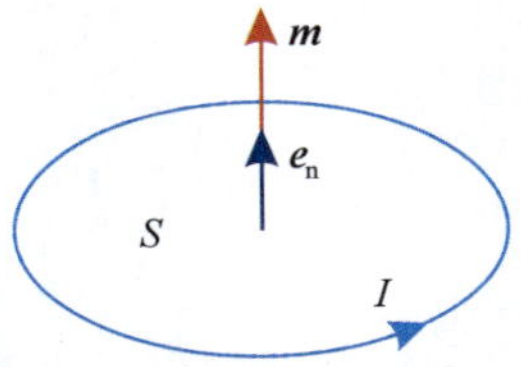

图 11-10　载流线圈的磁矩

$$\boldsymbol{m}=IS\boldsymbol{e}_n \tag{11-17}$$

即 $\boldsymbol{m}$ 的方向与线圈的正法向一致，量值等于 IS。式(11-17)对任意形状的平面载流线圈都是适用的，磁矩是描述载流线圈本身性质的特征量。

利用磁矩，我们可以把例题 11-2 中的式(d)改写为矢量表达式

$$\boldsymbol{B}=\frac{\mu_0}{2\pi x^3}\boldsymbol{m}$$

该式与电偶极子轴线上的电场强度表达式相似。

一般地，当圆电流的面积很小，或者场点离圆电流很远时，就可以把圆电流看成是**磁偶极子**（**magnetic dipole**），$\boldsymbol{m}$ 为磁偶极子的磁矩。

11.4　磁场的高斯定理

11.4.1　磁感应线

为了形象地表示磁场在空间的分布情况，我们按下面的规定在磁场中画出一系列曲线：曲线上每一点的切线方向就是该点的磁感应强度 $\boldsymbol{B}$ 的方向，而通过垂直于切线的单位面积

上的磁感应线条数正比于该点 $\boldsymbol{B}$ 的大小，即曲线分布稠密的地方磁感应强度数值大，曲线分布稀疏的地方磁感应强度数值小。这样的一系列曲线就称为**磁感应线**(**magnetic induction line**)(磁场线)。显然，用磁感应线形象地描述磁场，与用电场线形象地描述电场的情况是相似的。

磁场中的磁感应线可借助小磁针或铁屑显现出来。如图 11-11 所示，在水平放置的玻璃上，撒上铁屑，使导体通过玻璃板并通上电流，铁屑在磁场的作用下变成小磁针，轻轻地敲击玻璃板，铁屑会有规则地排列起来，从而描绘出磁场的磁感应线分布。图 11-11 分别是长直电流、圆电流以及电螺线管的磁感应线。

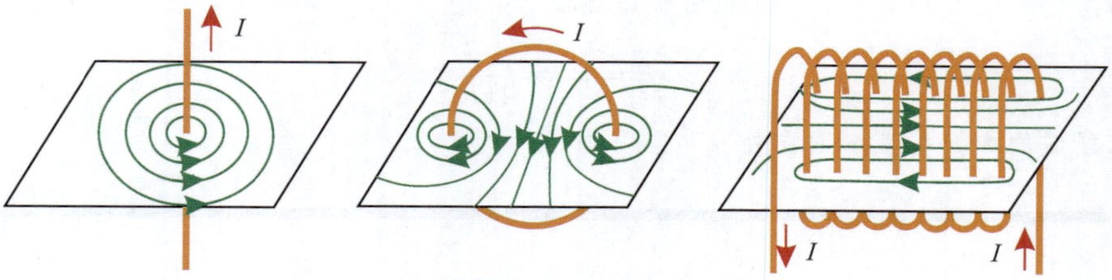

图 11-11　磁感应线

从图 11-11 中可以看出，磁感应线具有如下特点：①载流导体周围的磁感应线都是环绕电流的闭合曲线，无始无终。磁感应线的这个特征和静电场的电场线不同，静电场中的电场线起始于正电荷，终止于负电荷。②由于磁场中某一点的磁场方向是确定的，所以磁场中任何两条磁感应线在空间不会相交。磁感应线的这一特征和电场线是一样的。③磁感应线的方向与电流的流向遵守右手螺旋定则。

11.4.2　磁通量

为了使磁感应线不但能表示磁场方向，而且能描述磁场的强弱，像静电场中规定电场线的密度那样，对磁感应线的密度规定如下：**磁场中某点处垂直于 $\boldsymbol{B}$ 矢量的单位面积上通过的磁感应线条数(磁感应线密度)等于该点 $\boldsymbol{B}$ 的数值**。因此，$\boldsymbol{B}$ 大的地方，磁感应线就密集；$\boldsymbol{B}$ 小的地方，磁感应线就稀疏。对均匀磁场来说，磁场中的磁感应线相互平行，各处磁感应线密度相等；对非均匀磁场来说，磁感应线相互不平行，各处磁感应线密度不相等。

通过磁场中某一曲面的磁感应线条数叫作通过此曲面的磁通量(**magnetic flux**)，用 Φ_m 表示。

如果在磁感应强度为 $\boldsymbol{B}$ 的均匀磁场中，面积为 S 的平面与磁感应强度 $\boldsymbol{B}$ 相垂直，由于磁感应强度在数值上等于通过垂直于磁场方向单位面积的磁感应线条数，那么根据对磁感应线密度的规定，穿过 S 的磁感应线条数，即磁通量为

$$\Phi_m = BS$$

如果在磁感应强度为 $\boldsymbol{B}$ 的均匀磁场中，面积为 S 的平面与磁感应强度 $\boldsymbol{B}$ 不垂直，若面积矢量 $\boldsymbol{S}$ 单位法线 $\boldsymbol{e}_n$ 与磁感应强度 $\boldsymbol{B}$ 成 θ 角，那么通过倾斜面积垂直于 $\boldsymbol{B}$ 的方向上的投影面 $S_\perp$ 的磁通量为

$$\Phi_m = BS_\perp = BS\cos\theta$$

如果在非均匀磁场中有一面积为 S 的任意曲面，如图 11-12 所示，那么，为了求得穿过曲面 S 的磁通量，我们可以把曲面 S 划分成许多小面元 $\mathrm{d}S$，$\mathrm{d}S$ 足够小，以致可以把它看为平面，并且在 $\mathrm{d}S$ 范围内磁感应强度 $\boldsymbol{B}$ 的大小和方向可认为处处相同。若 $\boldsymbol{e}_n$ 为面积元的单位法线矢量，则 $\boldsymbol{e}_n\mathrm{d}S=\mathrm{d}\boldsymbol{S}$。这样，穿过 $\mathrm{d}\boldsymbol{S}$ 的磁通量可以表示为

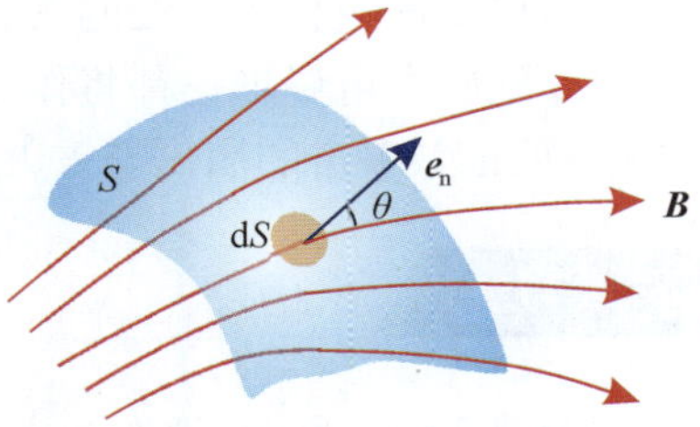

图 11-12　磁通量

$$\mathrm{d}\Phi_m=\boldsymbol{B}\cdot\mathrm{d}\boldsymbol{S}=B\cos\theta\mathrm{d}S$$

因此，通过曲面 S 的磁通量为

$$\Phi_m=\iint_S\boldsymbol{B}\cdot\mathrm{d}\boldsymbol{S}=\iint_S B\cos\theta\mathrm{d}S \tag{11-18}$$

在国际单位制中，$\boldsymbol{B}$ 的单位是特斯拉，S 的单位是平方米，Φ_m 的单位名称为韦伯，其符号为 Wb，有 $1\mathrm{Wb}=1\mathrm{T}\cdot\mathrm{m}^2$。

11.4.3　磁场的高斯定理及其应用

由于磁感应线是环绕电流无头无尾的闭合曲线，对一封闭曲面来说，有多少条磁感应线从闭合面穿入，就有多少条磁感应线从闭合面穿出，穿出的磁通量为正，穿入的磁通量为负，那么穿过任一封闭曲面的磁通量一定为零。

这样就得到**磁场的高斯定理：磁场中通过任一封闭曲面的磁通量一定为零**，即

$$\Phi_m=\oint\!\!\oint_S\boldsymbol{B}\cdot\mathrm{d}\boldsymbol{S}=\oint\!\!\oint_S B\cos\theta\mathrm{d}S=0 \tag{11-19}$$

磁场的高斯定理表明了磁场是一种无源场。将式(11-19)与静电场的高斯定理相比较，可知自然界中没有与电荷相对应的“磁荷”(或称为单独的磁极，magnetic monopole)存在。但是 1931 年英国物理学家狄立克曾从理论上预言，可能存在磁单极子，并且单极子的磁荷同电荷一样也是量子化的。

近几十年来，从月球岩石到深海沉积物，从高能加速器到宇宙射线，人们一直捕捉磁单极子的踪迹(用阿尔法磁谱仪寻找磁单极子)，如图 11-13 所示。然而迄今为止，人们还没有

图 11-13　阿尔法(α)磁谱仪

发现可以确定磁单极子存在的实验证据。如果实验上找到了磁单极子，那么不仅磁场的高斯定理以致整个电磁理论都将作重大修改，而且将深刻影响有关基本粒子的构造、相互作用"大统一理论"、宇宙的演化等重大理论问题。

[例题 11-4]

如图 11-14 所示，设在真空中，有一通有电流 I 的无限长载流直导线，图中长方形与导线共面，r_1，r_2，l 均为已知。求通过长方形所围面积的磁通量。

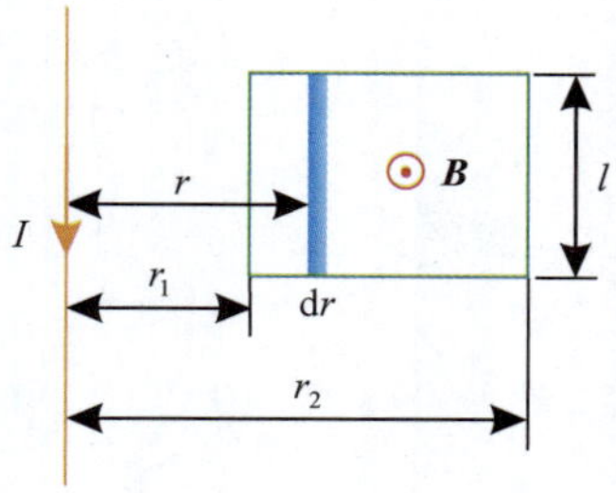

图 11-14 例题 11-4 用图

解 由题意可知，通过长方形所围面积的磁场是由长直载流导线产生的，该磁场是不均匀磁场，因此需要用式(11-18)来求解通过长方形所围面积的磁通量。

如图 11-14 所示，在长方形中距导线为 r 处，取一长为 l，宽为 $\mathrm{d}r$ 的长方形面积微元，其面积 $\mathrm{d}S=l\mathrm{d}r$，其法线方向的磁感应强度可认为处处相等，由例题 11-1 中的式(b)可知，磁感应强度 $\boldsymbol{B}$ 的大小为

$$B=\frac{\mu_0 I}{2\pi r}$$

磁感应强度 $\boldsymbol{B}$ 的方向垂直于纸面向外。

通过面积 $\mathrm{d}\boldsymbol{S}$ 的磁通量为

$$\mathrm{d}\Phi_{\mathrm{m}}=\boldsymbol{B}\cdot\mathrm{d}\boldsymbol{S}=B\mathrm{d}S=Bl\mathrm{d}r=\frac{\mu_0 I}{2\pi r}l\mathrm{d}r$$

利用式(11-18)，可得通过整个长方形面积的总磁通量为

$$\Phi_{\mathrm{m}}=\int\mathrm{d}\Phi_{\mathrm{m}}=\int_{r_1}^{r_2}\frac{\mu_0 Il}{2\pi r}\mathrm{d}r=\frac{\mu_0 Il}{2\pi}\ln\frac{r_2}{r_1}$$

11.5 安培环路定理及其应用

11.5.1 安培环路定理

我们已经知道，静电场有一个重要性质，就是静电场属于保守力场，在静电场中电场强度沿任意闭合路径(曲线)的积分即电场 $\boldsymbol{E}$ 的环流为零，$\oint_L \boldsymbol{E}\cdot\mathrm{d}\boldsymbol{l}=0$。磁场是不是保守力场呢？在磁场中，磁感应强度 $\boldsymbol{B}$ 沿任意闭合路径的积分即磁场 $\boldsymbol{B}$ 的环流等于什么呢？下面我们就讨论这个问题。

为简便起见，我们分析由无限长直导线电流所产生的磁场的情况。设在真空中有一长直恒定电流 I 垂直于纸面向外，磁感应线为环绕电流的同心圆。下面从两种情况来计算 $\boldsymbol{B}$ 的环流 $\oint_L \boldsymbol{B}\cdot\mathrm{d}\boldsymbol{l}$。

(1) 闭合路径包围电流的情况

如图 11-15 所示，考虑在垂直于电流 I 的平面内的任一包围电流的闭合路径 L，并规定路径的绕行方向为逆时针方向。

在曲线 L 上取一个积分路径元 $\mathrm{d}\boldsymbol{l}$，$\mathrm{d}\boldsymbol{l}$ 处的磁感应强度 $\boldsymbol{B}$ 垂直于 $\boldsymbol{r}$，$\boldsymbol{B}$ 与 $\mathrm{d}\boldsymbol{l}$ 的夹角为 θ，$\mathrm{d}\boldsymbol{l}$ 对圆心 O 张的角度为 $\mathrm{d}\varphi$，根据几何关系得到

$$\boldsymbol{B}\cdot\mathrm{d}\boldsymbol{l}=B\cos\theta\,\mathrm{d}l=Br\,\mathrm{d}\varphi$$

在距离导线为 $\boldsymbol{r}$ 的一点的磁感应强度为

$$B=\frac{\mu_0 I}{2\pi r}$$

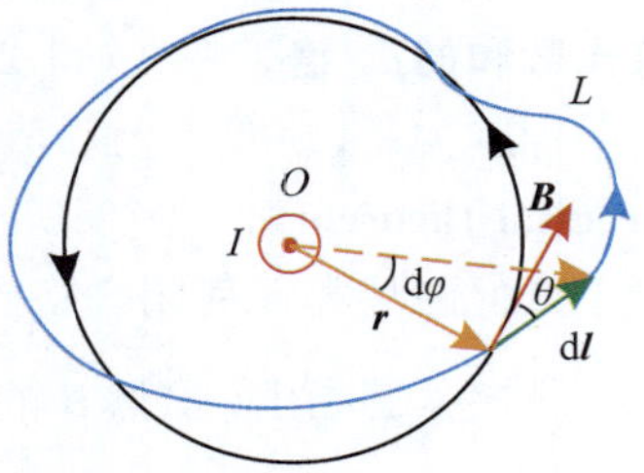

图 11-15　闭合路径包围电流

因此

$$\boldsymbol{B}\cdot\mathrm{d}\boldsymbol{l}=\frac{\mu_0 I}{2\pi r}r\,\mathrm{d}\varphi=\frac{\mu_0 I}{2\pi}\mathrm{d}\varphi$$

因此 $\boldsymbol{B}$ 沿此曲线的积分为

$$\oint_L\boldsymbol{B}\cdot\mathrm{d}\boldsymbol{l}=\frac{\mu_0 I}{2\pi}\oint\mathrm{d}\varphi=\frac{\mu_0 I}{2\pi}\cdot 2\pi=\mu_0 I$$

上式表明，**在恒定磁场中，磁感应强度 B 沿闭合路径的线积分，等于此闭合路径所包围的电流与真空磁导率的乘积**。这也表明 $\boldsymbol{B}$ 的环流与路径的大小、形状无关。

应当指出，在上式中，积分回路 L 的绕行方向与电流的流向遵循右手螺旋定则。若绕行方向不变，而电流反向，则

$$\oint_L\boldsymbol{B}\cdot\mathrm{d}\boldsymbol{l}=-\mu_0 I$$

(2) 闭合路径不包围电流的情况

如图 11-16 所示，如果闭合路径 L 不包围电流，仍然取闭路径的绕行方向为逆时针方向。以载流直导线为圆心向环路作两条夹角为 $\mathrm{d}\varphi$ 的射线，在路径上截取两个线元 $\mathrm{d}\boldsymbol{l}_1$ 和 $\mathrm{d}\boldsymbol{l}_2$。$\mathrm{d}\boldsymbol{l}_1$ 和 $\mathrm{d}\boldsymbol{l}_2$ 距直导线圆心的距离分别为 r_1 和 r_2，直导线在两个线元处的磁感应强度分别为 $\boldsymbol{B}_1$ 和 $\boldsymbol{B}_2$，从图中可以看出，$\boldsymbol{B}_1$ 和 $\mathrm{d}\boldsymbol{l}_1$ 之间的夹角大于 $\pi/2$，$\boldsymbol{B}_2$ 和 $\mathrm{d}\boldsymbol{l}_2$ 之间的夹角小于 $\pi/2$。利用上面分析的结论可知

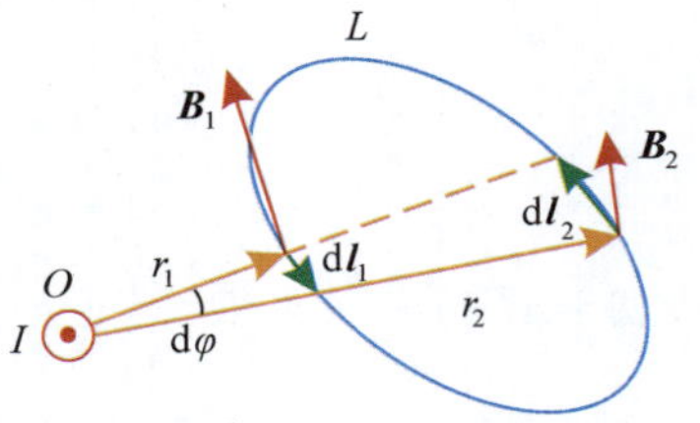

图 11-16　闭合路径不包围电流

$$\boldsymbol{B}_1\cdot\mathrm{d}\boldsymbol{l}_1=-\frac{\mu_0 I}{2\pi r_1}r_1\,\mathrm{d}\varphi=-\frac{\mu_0 I}{2\pi}\mathrm{d}\varphi$$

$$\boldsymbol{B}_2\cdot\mathrm{d}\boldsymbol{l}_2=\frac{\mu_0 I}{2\pi r_2}r_2\,\mathrm{d}\varphi=\frac{\mu_0 I}{2\pi}\mathrm{d}\varphi$$

这样得到

$$\boldsymbol{B}_1\cdot\mathrm{d}\boldsymbol{l}_1+\boldsymbol{B}_2\cdot\mathrm{d}\boldsymbol{l}_2=0$$

从载流直导线中心 O 出发，可以作许多条射线，将闭合路径分割成许多对线元，磁感应强度对线元的标量积之和都为零，故

$$\oint_L\boldsymbol{B}\cdot\mathrm{d}\boldsymbol{l}=0$$

即闭合路径不包围电流时，$\boldsymbol{B}$ 的环流为零。

如果在闭合路径内外有多个电流，我们可以把上述结果推广到一般情形，得到

$$\oint_L \boldsymbol{B} \cdot \mathrm{d}\boldsymbol{l} = \mu_0 \sum_i I_i \tag{11-20}$$

即对真空中恒定电流的磁场，**磁场感应强度 B 的环流等于穿过积分路径所围面积的所有电流代数和的 μ_0 倍**。在式(11-20)中，如果穿过积分路径 L 的电流方向与 L 的环绕方向服从右手螺旋关系，则取 I 为正值，反之则取 I 为负值。式(11-20)称为**安培环路定理**(**Ampere circuital theorem**)。这个定理虽然是从无限长直电流这一特殊的磁场中导出的，可以证明，对于任何磁场和任何闭合路径，这个关系都成立。

应该强调指出，虽然 $\boldsymbol{B}$ 的环流 $\oint_L \boldsymbol{B} \cdot \mathrm{d}\boldsymbol{l}$ 只与穿过积分路径所包围面积的电流有关，与积分路径以外的电流无关，但是公式中 $\boldsymbol{B}$ 是空间所有电流在路径上任一点产生的磁感应强度的矢量和。

还应该明确的是，安培环路定理可以用来处理具有一定对称性的稳恒磁场问题，就像高斯定理可以处理具有一定对称性的静电场问题一样。

静电场 $\boldsymbol{E}$ 的环流为零，说明静电场是保守力场，并由此引入电势的概念。安培环路定理表明，稳恒磁场 $\boldsymbol{B}$ 的环流不为零，这反映了磁场的一种不同于静电场的基本属性。稳恒磁场是非保守场，我们不能像引入电势那样的标量函数来描述磁场。如果一个矢量的环流不为零，我们就把这个矢量表示的场称为**涡旋场**或**有旋场**。安培环流定理表明磁场是涡旋的，而载流导线是磁场涡旋的中心。因此，磁场是无源有旋场。

11.5.2 安培环路定理的应用

利用安培环路定理计算磁场分布一般包含两步：首先依据电流分布的对称性分析磁场分布的对称性，然后确定磁感应强度的方向，并利用安培环路定理计算磁感应强度的数值。此过程的关键是选择合适的积分路径，使得积分路径上的 $\boldsymbol{B}$ 具有某种共性，能够从积分号中提出。下面举例说明这种计算磁感应强度的简便方法。

[例题 11-5]

求一均匀载流的无限长圆柱导体内外的磁场分布。设圆柱体的半径为 R，通过的电流为 I。

解 由题意可知，电流在圆柱体横截面上分布均匀，电流分布具有轴对称性，因此，磁场对圆柱轴线也具有对称性。如图 11-17 所示，设任意点 P 距离轴线的垂直距离为 r，通过点 P 作半径为 r 的圆 L，圆面与圆柱轴线垂直。由上面分析可知，圆周 L 上各点的磁感应强度大小相等，方向沿圆周切线方向。选取过场点 P 的这个圆周为积分路径 L，电流方向与圆形路径 L 的绕向满足右手螺旋关系，$\boldsymbol{B}$ 的环流为

$$\oint_L \boldsymbol{B} \cdot \mathrm{d}\boldsymbol{l} = B \oint_L \mathrm{d}l = B \cdot 2\pi r$$

当 $r>R$，即在圆柱体导线外任意一点时，路径 L 包围了整个电流，由安培环路定理得

$$B \cdot 2\pi r = \mu_0 I$$

$$B = \frac{\mu_0 I}{2\pi r}, \quad r > R$$

这表明，圆柱体外的磁感应强度的大小与位于圆柱轴线上同样电流大小的长直导线电流产生的磁场是一样的。

当 $r<R$，即在圆柱体导线内部任意一点，圆形路径 L 包围的电流是 $\frac{\pi r^2}{\pi R^2}I=\frac{r^2}{R^2}I$，由安培环路定理可得，磁感应强度的大小为

$$B \cdot 2\pi r = \mu_0 \frac{Ir^2}{R^2}$$

$$B = \frac{\mu_0 I}{2\pi R^2}r, \quad r < R$$

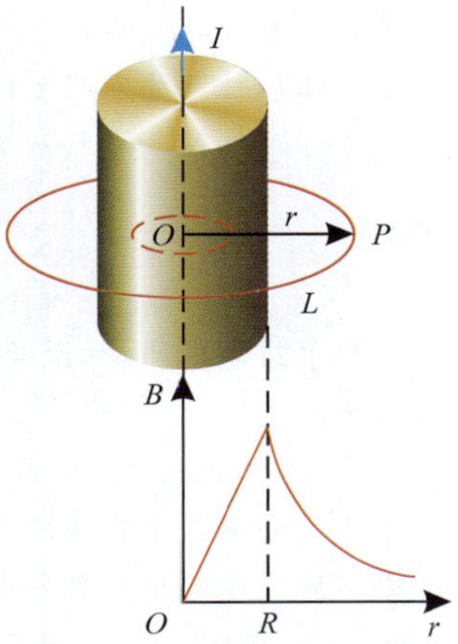

图 11-17　例题 11-5 用图

由此可见，导体内部各点的磁感应强度大小与该点到轴线的距离成正比。

[例题 11-6]

求无限长载流密绕直螺线管内任一点的磁感应强度，设螺线管单位长度上线圈的匝数为 n，通有的电流为 I。

解　无限长密绕直螺线管的每匝都可以视为圆线圈，由对称性分布，磁场只有沿轴向的分量，又因为是无限长，故在与轴等距离的平行线上各点的磁感应强度相等。可以证明，在无限长密绕直螺线管的外部，磁感应强度为零。

如图 11-18 所示，为了计算管内一点 P 的磁感应强度 $\boldsymbol{B}$，过点 P 作矩形闭合积分路径 $ABCD$，$\boldsymbol{B}$ 沿此闭合路径的线积分可以分为四段，即

$$\oint_L \boldsymbol{B}\cdot \mathrm{d}\boldsymbol{l} = \int_{AB} \boldsymbol{B}\cdot \mathrm{d}\boldsymbol{l} + \int_{BC} \boldsymbol{B}\cdot \mathrm{d}\boldsymbol{l} + \int_{CD} \boldsymbol{B}\cdot \mathrm{d}\boldsymbol{l} + \int_{DA} \boldsymbol{B}\cdot \mathrm{d}\boldsymbol{l}$$

在 CD 边及 BC 边、DA 边的管外部分，$\boldsymbol{B}=0$；在 BC 边、DA 边的管内部分，磁场与回路方向垂直，即 $\boldsymbol{B}\cdot \mathrm{d}\boldsymbol{l}=0$。这样，上式可写为

$$\oint_L \boldsymbol{B}\cdot \mathrm{d}\boldsymbol{l} = \int_{AB} \boldsymbol{B}\cdot \mathrm{d}\boldsymbol{l}$$

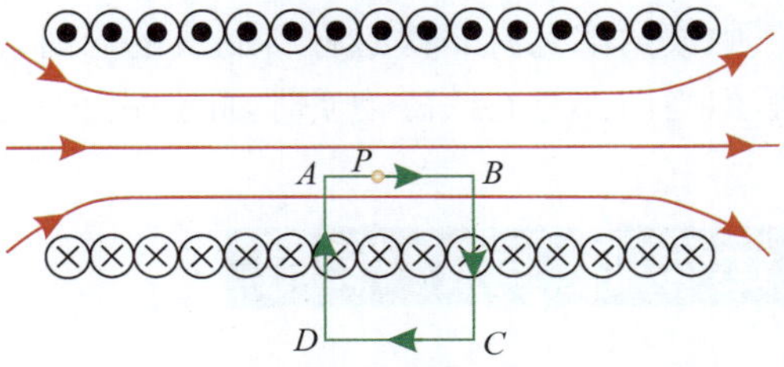

图 11-18　例题 11-6 用图

在闭合回路的 AB 边上各点的磁感应强度大小相等，方向与回路方向一致，回路所包含的电流为 $n\overline{AB}I$，且电流方向与矩形回路 L 的绕向满足右手螺旋关系，于是根据安培环路定理有

$$\oint_L \boldsymbol{B} \cdot \mathrm{d}\boldsymbol{l} = B \cdot \overline{AB} = \mu_0 n\overline{AB}I$$

所以

$$B = \mu_0 nI$$

这个结果表明，无限长载流密绕直螺线管内任一点的磁感应强度都相等，即管内是均匀磁场。

图 11-19 所示为 N 匝密绕环形螺线管，也称为螺绕环。由于环上的线圈很紧密，所以磁场几乎全部集中在螺绕环内，环外磁场接近为零。由于对称性，与环共轴的圆周上各点的磁感应强度的大小都相等，方向沿圆周切线方向。

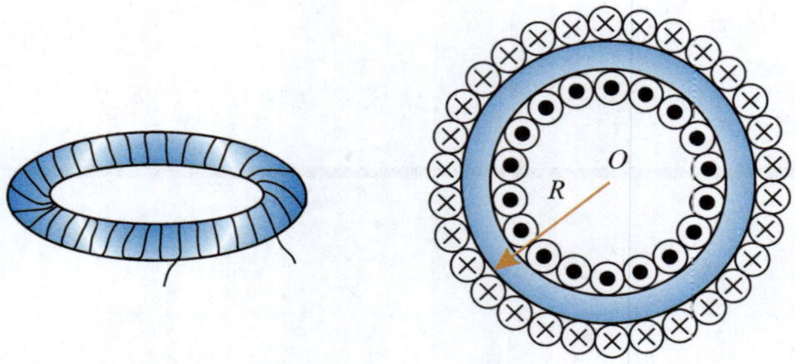

图 11-19　螺绕环及其环内的磁场

如图 11-19 所示，取以 O 为圆心，以 R 为半径与环同轴的同心圆为积分回路，方向沿逆时针方向。由安培环路定理得

$$\oint_L \boldsymbol{B} \cdot \mathrm{d}\boldsymbol{l} = 2\pi RB = \mu_0 NI$$

$$B = \frac{\mu_0 NI}{2\pi R} = \mu_0 nI$$

式中，$n = N/(2\pi R)$。管内磁感应强度 $\boldsymbol{B}$ 的方向与电流流向成右手螺旋关系。

由此可见，螺绕环与无限长载流密绕直螺线管一样，磁场全部集中在管内部，而且计算公式相同。

应当指出，上面例题所得到的长载流密绕直螺线管和螺绕环内部的磁感应强度公式，原则上只适用于真空，在空气中或内部充有非铁磁材料制成的芯时，对公式的修正十分微小，可以认为此公式仍然适用，但当内部充有铁磁物质时，此公式不再适用。

11.6 磁场对运动电荷的作用

这一节将讨论带电粒子在磁场中所受的力——洛伦兹力，以及带电粒子在电场和磁场中运动的一些例子。通过这些例子，我们可以了解电磁学的一些基本原理在科学技术上的应用。

动画：磁场对运动电荷的作用

11.6.1 洛伦兹力 带电粒子在均匀磁场中的运动

我们已经知道，若有一个电荷量为 q、质量为 m 的带电粒子，以初速度 $\boldsymbol{v}$ 进入磁感应强度为 $\boldsymbol{B}$ 的均匀磁场中，将受到磁场对它的洛伦兹力的作用，即

$$\boldsymbol{F}=q\boldsymbol{v}\times\boldsymbol{B}$$

因而粒子的运动方程可以表示为

$$\boldsymbol{F}=m\boldsymbol{a}=q\boldsymbol{v}\times\boldsymbol{B}$$

由此可见，粒子的加速度 $\boldsymbol{a}$ 始终垂直于速度 $\boldsymbol{v}$ 和磁感应强度 $\boldsymbol{B}$。因此，在磁场中，粒子的加速度不能改变速度的大小，只能改变速度的方向。这就是说，洛伦兹力对运动电荷永远不做功。下面讨论带电粒子在均匀磁场中的几种运动情况。

(1) 带电粒子的运动状态不受影响

在均匀磁场中，如果带电粒子的速度 $\boldsymbol{v}$ 与磁感应强度 $\boldsymbol{B}$ 方向平行，则洛伦兹力为零，带电粒子的运动状态不受影响。

(2) 带电粒子在磁场中的圆周运动

在均匀磁场中，如果带电粒子的速度 $\boldsymbol{v}$ 垂直于磁感应强度 $\boldsymbol{B}$ 方向，则 $\boldsymbol{F}$ 的方向与 $\boldsymbol{v}$ 的方向、$\boldsymbol{B}$ 的方向两两垂直，带电粒子只能在垂直于磁感应强度的平面内作匀速圆周运动，如图 11-20 所示。洛伦兹力 $\boldsymbol{F}$ 起着向心力的作用。设圆周运动的半径为 R，则有

$$qvB=\frac{mv^2}{R}$$

由此得到圆周运动的半径

$$R=\frac{mv}{qB} \tag{11-21}$$

带电粒子作匀速圆周运动的周期

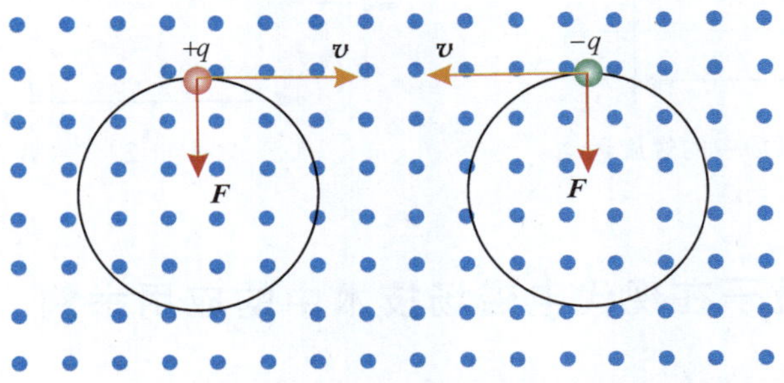

图 11-20 带电粒子在均匀磁场中的圆周运动

$$T=\frac{2\pi R}{v}=\frac{2\pi m}{qB} \tag{11-22}$$

式(11-22)表明圆周运动周期 T 与速度无关。

应当指出,以上种种结论只适用于带电粒子速度远小于光速的非相对论情形。如带电粒子的速度接近于光速,上述公式虽然仍可沿用,但粒子的质量不再为常量,而是随速度趋于光速而增加,因而回旋周期将变长。考虑到这种情况,人们便研制了同步回旋加速器等。

(3) 带电粒子在磁场中的螺旋运动

在均匀磁场中,如果带电粒子的速度方向和磁场方向成任意角度 θ,将速度 $\boldsymbol{v}$ 分解为垂直于磁场方向的分量 $v\sin\theta$ 和平行于磁场方向的分量 $v\cos\theta$。垂直速度分量 $v\sin\theta$ 使粒子受到洛伦兹力作用而在垂直于磁场的平面内作匀速圆周运动,平行速度分量 $v\cos\theta$ 使粒子沿磁场方向作匀速直线运动。因此,粒子将作螺旋运动,图 11-21 所示的是正电荷的速度和磁场不垂直、成某一角度时所作的螺旋线运动。螺旋线的运动半径为

$$R=\frac{mv\sin\theta}{qB} \tag{11-23}$$

匀速圆周运动的半径与速度的垂直分量有关。转动的周期仍为式(11-22)。

带电粒子在一个转动周期内沿磁场方向前进的距离称为螺旋运动的**螺距(screw pitch)**。

$$h=Tv\cos\theta=\frac{2\pi mv\cos\theta}{qB} \tag{11-24}$$

利用上述结果可实现磁聚焦。如图 11-22 所示,在均匀磁场中某点 A 发射一束初相位相差不大的带电粒子,它们的初速与磁感应强度 $\boldsymbol{B}$ 之间的夹角 θ 不尽相同,但都很小,于是这些粒子的横向速度略有差异,而纵向速度却近似相等。这样这些带电粒子沿半径不同的螺旋线运动,但它们的螺距却近似相等,即经距离 h 后都交于空间上同一点 P。这个现象与光束通过光学透镜聚焦很相似,故称之为**磁聚焦(magnetic focusing)**现象。磁聚焦在电子光学中有着广泛的作用。

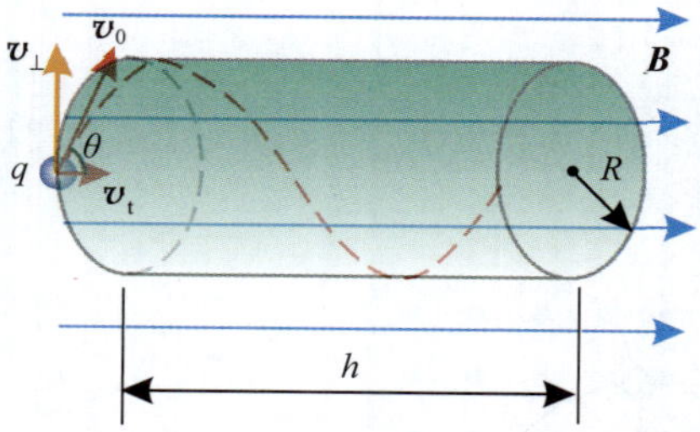

图 11-21 正电荷在磁场中的螺旋运动

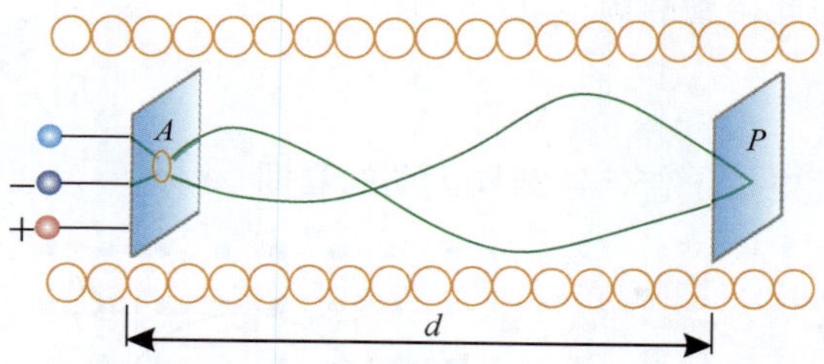

图 11-22 磁聚焦的原理

11.6.2 带电粒子在现代电磁场技术中的应用举例

1. 质谱仪

质谱仪是分析同位素的重要仪器,是由英国实验化学家和物理学家阿斯顿(F. W. Aston,1877—1945 年)在 1919 年创制的。当年,阿斯顿用它发现了氯和汞的同位素,以

后几年内又发现了许多同位素，特别是一些非放射性的同位素。为此，阿斯顿于 1922 年获诺贝尔化学奖。

质谱仪的原理如图 11-23 所示。从离子源产生的带电荷量为 $+q$ 的正离子，以速度 v 经过狭缝 S_1 和 S_2 后，进入速度选择器。设速度选择器中 P_1，P_2 两平行板之间的均匀电场的电场强度为 $\boldsymbol{E}$，而垂直纸面向内的均匀磁场的磁感应强度为 $\boldsymbol{B}'$。正离子同时受到电场力和磁场力的作用。当正离子在 P_1，P_2 两平行板之间所受的电场力 $\boldsymbol{F}_e=q\boldsymbol{E}$ 和磁场力 $\boldsymbol{F}=q\boldsymbol{v}\times\boldsymbol{B}'$ 的大小相等，即 $qE=qvB'$，方向相反时，可得

$$v=\frac{E}{B'}$$

显然，对于给定的 $\boldsymbol{E}$ 和 $\boldsymbol{B}$，只有正离子的速度满足 $v=E/B'$ 时，它们才能径直穿过 P_1，P_2 而进入磁感应强度为 $\boldsymbol{B}$ 的另一个均匀磁场中，磁场的方向也是垂直纸面向里，但在此区域中没有电场。这时正离子在磁场力作用下，将以半径 R 作匀速圆周运动。若粒子的质量为 m，则有

$$qvB=m\frac{v^2}{R}$$

所以

$$m=\frac{qBR}{v} \tag{11-25}$$

由于 $\boldsymbol{B}$ 和离子的速度 v 是已知的，且假定每个离子的电荷都是相等的，从式(11-25)可以看出，离子的质量和它的半径成正比。

如果这些离子中有不同的同位素，它们的轨道半径就不一样，将分别射到照相底片上不同的位置，形成若干线状谱的细条纹，每一条纹相当于一定质量的离子。从条纹的位置可以推算出轨道半径 R，从而算出它们的相应质量，对于原子性离子，所得离子质量就是该同位素的原子量。所以，这种仪器叫作质谱仪。图 11-24 是全自动定量分析在线质谱仪。

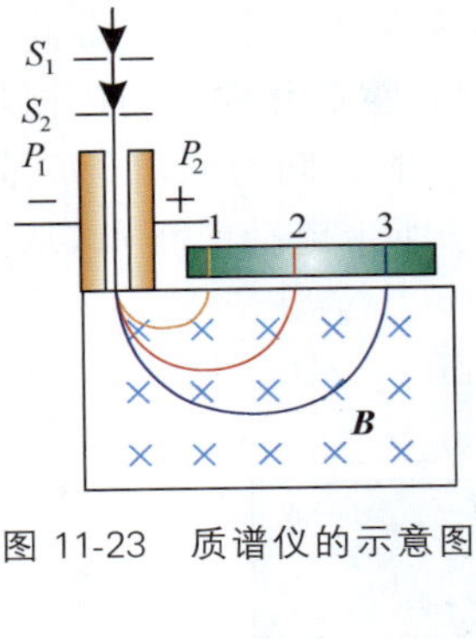

图 11-23 质谱仪的示意图

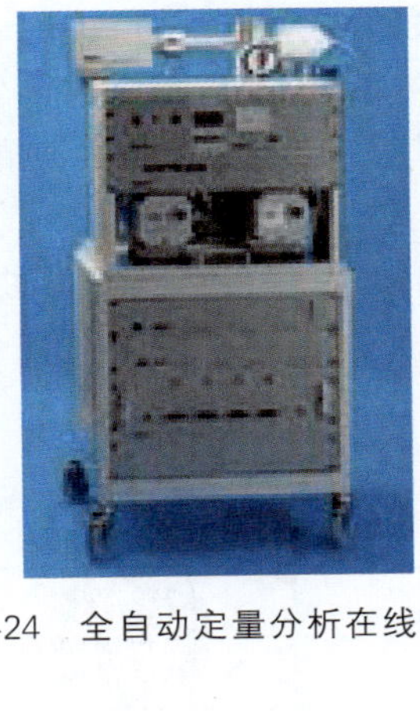
图 11-24 全自动定量分析在线质谱仪

2. 霍尔效应

如图 11-25 所示，将一导电板放在垂直于它的磁感应强度为 $\boldsymbol{B}$ 的均匀磁场中，当通有电流 I 时，在导电板与电流方向垂直的另外两侧 M 和 N 之间就显示出微弱的横向电势差。这种现象是霍尔(E. H. Hall，1855—1938 年，美国物理学家)在 1897 年首先发现，称为**霍尔**

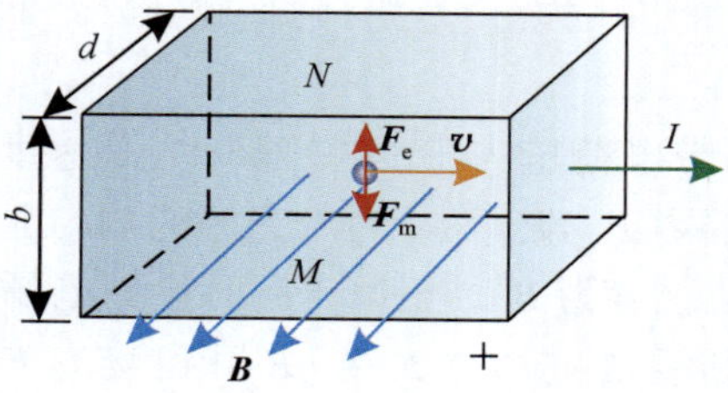

图 11-25 霍尔效应

效应(**Hall effect**)。电势差 $V_M - V_N$ 称为**霍尔电势差**(或霍尔电压)。

实验表明：在磁场不太强时，霍尔电势差的大小与电流 I 及磁感应强度的大小 B 成正比，而与板的厚度 d 成反比，即

$$V_M - V_N = R_H \frac{BI}{d} \tag{11-26}$$

式中，R_H 称为**霍尔系数**(**Hall coefficient**)。

霍尔效应可用洛伦兹力来说明。设导体板中的载流子带电荷量$+q$，载流子的粒子数密度(单位体积内的载流数量)为 n，载流子在恒定电场力作用下的定向运动的平均速度，即漂移速度为 v，磁场对载流子施加洛伦兹力，它们在洛伦兹力 qvB 的作用下向板的底侧 M 聚集，使得在 M、N 两侧出现等量异号电荷，在板内建立起不断增加的横向电场。当载流子受到的洛伦兹力和横向电场力相等时，载流子不再作侧向运动，平衡时有

$$qvB = qE$$

设板的侧向宽度为 b，则

$$V_M - V_N = Eb = Bvb \tag{11-27}$$

式(11-27)给出了霍尔电压 $V_M - V_N$ 与磁感应强度大小 B、载流子漂移速度 v 以及板的侧向宽度 b 之间的关系。考虑到 v 与电流 I 的关系，即 $I = qnvS = qnvbd$。可将式(11-27)改写，得霍尔电压

$$V_M - V_N = \frac{1}{nq}\frac{BI}{d} \tag{11-28}$$

与式(11-26)对比，得到霍尔系数

$$R_H = \frac{1}{nq} \tag{11-29}$$

这表明，霍尔系数 R_H 与材料的载流子浓度 n 成反比。在金属导体中，由于自由电子数密度很大，因而其霍尔系数很小，相应的霍尔电压也很弱。而半导体的载流子浓度远小于金属电子的浓度，因而其霍尔系数较大，相应的霍尔电压也较大，所以霍尔系数的测量是研究半导体的重要方法之一。利用半导体的霍尔效应制成的器件称为**霍尔元件**。利用霍尔效应还可以测量载流子的数密度，也可以测量磁场。由于霍尔电势差的指向与载流子电荷的正负有关，因此，根据 R_H 的正负即 U_{MN} 的正负就可以判定载流子所带电荷的正负，从而判定是 p 型半导体还是 n 型半导体，如图 11-26 所示。

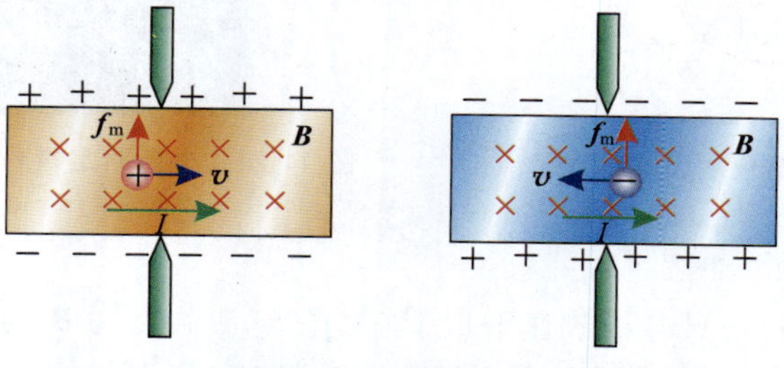

图 11-26 p 型半导体和 n 型半导体的霍尔效应

应该指出，有些金属（Be、Zn、Cd、Fe 等）载流子是电子，但其霍尔电压的极性与载流子为正电荷的情况相同，好像这些金属中的载流子带正电似的，这种现象称为反常霍尔效应。1980 年，德国物理学家克利青发现在低温、强磁场的条件下的量子霍尔效应，他因此获得了 1985 年的诺贝尔物理学奖。1982 年斯特默、崔琦和劳夫林发现在极低温和更强磁场条件下的分数量子效应，他们因此获得 1998 年诺贝尔物理学奖。这些现象用经典电子理论无法解释，只能用量子理论加以说明。

11.7 磁场对载流导线的作用

载流导线在磁场中将受到磁场力的作用，人们根据这一原理发明了电动机。这一节将讨论载流导线在磁场中所受的力以及磁场对载流线圈作用的力矩。

视频：电磁炮

11.7.1 安培定律

安培定律表达了磁场对电流元作用的基本规律，磁场对于运动电荷要产生力的作用，我们曾根据这种作用定义了磁感应强度。电流与运动电荷没有本质区别，大量电荷的定向运动就形成电流。在处于磁场中的载流金属导体内，作定向运动的自由电子所受的洛伦兹力传递给了金属导体的晶格，宏观上就表现为磁场对载流导线的作用。

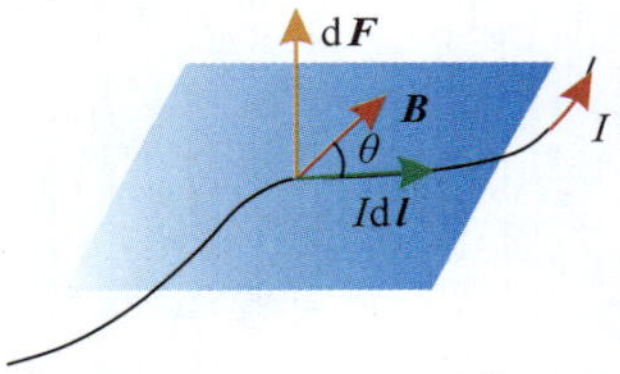

图 11-27 安培力

安培观察了大量实验事实，总结出了载流回路中一段电流元在磁场中受力的基本规律。如图 11-27 所示，磁场对电流元 $I\mathrm{d}\boldsymbol{l}$ 的作用力 $\mathrm{d}\boldsymbol{F}$ 在数值上等于电流元 $I\mathrm{d}\boldsymbol{l}$ 的大小、电流元所在处的磁感应强度 $\boldsymbol{B}$ 的大小，以及电流元与磁感应强度两者方向间夹角 θ 的正弦之乘积，其数学表达式为

$$\mathrm{d}F = BI\mathrm{d}l\sin\theta$$

$\mathrm{d}\boldsymbol{F}$ 的方向垂直于 $I\mathrm{d}\boldsymbol{l}$ 与 $\boldsymbol{B}$ 的平面，并与 $I\mathrm{d}\boldsymbol{l}\times\boldsymbol{B}$ 的方向一致，满足右手螺旋定则。因此上式可写为矢量式

$$\mathrm{d}\boldsymbol{F} = I\mathrm{d}\boldsymbol{l}\times\boldsymbol{B} \tag{11-30}$$

式(11-30)称为**安培定律**(**Ampere law**)。

任何载流导线都可以看成由连续的无限多个电流元所组成，因此根据安培定律，磁场对有限长度的载流导线的作用力 $\boldsymbol{F}$ 等于各电流元所受磁场力的矢量叠加，即

$$\boldsymbol{F} = \int I\mathrm{d}\boldsymbol{l}\times\boldsymbol{B} \tag{11-31}$$

载流导线所受的磁场力，统称为**安培力**(**Ampere force**)。

如果一段长度为 L 的载流直导线放在均匀磁场 $\boldsymbol{B}$ 中，电流 I 的方向与 $\boldsymbol{B}$ 之间的夹角为 θ，因为载流直导线上各电流元所受的力的方向是一致的，所以该载流直导线所受到的安培力的大小为

$$F = BIL\sin\theta \tag{11-32}$$

力的方向垂直于 $\boldsymbol{B}$ 和 $I\mathrm{d}\boldsymbol{l}$ 组成的平面，由右手螺旋定则确定。如果电流与均匀磁场 $\boldsymbol{B}$ 的夹角 $\theta=\pi/2$，则安培力的大小 $F=BIL$，这是读者熟悉的形式。

应该注意的是，在安培定律中，$\boldsymbol{B}$ 是外加磁场的磁感应强度，这必须与电流元本身产生的磁感应强度加以区别。

[例题 11-7]

如图 11-28 所示，设在真空中，有两根相距为 d 的无限长平行直导线，分别通以电流 I_1 和 I_2，且电流的流向相同。试求单位长度的导线所受的安培力。

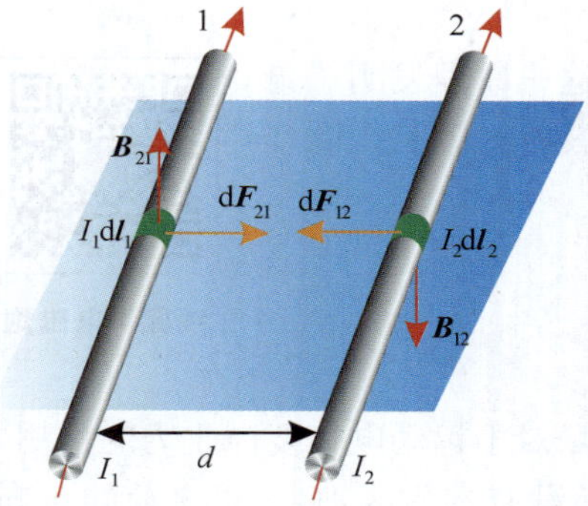

图 11-28 例题 11-7 用图

解 在载流导线 1 上取电流元 $I_1\mathrm{d}\boldsymbol{l}_1$。由例题 11-1 的式(b)可知，无限长直导线电流 I_2 在电流元 $I_1\mathrm{d}\boldsymbol{l}_1$ 所在处的磁感应强度 $\boldsymbol{B}_{21}$ 的大小为

$$B_{21}=\frac{\mu_0 I_2}{2\pi d}$$

$\boldsymbol{B}_{21}$ 的方向与导线 1 和导线 2 所在的平面垂直，如图 11-28 所示。利用安培定律，可得作用在电流元 $I_1\mathrm{d}\boldsymbol{l}_1$ 上的安培力 $\mathrm{d}\boldsymbol{F}_{21}$ 的大小为

$$\mathrm{d}F_{21}=B_{21}I_1\mathrm{d}l_1\sin\theta$$

因为 $I_1\mathrm{d}\boldsymbol{l}_1$ 与 $\boldsymbol{B}_{21}$ 垂直，所以 $\theta=\pi/2$，则上式可写为

$$\mathrm{d}F_{21}=B_{21}I_1\mathrm{d}l_1=\frac{\mu_0 I_1 I_2\mathrm{d}l_1}{2\pi d}$$

$\mathrm{d}\boldsymbol{F}_{21}$ 的方向在两平行导线的平面内，且垂直地指向导线 2。这样导线 1 上每单位长度所受的安培力的大小为

$$\frac{\mathrm{d}F_{21}}{\mathrm{d}l_1}=\frac{\mu_0 I_1 I_2}{2\pi d} \tag{a}$$

同样，可求得导线 2 上每单位长度所受的安培力 $\mathrm{d}F_{12}/\mathrm{d}l_2$ 的大小，其值与式(a)相同，只不过 $\mathrm{d}\boldsymbol{F}_{12}$ 的方向与 $\mathrm{d}\boldsymbol{F}_{21}$ 的方向相反而已。可见，两无限长、电流流向相同的平行直导线，它们彼此是相吸的。如果电流的流向相反，则相互排斥，读者可自己计算。

顺便指出，电流的单位安培以前是这样规定的：在真空中放置两根平行长直导线，它们之间相距 1m，并使两导线的电流流向相同，大小相等；调节电流的大小，使得导线上每米受到的力为 $2\times10^{-7}\mathrm{N\cdot m}$，这时导线中的电流就定为 1 安培。由安培的定义和式(a)可算得 $\mu_0=4\pi\times10^{-7}\mathrm{N/A^2}$。

[例题 11-8]

如图 11-29 所示，一段由半径为 R 的半圆形导线与沿直径的直导线组成的载流回路，通有电流 I，放在均匀磁场 $\boldsymbol{B}$ 中，磁场 $\boldsymbol{B}$ 的方向垂直回路面向内，并与回路平面垂直。求均匀磁场作用在半圆形载流回路上的力。

解 取如图 11-29 所示的坐标系 xOy，整个回路所受的力为在回路中底边直线段上所受的力和半圆上所受的力之矢量和。由式(11-32)可知，磁场作用在回路中底边直线段上的安培力 $\boldsymbol{F}_1$ 的大小为

$$F_1 = BI \cdot 2R = 2BIR$$

$\boldsymbol{F}_1$ 的方向沿 y 轴负向(竖直向下)。

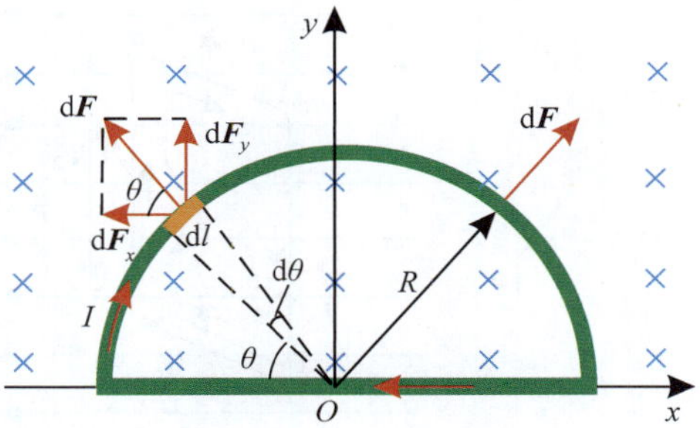

图 11-29 例题 11-8 用图

在半圆弧上取一线元 dl。由式(11-30)可知，作用在此线元上的安培力的大小为

$$dF = BI\,dl$$

$d\boldsymbol{F}$ 的方向沿径向向外。半圆弧受到的安培力 $\boldsymbol{F}_2$ 为各个线元所受力的矢量和。将 $d\boldsymbol{F}$ 分解为 x 方向和 y 方向的分量 dF_x 和 dF_y。

从电流分布的对称性可知，半圆弧上各个电流元在 x 方向上受到的分力的矢量和为零，而沿 y 方向所有的分力方向都垂直向上。于是半圆弧受到的安培力 $\boldsymbol{F}_2$ 的大小为

$$F_2 = \int_{\text{半圆弧}} dF_y = \int_{\text{半圆弧}} BIR\sin\theta\, d\theta = \int_0^{\pi} BIR\sin\theta\, d\theta = 2BIR$$

$\boldsymbol{F}_2$ 的方向沿 y 轴正向(竖直向上)。

由于 $\boldsymbol{F}_1$ 和 $\boldsymbol{F}_2$ 大小相等、方向相反，因此均匀磁场作用在半圆形载流回路上的合力为零。这说明，在均匀磁场中，若载流导线闭合回路的平面与磁感应强度垂直，此闭合回路不受磁场力作用。可以证明，上述结果不仅对图 11-29 所示的闭合回路是正确的，而且对其他形状的闭合回路也是正确的。读者可以选用一些简单几何形状(如方形)的闭合回路，给出自己的证明。

11.7.2 磁场对平面载流线圈作用的力矩

利用安培定律可以分析载流线圈在磁场中所受的作用，这种作用表现为力矩的作用。在磁场所给予的力矩作用下，载流线圈可能转动。上述现象有着广泛的应用。利用上述现象，可以制成各种电动机、电器和仪表。下面以矩形平面载流线圈为例，分析平面载流线圈在均匀磁场中受到的力矩及其运动情况。

如图 11-30(a)所示，在磁感应强度为 $\boldsymbol{B}$ 的均匀磁场中，有一刚性矩形平面载流线圈，边长分别为 l_1 和 l_2，电流为 I，流向为 $a \to b \to c \to d \to a$。设线圈平面的法向单位矢量 $\boldsymbol{e}_n$ 与磁场方向的夹角为 φ，并且 ab 边与 cd 边均与磁场方向垂直。

根据安培定律，分别计算载流线圈四条边受到的磁场力。载流导线 ab 和 cd 所受的安培力的大小 F_2、F_2'，并且有 $F_2 = F_2' = BIl_2$，但两个力不在同一直线，因此形成一力偶(见图 11-30(b))。所以磁场作用力在线圈上的力矩为

$$M = F_2 l_1 \sin\varphi = BIl_2 l_1 \sin\varphi = BIS\sin\varphi \tag{11-33}$$

根据式(11-17)对载流平面线圈磁矩 $\boldsymbol{m}$ 的定义，式(11-33)可写成矢量式

$$\boldsymbol{M} = \boldsymbol{m} \times \boldsymbol{B} \tag{11-34}$$

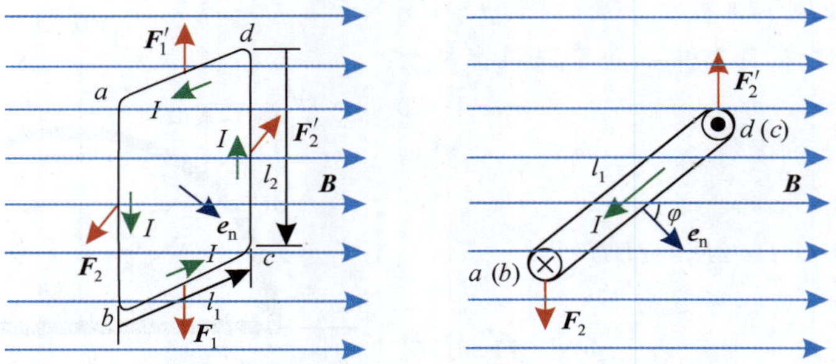

(a) 前视图　　(b) 俯视图

图 11-30　磁场对载流线圈的作用

这就是载流线圈在均匀磁场中受到的**磁力矩**。当 $\boldsymbol{e}_n$ 与 $\boldsymbol{B}$ 平行时，磁力矩为零；当 $\boldsymbol{e}_n$ 与 $\boldsymbol{B}$ 垂直时，磁力矩最大；当 $\boldsymbol{e}_n$ 与 $\boldsymbol{B}$ 之间有夹角 φ 时，磁场的平行于线圈法向的分量对线圈无任何影响，磁场的垂直于线圈法向的分量对线圈有力矩作用。

假如有一个任意形状的刚性平面载流线圈处于均匀磁场 $\boldsymbol{B}$ 中，根据例题 11-8 的结果可知，线圈受到的安培力（合力）为零。但是，线圈还受到磁力矩的作用，可以证明，线圈受到的磁力矩仍然是式(11-34)。

通过上面分析，可得出结论：**在均匀磁场中的平面载流线圈因为受到的合力为零，因此不会平动，但由于受到磁力矩的作用，因而可以转动**。

因为载流线圈在磁场中所受的磁力矩 $\boldsymbol{M}$ 与 $\sin\varphi$ 成正比，故载流线圈在磁场中的状态和线圈平面的法向单位矢量 $\boldsymbol{e}_n$ 与磁场方向的夹角 φ 有关。下面讨论几种特殊情形。

(1) 当 $\varphi=0$ 时，相应 $\boldsymbol{M}=0$，这时线圈处于平衡状态。但如果给线圈一个微扰，线圈不会回到原来位置，它会继续偏转，直到磁矩 $\boldsymbol{m}$ 的方向转到磁场 $\boldsymbol{B}$ 的方向。这种平衡称为**稳定平衡**。这时线圈处于稳定平衡状态。

(2) 当 $\varphi=\pi/2$ 时，线圈所受到的磁力矩最大，此时线圈处于最不稳定状态。

(3) 当 $\varphi=\pi$ 时，相应 $\boldsymbol{M}=0$，也是线圈的一个平衡位置，但稍受扰动，就会立即转到 $\varphi=0$ 的位置，所以这个位置并不是稳定的平衡位置。

磁电式仪表利用了平面载流线圈在磁场中受到磁力矩的原理。磁电式仪表的内部结构由永久磁铁和放于永久磁铁两极间的可动线圈构成，可动线圈通过发条式弹簧与指针相连。磁电式仪表的工作原理是：当线圈中通有电流时，线圈在磁场中受磁力矩作用会发生偏转，当磁力矩 $\boldsymbol{M}$ 和弹簧的弹性恢复力矩相平衡时，指针停留在一定的位置上而指示出线圈中电流的大小。

[例题 11-9]

如图 11-31 所示，一半径为 $R=0.10\text{m}$ 的半圆弧形闭合线圈，通有电流 $I=10\text{mA}$，放在均匀磁场中，磁场方向与线圈平面平行，$B=0.5\text{T}$。求线圈所受力矩的大小和方向。

解　由题意可知，载流线圈磁矩的大小为 $m=IS=\dfrac{1}{2}I\pi R^2$，磁矩 $\boldsymbol{m}$ 的方向垂直线圈平

面（纸面）向外，磁矩 $\boldsymbol{m}$ 与磁场 $\boldsymbol{B}$ 的夹角为 $\theta=\pi/2$，因此，由载流线圈在均匀磁场中受到的磁力矩的公式 $\boldsymbol{M}=\boldsymbol{m}\times\boldsymbol{B}$ 可得，线圈所受力矩的大小

$$M=mB\sin\theta=\frac{1}{2}IB\pi R^2$$

$$=\frac{1}{2}\times0.01\times0.5\times3.14\times0.1^2\,\text{N}\cdot\text{m}$$

$$=7.85\times10^{-5}\,\text{N}\cdot\text{m}$$

磁力矩 $\boldsymbol{M}$ 的方向竖直向上。

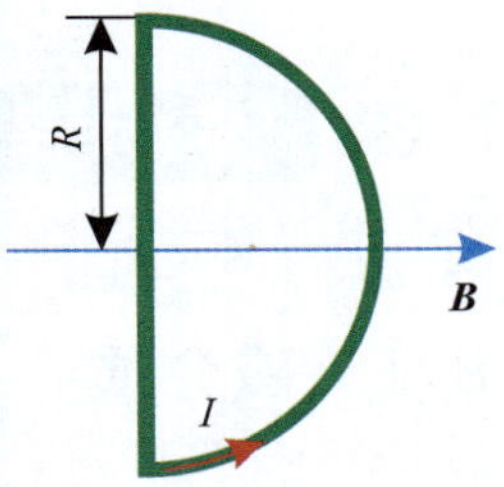

图 11-31　例题 11-9 用图

原理应用

电力系统中母线所受的安培力

电力系统中的母线是在发电机、变压器和引出线之间的中间环节。母线中的电流是很大的，它起着汇集和分配电流的作用。母线按外形和结构，大致分为以下三类：硬母线（包括矩形母线、槽形母线、管形母线等）、软母线（包括铝绞线、铜绞线、钢芯铝绞线、扩径空心导线等）、封闭母线（包括共箱母线、分相母线等）。

母线采用铜排或者铝排，其电流密度大，电阻小。电流流过母线时，母线间存在安培力。在短路情况下安培力的值很大，它能使母线弯曲变形，甚至将支撑架从墙中拔出造成事故。因此，要求处于工作状态下的母线，所受的安培力尽可能的小，以保证安全。

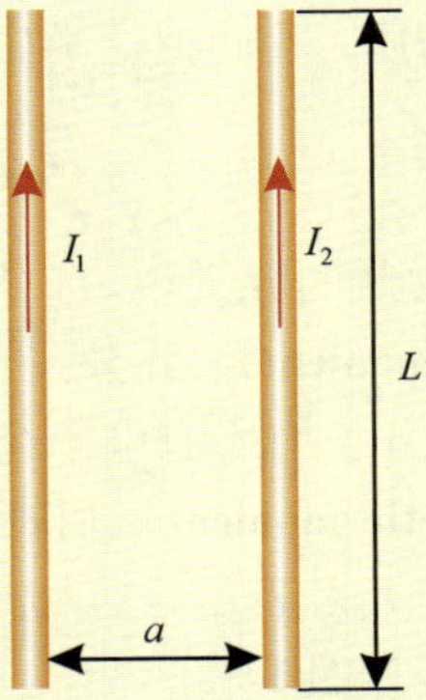

图 P11-1　母线间的安培力

安培力的大小与母线间距和母线截面形状密切相关。如图 P11-1 所示，设母线长为 L，两线间中心距离为 a，由于 $L\gg a$，它们可视为长直载流导线。若母线中的电流分别为 I_1 和 I_2，由例题 11-7 可知，母线间单位长度上的安培力的大小为

$$\frac{F_{21}}{L}=\frac{F_{12}}{L}=\frac{\mu_0}{2\pi}\frac{I_1I_2}{a}$$

由此可见，当流过母线的电流一定时，母线间单位长度上的安培力与两母线中心距离 a 成反比。因此，输电母线之间必须有一定的距离，以避免安培力过大。理论计算和实验还得到，在电流相同、线间距相同的情况下，圆形截面导线的安培力为矩形截面导线安培力的 1.2 倍。圆截面导线在工艺上较易制造，且比较省料。

在实际中，室外露置于大气中的高压架空传输线，由于室外空间所受限制较小，都采用圆截面导线，加大两线间距来实现减小安培力的目的；在一些工厂车间内的大功率输电线、发电厂、变电所里的母线，由于受空间约束，一般采用矩形截面来实现减小安培力的目的。

11.8 磁场中的磁介质

11.8.1 磁介质 磁化强度

1. 磁介质

磁场对处于磁场中的物质也有作用，使其**磁化**(magnetization)。一切能够磁化的物质称为**磁介质**(magnetic medium)。而磁化了的磁介质要激发附加磁场，也会对原磁场产生影响。

应当指出的是，磁介质对磁场的影响远比电介质对电场的影响要复杂得多。不同的磁介质在磁场中的表现则是很不同的。假设没有磁介质(即真空)时，某点的磁感应强度为 $\boldsymbol{B}_0$，放入磁介质后，因磁介质被磁化而建立了附加磁场，其磁感应强度为 $\boldsymbol{B}'$，那么该点的磁感应强度 $\boldsymbol{B}$ 应为这两个磁感应强度的矢量和，即

$$\boldsymbol{B}=\boldsymbol{B}_0+\boldsymbol{B}'$$

实验表明，附加磁感应强度 $\boldsymbol{B}'$ 的方向随磁介质而异。有一些磁介质，$\boldsymbol{B}'$ 的方向与 $\boldsymbol{B}_0$ 的方向相同，使得 $B>B_0$，这种磁介质叫作**顺磁质**(paramagnet)，如铝、氧、锰等；还有一类磁介质，$\boldsymbol{B}'$ 的方向与 $\boldsymbol{B}_0$ 的方向相反，使得 $\boldsymbol{B}<\boldsymbol{B}_0$，这种磁介质叫作**抗磁质**(diamagnetic)，如铜、铋、氢等。但无论是顺磁质还是抗磁质，附加磁感应强度的值 B' 都较 B_0 要小得多(约几万分之一或几十万分之一)，它对原来磁场的影响极为微弱。所以，顺磁质和抗磁质统称为弱磁性物质。实验还指出，另外有一类磁介质，它的附加磁感应强度 $\boldsymbol{B}'$ 的方向虽与顺磁质一样，是和 $\boldsymbol{B}_0$ 的方向相同的，但 $\boldsymbol{B}'$ 的值却要比 $\boldsymbol{B}_0$ 的值大很多(可达 $10^2\sim10^4$ 倍)，即 $B\gg B_0$，并且不是常量。这类磁介质能显著地增强磁场，是强磁性物质；我们把这类磁介质叫作**铁磁质**(ferromagnetics)，如铁、镍、钴及其合金等。

2. 顺磁质和抗磁质的磁化

下面用分子电流学说来说明顺磁质和抗磁质的磁化现象。在物质的分子中，每个电子都绕原子核作轨道运动，从而使之具有**轨道磁矩**(orbital magnetic moment)；此外，电子本身还有自旋，因而也会具有**自旋磁矩**(spin magnetic moment)。一个分子内所有电子全部磁矩的矢量和，称为**分子的固有磁矩**，简称**分子磁矩**(molecular magnetic moment)，用符号 $\boldsymbol{m}$ 表示。分子磁矩可用一个等效的圆电流 I 来表示，这就是安培当年为解释磁性起源而设想的分子电流，如图 11-32 所示。这里需要明确的是，分子电流与导体中的传导电流是有区别的，构成分子电流的电子只作绕核运动，它们不是自由电子。

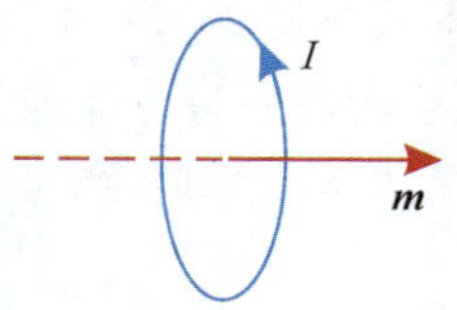

图 11-32 分子圆电流与分子磁矩

在顺磁性物质中，虽然每个分子都具有磁矩 $\boldsymbol{m}$，但实验指出，在没有外磁场时，顺磁性物质并不显现磁性。这是因为分子处于热运动中，各分子磁矩 $\boldsymbol{m}$ 的取向是无规的，因而在顺磁质中任一宏观小体积内，所有分子磁矩的矢量和为零，致使顺磁质对外不显现磁性，处于未被磁化的状态。

当顺磁性物质处在外磁场中时，各分子磁矩都要受到磁力矩的作用。在磁力矩作用下，各分子磁矩的取向都具有转到与外磁场方向相同的趋势（如图 11-33 所示），这样，顺磁质就被磁化了。显然，在顺磁质中因磁化而出现的附加磁感应强度 $\boldsymbol{B}'$ 与外磁场的磁感应强度 $\boldsymbol{B}_0$ 的方向相同。于是，在外磁场中，顺磁质内的磁感应强度 $\boldsymbol{B}$ 的大小为

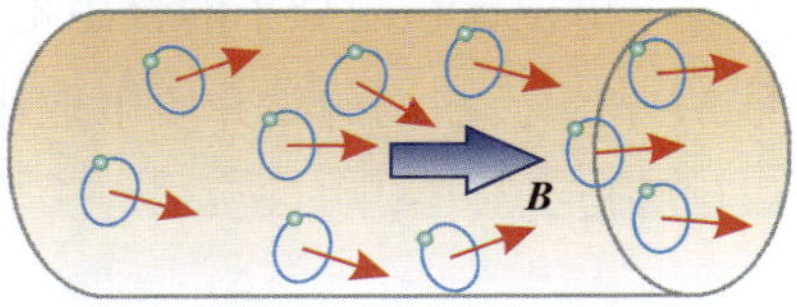

图 11-33 顺磁质中分子磁矩的取向

$$B = B_0 + B'$$

对抗磁质来说，在没有外磁场作用时，虽然分子中每个电子的轨道磁矩与自旋磁矩都不等于零，但分子中全部电子的轨道磁矩与自旋磁矩的矢量和却等于零，即分子固有磁矩为零（$\boldsymbol{m}=\boldsymbol{0}$）。所以，在没有外磁场时，抗磁质并不显现出磁性。但在外磁场作用下，分子中每个电子的轨道运动将受到影响，从而引起附加轨道磁矩 $\Delta\boldsymbol{m}$，而且附加轨道磁矩 $\Delta\boldsymbol{m}$ 的方向必与外磁场 $\boldsymbol{B}_0$ 的方向相反，因此，在抗磁质中，就要出现与外磁场 $\boldsymbol{B}_0$ 的方向相反的附加磁场 $\boldsymbol{B}'$，称为**抗磁性（diamagnetism）**，于是，抗磁质内磁感应强度 $\boldsymbol{B}$ 的值要比 $\boldsymbol{B}_0$ 略小一点，即

$$B = B_0 - B'$$

3. 铁磁质

从物质的原子结构观点来看，铁磁质内电子间因自旋引起的相互作用是非常强烈的，在这种作用下，铁磁质内形成了一些微小区域，叫作**磁畴（magnetic domain）**，每一个磁畴中，各个电子的自旋磁矩排列得很整齐，因此它具有很强的磁性，这叫作**自发磁化**（如图 11-34），但在没有外磁场时铁磁质内各个磁畴的排列方向是无序的，所以，对外不显磁性。当处于外磁场中时，铁磁质内各个磁畴的磁矩在外磁场的作用下都趋向于沿外磁场方向排列，也就是说，不是像顺磁质那样使单个原子、分子发生转向，而是使整个磁畴转向外磁场方向，所以在不强的外磁场作用下，铁磁质可以表现出很强的磁性来，这时，铁磁质在外磁场中的磁化程度非常大，它所建立的附加磁感应强度 $\boldsymbol{B}'$ 比外磁场的磁感应强度 $\boldsymbol{B}_0$ 在数值上一般要大几十倍到数千倍，甚至大数万倍。

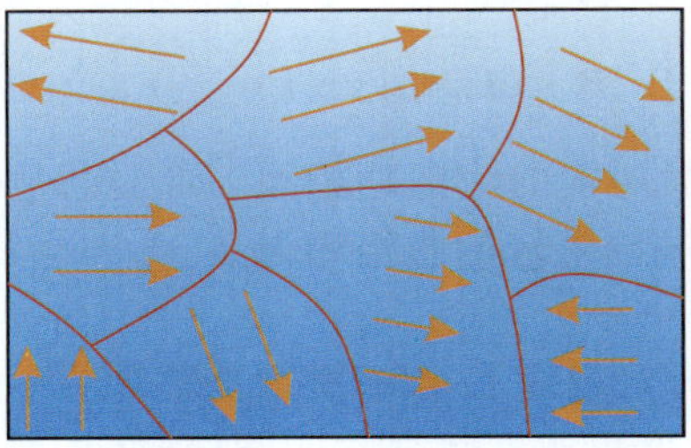
图 11-34 磁畴

从实验中还知道，铁磁质的磁化和温度有关，随着温度的升高，它的磁化能力逐渐减小，当温度升高到某一温度时，铁磁性就完全消失，铁磁质退化成顺磁质，这个温度叫作**居里**（Pierre Curie，1859—1906 年，法国物理学家，“居里定律：顺磁体的磁化率反比于其绝对温度”的发现者，1903 年和居里夫人还有贝克勒尔共同获得了诺贝尔物理学奖）**温度**或叫**居里点（Curie point）**。这是因为铁磁质中自发磁化区域因剧烈的分子热运动而遭破坏，磁畴也就瓦解了，铁磁质的铁磁性消失，过渡到顺磁质。从实验知道，铁的居里温度是 1043K，78%坡莫合金的居里温度是 580K，30%坡莫合金的居里温度是 343K。

4. 磁化强度

磁介质的磁化，就其实质来说，或是由于在外磁场作用下分子磁矩的取向发生了变化，或是在外磁场作用下产生附加磁矩，而且前者也可归结为产生附加磁矩。因此，我们可以用

磁介质中单位体积内分子的合磁矩来表示介质的磁化情况，即**磁化强度**(**magnetization**)，用符号 $\boldsymbol{M}$ 表示。在均匀磁介质中取小体积 ΔV，在此体积内分子磁矩的矢量和为 $\sum \boldsymbol{m}_i$，那么磁化强度为

$$\boldsymbol{M} = \frac{\sum \boldsymbol{m}_i}{\Delta V} \tag{11-35}$$

在国际单位制中，磁化强度的单位为安培每米，符号为 A/m。

11.8.2 磁介质中的安培环路定理 磁场强度

现在我们利用一个特殊的例子来讨论磁介质中的安培环路定理，所得结论同样适用于一般情形。

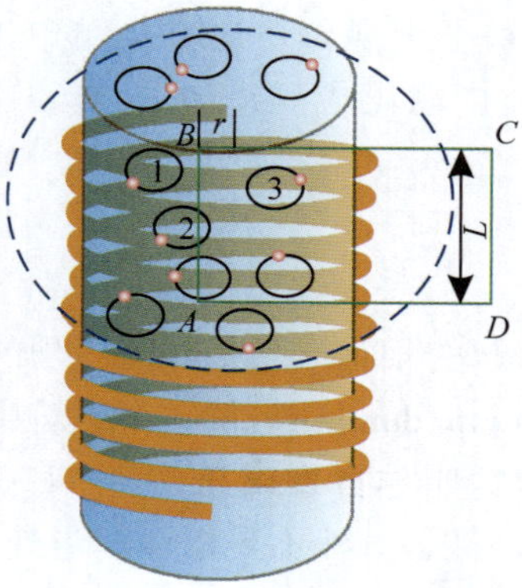

图 11-35 磁介质中的安培环路定理

如图 11-35 所示，有一密绕线圈的长直螺线管，管中充满磁化强度为 $\boldsymbol{M}$ 的各向同性均匀磁介质，线圈中的电流为 I。取闭合回路 $ABCDA$，由安培环路定理可得，磁感应强度 $\boldsymbol{B}$ 沿此闭合回路的环流为

$$\oint_L \boldsymbol{B} \cdot \mathrm{d}\boldsymbol{l} = \int_{AB} \boldsymbol{B} \cdot \mathrm{d}\boldsymbol{l} = \mu_0 \sum_i I_i$$

式中，$\sum_i I_i$ 为闭合回路所包围的电流，它包括流过线圈的传导电流 NI，以及由分子圆电流所组成的分布电流 I_s。设路径 AB 的长度为 L，其上共绕有 N 匝线圈，上式可写成

$$\oint_L \boldsymbol{B} \cdot \mathrm{d}\boldsymbol{l} = \int_{AB} \boldsymbol{B} \cdot \mathrm{d}\boldsymbol{l} = \mu_0 (NI + I_s)$$

从图 11-35 可以看出，磁介质中有许多分子圆电流，且电流的流向均相同。现设想每一个分子圆电流的半径均等于 r，电流均为 I'，于是每个分子圆电流的磁矩均为

$$m = I' \pi r^2$$

而对闭合回路 $ABCDA$ 来说，并非每一个分子圆电流对形成 I_s 都有贡献。譬如分子圆电流 1 就没有贡献，这是因为它在闭合回路的外面；分子圆电流 3 虽然在闭合回路内，但它流入和流出闭合回路的电流是大小相等而方向相反的，故分子圆电流 3 对形成 I_s 也没有贡献。显然，只有像分子圆电流 2 那样环绕闭合回路的分子圆电流，对 I_s 的形成才有贡献。这就是说，只有圆电流的中心距线段 $\overline{AB}$ 的距离小于半径 r 的这些分子圆电流，对构成 I_s 才有贡献。也可以说，I_s 只由处于体积为 $V=\pi r^2 L$ 中的分子圆电流所组成。如在单位体积中有 n 个分子圆电流，那么可得

$$I_s = n\pi r^2 L I' = nmL$$

从前面的讨论中我们知道，磁化强度是由磁介质中大量分子磁矩所产生的。现已知 n 就是磁介质中单位体积内的分子磁矩数，每个分子磁矩均为 m，那么，由式(11-35)可得磁化强度的值为

$$M = \frac{\sum m}{\Delta V} = nm$$

由上面两式可得

$$I_s = ML$$

从图 11-35 可以看到，长螺线管内磁化强度 $\boldsymbol{M}$ 仅平行于线段 $\overline{AB}$，故

$$I_s = ML = \int_{AB} \boldsymbol{M} \cdot \mathrm{d}\boldsymbol{l} = \oint_L \boldsymbol{M} \cdot \mathrm{d}\boldsymbol{l}$$

于是

$$\oint_L \boldsymbol{B} \cdot \mathrm{d}\boldsymbol{l} = \mu_0 \left(NI + \oint_L \boldsymbol{M} \cdot \mathrm{d}\boldsymbol{l} \right) \tag{11-36}$$

式子两边的线积分都是在同一闭合回路上进行的，因此可以将它们合并，而得

$$\oint_L \left(\frac{\boldsymbol{B}}{\mu_0} - \boldsymbol{M} \right) \cdot \mathrm{d}\boldsymbol{l} = NI \tag{11-37}$$

令 $\boldsymbol{H} = \dfrac{\boldsymbol{B}}{\mu_0} - \boldsymbol{M}$，式(11-37)可改写成

$$\oint_L \boldsymbol{H} \cdot \mathrm{d}\boldsymbol{l} = NI \tag{11-38}$$

$\boldsymbol{H}$ 叫作**磁场强度**(**magnetic field intensity**)，它是描述磁场的一个辅助量。式(11-38)就是**磁介质中的安培环路定理**，它说明：**磁场强度沿任何闭合回路的线积分，等于该回路所包围的传导电流的代数和**。

在国际单位制中，磁场强度 $\boldsymbol{H}$ 的单位是安培每米，符号是 A/m，可见 $\boldsymbol{H}$ 与 $\boldsymbol{M}$ 同量纲。

实验指出，在各向同性磁介质中，任一点的磁化强度 $\boldsymbol{M}$ 与磁场强度 $\boldsymbol{H}$ 成正比，即

$$\boldsymbol{M} = \kappa \boldsymbol{H} \tag{11-39}$$

式中，κ 是个单位为 1 的量，叫作**磁介质的磁化率**(**magnetic susceptibility**)，它是随磁介质的性质而异的，将式(11-39)代入 $\boldsymbol{H}$ 的定义式，有

$$\boldsymbol{H} = \frac{\boldsymbol{B}}{\mu_0} - \boldsymbol{M} = \frac{\boldsymbol{B}}{\mu_0} - \kappa \boldsymbol{H}$$

或

$$\boldsymbol{B} = \mu_0 (1 + \kappa) \boldsymbol{H} \tag{11-40}$$

注意：磁感应强度与磁场强度是两个量纲不同的物理量。描述磁场强弱的是磁感应强度；磁场强度用不规范的话说，是外界为各种介质提供的条件，或潜能，与介质无关。

令 $\mu_r = 1 + \kappa$，且称 μ_r 为**磁介质的相对磁导率**(**relative permeability**)，则式(11-40)可写成

$$\boldsymbol{B} = \mu_0 \mu_r \boldsymbol{H} \tag{11-41}$$

令 $\mu_0 \mu_r = \mu$，并称 μ 为磁导率，式(11-41)即为

$$\boldsymbol{B} = \mu \boldsymbol{H}$$

在真空中，$\boldsymbol{M} = \boldsymbol{0}$，故 $\kappa = 0$，$\mu_r = 1$，$\boldsymbol{B} = \mu_0 \boldsymbol{H}$。如磁介质为顺磁质，由实验知道，其 $\kappa > 0$，故 $\mu_r > 1$；对抗磁质来说，其 $\kappa < 0$，故 $\mu_r < 1$。

顺磁质和抗磁质是两种弱磁性物质，它们的磁化率都很小，它们的相对磁导率($\mu_r = 1 + \kappa$)与真空的相对磁导率($\mu_r = 1$)十分接近，因此，一般在讨论电流磁场的问题中，常可略去抗磁质、顺磁质磁化的影响。

[例题 11-10]

如图 11-36 所示，有两个半径分别为 R_1 和 R_2 的“无限长”同轴圆柱形和圆筒形导体，在它们之间充以相对磁导率为μ_r 的磁介质，当两圆筒通以相反方向的电流 I 时，试计算以下各范围的磁感应强度：(1)$r<R_1$；(2)$R_1<r<R_2$；(3)$r>R_2$。

图 11-36　例题 11-10 用图

解　同轴圆柱形和圆筒形导体内的电流均匀分布，其磁场呈轴对称，取半径为 r 的同心圆为积分路径，利用磁场的安培环路定理求解。

(1) 当 $r<R_1$ 时，由磁场的安培环路定理

$$\oint_L \boldsymbol{B}\cdot \mathrm{d}\boldsymbol{l}=\mu_0 I$$

可得

$$B_1 2\pi r=\mu_0 I\ \frac{\pi r^2}{\pi R_1^2}$$

$$B_1=\frac{\mu_0 I r}{2\pi R_1^2}$$

(2) 当 $R_1<r<R_2$ 时，由磁介质中的安培环路定理

$$\oint_L \boldsymbol{H}\cdot \mathrm{d}\boldsymbol{l}=NI$$

可得

$$H_2\cdot 2\pi r=I$$

$$H_2=\frac{I}{2\pi r}$$

$$B_2=\mu_0\mu_r H=\frac{\mu_0\mu_r I}{2\pi r}$$

(3) 当 $r>R_2$ 时，由磁场的安培环路定理

$$\oint_L \boldsymbol{B}\cdot \mathrm{d}\boldsymbol{l}=\mu_0 I$$

可得

$$B_3 2\pi r=\mu_0\times 0$$

$$B_3=0$$

原理应用

超　导

某种物体在一定的温度下电阻突然消失不见的现象称为**超导性**，此现象是 1911 年荷兰科学家卡末林·昂内斯(H. Kamerlingh Onnes，1853—1926 年)在测量低温下汞电阻率的时候发现

的，由于他的这一发现获得了1913年诺贝尔物理学奖。在他之后，人们开始把处于超导状态的导体称为“超导体”。

1. 超导态的基本性质

超导态的一个基本性质是零电阻效应，即超导体的直流电阻率在一定的低温下突然消失。导体没有了电阻，电流流经超导体时就不发生热损耗，电流可以毫无阻力地在导线中形成强大的电流，从而产生超强磁场。

超导态的另一个基本性质是抗磁性，又称**迈斯纳**(W. Meissner，1882—1974年，德国物理学家)**效应**。即在磁场中一个超导体只要处于超导态，则它内部产生的磁化强度与外磁场完全抵消，从而内部的磁感应强度为零。也就是说，磁感线完全被排斥在超导体外面。

物体在低温出现超导性是因为在温度很低的时候，原子核的运动被电子气束缚在很小的范围内，原子与原子形成弹性晶格状，原子只能在晶格中有微弱的振动，内层电子在这些晶格之间振动，外层自由电子无法将能量传递给原子核，自由电子与巨大的弹性晶格相碰撞，无法将自己的能量转变成巨大弹性晶格的内能，所以无能量损失。在磁场中，只有超导体的外部直接与磁场接触的部分可以被磁化，超导体表现出完全抗磁性。

为了使超导材料有实用性，人们开始探索高温超导体，近年来，高温超导体取得了巨大突破，使超导技术走向大规模应用。

2. 超导的应用

超导材料和超导技术有着广阔的应用前景。迈斯纳效应使人们可以用此原理制造超导列车和超导船，由于这些交通工具将在悬浮无摩擦状态下运行，这将大大提高它们的速度和安静性，并有效减少机械磨损。

超导材料的零电阻特性可以用来输电和制造大型磁体。超高压输电会有很大的损耗，而利用超导体则可最大限度地降低损耗，但由于临界温度较高的超导体还未进入实用阶段，从而限制了超导输电的采用。随着技术的发展，新超导材料的不断涌现，有望超导输电能在不久的将来得以实现。现有的高温超导体还处于必须用液态氮来冷却的状态，但它仍旧被认为是20世纪最伟大的发现之一。

3. 超导科学研究

超导材料和超导技术蕴藏着不可估量的应用前景。因此，超导科学研究，无论是从基础研究的角度还是从应用角度考虑，都具有非常重要的科学和技术上的意义，通过这一研究，不仅有助于将当代的基础性研究向更深层次开拓，而且还会对国民经济的发展起着重要的推动作用。目前主要的研究方向如下。

(1) 非常规超导体磁通动力学和超导机理：主要研究混合态区域的磁通线运动的机理，不可逆线性质、起因及其与磁场和温度的关系，临界电流密度与磁场和温度的依赖关系及各向异性。超导机理研究侧重于研究正常态在强磁场下的磁阻、霍尔效应、涨落效应、费米面的性质以及 $T<T_c$ 时用强磁场破坏超导态达到正常态时的输运性质等。对有望表现出高温超导电性的体系如有机超导体等以及在强电方面具有广阔应用前景的低温超导体等，也将开展其在强磁场下的性质研究。

(2) 强磁场下的低维凝聚态特性研究：低维性使得低维体系表现出三维体系所没有的特性。低维不稳定性导致了多种有序相。强磁场是揭示低维凝聚态特性的有效手段。主要研究内容包括：有机铁磁性的结构和来源；有机(包括富勒烯)超导体的机理和磁性；强磁场下二维电子气中非线性元激发的特异属性；低维磁性材料的相变和磁相互作用；有机导体在磁场中的输运和载流子特性；磁场中的能带结构和费米面特征等。

(3) 强磁场下的半导体材料的光、电等特性：强磁场技术对半导体科学的发展变得更为重要，因为在各种物理因素中，外磁场是唯一在保持晶体结构不变的情况下改变动量空间对称性的物理因素，因而在半导体能带结构研究以及元激发及其互作用研究中，磁场有着特别重要的作用。通过对强磁场下半导体材料的光、电等特性开展实验研究，可进一步理解和把握半导体的光学、电学等物理性质，从而为制造具有各种功能的半导体器件并发展高科技进行基础性探索。

(4) 强磁场下极微细尺度中的物理问题：极微细尺度体系中出现许多常规材料不具备的新现象和奇异特性，这与这类材料的微结构特别是电子结构密切相关。强磁场为研究极微细尺度体系的电子态和输运特性提供强有力的手段，不但能进一步揭示这类材料在常规条件下难以出现的奇异现象，而且为在更深层次下认识其物理特性提供丰富的科学信息。主要研究强磁场下极微细尺度金属、半导体等的电子输运、电子局域和关联特性；量子尺寸效应、量子限域效应、小尺寸效应和表面、界面效应；以及极微细尺度氧化物、碳化物和氮化物的光学特性及能隙精细结构等。

(5) 强磁场化学：强磁场对化学反应电子自旋和核自旋的作用，可导致相应化学键的松弛，产生新键生成的有利条件，诱发一般条件下无法实现的物理化学变化，获得原来无法制备的新材料和新化合物。强磁场化学是应用基础性很强的新领域，有一系列理论课题和广泛应用前景。近期可开展水和有机溶剂的磁化及机理研究以及强磁场诱发新化学反应研究等。

(6) 磁场下的生物学、生物医学研究等。

内容提要

1. 电流密度和电流

电流密度：$\boldsymbol{j}=\dfrac{\mathrm{d}I}{\mathrm{d}S_{\perp}}\boldsymbol{e}_{\mathrm{n}}=\dfrac{\mathrm{d}q}{\mathrm{d}t\,\mathrm{d}S_{\perp}}\boldsymbol{e}_{\mathrm{n}}$；$I=\iint\limits_{S}\boldsymbol{j}\cdot\mathrm{d}\boldsymbol{S}$

恒定电流：电流密度 $\boldsymbol{j}$ 不随时间变化。

2. 电动势

电源电动势描述电源中非静电力做功能力的大小：$\varepsilon=\int_{-}^{+}\boldsymbol{E}_{\mathrm{k}}\cdot\mathrm{d}\boldsymbol{l}$

3. 磁感应强度

磁感应强度大小和方向的定义。

磁场叠加原理：$\boldsymbol{B}=\sum_{i=1}^{n}\boldsymbol{B}_i$

4. 毕奥-萨伐尔定律

电流元 $I\mathrm{d}\boldsymbol{l}$ 的磁场：$\mathrm{d}\boldsymbol{B}=\dfrac{\mu_0 I}{4\pi r^3}\mathrm{d}\boldsymbol{l}\times\boldsymbol{r}$

应用毕奥-萨伐尔定律和磁场叠加原理计算电流激发的磁场。

5. 磁通量　磁场的高斯定理

通过曲面 S 上的磁通量：$\Phi_{\mathrm{m}}=\iint_S \boldsymbol{B}\cdot\mathrm{d}\boldsymbol{S}=\iint_S B\cos\theta\,\mathrm{d}S$

磁场的高斯定理：$\oiint_S \boldsymbol{B}\cdot\mathrm{d}\boldsymbol{S}=0$

6. 安培环路定理

真空中的安培环路定理：$\oint_L \boldsymbol{B}\cdot\mathrm{d}\boldsymbol{l}=\mu_0\sum_i I_i$

磁介质中的安培环路定理：$\oint_L \boldsymbol{H}\cdot\mathrm{d}\boldsymbol{l}=NI$

利用安培环路定理可计算具有对称性分布电流的磁感应强度。

7. 安培定律

电流元所受磁场力：$\mathrm{d}\boldsymbol{F}=I\mathrm{d}\boldsymbol{l}\times\boldsymbol{B}$

利用安培定律计算载流导线在磁场中受到的安培力。

8. 磁场对平面载流线圈的作用

载流平面线圈的磁矩：$\boldsymbol{m}=IS\boldsymbol{e}_{\mathrm{n}}$

载流线圈在均匀磁场中受到的磁力矩：$\boldsymbol{M}=\boldsymbol{m}\times\boldsymbol{B}$

9. 洛伦兹力

洛伦兹力：$\boldsymbol{F}=q\boldsymbol{v}\times\boldsymbol{B}$

带电粒子在均匀磁场中的运动。

10. 霍尔效应

霍尔电势差的产生机制。

习题

一、选择题

11-1 边长为 l 的正方形线圈，分别用如图所示的两种方式通以电流 I（其中 ab、cd 与正方形共面），在这两种情况下，线圈在其中心产生的磁感应强度的大小分别为（ ）。

(A) $B_1=0, B_2=0$　　(B) $B_1=0, B_2=\dfrac{2\sqrt{2}\mu_0 I}{\pi l}$

(C) $B_1=\dfrac{2\sqrt{2}\mu_0 I}{\pi l}, B_2=0$　　(D) $B_1=\dfrac{2\sqrt{2}\mu_0 I}{\pi l}, B_2=\dfrac{2\sqrt{2}\mu_0 I}{\pi l}$

11-2 两个载有相等电流 I、半径为 R 的圆线圈一个处于水平位置，一个处于竖直位置，两个线圈的圆心重合，如图所示，则在圆心 O 处的磁感应强度大小为（ ）。

(A) 0　　(B) $\mu_0 I/2R$　　(C) $\sqrt{2}\mu_0 I/2R$　　(D) $\mu_0 I/R$

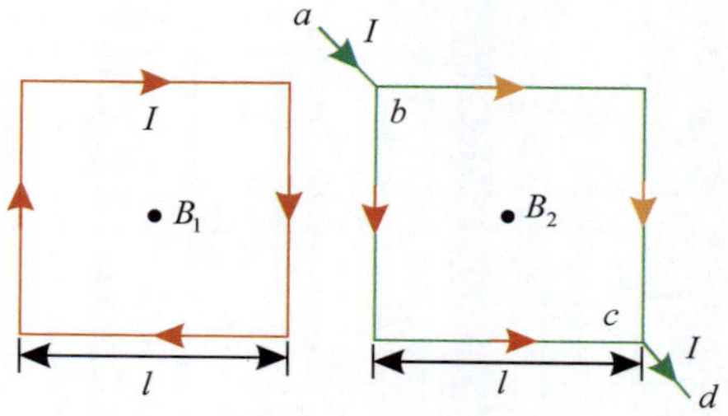

习题 11-1 图

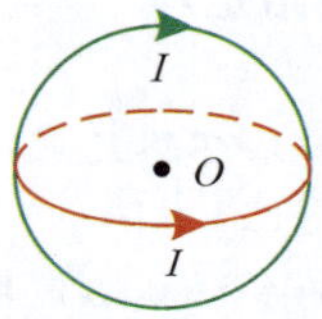

习题 11-2 图

11-3 如图所示，在均匀磁场 $\boldsymbol{B}$ 中，有一个半径为 R 的半球面 S，S 边所在平面的单位法线矢量 $\boldsymbol{n}$ 与磁感应强度 $\boldsymbol{B}$ 的夹角为 α，则通过该半球面的磁通量为（ ）。

(A) $\pi R^2 B$　　(B) $2\pi R^2 B$　　(C) $\pi R^2 B\cos\alpha$　　(D) $\pi R^2 B\sin\alpha$

11-4 如图所示，在无限长载流直导线附近作一球形闭合曲面 S，当曲面 S 向长直导线靠近时，穿过曲面 S 的磁通量 Φ 和面上各点的磁感应强度 $\boldsymbol{B}$ 的大小将如何变化？（ ）

(A) Φ 增大，B 也增大　　(B) Φ 不变，B 也不变

(C) Φ 增大，B 不变　　(D) Φ 不变，B 增大

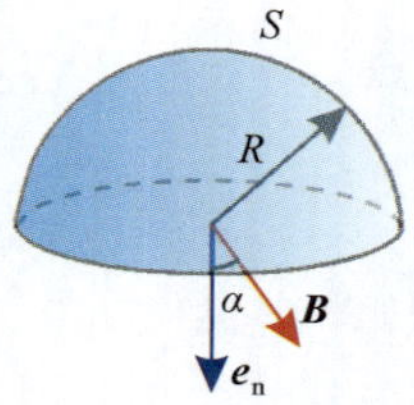

习题 11-3 图

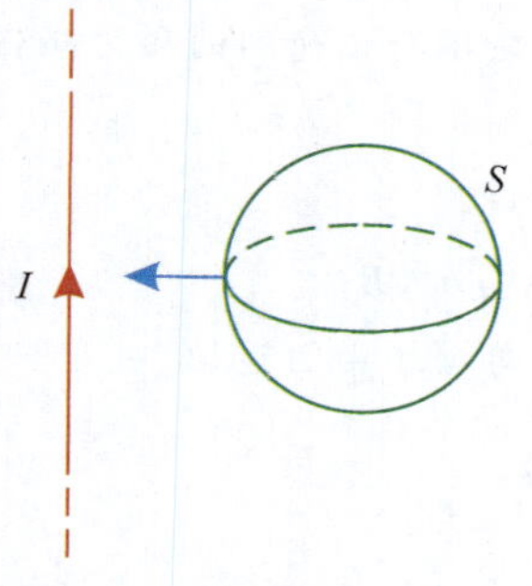

习题 11-4 图

11-5　下列说法正确的是(　　)。

(A) 闭合回路上各点磁感应强度都为零时，回路内一定没有电流穿过

(B) 闭合回路上各点磁感应强度都为零时，回路内穿过电流的代数和必定为零

(C) 磁感应强度沿闭合回路的积分为零时，回路上各点的磁感应强度必定为零

(D) 磁感应强度沿闭合回路的积分不为零时，回路上任意一点的磁感应强度都不可能为零

11-6　如图所示，I_1 和 I_2 为真空中的稳恒电流，L 为一闭合回路，则 $\oint_L \boldsymbol{B} \cdot \mathrm{d}\boldsymbol{l}$ 的值为(　　)。

(A) $\mu_0(I_1+I_2)$　　(B) $-\mu_0(I_1+I_2)$

(C) $-\mu_0(I_1-I_2)$　　(D) $\mu_0(I_1-I_2)$

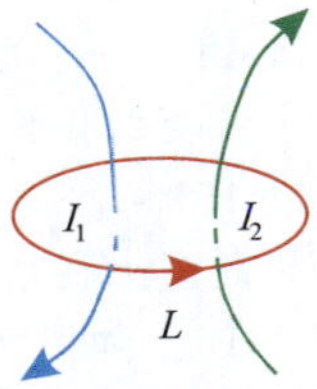

习题 11-6 图

11-7　如图所示，一根很长的电缆线由两个同轴的圆柱面导体组成，若这两个圆柱面的半径分别为 R_1 和 R_2($R_1<R_2$)，通有等值反向电流，那么下列哪幅图正确反映了电流产生的磁感应强度随径向距离的变化关系？(　　)

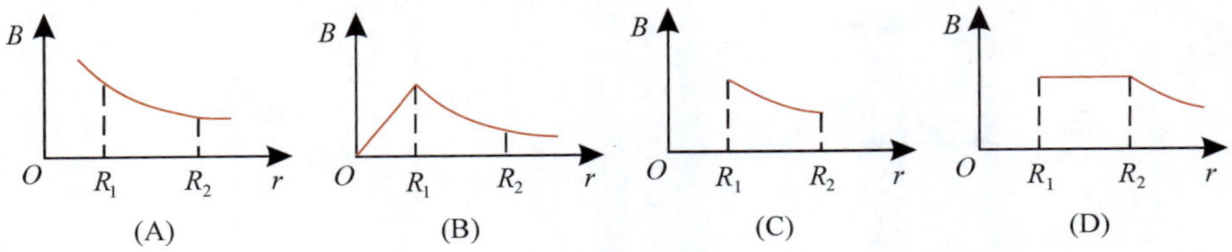

习题 11-7 图

11-8　一运动电荷 q，质量为 m，垂直于磁场方向进入均匀磁场中，则(　　)。

(A) 其动能改变，动量不变　　(B) 其动能不变，动量可以改变

(C) 其动能和动量都改变　　(D) 其动能和动量都不变

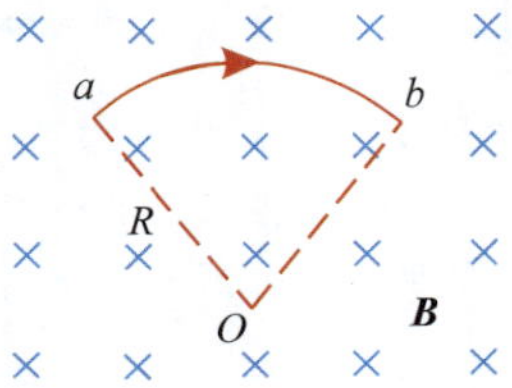

习题 11-9 图

11-9　如图所示，一根载流导线被弯成半径为 R 的 1/4 圆弧，放在磁感应强度为 $\boldsymbol{B}$ 的均匀磁场中，则载流导线所受的安培力为(　　)。

(A) $\sqrt{2}BIR$，竖直向下

(B) BIR，竖直向上

(C) $\sqrt{2}BIR$，竖直向上

(D) BIR，竖直向下

11-10　用细导线均匀密绕成长为 l、半径为 a($l \gg a$)、总匝数为 N 的螺线管，通以稳恒电流 I，当管内充满相对磁导率为 μ_r 的均匀介质后，管中任意一点磁感应强度大小为(　　)。

(A) $\mu_0\mu_r NI/l$　　(B) $\mu_r NI/l$　　(C) $\mu_0 NI/l$　　(D) NI/l

二、填空题

11-11　在直角坐标系中，一无限长载流直导线沿空间直角坐标的 Oy 轴放置，电流沿 y 正向。在原点 O 处取一电流元 $I\mathrm{d}\boldsymbol{l}$，则该电流元在点($a$,0,0)处的磁感应强度大小为________，方向为________。

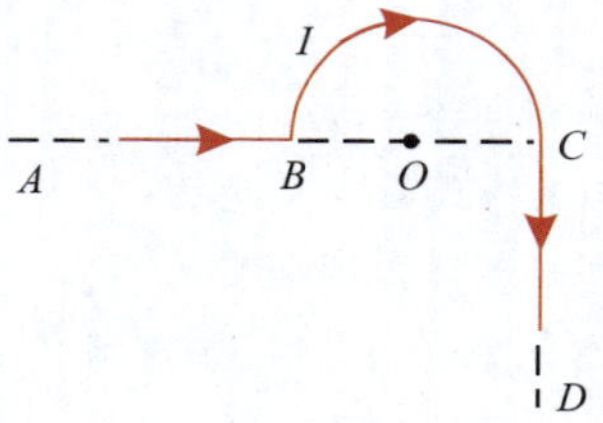

习题 11-12 图

11-12 无限长的导线弯成如图所示形状，通有电流为 I，BC 是半径为 R 的半圆，则 O 点的磁感应强度大小为________，方向为________。

11-13 两根长度相同的细导线分别密绕成半径分别为 R 和 r 的两个长直圆筒形螺线管，两个螺线管的长度相同，$R=2r$，螺线管通过的电流相同为 I，则两个螺线管中的磁感应强度大小的比值 $B_R : B_r=$________。

11-14 一个电子射入 $B=0.2\boldsymbol{i}+0.5\boldsymbol{j}$(T) 的匀强磁场中，当电子速度 $\boldsymbol{v}=5\times10^6\boldsymbol{j}$ m/s 时，则电子所受的洛伦兹力为________。

11-15 如图所示，一长直导线通以电流 I，在离导线 a 处有一电子，电荷量为 e，以速度 $\boldsymbol{v}$ 平行于导线向上运动，则作用在电子上的洛伦兹力的大小为________，方向为________。

11-16 如图所示，A 和 B 是两根固定的直导线，通以同方向的电流 I_1 和 I_2，且 $I_1>I_2$，C 是一根放置在它们中间可以左右平移的直导线(三者在同一平面内)，若导线 C 通以反方向的电流 I 时，则它将________(填"向 A 移动""向 B 移动"或"保持静止")。

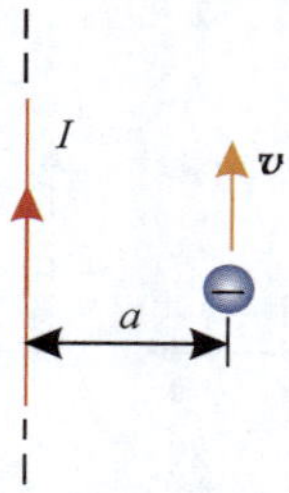

习题 11-15 图

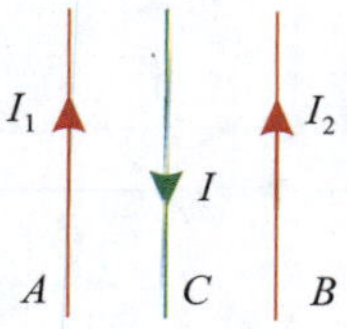

习题 11-16 图

11-17 一带电粒子以速度 $\boldsymbol{v}$ 垂直于磁感应强度为 $\boldsymbol{B}$ 的均匀磁场射入，在磁场中的运动轨迹是半径为 R 的圆，若要使运动半径变为 $R/2$，则 $\boldsymbol{B}$ 的大小应变为原来的________倍。

11-18 一 1/4 圆周回路 $abca$，通有电流 I，圆弧部分的半径为 R，置于磁感应强度为 $\boldsymbol{B}$ 的均匀磁场中，磁感线与回路平面平行，如图所示，则圆弧 ab 段导线所受的安培力大小为________，回路所受的磁力矩大小为________，方向为________。

11-19 如图所示，一无限长直圆柱导体筒，内外半径分别为 R_1 和 R_2，电流 I 均匀通过导体的横截面，L_1、L_2、L_3 是以圆柱轴线为中心的三个圆形回路，其半径分别为 r_1、r_2、r_3($r_1<R_1$、$R_1<r_2<R_2$、$r_3>R_2$)，对应的回路绕行方向见图示，则磁场强度在三个回路上的环流分别为：$\oint_{L_1}\boldsymbol{H}\cdot d\boldsymbol{l}=$________；$\oint_{L_2}\boldsymbol{H}\cdot d\boldsymbol{l}$________；$\oint_{L_3}\boldsymbol{H}\cdot d\boldsymbol{l}=$________。

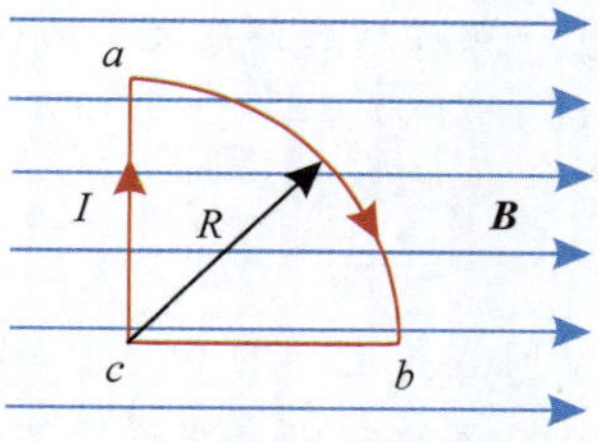

习题 11-18 图

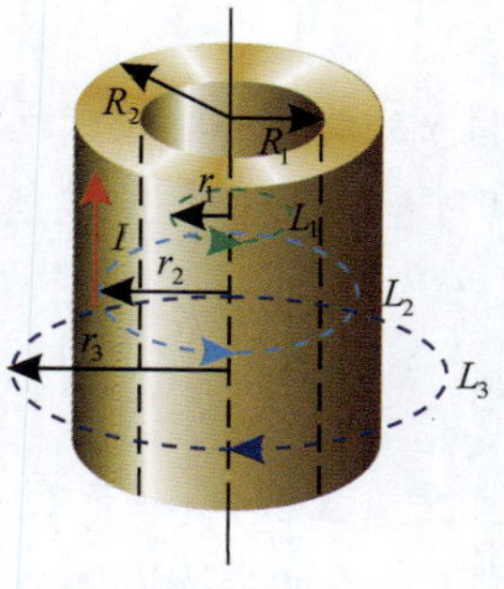

习题 11-19 图

11-20 磁介质有三种，$\mu_r>1$ 的称为________，$\mu_r<1$ 的称为________，$\mu_r\gg 1$ 的称为________。

三、计算题

11-21 如图所示为三种载流导线在平面内的分布，电流均为 I，它们在点 O 的磁感应强度大小各为多少？

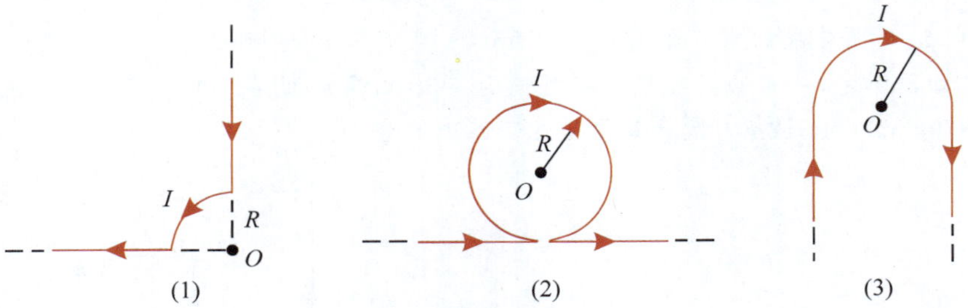

习题 11-21 图

11-22 载流导线形状如图所示(图中直线部分导线延伸到无穷远处)。求点 O 的磁感应强度 $\boldsymbol{B}$。

11-23 一无限长圆柱形铜导体(磁导率为 μ_0)，半径为 R，通有均匀分布的电流 I。

(1) 试求磁感应强度大小 B 的分布；

(2) 今取一矩形平面(长为 L，宽为 R)，位置如图中阴影部分所示，求通过该矩形平面的磁通量。

11-24 有一同轴电缆，其尺寸如图所示。两导体中的电流均为 I，但电流的流向相反，导体的磁性可不考虑。试计算以下各处的磁感应强度的大小：(1)$r<R_1$；(2)$R_1<r<R_2$；(3)$R_2<r<R_3$；(4)$r>R_3$。

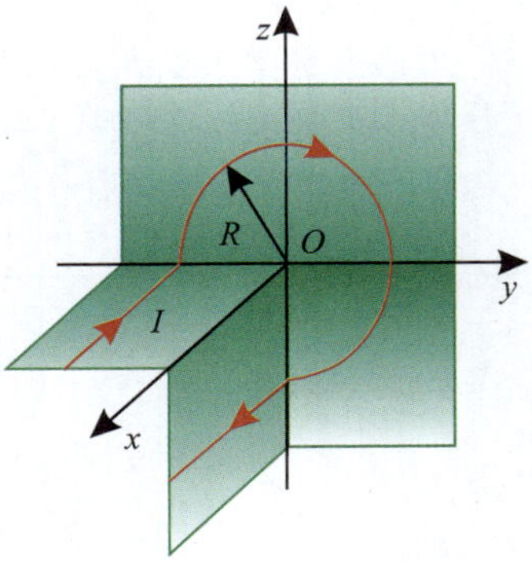

习题 11-22 图

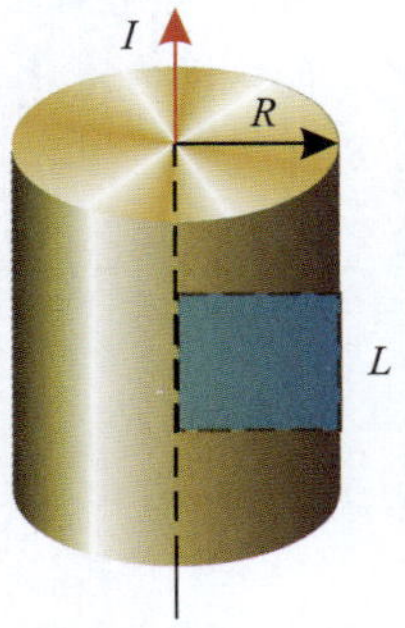

习题 11-23 图

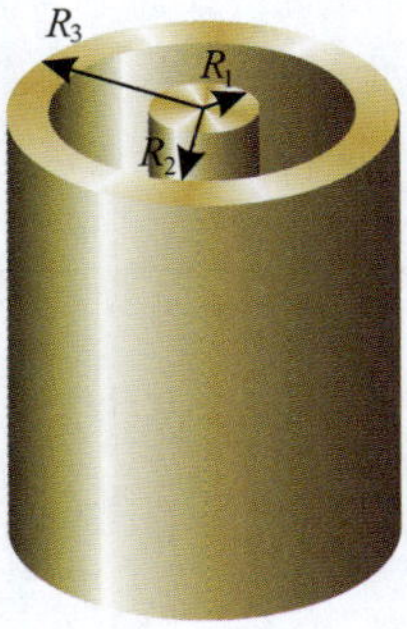

习题 11-24 图

11-25 一电子以 1.0×10^6 m/s 的速度进入一匀强磁场，其速度方向与磁场方向垂直。已知电子在磁场中作半径为 0.1m 的圆周运动，求：磁感应强度的大小和电子的角速度。

11-26 一质子以 1.0×10^7 m/s 的速度射入磁感应强度 $B=1.5$T 的匀强磁场中，其速度方向与磁场方向成 30°。求：(1)质子作螺旋运动的半径；(2)质子运动的螺距。

11-27　从太阳射出来的速率为 $8\times10^{6}\,m/s$ 的电子进入地球赤道上空高层艾伦辐射带中，该处磁场为 $4.0\times10^{-7}\,T$，此电子的回转轨道半径为多大？若电子沿地球磁场的磁感线旋进到地磁北极附近，地磁北极附近磁场为 $2.0\times10^{-5}\,T$，其轨道半径又为多少？

11-28　一回旋加速器 D 形电极圆周的最大半径 $R=60cm$，用它来加速质量 $1.67\times10^{-27}\,kg$、电荷 $1.6\times10^{-19}\,C$ 的质子，要把质子从静止加速到 $4.0\times10^{6}\,eV$ 的能量，求所需的磁感应强度 B。

11-29　两根长直导线互相平行地放置在真空中，如图所示，其中通以同向的电流 $I_1=I_2=10A$。已知点 P 到两导线的垂直距离均为 0.5m，求点 P 的磁感应强度。

11-30　如图所示，一根长直导线载有电流 $I_1=30A$，矩形回路载有电流 $I_2=20A$。已知 $d=1.0cm$，$b=8.0cm$，$l=0.12m$。试计算作用在回路上的合力。

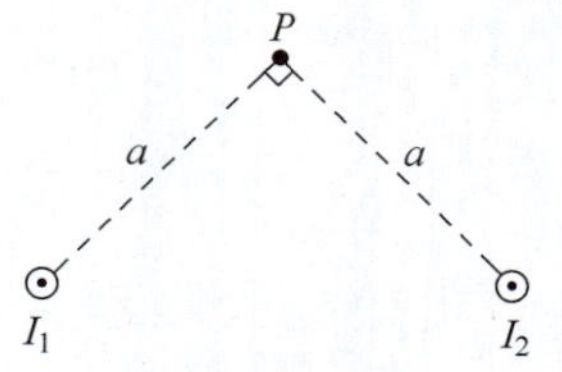

习题 11-29 图

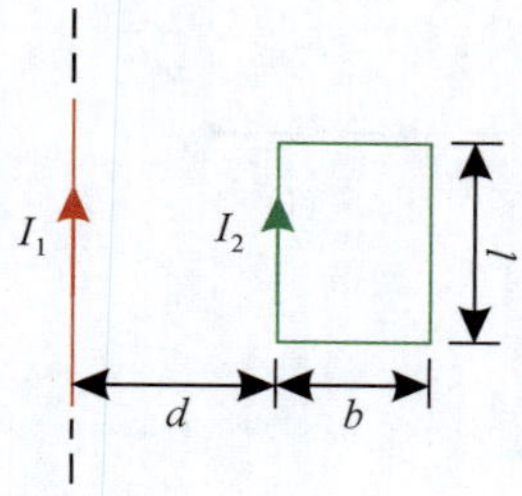

习题 11-30 图

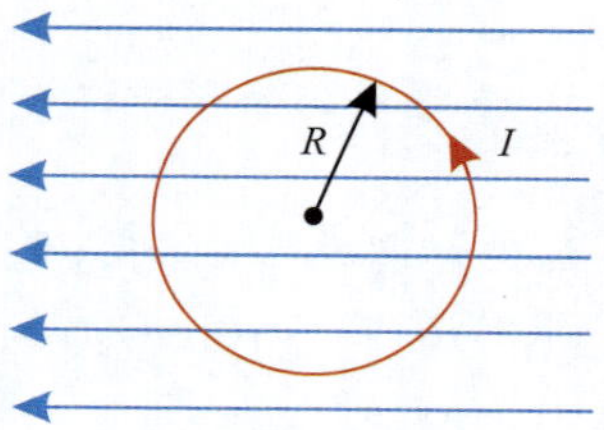

习题 11-32 图

11-31　作用于放在两磁极之间的半径 $r=10cm$ 的金属线圈上的最大力矩 $M=6.5\times10^{-6}\,N\cdot m$，线圈中的电流强度 $I=2A$，忽略地球磁场的作用，求两磁极之间的磁感应强度大小。

11-32　如图所示，半径为 R 的圆形闭合线圈，通入的电流为 I，处在磁感应强度大小为 B 的匀强磁场中，磁感线与线圈平面平行，求：(1)闭合线圈的磁矩的大小和方向；(2)闭合线圈所受的磁力矩大小和方向；(3)闭合线圈所受的合力。

11-33　长直同轴电缆，在内、外导体之间充满磁介质，磁介质的相对磁导率为 $\mu_r(\mu_r<1)$，导体的磁化可以略去不计。电缆沿轴向有稳恒电流 I 通过，内外导体上电流的方向相反。求空间各区域的磁场强度和磁感应强度的分布。

Chapter 12

第12章

电磁感应与电磁场

1820 年，奥斯特通过实验发现了电流的磁效应。由此人们自然想到，能否利用磁效应产生电流呢？从 1822 年起，法拉第就开始对这一问题进行有目的的实验研究。经过多次失败，终于在 1831 年取得了突破性的进展，发现了电磁感应现象，即利用磁场产生电流的现象。从实用的角度看，这一发现使电工技术有可能长足发展，为后来的人类生活电气化打下了基础。从理论上说，这一发现更全面地揭示了电和磁的联系，使在这一年出生的麦克斯韦后来提出了感应电场和位移电流的假设，进一步把特殊条件下总结出来的电磁现象的实验规律归纳成体系完整的普遍的电磁场理论。这一理论在近代科学中得到了广泛的应用。因此，怎样估计法拉第的发现的重要性都是不为过的。

本章主要内容：在电磁感应现象的基础上讨论电磁感应定律，以及动生电动势和感生电动势，介绍自感和互感，磁场的能量、位移电流的概念和麦克斯韦方程组的积分形式，并简要介绍电磁场理论和电磁振荡、电磁波的基本概念。

迈克尔·法拉第(Michael Faraday，1791—1867 年)，英国著名物理学家、化学家。他创造性地提出场的思想，并第一个引入“磁场”这一名称。他是电磁理论的创始人之一，于 1831 年发现电磁感应现象，后又相继发现电解定律、物质的抗磁性和顺磁性，以及光的偏振面在磁场中的旋转等。

12.1 电磁感应现象及其基本规律

12.1.1 电磁感应现象

1831 年，英国物理学法拉第首次发现处在随时间而变化的电流附近的闭合回路中有感应电流产生。他经过了近十年的不懈努力，用不同方式证实了电磁感应现象的存在及其规律。下面选取几个表明电磁感应现象的实验，并说明产生这一现象的条件。

视频：电磁感应现象

动画：法拉第电磁感应现象

现象一：如图 12-1 所示，一个检流计接在线圈的两端，构成测量回路。发现条形磁铁插入或拔出线圈的瞬间，线圈中出现感应电流。磁棒相对线圈运动得越快，感应电流越大。

感应电流的方向与磁棒的运动方向及磁极的方向有关。

现象二：如图 12-2 所示，两个彼此靠得很近、互相绝缘的线圈相对静止，线圈 A 与直流电源、电阻器、电键连接成回路。线圈 B 和检流计相连，以检测线圈中是否有电流。当接通或断开电键时，在线圈 B 中产生类似于现象一的情形。

现象三：如图 12-3 所示，将一根与检流计连成测量回路的导体棒放在磁铁中，当导体在磁铁中运动时，就会在回路中产生感应电流。导体棒运动得越快，感应电流越大。

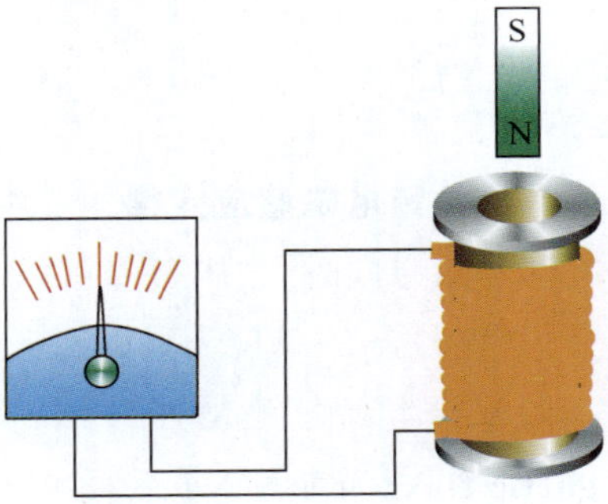

图 12-1 电磁感应现象(一)

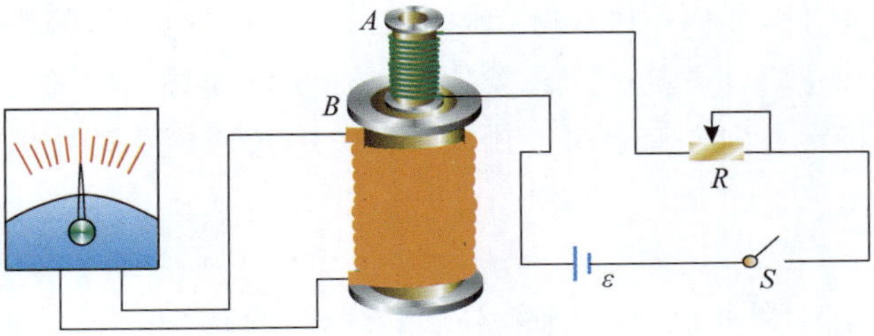

图 12-2 电磁感应现象(二)

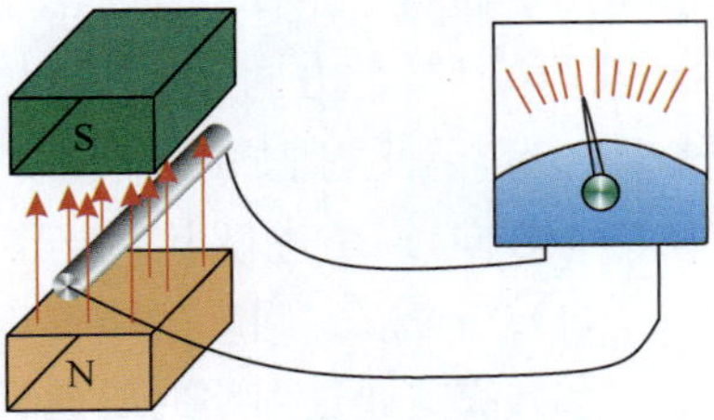

图 12-3 电磁感应现象(三)

从以上实验可以看出，无论使闭合回路(或线圈)保持不动，而使闭合回路中的磁场发生变化(现象一和现象二)，或者是磁场保持不变，而使闭合回路在磁场中运动(现象三)，都可以在闭合回路中引起电流。这就是说，尽管在闭合回路中引起电流的方式有所不同，但都可归结为一个共同点，那就是穿过闭合导体回路的磁通量发生了变化。这里要特别强调一下，关键不是磁通量本身，而是磁通量的变化，才是引发电磁感应现象的必要条件。于是，可以得出如下结论：**当穿过闭合导体回路的磁通量发生变化时，不管这变化是什么原因引起的，在导体回路中就会产生感应电流**。这就是**电磁感应现象**(**electromagnetic induction phenomenon**)。回路中所出现的电流叫作**感应电流**(**induction current**)。

12.1.2 法拉第电磁感应定律

由第 11 章我们知道，闭合电路中有电流的根本原因是电路中存在电动势。从上述电磁感应现象中看到，当闭合导体回路所包围面积的磁通量变化时，此回路中就出现感应电流，这意味着该回路中必定存在电动势。这种直接由电磁感应现象所引起的电动势叫作**感应电动势**(**induction electromotive force**)，记作 ε。若导体回路是闭合的，感应电动势就会在回路中产生感应电流，若导线回路不是闭合的，回路中仍然有感应电动势，但是不会形成电流。

法拉第在大量实验的基础上总结出如下规律：**无论何种原因使通过导体回路的磁通量发生变化，导体回路中感应电动势 ε 的大小与穿过该回路的磁通量的时间变化率成正**

比，即

$$\varepsilon=-\frac{\mathrm{d}\Phi_{\mathrm{m}}}{\mathrm{d}t} \tag{12-1}$$

这就是**法拉第电磁感应定律**。式中负号表示感应电动势总是反抗磁通量变化，在不强调感应电动势的方向时，式中负号可以不写。在国际单位制中，ε 的单位为伏特(V)，Φ_{m} 的单位为韦伯(Wb)，t 的单位为秒(s)。

如果导体回路有 N 匝线圈，而且通过每匝线圈的磁通量都是 Φ_{m}，则**总磁通量**(**total magnetic flux**)为 $\Psi=N\Phi_{\mathrm{m}}$(称 Ψ 为**磁链**)。对此，N 匝线圈的感应电动势就可写成

$$\varepsilon=-\frac{\mathrm{d}(N\Phi_{\mathrm{m}})}{\mathrm{d}t}=-\frac{\mathrm{d}\Psi}{\mathrm{d}t} \tag{12-2}$$

法拉第电磁感应定律中的负号反映了感应电动势的方向与磁通量变化状况的关系，是法拉第电磁感应定律的重要组成部分。因此，如何正确理解和运用式(12-2)中的负号，来判断感应电动势的方向，是掌握法拉第电磁感应定律的一个重要方面。由于电动势和磁通量都是标量，因此它们的正负相对于某一指定方向才有意义。用法拉第电磁感应定律确定电动势的方向，通常遵循以下步骤。

(1) 任意规定回路的绕行正方向。

(2) 确定通过回路的磁通量的正负。如果通过回路的磁感应线方向与回路绕行正方向呈右手螺旋关系，就规定该磁通量为正，反之为负。

(3) 确定磁通量的时间变化率$\dfrac{\mathrm{d}\Phi_{\mathrm{m}}}{\mathrm{d}t}$的正负。

(4) 确定感应电动势的正负。当感应电动势为正时，表示感应电动势的方向和所规定的回路的绕行正方向相同。当感应电动势为负时，表示感应电动势的方向和所规定的回路的绕行正方向相反。

如果闭合导体回路的电阻为 R，则由闭合回路的欧姆定律 $\varepsilon=IR$ 可得，回路中的感应电流为

$$I=\frac{\varepsilon}{R}=-\frac{1}{R}\frac{\mathrm{d}\Phi_{\mathrm{m}}}{\mathrm{d}t} \tag{12-3}$$

利用电流和电荷量的关系 $I=\dfrac{\mathrm{d}q}{\mathrm{d}t}$，可以求出一段时间 $\Delta t=t_2-t_1$ 内，由于电磁感应，通过回路的感应电荷量。在 $\Delta t=t_2-t_1$ 时间内流过导线横截面的感应电荷的电荷量为

$$q=\left|\int_{t_1}^{t_2}I\,\mathrm{d}t\right|=\frac{1}{R}\left|\Phi_{\mathrm{m2}}-\Phi_{\mathrm{m1}}\right| \tag{12-4}$$

比较式(12-3)和式(12-4)可以看出，感应电流与回路中磁通量随时间的变化率有关，变化率越大，感应电流越大；但通过导体的感应电荷量仅与磁通量变化的绝对值成正比，与其变化率无关。从式(12-4)还可以看出，只要从实验中测得通过回路导线中任一横截面的电荷量 q，并在回路导线电阻已知的情况下，就可测定磁通量的变化值。磁通计就是根据这个原理设计的。

12.1.3 楞次定律

用法拉第电磁感应定律可以确定电动势的方向，感应电流的方向如何确定呢？1834年，俄国物理学家楞次在概括了大量实验事实的基础上，总结出判断感应电流方向的规律，称为**楞次定律**。定律表述如下：**闭合导体回路中的感应电流，其流向总是企图使感应电流自己激发的穿过回路面积的磁通量，能够抵消或补偿引起感应电流的磁通量的增加或减少**。或者说：**回路中感应电流的流向，总是使感应电流自己激发的穿过该回路的磁通量，反抗回路中原磁通量的变化**。

楞次定律也可简练地表述为：感应电流的效果，总是反抗引起感应电流的原因（反抗相对运动、磁场变化或线圈变形等）。

用楞次定律可以确定感应电流的方向，如图12-4所示。当将磁铁棒N极插入线圈时，通过线圈的磁通量增加，线圈中感应电流所激发的磁场要反抗线圈中磁通量的增加，故这个磁场的磁感应线方向与磁铁棒的磁感应线方向相反。根据右手螺旋定则，用大拇指指向感应电流所激发的磁场方向，则四指环绕的方向就是感应电流的方向。从上往下看线圈，此时感应电流的流向为逆时针方向。当将磁铁棒N极从线圈中拔出时，穿过线圈内的磁通量减少，那么感应电流所激发的磁场方向应当与磁棒的磁场方向相同，以补偿磁棒在线圈内磁通量的减少。所以，根据右手螺旋定则，线圈中感应电流的流向为顺时针方向。

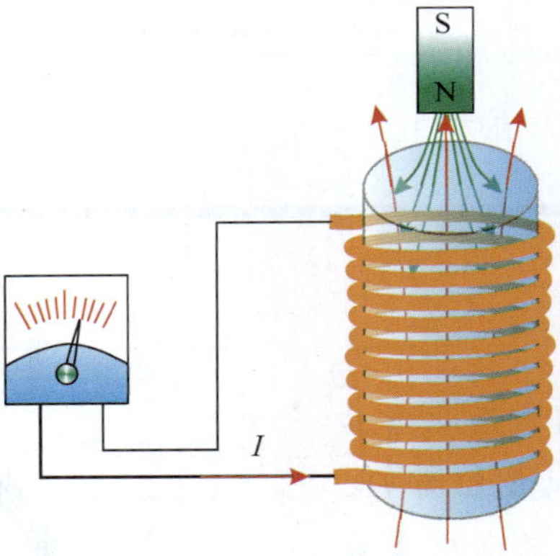

图12-4　楞次定律

视频：楞次定律

用楞次定律判断感应电流的方向，可以按下面的步骤进行。

（1）确定穿过闭合回路的磁通量的变化趋势；

（2）由楞次定律确定感应电流所激发的磁场的方向；

（3）由右手螺旋定则从磁场的方向确定感应电流的方向。

大量实验现象证明，楞次定律实质上是能量守恒定律在电磁感应现象中的具体体现。例如，导体棒在均匀磁场中作切割磁感应线运动，在回路上产生感应电流，感应电流产生一个作用于导体棒上的安培力，反抗导体棒运动。否则只需一点力使导体棒开始移动，若安培力不去阻挠它的运动，将有无限大的电能出现，导体棒将越来越快地运动下去。这就是说，我们可以用微小的功来获得无穷大的机械能，这不就成了第一类永动机了吗？显然，这不符合能量守恒定律。所以感应电流的方向必须是楞次定律所规定的方向。

[例题 12-1]

如图 12-5 所示，在无限长通有电流 I 的直导线旁放置一个刚性的正方形线圈，线圈一边与直导线平行，尺寸如图 12-5 所示。求：(1)穿过线圈的磁通量；(2)当直导线中电流随时间变化的规律为 $I=I_0\sin\omega t$，在 $\omega t=\frac{2}{3}\pi$ 时，线圈中的感应电动势的大小和方向。

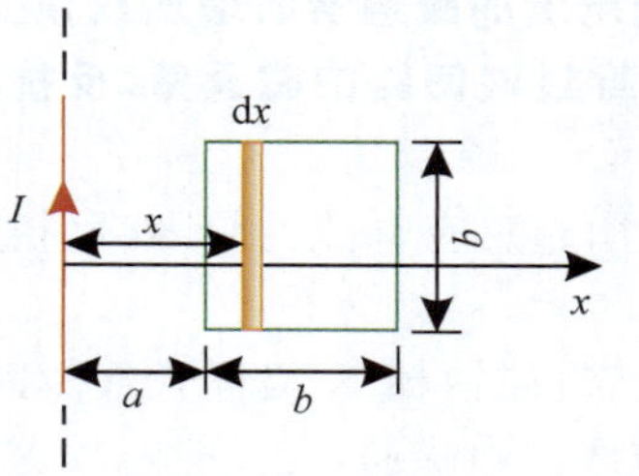

图 12-5　例题 12-1 用图

解　(1) 取线圈顺时针方向为回路的绕行方向，建立如图 12-5 所示的直角坐标系，在线圈中 x 坐标处取一宽度为 $\mathrm{d}x$ 的微元，微元的面积 $\mathrm{d}S=b\,\mathrm{d}x$。根据磁场的安培环路定理，微元处的磁感应强度大小为

$$B=\frac{\mu_0 I}{2\pi x}$$

所以通过面积 $\mathrm{d}S$ 的磁通量为

$$\mathrm{d}\Phi=\boldsymbol{B}\cdot\mathrm{d}\boldsymbol{S}=B\mathrm{d}S=\frac{\mu_0 I}{2\pi x}b\,\mathrm{d}x$$

则通过整个线圈的磁通量为

$$\Phi=\int_a^{a+b}\frac{\mu_0 I}{2\pi x}b\,\mathrm{d}x=\frac{\mu_0 Ib}{2\pi}\ln\frac{a+b}{a}$$

(2) 由法拉第电磁感应定律得，线圈中产生的感应电动势的大小为

$$\varepsilon=\left|-\frac{\mathrm{d}\Phi_\mathrm{m}}{\mathrm{d}t}\right|=\left|-\frac{\mu_0 I_0\omega b}{2\pi}\cos\omega t\ln\frac{a+b}{a}\right|=\frac{\mu_0 I_0\omega b}{4\pi}\ln\frac{a+b}{a}$$

根据楞次定律，感应电动势的方向沿顺时针方向。

[例题 12-2]

在如图 12-6 所示的均匀磁场 $\boldsymbol{B}$ 中，置有面积为 S 的可绕 OO' 转动的 N 匝线圈。线圈的总电阻为 R。若线圈以角速度 ω 匀速转动。求线圈中的感应电动势和感应电流。

解　设在 $t=0$ 时，线圈平面的法线的方向与磁感应强度的方向相同，那么，在任意时刻 t，线圈平面的法线的方向与磁感应强度的方向之间的夹角为 $\theta=\omega t$。此时，穿过 N 匝线圈的磁链为 $\Psi=N\Phi_\mathrm{m}=NBS\cos\theta=NBS\cos\omega t$。

由式(12-2)可得线圈中的感应电动势为

$$\varepsilon=-\frac{\mathrm{d}\Psi}{\mathrm{d}t}=NBS\omega\sin\omega t$$

令 $\varepsilon_\mathrm{m}=NBS\omega$，代入得

$$\varepsilon=\varepsilon_\mathrm{m}\sin\omega t$$

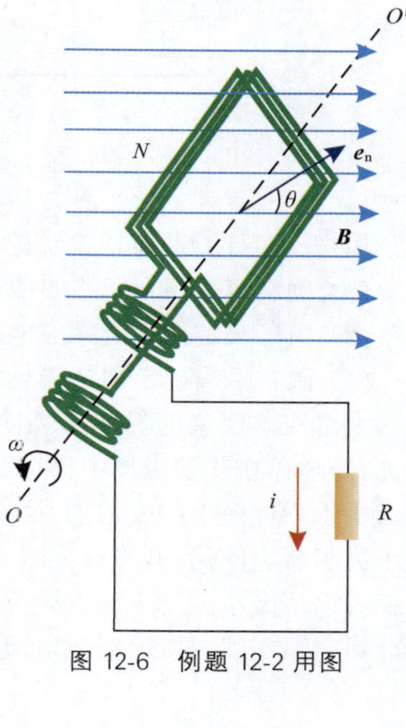

图 12-6　例题 12-2 用图

因此，闭合回路中的感应电流为

$$i=\frac{\varepsilon}{R}=\frac{\varepsilon_m}{R}\sin\omega t=I_m\sin\omega t$$

从上面的计算可知，在均匀磁场中，均匀转动的线圈内所建立的感应电动势和感应电流是时间的正弦函数，ε_m 为感应电动势的最大值，叫作电动势的振幅幅值，如图 12-7(a)所示。它与磁场的磁感应强度、线圈的面积、匝数 N 和转动的角速度成正比。$I_m=\frac{\varepsilon_m}{R}$ 为感应电流的幅值，这种电流叫作**正弦交变电流**，简称**交流电**，如图 12-7(b)所示。

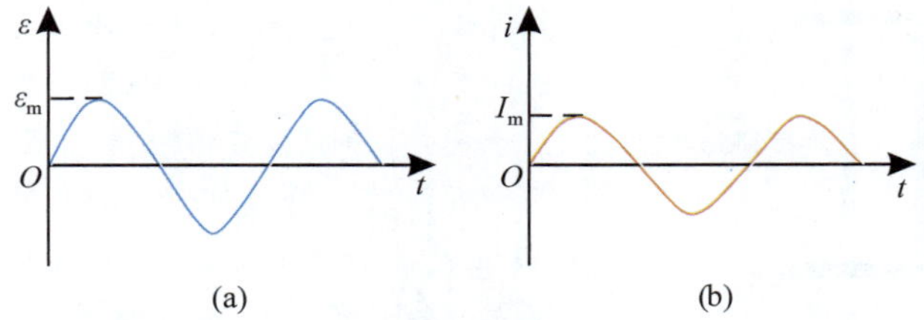

图 12-7　感应电动势和感应电流的图示

水力发电系统就是利用水位的落差推动发电机的转子，从而将机械能转换成电能的。如图 12-8 是长江三峡水电站，它安装了 32 台 70 万千瓦水轮发电机组和 2 台 5 万千瓦水轮发电机组，总装机容量 2250 万千瓦，年发电量超过 1000 亿千瓦时，是世界上装机容量最大的水电站。

应当指出，这里分析的是交流发电机的基本原理。实际上，大功率交流发电机输出交流电的线圈是固定不动的，转动的部分则是提供磁场的电磁铁线圈(即转子)，它以角速度 ω 绕 OO' 轴转动，而形成所谓的旋转磁场。这种结构的发电机是 N. 特斯拉发明的。由 N. 特斯拉和 G. 威斯汀豪斯于 1893 年研制完成的交流发电机及其输配电系统，使世界各国的电力工业得到迅速发展，为第二次工业革命提供了强大的动力源。

图 12-8　长江三峡水电站

原理应用

电　吉　他

电吉他是现代科学技术的产物，从外型到音响都与传统的吉他有着明显的差别。琴体使用新硬木制成，配有音量、音调调节器以及颤音结构等装置。配合效果器的使用，电吉他有很强的表现力，在现代音乐中有很重要的位置。

传统的吉他靠弦线振荡在乐器的空心腔体中产生声共鸣提供声音，而电吉他的发音是通过拾音器和扬声器而实现的。电吉他的拾音器的基本结构如图 P12-1 所示，连接到放大器的导线绕在小磁体上成为线圈。磁体的磁场使磁体正上方的一段金属弦磁化，产生 N 极和 S 极，这段弦就具有了它自己的磁场。当弦被弹拨而产生振荡时，它相对线圈的运动使它的磁场穿过线圈的磁通量发生变化，于是在线圈中感应出微弱的电流。当弦朝向和背离线圈振荡时，感应电流以与弦振荡相同的频率改变方向，因而把振荡信号经放大器传送到扬声器，这样，我们就听到电吉他弹奏的声音了。磁体越大、缠绕的线圈越多，拾音器的输出功率就越大。

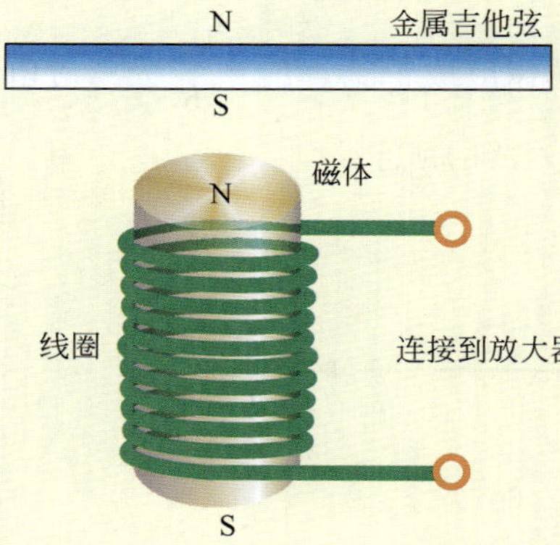

图 P12-1　电吉他拾音器

由于电吉他摆脱了共鸣箱的限制，因此扩大了普通吉他的音域，并使高把位的表现力增强。另外，由于电吉他音量可大可小，音值可长可短，故比普通木质吉他，在演奏方面回旋余地更大，在表现滑音、颤音和倚音方面（这正是吉他类乐器的突出特点）更是游刃有余。而且电吉他的音色可由各种效果器来改变、修饰，达到各种不同的效果，以演奏各种不同风格的乐曲。这正是这种乐器的魅力所在。

12.2 动生电动势和感生电动势

12.1 节我们曾指出，无论什么原因，只要使穿过回路的磁通量发生变化，回路中就会有感应电动势。这样，从磁通量的表达式 $\Phi_{\mathrm{m}}=\iint_S \boldsymbol{B}\cdot \mathrm{d}\boldsymbol{S}=\iint_S B\,\mathrm{d}S\cos\theta$ 可以看出，穿过回路所围面积 S 的磁通量是由磁感应强度、回路面积的大小以及面积在磁场中的取向等三个因素决定的，因此，只要这三个因素中任一因素发生变化，都可使磁通量变化，从而引起感应电动势。为便于区分，通常把由于磁感应强度变化而引起的感应电动势，称为**感生电动势**（**induced electromotive force**）；而把由于回路所围面积的变化或面积取向变化而引起的感应电动势，称为**动生电动势**（**motional electromotive force**）。根据引起回路中磁通量变化的原因，将感应电动势分为动生电动势和感生电动势，这仅仅是一种表观区分。实际上，产生感应电动势有两种不同的机制。只要导体在磁场中运动，在导体中就会产生动生电动势，产生动生电动势的机制与是否构成回路无关（注意，不构成回路就无法确定磁通量），只要磁场随时间变化，就会产生感生电动势，产生感生电动势的机制甚至与磁场空间中是否放置了导体无关。下面分别讨论这两种电动势。

12.2.1 动生电动势

导体在磁场中移动时引起的感应电动势其实就是动生电动势。动生电动势是如何形成的呢？我们知道电动势是由于非静电力做功产生的，那么产生电动势的非静电力又是什么力呢？

如图12-9所示，在磁感应强度为$\boldsymbol{B}$的均匀磁场中，有一长为l的导线ab以速度$\boldsymbol{v}$向如图12-9所示方向运动，且$\boldsymbol{v}$与$\boldsymbol{B}$垂直。载流子的电荷量为q(设为正电荷)，导线内每个载流子都受到洛伦兹力的作用，载流子在洛伦兹力$\boldsymbol{F}=q\boldsymbol{v}\times\boldsymbol{B}$的作用下，从$a$端向$b$端运动。

导线上所有的载流子都作同样的运动，结果使b端积累正电荷，相应地在a端出现负电荷，这样立即在导体中产生一个由b端指向a端的电场，这个相对载流子施加的电场力与洛伦兹力方向相反，阻碍载流子向b端运动，当两端的正负电荷在导体内产生的电场作用于载流子的电场力和载流子受到的洛伦兹力平衡时，载流子的上述运动才停止，导体两端的电势差达到稳定值。由于洛伦兹力是非静电力，所以，和非静电力相对应的非静电场的电场强度为

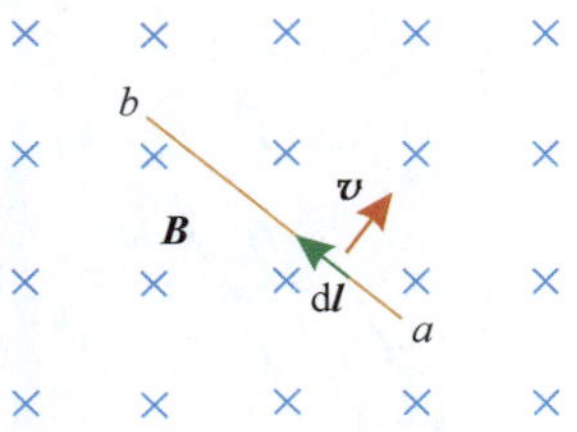

图12-9 动生电动势

$$\boldsymbol{E}_{\mathrm{k}}=\frac{\boldsymbol{F}}{q}=\boldsymbol{v}\times\boldsymbol{B} \tag{12-5}$$

$\boldsymbol{E}_{\mathrm{k}}$的方向与$\boldsymbol{v}\times\boldsymbol{B}$的方向相同。由电动势的定义可得，在磁场中运动导线$ab$所产生的动生电动势为

$$\varepsilon=\int_a^b \boldsymbol{E}_{\mathrm{k}}\cdot\mathrm{d}\boldsymbol{l}=\int_a^b(\boldsymbol{v}\times\boldsymbol{B})\cdot\mathrm{d}\boldsymbol{l} \tag{12-6}$$

对于闭合导体回路L，动生电动势可写为

$$\varepsilon=\oint_L(\boldsymbol{v}\times\boldsymbol{B})\cdot\mathrm{d}\boldsymbol{l} \tag{12-7}$$

对于不构成回路的一段导体ab，可直接应用公式$\varepsilon=\int_a^b(\boldsymbol{v}\times\boldsymbol{B})\cdot\mathrm{d}\boldsymbol{l}$计算，具体的方法步骤如下。

(1) 首先沿运动导线假定一个电动势的指向；

(2) 按电动势的指向，在导线上任取一线元矢量$\mathrm{d}\boldsymbol{l}$；

(3) 根据线元$\mathrm{d}\boldsymbol{l}$的速度$\boldsymbol{v}$和该处磁感应强度$\boldsymbol{B}$以及两者之间小于π的夹角θ，按矢积的定义，求$(\boldsymbol{v}\times\boldsymbol{B})$；$(\boldsymbol{v}\times\boldsymbol{B})$仍是一个矢量，其大小为$vB\sin\theta$，方向按右手螺旋定则确定；

(4) 按矢量$(\boldsymbol{v}\times\boldsymbol{B})$与$\mathrm{d}\boldsymbol{l}$之间小于180°的夹角$\varphi$，按矢量标积的定义，求$(\boldsymbol{v}\times\boldsymbol{B})\cdot\mathrm{d}\boldsymbol{l}$，$(\boldsymbol{v}\times\boldsymbol{B})\cdot\mathrm{d}\boldsymbol{l}$是一个标量，其值即为线元$\mathrm{d}\boldsymbol{l}$上的动生电动势，即

$$\mathrm{d}\varepsilon=(\boldsymbol{v}\times\boldsymbol{B})\cdot\mathrm{d}\boldsymbol{l}=(vB\sin\theta)\mathrm{d}l\cos\varphi \tag{12-8}$$

(5) 按电动势的指向对上式进行积分，就得到整个运动导线上的动生电动势

$$\varepsilon=\int\mathrm{d}\varepsilon=\int_a^b(\boldsymbol{v}\times\boldsymbol{B})\cdot\mathrm{d}\boldsymbol{l}=\int_a^b(vB\sin\theta)\cos\varphi\,\mathrm{d}l \tag{12-9}$$

由以上积分计算得到的动生电动势有正负之分。ε为正时，表示电动势的方向与假定的方向相同，ε为负时，表示电动势的方向与假定的方向相反。

对于导体回路L，可应用$\varepsilon=\oint_L(\boldsymbol{v}\times\boldsymbol{B})\cdot\mathrm{d}\boldsymbol{l}$计算，也可直接利用法拉第电磁感应定律$\varepsilon=-\dfrac{\mathrm{d}\Phi_{\mathrm{m}}}{\mathrm{d}t}$计算。

[例题 12-3]

如图 12-10 所示，一长为 L 的铜棒 ab 绕其一端 a 在垂直于匀强磁场 $\boldsymbol{B}$ 的平面内顺时针转动，铜棒旋转的角速度为 ω。磁感应强度 $\boldsymbol{B}$ 的方向垂直纸面向里。求金属棒上的动生电动势。

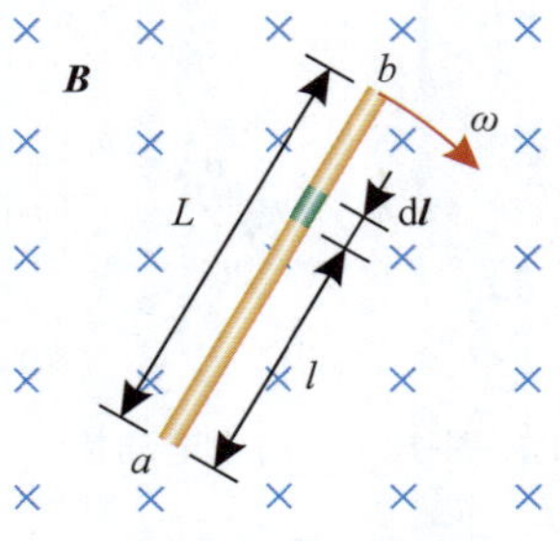

图 12-10 例题 12-3 用图

解 在铜棒上距 a 点为 l 处取线元 $\mathrm{d}\boldsymbol{l}$，其运动速度为 $\boldsymbol{v}$，并且 $\boldsymbol{v}$、$\boldsymbol{B}$、$\mathrm{d}\boldsymbol{l}$ 互相垂直，如图 12-10 所示。于是，由式(12-9)得，铜棒上的动生电动势的大小为

$$\varepsilon=\int \mathrm{d}\varepsilon=\int_0^L(\boldsymbol{v}\times\boldsymbol{B})\cdot\mathrm{d}\boldsymbol{l}=\int_0^L vB\,\mathrm{d}l=\int_0^L B\omega l\,\mathrm{d}l=\frac{1}{2}B\omega L^2$$

动生电动势的方向由 a 指向 b。a 点电势低，b 点电势高。

如果转动的是金属盘，可以将金属圆盘想象为由无数根并联的金属棒组合而成，每根金属棒上与本例类似，所以金属盘从边缘到中心的动生电动势与一根金属棒上的动生电动势相同。法拉第圆盘发动机就是依据这一原理来发电的。

[例题 12-4]

如图 12-11 所示，金属杆 abc 以恒定速度 $\boldsymbol{v}$ 在均匀磁场 $\boldsymbol{B}$ 中垂直于磁场方向运动。磁感应强度 $\boldsymbol{B}$ 的方向垂直纸面向内。已知 $ab=bc=L$，求金属杆中的动生电动势。

解 在 ab 段任取一线元 $\mathrm{d}\boldsymbol{l}$，由于$(\boldsymbol{v}\times\boldsymbol{B})$的方向与 $\mathrm{d}\boldsymbol{l}$ 的方向垂直，由式(12-9)得，金属杆 ab 段的动生电动势的大小为

$$\varepsilon_{ab}=\int_a^b(\boldsymbol{v}\times\boldsymbol{B})\cdot\mathrm{d}\boldsymbol{l}=0$$

在 bc 段任取一线元 $\mathrm{d}\boldsymbol{l}$，$(\boldsymbol{v}\times\boldsymbol{B})$的方向与 $\mathrm{d}\boldsymbol{l}$ 方向之间的夹角为 $\frac{\pi}{2}-\theta$，由式(12-9)得，金属杆 bc 段的动生电动势的大小为

$$\varepsilon_{bc}=\int_b^c(\boldsymbol{v}\times\boldsymbol{B})\cdot\mathrm{d}\boldsymbol{l}=\int_0^L vB\cos\left(\frac{\pi}{2}-\theta\right)\mathrm{d}l=vBL\sin\theta$$

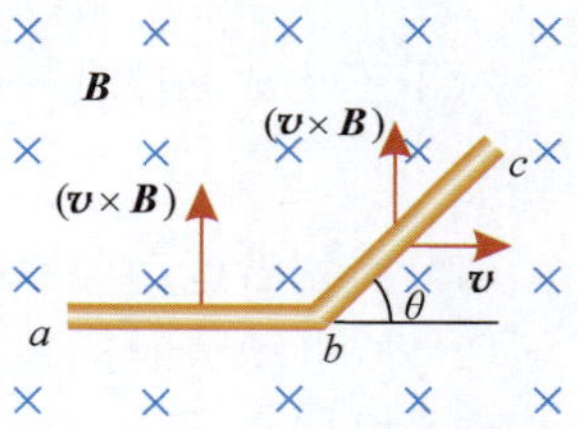

图 12-11 例题 12-4 用图

由此可得，金属杆中的动生电动势为

$$\varepsilon=\varepsilon_{ab}+\varepsilon_{bc}=vBL\sin\theta$$

动生电动势的方向由 b 指向 c。

12.2.2 感生电动势

当线圈(导体回路)不动而磁场变化时，穿过回路的磁通量也发生变化，由此在回路中会激发感生电动势。建立感生电动势的非静电力是什么呢？我们知道，当导体静止时，载流子只有无规则的热运动，它们所受的洛伦兹力在各方向上是杂乱的，不会形成载流子沿导线的定向运动。并且，实验表明静止的电荷在变化的磁场中也受到力的作用。因此建立感生电

动势的非静电力不可能是洛伦兹力。

在 12.1 节的电磁感应实验中，我们已看到，把一闭合导体回路放置在变化的磁场中时，穿过此闭合回路的磁通量发生变化，从而在回路中要激起感应电流。大家知道，要形成电流，不仅要有可以移动的电荷，而且还要有迫使电荷作定向运动的电场。但是有闭合导体回路的磁通量变化而引起的电场不可能是静电场。大量实验事实表明，感应电动势只取决于变化的磁场，与诸如导体的种类、性质等物理条件无关。于是麦克斯韦在分析了一些电磁感应现象以后，提出了如下假设：变化的磁场在其周围空间要激发一种电场，这个电场叫作**感生电场**(**induced electric field**)，用符号 $\boldsymbol{E}_k$ 表示。感生电场和静电场一样都对电荷有力的作用。但是感生电场不是静电场，作用在电荷上的力是一种非静电场力。感生电场的存在与空间有无导体无关，但是感生电动势却必须在导体中才能产生，并且不要求导体是闭合电路。若有闭合导体回路存在，导体中的自由电子就会在感生电场的作用下作定向运动而形成感应电流。感生电场和静电场之间的不同之处是：静电场存在于静止电荷周围的空间内，感生电场则是由变化磁场所激发，不是由电荷所激发的；静电场的电场线是始于正电荷、终止于负电荷的，而感生电场的电场线则是闭合的。正是由于感生电场的存在，才在闭合回路中形成感生电动势。由电动势的定义式(11-9)，感生电动势等于感生电场 $\boldsymbol{E}_k$ 沿任意闭合回路的线积分，即

$$\varepsilon = \oint_L \boldsymbol{E}_k \cdot \mathrm{d}\boldsymbol{l} = -\frac{\mathrm{d}\Phi_m}{\mathrm{d}t} \tag{12-10}$$

应当明确，这个由麦克斯韦对感生电场的假设而得到的感生电动势表达式，不只对由导体所构成的闭合回路适用，甚至对真空，全都是适用的。这就是说，只要穿过空间内某一闭合回路所围面积的磁通量发生变化，那么此闭合回路上的感生电动势总是等于感生电场 $\boldsymbol{E}_k$ 沿该闭合回路的环流。

由此，可以进一步说明感生电场的性质。我们知道，静电场是一种保守场，沿任意闭合回路静电场的电场强度环流恒等于零，即 $\oint_L \boldsymbol{E} \cdot \mathrm{d}\boldsymbol{l} = 0$。而感生电场与静电场不同，它沿任意闭合回路的环流一般不等于零，即 $\oint_L \boldsymbol{E} \cdot \mathrm{d}\boldsymbol{l} = -\frac{\mathrm{d}\Phi_m}{\mathrm{d}t}$。这就是说，感生电场不是保守场。由于静电场的电场线是有头有尾的，而感生电场的电场线是闭合的，故感生电场也称为**有旋电场**。

最后，由于磁通量为

$$\Phi_m = \iint_S \boldsymbol{B} \cdot \mathrm{d}\boldsymbol{S}$$

所以，式(12-10)也可写成

$$\varepsilon = \oint_L \boldsymbol{E}_k \cdot \mathrm{d}\boldsymbol{l} = -\iint_S \frac{\partial \boldsymbol{B}}{\partial t} \cdot \mathrm{d}\boldsymbol{S} \tag{12-11}$$

式中，S 是闭合回路包围的面积，$\partial \boldsymbol{B}/\partial t$ 是闭合回路所围面积内某点的磁感应强度随时间的变化率。式(12-11)是电磁学的基本方程之一，它反映了变化的磁场和感生电场之间的积分关系，表明了只要存在变化的磁场，就一定会有感生电场，而且 $-\partial \boldsymbol{B}/\partial t$ 与 $\boldsymbol{E}_k$ 在方向上应遵从右手螺旋关系。例如，当 $\partial \boldsymbol{B}/\partial t > 0$ 时，$\varepsilon = \oint_L \boldsymbol{E}_k \cdot \mathrm{d}\boldsymbol{l} < 0$，此时，$\boldsymbol{E}_k$ 电场线方向与回路的环绕方向相反，如图 12-12 所示。

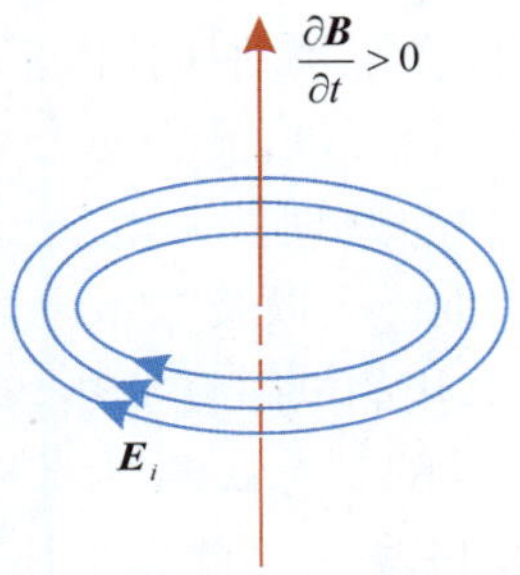

图 12-12 感生电场的电场线

[例题 12-5]

如图 12-13 所示，有一半径为 r，电阻为 R 的细环，放在与圆环所围的平面相垂直的均匀磁场中。设磁场的磁感应强度随时间变化，且 $\mathrm{d}B/\mathrm{d}t=$ 常量。求圆环上感应电流的值。

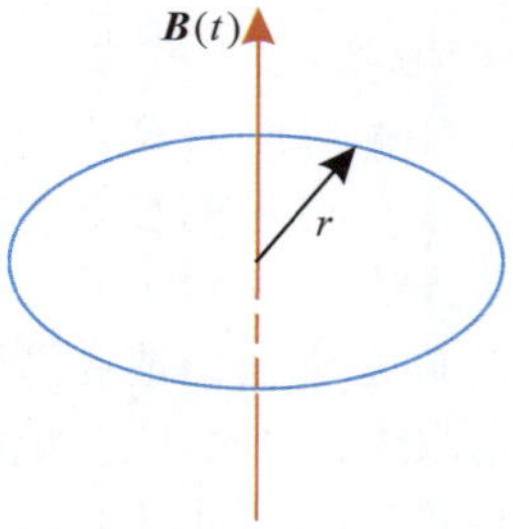

图 12-13　例题 12-5 用图

解　由题意可知，通过细圆环所包围平面内的均匀磁场的磁感应强度随时间变化，由式(12-11)可得，圆环上的感应电动势的值为

$$\varepsilon=\oint_L \boldsymbol{E}_k \cdot \mathrm{d}\boldsymbol{l}=\iint_S \frac{\mathrm{d}\boldsymbol{B}}{\mathrm{d}t} \cdot \mathrm{d}\boldsymbol{S} \tag{a}$$

因为 $\mathrm{d}\boldsymbol{B}$ 垂直圆环平面，$\mathrm{d}B/\mathrm{d}t=$ 常量，$S=\pi r^2$，所以式(a)可以写为

$$\varepsilon=\frac{\mathrm{d}B}{\mathrm{d}t}\int_S \mathrm{d}S=\frac{\mathrm{d}B}{\mathrm{d}t}\pi r^2$$

由闭合电路欧姆定律可得细圆环中的电流为

$$I=\frac{\varepsilon}{R}=\frac{\pi r^2}{R}\frac{\mathrm{d}B}{\mathrm{d}t}$$

12.2.3　涡电流

在圆柱形铁芯上绕有螺线管，通有交变电流 I，随着电流的变化，铁芯内磁通量也在不断改变。我们把铁芯看作由一层一层的圆筒状薄壳所组成，每层薄壳都相当于一个回路。由于穿过每层薄壳横截面的磁通量都在变化着，因此，在相应于每层薄壳的这些回路中都将激起感应电动势并形成环形的感应电流。我们把这种电流叫作**涡电流**(**eddy current**)。涡电流是傅科(Jean-Bernard-Léon Foucault，1819—1868 年，法国物理学家)发现的，所以，也叫作傅科电流。当大块导体放在变化着的磁场中或相对于磁场运动时，在这块导体中也会出现涡电流。对于大块的良导电体，由于电阻很小，涡电流强度可以很大。涡电流在工业和工程技术中有着广泛的应用。

涡电流具有热效应，可以用于金属材料的加热和冶炼。理论分析表明，涡电流与交变电流的频率成正比，涡电流产生的焦耳热则与交变电流的平方成正比。因此采用高频交流电就可以在金属圆柱体内汇集成强大的涡流，释放出大量的焦耳热，最后使金属自身熔化。这就是高频感应炉的原理。涡电流的热效应还广泛应用在焊接、表面淬火以及制备半导体材料和器件等工艺方面。家用的电磁灶加热和烹饪食品时，也是利用涡电流在底部为铁磁性材料的容器上的热效应，如图 12-14 所示。在真空技术方面，也广泛利用这种方法，把需要抽成真空的仪器或电子器件内的金属部分加热到高温，使吸附在金属表面上的气体逸出

图 12-14　电极涡流多路流动式加热器

而被清除，以提高真空度。例如，制造示波管、显像管、激光管等器件时，利用感应加热玻璃壳内的电极，把电极上吸附的气体释放出来，并被抽去。然后封口。另外，导体中发生涡电流，也有有害的一面。在许多电磁设备中常有大块金属部件，涡电流可使铁芯发热，浪费电能，这就是涡流耗损。

涡电流还具有机械效应。涡电流还可以起到阻尼作用，这就是电磁阻尼(electromagnetic damping)。利用磁场对金属板的这种阻尼作用，可制成各种电动阻尼器，例如磁电式表中或电气机车的电磁制动器中的阻尼装置，就是应用涡电流实现其阻尼作用的。如图 12-15 所示。

图 12-15　电磁阻尼摆

视频：涡电流热效应

原理应用

磁悬浮技术

利用磁力使物体处于无接触悬浮状态的设想是人类一个古老的梦想。但实现起来并不容易。因为磁悬浮技术是集电磁学、电子技术、控制工程、信号处理、机械学、动力学于一体的典型的机电一体化技术(高新技术)。随着电子技术、控制工程、信号处理元器件、电磁理论及新型电磁材料的发展和转子动力学的进展，磁悬浮技术得到了长足的发展。目前国内外研究的热点是磁悬浮轴承和磁悬浮列车，而应用最广泛的是磁悬浮轴承。它的无接触、无摩擦、使用寿命长、不用润滑以及高精度等特殊的优点引起世界各国科学界的特别关注，国内外学者和企业界人士都对其倾注了极大的兴趣和研究热情。如图 P12-2 是上海磁悬浮列车，全长 29.863 千米，是世界第一条商业运营的高架磁悬浮专线。

图 P12-2　上海磁悬浮列车

磁悬浮的主要原理是利用高频电磁场在金属中产生涡流，进而产生洛伦兹力来实现悬浮。将一个金属样品放置在通有高频电流的线圈内时，由于电磁感应现象，会在金属表面产生高频感应电流，并形成闭合回路，称为涡流。这一涡流使金属样品在磁场中受到一个洛伦兹力的作用。通过合理设计悬浮线圈的结构，可以使样品上洛伦兹力的合力(即悬浮力)方向与重力方向相反，再通过调节高频电源的功率使悬浮力与重力相等，即可实现金属样品的悬浮。

简单磁悬浮系统是由转子、传感器、控制器和执行器等部分组成，其中执行器包括电磁铁和功率放大器两部分。假设在参考位置上，转子受到一个向下的扰动，就会偏离其参考位置，这时传感器检测出转子偏离参考点的位移，作为控制器的微处理器将检测的位移变换成控制信号，然后功率放大器将这一控制信号转换成控制电流，控制电流在执行磁铁中产生磁力，从而驱动转子返回到原来平衡位置。因此，无论转子受到向下或向上的扰动，转子始终能处于稳定的平衡状态。

磁悬浮技术在材料制备和热物理性质研究方面有着重要的应用。采用磁悬浮技术可以使大多数金属材料在无容器条件下实现熔化和凝固。

12.3 互感和自感

我们已经明确，无论以什么方式，只要能使穿过闭合回路的磁通量发生变化，此闭合回路内就一定会有感应电动势出现。但是，引起磁通量变化的原因是多种多样的，必须依据情况具体分析。

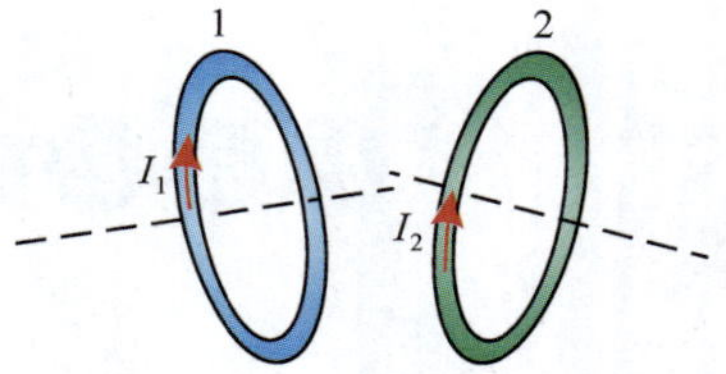

图 12-16　两邻近的载流闭合回路

如图 12-16 所示，在通有电流 I_1 的闭合回路 1 的附近，有另一个通有电流 I_2 的闭合回路 2。根据磁场的叠加原理，穿过闭合回路 1 的磁通量 Φ_1 是回路 1 中的电流 I_1 和回路 2 中的电流 I_2 各自在回路 1 中引起的磁通量 Φ_{11} 与 Φ_{12} 之和。在两个回路相对位置、大小都不改变的情况下，无论是回路 1 中电流的变化，还是回路 2 中电流的变化，甚至两回路中的电流同时变化，都会使回路 1 的磁通量 Φ_1 发生变化，我们将回路 1 中电流 I_1 变化而引起的感应电动势称为**自感电动势**，用符号 ε_L 表示；而把回路 2 中电流 I_2 的变化，在回路 1 中引起的感应电动势称为**互感电动势**，用符号 ε_{12} 表示，下面分别讨论这两种感应电动势。

12.3.1　互感

如图 12-17 所示，两个邻近的线圈 1 和线圈 2 分别有电流 I_1 和电流 I_2，当其他条件不变，只是其中一个线圈的电流发生变化时，在另一个线圈中会引起互感电动势。这两个回路通常称为**互感耦合**回路。假设 I_1 所激发的磁场 $\boldsymbol{B}_1$ 在线圈 2 产生的磁链(总磁通量)为 Ψ_{21}，I_2 所激发的磁场 $\boldsymbol{B}_2$ 在线圈 1 产生的磁链为 Ψ_{12}。当线圈 1 中的电流 I_1 发生变化时，Ψ_{21} 也要变化，因而在线圈 2 内激起感应电动势 ε_{21}，同样，线圈 2 中的电流 I_2 变化时，Ψ_{12}

也要变化，因而在线圈 1 中也激起感应电动势为 ε_{12}。

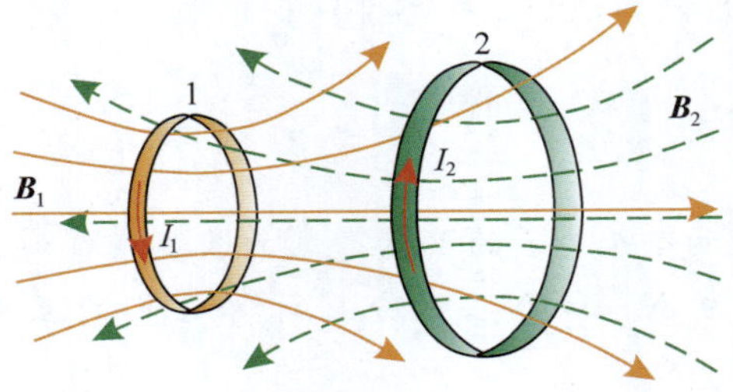

图 12-17 互感

假设上面两个线圈的形状、大小、相对位置和周围磁介质都不改变，则根据毕奥-萨伐尔定律，由 I_1 在空间任何一点激发的磁感应强度都与 I_1 成正比，相应地，穿过线圈 2 的磁链 Ψ_{21} 也必然与 I_1 成正比，即

$$\Psi_{21}=M_{21}I_1 \tag{12-12a}$$

式中，M_{21} 是比例系数。

同样，由 I_2 在空间任何一点激发的磁感应强度都与 I_2 成正比，相应地，穿过线圈 1 的磁链 Ψ_{12} 也必然与 I_2 成正比，即

$$\Psi_{12}=M_{12}I_2 \tag{12-12b}$$

式中，M_{12} 是比例系数。从实验及能量守恒均可证明

$$M_{21}=M_{12}=M$$

M 就叫作两个线圈的**互感(mutual inductance)**。在国际单位制中，互感的单位是亨利(H)，1H=1Wb/A。从 $M=\Psi_{21}/I_1=\Psi_{12}/I_2$ 可知，两个线圈的互感在数值上等于其中一个线圈中的电流为 1A 时，穿过另一个线圈的磁链。在式(12-12)成立的条件下，**线圈的互感仅取决于线圈自身、线圈间的相对位置以及周围介质的性质，与线圈中是否通有电流无关**。实际问题中互感的计算一般很复杂，常用实验方法来测定。

设线圈互感 M 保持不变，由法拉第电磁感应定律可知，线圈 2 和线圈 1 中产生的互感电动势分别为

$$\varepsilon_{21}=-\frac{\mathrm{d}\Psi_{21}}{\mathrm{d}t}=-M\frac{\mathrm{d}I_1}{\mathrm{d}t} \tag{12-13a}$$

$$\varepsilon_{12}=-\frac{\mathrm{d}\Psi_{12}}{\mathrm{d}t}=-M\frac{\mathrm{d}I_2}{\mathrm{d}t} \tag{12-13b}$$

因此互感 M 的意义还可理解为：**两个线圈的互感在数值上等于一个线圈中的电流随时间的变化率为一个单位时，在另一个线圈中所引起的互感电动势的绝对值**。另外还可以看出，当一个线圈中的电流随时间的变化率一定时，互感越大，则在另一个线圈中引起的互感电动势就越大；反之，互感越小，在另一个线圈中引起的互感电动势就越小。所以，互感是表明相互感应强弱的一个物理量，或说是两个电路耦合程度的量度。式中的负号表示，在一个线圈中所引起的互感电动势，要反抗另一个线圈中电流的变化。

互感在电工和电子技术中应用很广泛。通过互感线圈可以使能量或信号由一个线圈方便地传递到另一个线圈，利用互感现象的原理可制成变压器、感应圈等。但在有些情况中，互感也有害处。例如，有线电话往往由于两路电话线之间的互感而有可能造成串音，收录

机、电视机及电子设备中也会由于导线或部件间的互感而妨碍正常工作。这些互感的干扰都要设法避免。常采用磁屏蔽方法将某些器件保护起来。

[例题 12-6]

如图 12-18 所示，有两个长为 l 的共轴套装的长直密绕螺线管，半径分别为 r_1 和 $r_2(r_1<r_2)$，匝数分别为 N_1 和 N_2，试分别计算它们的互感 M_{12} 和 M_{21}，并验证 $M_{12}=M_{21}$。

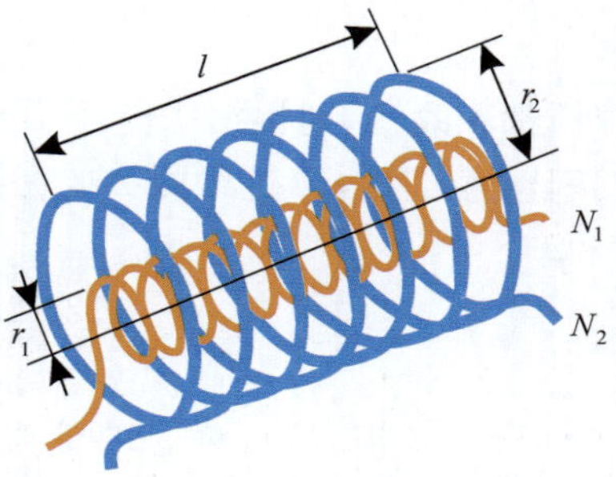

图 12-18　例题 12-6 用图

解　设第一个线圈对第二个线圈的互感为 M_{21}，半径为 r_1 的线圈 1 中通有电流 I_1，因 $r_1<r_2$，由于 I_1 产生的磁场 B_1 仅存在于半径为 r_1 的圆柱形空间内，因此，线圈 1 所激发的磁场 B_1 通过线圈 2 的磁链数

$$\Psi_{21}=N_2B_1S_1=\mu_0\frac{N_1N_2}{l}I_1\pi r_1^2$$

由式(12-12a)得第一个线圈对第二个线圈的互感

$$M_{21}=\frac{\Psi_{21}}{I_1}=\mu_0\frac{N_1N_2}{l}\pi r_1^2$$

设半径为 r_2 的线圈 2 中通有电流 I_2，则线圈 2 所激发的磁场 B_2 通过线圈 1 的磁链数

$$\Psi_{12}=N_1B_2S_1=\mu_0\frac{N_1N_2}{l}I_2\pi r_1^2$$

由式(12-12b)得第二个线圈对第一个线圈的互感

$$M_{12}=\frac{\Psi_{12}}{I_2}=\mu_0\frac{N_1N_2}{l}\pi r_1^2$$

由以上结果可知，$M_{12}=M_{21}$。对两个大小、形状、磁介质和相对位置给定的同轴密绕长直螺线管来说，它们的互感是确定的。

12.3.2　自感

当一个线圈中的电流发生变化时，它所激发的磁场通过线圈自身的磁通量也将变化，使线圈自身产生感应电动势，这就是**自感现象(self-inductance)**，所产生的电动势叫作自感电动势。汽车的点火装置就是利用了自感原理设计的。

考虑一个闭合回路，设其中的电流为 I，I 激发的磁场 $\boldsymbol{B}$ 在线圈中产生的磁链(总磁通量)为 Ψ，根据毕奥-萨伐尔定律，由于 I 在空间任何一点激发的磁感应强度都与 I 成正比，因此穿过线圈的总磁通量 Ψ 也必然与 I 与正比，即

$$\Psi=LI \tag{12-14}$$

式中，L 为比例系数，称为**自感**，自感的单位也是亨利(H)。实验表明，自感 L 与回路的形状、大小以及周围介质的磁导率有关。由上式可以看出，如果 I 为单位电流，则 $L=\Psi$。可见，**某回路的自感在数值上等于线圈中通有单位电流时，通过线圈自身的磁链**。实验上，常

用测电流和磁链的方法来计算自感 L。

设线圈的自感 L 保持不变，由法拉第电磁感应定律得，自感电动势

$$\varepsilon_L = -\frac{\mathrm{d}\Psi}{\mathrm{d}t} = -L\,\frac{\mathrm{d}I}{\mathrm{d}t} \tag{12-15}$$

由上式可以看出，自感的意义也可以这样来理解：某回路的自感，在数值上等于回路中电流变化率为一个单位时，在这个线圈中产生的感应电动势的大小。回路的自感越大，自感应的作用就越强，回路中的电流越不易改变，自感有维持原电路状态的能力，回路的这种性质与力学中物体的惯性类似，称为**电磁惯性**(**electromagnetic inertia**)。L 就是这种电磁惯性大小的量度。

在许多电气设备中，常利用线圈的自感起稳定电流的作用。例如，荧光灯的镇流器就是一个带有铁芯的自感线圈。此外，在电工设备中，常利用自感作用制成自耦变压器或扼流圈，在电子技术中，利用自感器和电容器就可以组成谐振电路或滤波电路等。另外，通常在具有相当大的自感和通有较大电流的电路中，当断开开关的瞬时，在开关处将发生强大的火花，产生弧光放电现象，亦称电弧。电弧发生的高温，可用冶炼、熔化、焊接和切割熔点高的金属，电弧温度可达 2000℃以上，有损坏开关、引起火灾的危险。因此，电力开关通常都用油开关，即把开关放在绝缘性能良好的油里，以防止发生电弧。

[例题 12-7]

有一长为 l、横截面面积为 S 的长直螺线管，线圈的总匝数为 N、管中介质的磁导率为 μ，试求其自感。

解 设通过长直密绕螺线管的电流为 I，载流螺线管内的磁感应强度为

$$B = \mu\,\frac{N}{l}I = \mu n I$$

通过螺线管的磁链为

$$\Psi = NBS = \mu n^2 ISl$$

由式(12-14)得螺线管的自感为

$$L = \frac{\Psi}{I} = \mu n^2 Sl$$

因为螺线管的体积为 $V=Sl$，所以体积为 V 的密绕长直螺线管的自感为

$$L = \mu n^2 V \tag{12-16}$$

由此可见，长直密绕螺线管的自感与螺线管中磁介质的磁导率、体积以及单位长度匝数的平方成正比。因此，欲获得较大自感的螺线管，通常采用较细导线制成的绕组，以增加单位长度上的匝数，并选取较大磁导率的磁介质放置在螺线管内，以增加其自感。

12.4 磁场的能量

10.5 节讲到，对电容充电过程所做的功等于储存在电容中的能量，其值为

$$W_e=\frac{1}{2}CU^2=\frac{1}{2}QU$$

我们也讨论过电场的能量，并以平行板电容器为例推导出电场能量密度(electric energy density)的一般表达式：

$$w_e=\frac{\varepsilon}{2}E^2$$

和电场一样，磁场作为物质的一种形式，也具有能量。下面以长直螺线管为例讨论磁场的能量，并从中得出磁场能量的一般表达式。

12.4.1 载流长直螺线管的磁能

如图 12-19 所示，将自感为 L 的长直螺线管、电阻 R、灯泡、电动势为 ε 的电源以及电键 S 连接成简单电路，在电键 S 未闭合时，电路中没有电流，长直螺线管内也没有磁场。当电键 S 闭合时，螺线管与电源接通，电流由零逐渐增大，螺线管中有自感电动势，并且自感电动势方向与电源电动势的方向相反，在螺线管中起着阻碍电流增大的作用。可见，电源在建立电流的过程中，不仅要为电路产生焦耳热提供能量，还要克服自感电动势而做功，所做的功转换为磁场的能量而暂时储存在螺线管之中。

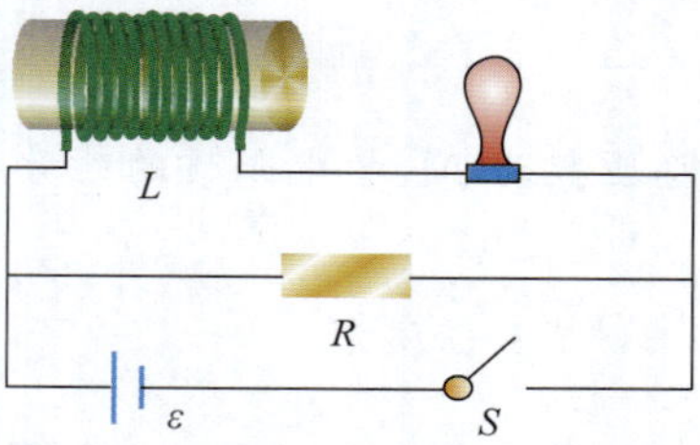

图 12-19 载流线圈的磁能

由闭合电路的欧姆定律 $\varepsilon+\varepsilon_L=RI$ 得

$$\varepsilon-L\frac{\mathrm{d}I}{\mathrm{d}t}=RI$$

上式两边同乘以 $I\mathrm{d}t$

$$\varepsilon I\mathrm{d}t-LI\mathrm{d}I=RI^2\mathrm{d}t$$

若在 $t=0$ 时，$I=0$；在 t 时刻，电流增加到 I，则上式的积分为

$$\int_0^t\varepsilon I\mathrm{d}t=\frac{1}{2}LI^2+\int_0^I RI^2\mathrm{d}t \tag{12-17}$$

式中，$\int_0^t\varepsilon I\mathrm{d}t$ 为电源在由 0 到 t 这段时间内所做的功，也就是电源所提供的能量；$\int_0^I RI^2\mathrm{d}t$ 为在这段时间内回路中的电阻所放出的焦耳热；而$\frac{1}{2}LI^2$ 则为电源反抗自感电动势所做的功。由于当电路中的电流从零增加至稳定值 I 的过程中，电路附近的空间只是逐渐建立起一定强度的磁场，而没有其他变化，所以电源反抗自感电动势而做功所消耗的能量，显然在建立磁场的过程中转换成了磁场能量。对自感为 L 的螺线管来说，当其电流为 I 时，磁场的能量为

$$W_m=\frac{1}{2}LI^2 \tag{12-18}$$

12.4.2 磁场的能量

我们知道,磁场的性质是用磁感应强度来描述的。既然如此,那么磁场能量也可以用磁感应强度来表示。由例题 12-7 知道,体积为 V、单位长度上的匝数为 n、管中介质的磁导率为 μ 的长直密绕螺线管的自感为 $L=\mu n^2V$,螺线管中通有电流 I 时,螺线管中磁场的磁感应强度为 $B=\mu nI$,把它们代入式(12-18),可得螺线管内的磁场能量为

$$W_m=\frac{1}{2}LI^2=\frac{1}{2}\mu n^2V\left(\frac{B}{\mu n}\right)^2=\frac{1}{2}\frac{B^2}{\mu}V \tag{12-19}$$

这就是用磁感应强度 B 表示的磁场能量。因为理想长直螺线管的磁场完全位于螺线管内部,因此螺线管的体积 V 就是螺线管磁场所占据的体积。将式(12-19)表示的螺线管内的磁场能量除以磁场占据的体积,就得到磁场中单位体积所分布的磁场能量即**磁场能量密度 w_m**。

$$w_m=\frac{1}{2}\frac{B^2}{\mu} \tag{12-20}$$

这与电场能量密度 $w_e=\frac{\varepsilon}{2}E^2$ 具有完全对称的形式。对于均匀的各向同性的介质,由于 $B=\mu H$,上式又可以写成

$$w_m=\frac{1}{2}\mu H^2=\frac{1}{2}BH \tag{12-21}$$

式(12-20)虽然是从长直螺线管的磁场推导而来,但可以证明,它是一个普遍的公式,可以推广到任意的磁场。式(12-20)表明:**在任意磁场中任一点的磁场能量密度,仅与该点处磁感应强度及介质的性质有关,这说明磁场能量存在于磁场中**

对式(12-20)积分就得到磁场所储存的总能量

$$W_m=\iiint_V w_m\mathrm{d}V=\iiint_V \frac{1}{2}\frac{B^2}{\mu}\mathrm{d}V \tag{12-22}$$

式中的体积积分应遍及磁场存在的全空间。

一般地,当既存在电场又存在磁场时,电磁场中某点的能量密度应为

$$w=w_e+w_m=\frac{\varepsilon}{2}E^2+\frac{1}{2}\frac{B^2}{\mu} \tag{12-23}$$

电磁场的总能量

$$W=\iiint_V\left(\frac{\varepsilon}{2}E^2+\frac{1}{2}\frac{B^2}{\mu}\right)\mathrm{d}V \tag{12-24}$$

根据式(12-24)原则上能求出任意电磁场的能量。

[例题 12-8]

一根无限长同轴电缆由半径分别为 R_1 和 R_2 的同心圆柱形壳组成,电流 I 由内圆柱壳流出,由外圆柱壳返回。圆柱壳之间充满磁导率为 μ 的磁介质。求圆柱壳层之间的磁场能量密度分布、单位长度上同轴电缆所储存的磁能和自感。

解 同轴电缆的电流分布具有轴对称性,根据磁介质中的安培环路定理,磁场仅存在于两同心圆柱壳之间,且在距轴线为 r 处的磁场强度为

$$H=\frac{I}{2\pi r},\quad R_1<r<R_2$$

由式(12-21)可得两壳层间的磁场能量密度为

$$w_m = \frac{1}{2}\mu H^2 = \frac{\mu I^2}{8\pi^2 r^2}$$

在两壳层间取一个半径为 r、厚度为 dr、单位长度的薄圆柱形层，其体积为 $dV = 2\pi r dr$。根据式(12-22)，得到单位长度的电缆内总磁场能量为

$$W_m = \int_{R_1}^{R_2} \frac{\mu I^2}{8\pi^2 r^2} 2\pi r dr = \frac{\mu I^2}{4\pi} \ln \frac{R_2}{R_1}$$

由磁能公式 $W_m = \frac{1}{2}LI^2$ 可得，单位长度同轴电缆的自感为

$$L = \frac{\mu}{2\pi} \ln \frac{R_2}{R_1}$$

[例题 12-9]

有一长 $l = 0.20\text{m}$、截面面积 $S = 5.0\text{cm}^2$ 的长直螺线管，螺线管内充满相对磁导率 $\mu_r = 7.0 \times 10^3$ 的硅钢。按设计要求，当螺线管通以电流 $I = 450\text{mA}$ 时，螺线管可储存磁场能量 $W_m = 0.10\text{J}$，试问此长直螺线管需绕多少匝线圈？

解 由例题 12-7 可知，长直螺线管的自感为 $L = \mu N^2 S / l$。于是，应用式(12-18)可得长直螺线管内所储存的磁场能量为

$$W_m = \frac{1}{2}LI^2 = \frac{1}{2}\frac{\mu N^2 S}{l}I^2$$

可得长直螺线管的匝数

$$N = \frac{1}{I}\left(\frac{2W_m l}{\mu S}\right)^{\frac{1}{2}}$$

将已知数据代入式中，得

$$N = 215(\text{匝})$$

如果管内是真空的，那么螺线管又将绕多少匝线圈呢？匝数是增加了，还是减少了，这是什么道理？

原理应用

微波加热的物理原理

微波技术先是应用在通信方面，如雷达、导航、遥感、多路通信和电视等领域。而微波加热首次发现出于偶然。在"二战"期间，美国人在调试雷达发射天线时，发现口袋里的巧克力糖在调机后融化了，因而认识到微波可用来加热食物，并于1945年正式申请了微波加热食物的专利。自1945年第一台微波炉问世以来，微波加热以它加热均匀、节能、卫生等优越性能被广泛地应用于工业干燥、科研、医学等领域，并迅速走进我国城乡居民的家庭。当我们在享用微波炉烹饪的美味佳肴时，不妨再多了解一些微波加热的物理知识。

微波属于高频电磁波。微波的频率范围从300MHz至300GHz，波长范围从1m至1mm。微波在电磁波谱中仅占很窄的频带宽度。为避免微波加热使用太多频率，对雷达、微波通信等造成干扰，因此，规定了工业、医用和科学研究等领域使用微波加热的专用频率。例如，工业用微波炉的工作频率为915MHz，家用微波炉的工作频率为2450MHz等。微波加热系统的工作原理如图P12-3所示。

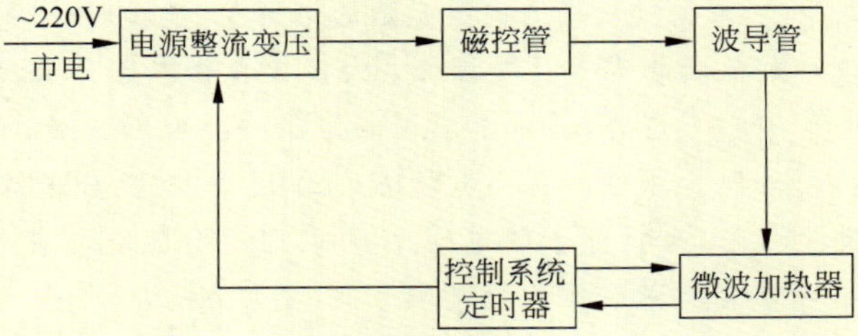

图P12-3　微波加热系统的方框图

磁控管是产生微波的核心部件，它的作用是把电源提供的直流高压电能转变为微波能，再由波导管传输至微波加热器即炉膛（实际是微波谐振腔）。磁控管是如何产生微波的呢？一般微波炉上使用的微波发生器是连续波风冷式磁控管，其工作原理如图P12-4所示。

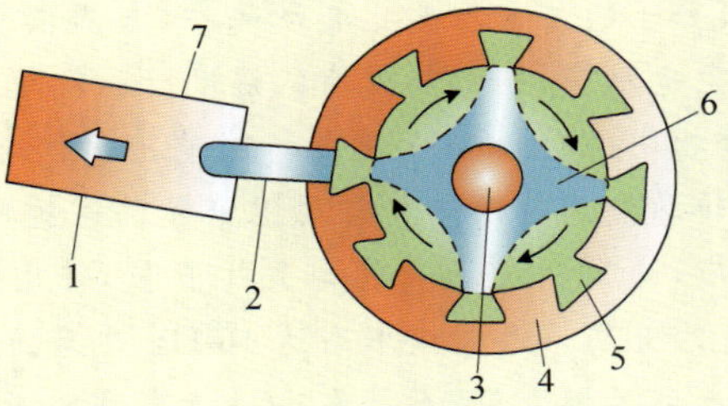

图P12-4　磁控管的工作原理示意图

1—微波；2—天线；3—阴极；4—阳极；5—谐振腔；6—电子云；7—波导管

磁控管的阳极和阴极之间加有4000V的直流高压。一般阳极接地而阴极接负高压，以便在阴极和阳极之间形成一个径向电场E。当给灯丝加上3.4V的额定交流电压后，阴极发射的电子在径向电场E的作用下飞向阳极。若用永久磁铁在阴极轴向产生一个垂直纸面向下的磁场。因电子沿径向运动的速度方向与B垂直，电子受洛伦兹力作用而绕阴极作圆周运动。考虑到阴极发射的电子受E和B的共同作用，实际上电子在阴极和阳极之间作轮摆线运动。

从磁控管阳极的结构可见，阳极块内表面是由很多个谐振腔组成，每一个谐振腔相当于高频发射机中电感线圈与电容器组成的谐振回路。当磁控管工作时，相邻谐振腔感应的高频电场方向彼此相反，其翼片上高频电场的方向亦相反。当电子在作用空间作轮摆线运动掠过谐振腔口时，若高频电场的方向恰好与电子运动的主方向相同，则电子运动受阻，速度减小，经典电动力学认为，当带电粒子被加速时，就有电磁波辐射。因此电子作减速运动时，便把它从直流电场获得的能量以辐射的形式交给高频电场。当电子运动与高频电场变化同步时，电子就能把自身从直流电场获得的动能不断地交给高频电场，直到电子随运动打到阳极上产生电流为止。阴极不断地发射电子，电子又不断地把能量带给谐振腔中的高频电场，使谐振腔中的高频电场振荡得以维持，这就是微波产生的基本过程。然后阳极谐振腔中的高频电场能量（即微波能）通过天线发射出去，再通过波导管传输到微波加热器从而实现微波加热的目的。

微波属于特高频电磁场。它在传播过程中遇到金属物体表面会像可见光在镜面上反射一样被反射，说明微波具有直线传播的特性。根据微波的这一特性，可用金属制造内壁光洁的矩形波导管用于传输微波，也可以用金属制作内壁光洁的箱体(即谐振腔)，让微波在其中多次无损耗地反射，以便让被加热物质吸收微波能，此即微波加热的工作原理。微波传播的另一重要性质是遇到陶瓷、玻璃和塑料等绝缘介质时，它能像光遇到透明玻璃一样顺利通过。可以用这些物质制作盛加热食物的器皿等，它像金属制成的内壁光洁的谐振腔(炉膛)一样不吸收微波的能量。

微波为什么能有效地加热食物呢？这是因为：大多数食物中含有水、纤维素、脂肪等有极分子。这些分子的正负电荷中心不重合，其带电模型相当于一个电偶极子。电偶极子的电矩 p 取向因有极分子作热运动而呈现无序性。在外电场 E 的作用下，有极分子的电矩 p 转向外电场方向。若外电场的方向发生改变，有极分子的电矩 p 的取向也会随之相应变化。为方便讨论，先把有极分子的电矩随电场方向改变而作相应的转动时间称为响应时间。当低频电场作用于食物时，食物中有极分子的电矩取向与外电场的方向保持同步；随着外电场频率升高，有极分子的电矩取向随外电场变化转动加快；当外电场频率持续升高到某一极高频率时，因有极分子的电矩对电场的响应时间远大于外电场变化的周期，导致有极分子的电矩取向随电场方向改变来不及作相应的转动。在上述讨论中，食物中的有极分子在交变电场的作用下电矩取向随电场变化作相应的转动，有极分子转动过程中会与周围的分子发生碰撞，把有极分子的电势能转化为周围分子作热运动的热能，有极分子随外电场变化转动越快，与周围分子的碰撞就越频繁，电场能转化为周围分子热运动的能量也越多，被加热物质的温度升高就越快。

在微波的频率范围内，食物中的有极分子对电场的响应时间与电场变化的周期大致相同，有极分子随电场变化引起的转动快到足以使它与周围分子的碰撞阻力阻止其转动的程度，有极分子为维持对电场变化的响应，必须从电场吸收大量的能量，并由它传递给周围的分子作无规则热运动，从而引起食物温度的升高。微波频率高达1GHz，电场方向改变之快迫使食物中的有极分子随之转动的响应速度达到了极大值，正是在这一特高频电场对食物中电介质的反复极化过程，使电介质吸收微波能而加热。

电磁场理论与实验均表明，不同的电介质对微波能的吸收能力不同，它与电介质的电性能有关。电介质在单位体积内吸收(或损耗)的微波功率 P 与微波的场强 E、频率 f、相对电容率以及损耗正切 $\tan\delta$ 有以下关系：

$$P \propto fE^2 \tan\delta$$

式中，$\tan\delta = \delta/\varepsilon\omega$，表征电介质对微波的吸收能力。各种电介质的 $\tan\delta$ 从 0.001 到 0.5 不等，相差很大，例如，水的 $\tan\delta$ 高达 0.3，因此，水能强烈地吸收微波能，含水量在百分之几到百分之几十的食物均能有效地利用微波能加热；如果 $\tan\delta$ 太小，如陶瓷，玻璃和塑料等，几乎不吸收微波能。由此可见，微波对物体加热有选择性，$\tan\delta$ 大的物质适于用微波加热。

综上所述，微波加热具有以下特点：①微波电场越强，加热温升越快。因为电介质吸收的微波功率 P 与场强平方成正比；②微波频率高，加热温升快，因为 P 与 f 成正比。然而在实践中发现远红外线的频率虽高于微波频率，其加热食物的效率远比微波低。究其原因有二，一是如前所述，食物中有极分子对红外线电场的响应时间远大于远红外线电场变化的周期，有极分子随远红外线电场变化来不及作相应的转动，故而吸收的远红外线能少，加热效率低；二是由电磁场理论研究表明，电磁波穿透物体的能力即穿透深度与波长的数量级相同，因此微波能够均匀穿透被加热物体，从而实现内外均匀加热。而红外线的波长小于1mm，远小于被加热物体的外形尺寸，穿透深度小，加热效率低。

微波用于通信时，人们追求尽可能小的介质损耗，以减少介质损耗对微波信号的衰减。微波用于加热时，人们又反过来探讨如何提高电介质对微波的吸收(或损耗)，以提高微波的加热效率。人类正是在这种永无止境的追求和探索中，不断地认识大自然。如今节能、高效、清洁的微波加热电器——微波炉走入人们的生活，用微波炉烹饪的美味佳肴正是大自然对人类探索精神的最好回报。

*12.5 麦克斯韦电磁场理论简介

詹姆斯·克拉克·麦克斯韦(James Clerk Maxwell，1831—1879年)，英国物理学家。他是继法拉第之后，对电磁学做出巨大贡献的伟大的科学家。他建立了第一个完整的电磁理论体系，不仅科学地预言了电磁波的存在，而且揭示了光、电、磁现象本质的统一性，完成了物理学的又一次大综合。这一自然科学的理论成果，奠定了现代电力工业、电子工业和无线电工业的基础。在气体动理论方面，他还提出了气体分子按速率分布的统计规律。

12.5.1 位移电流 全电流的安培环路定理

在11.5节我们曾经讨论了在真空中，恒定电流产生的稳恒磁场中的安培环路定理：

$$\oint_L \boldsymbol{B}\cdot \mathrm{d}\boldsymbol{l}=\mu_0 I=\mu_0\iint_S \boldsymbol{j}\cdot \mathrm{d}\boldsymbol{S} \tag{12-25}$$

式中，$\boldsymbol{j}$ 是曲面 S 上的传导电流密度，在非恒定电流的情况下，这个定律是否仍可适用呢？讨论这个问题可以先从电流连续性的问题谈起。

如图12-20(a)所示，取任意回路 L，穿过以 L 为边界的任意曲面 S_1 或 S_2 的传导电流都相等：

$$\iint_{S_1} \boldsymbol{j}\cdot \mathrm{d}\boldsymbol{S}=\iint_{S_2} \boldsymbol{j}\cdot \mathrm{d}\boldsymbol{S}=I$$

但在接有电容器的电路中，情况就不同了。在电容器充放电的过程，对整个电路来说，传导电流是不连续的。如图12-20(b)所示的电容器充电时的电路，在以 L 为边界的环路上作两个曲面 S_1 和 S_2，S_1 面上有传导电流 I 穿过，S_2 面伸展到电容器内部，由于在电容器两板之间是真空，没有自由移动的电荷，因而 S_2 面上没有传导电流穿过。若按 S_1 面计算穿过 L 的电流，等于 I，若按 S_2 面计算，则通过 L 回路的电流为零，即

$$\oint_L \boldsymbol{B}\cdot \mathrm{d}\boldsymbol{l}=\mu_0\iint_{S_1} \boldsymbol{j}\cdot \mathrm{d}\boldsymbol{S}=\mu_0 I$$

$$\oint_L \boldsymbol{B} \cdot \mathrm{d}\boldsymbol{l} = \mu_0 \iint_{S_2} \boldsymbol{j} \cdot \mathrm{d}\boldsymbol{S} = 0$$

这样就出现了矛盾。说明上述安培环路定理不再成立。安培环路定律在非稳恒磁场中必须加以修正。安培环路定理在这里失效的根本原因，是由于传导电流在电容器两极板间的真空中断。

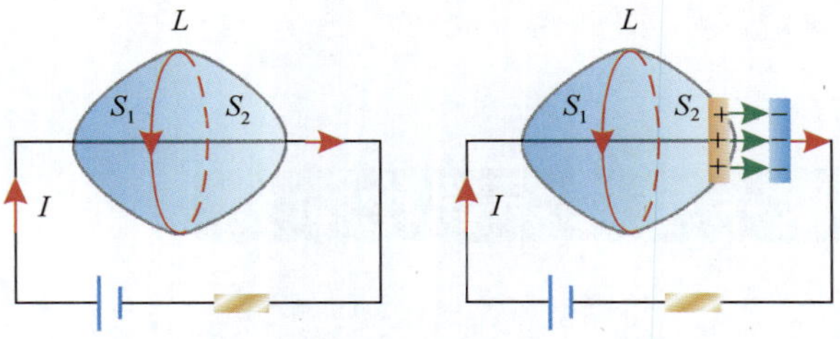

图 12-20　安培环路定理失效

为解决上述矛盾，1861 年麦克斯韦提出假设：在电场变化的空间内存在电流。麦克斯韦把它称为**位移电流**(**displacement current**)，上述假设称为位移电流假设。电容器内的位移电流接续了导线中的传导电流，使图 12-20(b)所示的非稳恒过程中的电流保持连续。用 I_d 表示位移电流，则有

$$I_\mathrm{d} = I$$

设极板上堆积的自由电荷为 q，则

$$I = \frac{\mathrm{d}q}{\mathrm{d}t}$$

设极板面积为 S，根据高斯定理，电容器内的电位移的大小 $D = \sigma = q/S$，因此

$$I = \frac{\mathrm{d}q}{\mathrm{d}t} = S\frac{\mathrm{d}\sigma}{\mathrm{d}t} = S\frac{\mathrm{d}D}{\mathrm{d}t} \tag{12-26}$$

因此导线中传导电流密度的大小为

$$j = \frac{I}{S} = \frac{\mathrm{d}D}{\mathrm{d}t}$$

在真空中，电位移矢量 $\boldsymbol{D} = \varepsilon_0 \boldsymbol{E}$，考虑到极板间电场强度时间变化率的方向和传导电流同向，因此可将上式写成矢量式

$$\boldsymbol{j} = \varepsilon_0 \frac{\mathrm{d}\boldsymbol{E}}{\mathrm{d}t} \tag{12-27}$$

电容器内的**位移电流密度**(**density of displacement current**)可表示为

$$\boldsymbol{j}_\mathrm{d} = \frac{I_\mathrm{d}}{S} = \frac{I}{S} = \frac{\mathrm{d}D}{\mathrm{d}t}$$

推广到一般情况，并考虑到位移电流的方向，有

$$\boldsymbol{j}_\mathrm{d} = \frac{\partial \boldsymbol{D}}{\partial t} \tag{12-28}$$

这表明，位移电流密度矢量等于电位移矢量的时间变化率。

在任意变化的电场中,通过某一曲面 S 的位移电流为

$$I_d=\iint_S \boldsymbol{j}_d\cdot \mathrm{d}\boldsymbol{S}=\iint_S \frac{\partial \boldsymbol{D}}{\partial t}\cdot \mathrm{d}\boldsymbol{S}=\frac{\mathrm{d}}{\mathrm{d}t}\iint_S \boldsymbol{D}\cdot \mathrm{d}\boldsymbol{S} \tag{12-29}$$

由于电位移矢量 $\boldsymbol{D}$ 一般与空间位置有关,所以在式(12-29)的积分中电位移矢量的时间变化率用偏导数来表示。$\iint_S \boldsymbol{D}\cdot \mathrm{d}\boldsymbol{S}$ 是电位移矢量在面积 S 上的通量,因此位移电流等于电位移矢量的通量对时间的变化率。

引入位移电流后,在整个电路传导电流中断的地方就由位移电流来接替,而且它们的数值相等,方向一致。麦克斯韦的位移电流假说已由它所导出的许多结论和实验结果得到了证实。

位移电流与传导电流相比,唯一共同点仅在于都可以在空间激发磁场,该磁场和与它等值的传导电流所激发的磁场完全相同。但二者本质是不同的:①位移电流的本质是变化着的电场,而传导电流则是自由电荷的定向运动;②传导电流在通过导体时会产生焦耳热,而位移电流则不会产生焦耳热,位移电流也没有化学效应;③位移电流也即变化着的电场可以存在于真空、导体、电介质中,而传导电流只能存在于导体中。

就一般情形来说,麦克斯韦认为传导电流和位移电流都可能存在,他提出了全电流的概念,传导电流和位移电流之和称为**全电流**。

$$I_{全}=I+I_d \tag{12-30}$$

对于任何电路,全电流是处处连续的,运用全电流的概念,可以自然地解释清楚前文所述的电容器充放电过程中电流的连续性问题,若按 S_2 面计算,虽然没有通过 L 回路的传导电流。但在 S_2 面上有位移电流 I_d 通过,且 $I_d=I$。

借助于位移电流和全电流的概念,麦克斯韦把真空中的安培环路定理推广到变化的电磁场适用的普遍形式,得到

$$\oint_L \boldsymbol{B}\cdot \mathrm{d}\boldsymbol{l}=\mu_0(I+I_d)=\mu_0\left(\iint_S \boldsymbol{j}\cdot \mathrm{d}\boldsymbol{S}+\iint_S \frac{\partial \boldsymbol{D}}{\partial t}\cdot \mathrm{d}\boldsymbol{S}\right) \tag{12-31}$$

式(12-31)不仅更清楚地揭示出变化的电场可以激发磁场,而且变化的电场和它激发的磁场在方向上同样满足右手螺旋关系,如图 12-21 所示,由此可见,位移电流的引入深刻地揭示了变化电场和磁场的内在联系。

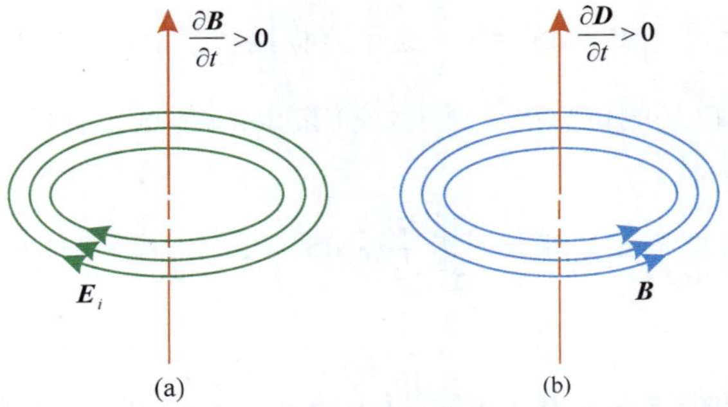

图 12-21 变化的磁场和它激发的电场及变化的电场和它激发的磁场

12.5.2 涡旋电场

这在12.2节中讨论感生电动势时已经作过介绍。在变化的磁场周围要产生与静电场不同的电场,这种电场称为感生电场或**涡旋电场**(**eddy electric field**)。麦克斯韦认为,涡旋电场不仅能产生于导体,也能产生于电介质中和真空中。这种电场对电荷也有力的作用,单位正电荷沿闭合路径运行一周,涡旋电场所做的功就等于感生电动势,如式(12-11)所示:

$$\varepsilon=\oint_L E_{\mathrm{k}}\cdot \mathrm{d}\boldsymbol{l}=-\iint_S \frac{\partial \boldsymbol{B}}{\partial t}\cdot \mathrm{d}\boldsymbol{S}$$

但是,由于涡旋电场不是由电荷产生的,而是由变化的磁场所激发,描述这种电场的电场线是闭合的,这与电流激发的磁场相似,不是保守力场。引入涡旋电场的概念后,电场是保守力场的结论应加以修正,式(9-19)应改写为

$$\oint_L \boldsymbol{E}\cdot \mathrm{d}\boldsymbol{l}=-\iint_S \frac{\partial \boldsymbol{B}}{\partial t}\cdot \mathrm{d}\boldsymbol{S} \tag{12-32}$$

式中,$\boldsymbol{E}$ 代表了空间的总电场,即由电荷产生的保守电场和由磁场产生的涡旋电场的叠加。

12.5.3 麦克斯韦方程组的积分形式

麦克斯韦在稳恒场理论的基础上,提出了涡旋电场和位移电流的概念。涡旋电场和位移电流假说的核心思想是:变化的磁场可以激发涡旋电场,变化的电场可以激发涡旋磁场,电场和磁场不是彼此孤立的,它们相互联系、相互激发组成一个统一的电磁场。麦克斯韦进一步将电场和磁场的所有规律综合起来,建立了完整的电磁场理论体系。这个电磁场理论体系的核心就是麦克斯韦方程组。

麦克斯韦提出了表述电磁场普遍规律的四个方程。

(1) 电场的高斯定理 $\oiint_S \boldsymbol{D}\cdot \mathrm{d}\boldsymbol{S}=\sum_i Q_{0i}$。此方程是用电位移矢量表述的高斯定理,它描述了电场的性质。在一般情况下,电场可以是库仑电场,也可以是变化磁场激发的感生电场,而感生电场是涡旋场,它的电场线是闭合的,对封闭曲面的通量无贡献。

(2) 磁场的高斯定理 $\oiint_S \boldsymbol{B}\cdot \mathrm{d}\boldsymbol{S}=0$。这个方程描述了磁场的性质。磁场可以由传导电流激发,也可以由变化电场的位移电流激发,它们的磁场都是涡旋场,磁感应线都是闭合线,对封闭曲面的通量无贡献。

(3) 电场的环路定理 $\oint_L \boldsymbol{E}\cdot \mathrm{d}\boldsymbol{l}=-\iint_S \frac{\partial \boldsymbol{B}}{\partial t}\cdot \mathrm{d}\boldsymbol{S}$。这个方程描述变化的磁场激发电场的规律。

(4) 磁场的安培环路定理 $\oint_L \boldsymbol{H}\cdot \mathrm{d}\boldsymbol{l}=\iint_S \boldsymbol{j}\cdot \mathrm{d}\boldsymbol{S}+\iint_S \frac{\partial \boldsymbol{D}}{\partial t}\cdot \mathrm{d}\boldsymbol{S}$。这个方程描述变化的电场激发磁场的规律。

麦克斯韦方程组的积分形式反映了空间某区域内的电磁场量和场源之间的关系。在麦克斯韦方程组中，电场和磁场已经成为一个不可分割的整体。该方程组系统且完整地概括了电磁场的基本规律，并预言了电磁波的存在。

麦克斯韦方程组在电磁学中的地位，如同牛顿运动定律在力学中的地位一样，以麦克斯韦方程组为核心的电磁理论是对电磁宏观实验规律的全面总结和高度概括，是经典物理学最引以为自豪的成就之一，它揭示了电磁相互作用的完美统一，为物理学树立了这样一种信念：物质的各种相互作用在更高层次上应该是统一的。另外，这个理论被广泛地应用到技术领域。

*12.6 电磁振荡 电磁波

麦克斯韦电磁理论表明，变化的电场周围会产生变化的磁场，而变化的磁场周围又会产生变化的电场。这样，只要给出一个扰动，变化的电磁场就能交替激发，使电磁振荡在空间由近及远地传播出去，形成**电磁波**(**electromagnetic wave**)。麦克斯韦从理论上预言了电磁波的存在，20 年后，赫兹用实验证实了这个预言。这一节主要介绍电磁波的性质及其传播机理，对给出的结论不作详细的理论推导与论述。

12.6.1 电磁波的产生与传播

在一般的电路中，常会有电阻 R、电容 C 和电感 L。如果电路中不含有电阻，只有电容 C 和电感 L，则此电路称为 LC 振荡电路，简称振荡电路。在只有电容器 C 和自感线圈 L 组成的 LC 电路中，电荷和电流都随时间作周期性的变化，相应的电场能量和磁场能量也都随时间作周期性变化，而且不断地相互转换着，电荷(电场能量)最大时，电流(磁场能量)就最小；电荷(电场能量)最小时，电流(磁场能量)就最大。这种电流和电荷、电场磁场随时间作周期性变化的现象，叫作**电磁振荡**。如果电路中没有任何能量耗散(转换为焦耳热、电磁辐射等)，那么这种变化过程将在电路中一直持续下去，这种电磁振荡叫 LC 电磁振荡，如图 12-22(a)所示。在 LC 电磁振荡电路中，变化的电场和磁场局限在电容器 C 和线圈 L 内。怎样才能将变化了的电场和磁场由近及远地辐射出去呢？我们可以把电容器极板面积缩小，并把两极板间的距离拉大，同时减少线圈的匝数并逐渐地拉直，最后简化成一根直导线，如图 12-22(b)所示。这样敞开的 LC 振荡电路可以使电场和磁场分散到周围的空间。同时，由于 L 和 C 的减小，也提高了电路的振荡频率。所以只要在直线形的电路上引起电磁振荡，直线形电路的两端就会出现交替的等量异号电荷，这种改造后的 LC 振荡电路叫作振荡电偶极子。振荡电偶极子可以作为发射电磁波的天线。

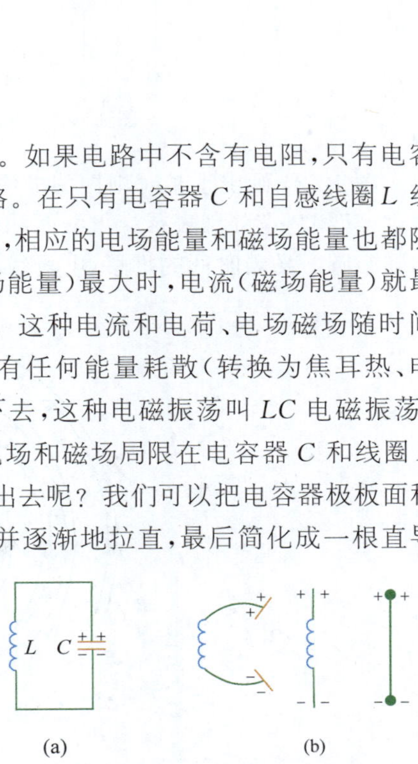

图 12-22 开放电磁场的方法

12.6.2 真空中的平面电磁波及其特性

在电磁振荡电路中，电容器极板上电荷的符号交替变化，这就相当于电偶极子发出振荡。由于振荡电偶极子的正、负电荷间距不断地交替变化，因而电场和磁场也随着时间不断变化。如图 12-23 所示，设 $t=0$ 时，正、负电荷都在图 12-23(a)的原点处。然后正、负电荷分别向上、下移动至某一距离时，两电荷间的某一条电场线形状如图 12-23(b)所示。接着，两电荷逐渐向中心靠近，电场线的形状也跟随着改变，如图 12-23(c)所示。继之，它们又回到中心处重合(完成前半个周期的简谐运动)，其电场线便成闭合状，而随着两电荷互异位置，新的电场线出现了，如图 12-23(d)所示。显然，在后半个周期的过程中，形成了一条与上述回转方向相反的闭合电场线，如图 12-23(e)所示。由闭合电场线的形成表明，振荡电偶极子所激发的是涡旋电场。

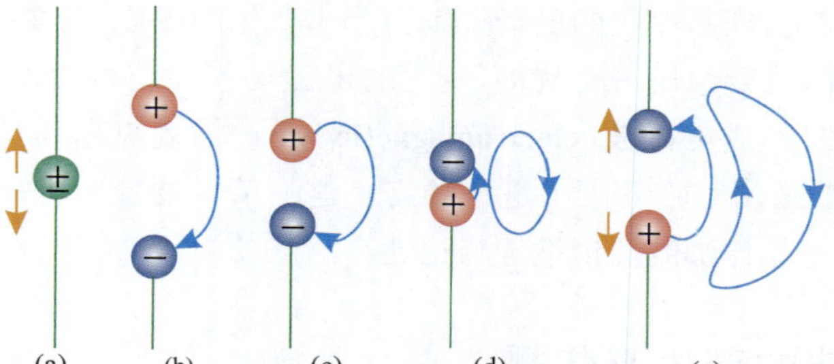

图 12-23 不同时刻振荡电偶极子附近的电场线

图 12-24 画出了某时刻振荡电偶极子周围电磁场的大致分布情况。图中曲线代表电场线，“×”和“·”分别表示穿入纸面和由纸面穿出的磁场线。这些磁场线是环绕偶极子轴线的同心圆。随着时间的推移，电场线和磁场线便以波的传播速度向外扩张，由近及远地辐射出去了。

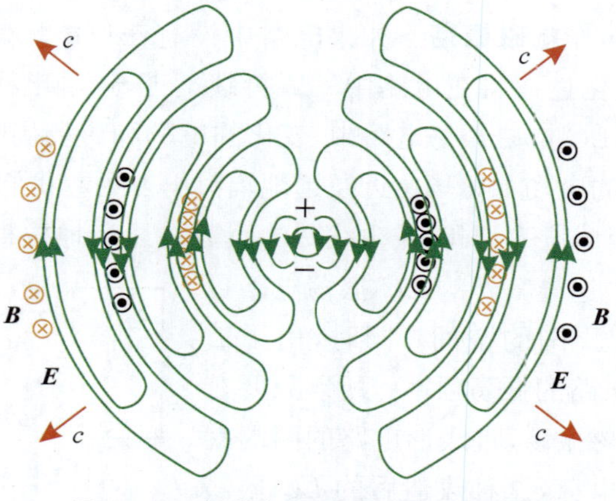

图 12-24 振荡电偶极子周围的电磁场

在真空中，离开电偶极子很远的地方，电场强度 $\boldsymbol{E}$ 的波面和磁感应强度 $\boldsymbol{B}$ 的波面趋于平面，就形成了平面电磁波。平面电磁波的波函数与平面简谐波的形式相同，为

$$E=E_0\cos\omega\left(t-\frac{x}{u}\right)=E_0\cos(\omega t-kx) \tag{12-33}$$

$$B=B_0\cos\omega\left(t-\frac{x}{u}\right)=B_0\cos(\omega t-kx) \tag{12-34}$$

式中，E_0 和 B_0 分别是电场强度和磁感应强度的极大值，u 为真空中电磁波的波速，其值为 $u=1/(\mu_0\varepsilon_0)^{1/2}$。式(12-33)和式(12-34)是沿 Ox 轴正方向传播的平面电磁波的波函数。图 12-25 是真空中的平面电磁波的示意图。

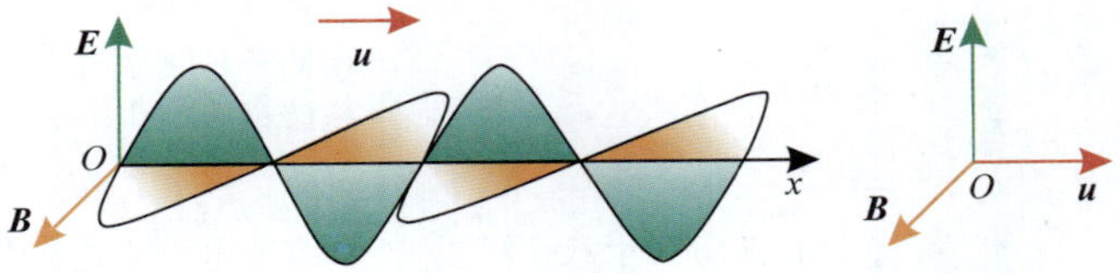

图 12-25 平面电磁波

理论和实验都证明电磁波有如下基本特性。

(1) 电磁波是横波。电场强度 $\boldsymbol{E}$ 和磁感应强度 $\boldsymbol{B}$ 都垂直于波的传播方向 $\boldsymbol{u}$，所以电磁波是横波。$\boldsymbol{E}$ 和 $\boldsymbol{B}$ 又相互垂直，$\boldsymbol{E}$、$\boldsymbol{B}$、$\boldsymbol{u}$ 三者构成右手螺旋关系(图 12-25)。$\boldsymbol{E}$ 和 $\boldsymbol{B}$ 与波的传播方向构成的平面，分别称为 $\boldsymbol{E}$ 的振动面和 $\boldsymbol{B}$ 的振动面。$\boldsymbol{E}$ 和 $\boldsymbol{B}$ 分别在各自的振动面内振动，这个特性称为偏振性。只有横波才具有偏振性。

(2) $\boldsymbol{E}$ 和 $\boldsymbol{B}$ 同相位。即在任何时刻、任何地点 $\boldsymbol{E}$ 和 $\boldsymbol{B}$ 都是同步变化的。

(3) $\boldsymbol{E}$ 和 $\boldsymbol{B}$ 的数值成比例。在空间任一点处，E 和 B 有下列关系：

$$\sqrt{\varepsilon}E=\frac{B}{\sqrt{\mu}} \tag{12-35}$$

(4) 真空中电磁波的传播速度等于真空中的光速

$$u=1\Big/\sqrt{\varepsilon_0\mu_0} \tag{12-36}$$

将 $\varepsilon_0=8.854\times10^{-12}\,\mathrm{F/m}$，$\mu_0=4\pi\times10^{-7}\,\mathrm{H/m}$ 代入上式，得电磁波在真空中的速度

$$\begin{aligned}u&=\sqrt{\frac{1}{(8.854\times10^{-12})(4\pi\times10^{-7})}}\ \mathrm{m/s}\\&=2.998\times10^{8}\ \mathrm{m/s}\end{aligned}$$

这个数值与光在真空中的速度相等。这表明，光的本质上是一种电磁波，这是麦克斯韦电磁理论的又一重要结论。

12.6.3 电磁波谱

赫兹首先用电磁振荡的方法产生并验证了电磁波的存在。以后相继有很多发现证明，电磁波的范围很广，波长没有上下限的限制，从无线电波、红外线、可见光、紫外线到 X 射线和 γ 射线等都是电磁波。在真空中，各种电磁波都具有相同的传播速率 $c\approx3\times10^{8}\,\mathrm{m/s}$，而波长 λ、频率 ν 与速率 c 有如下的关系：

$$\lambda=\frac{c}{\nu}$$

虽然各种电磁波的本质完全相同,但是波长(或频率)有很大的差异。由于波长不同,它们就有不同的特性,而且产生的方式也各不相同。为了便于比较,人们按照它们的波长(或频率)大小依次排列成表,叫作**电磁波谱**(**electromagnetic spectrum**)。表 12-1 列出了各种电磁波的波长范围,应用及其主要产生方式。

表 12-1 各种电磁波的波长范围、应用及其主要产生方式

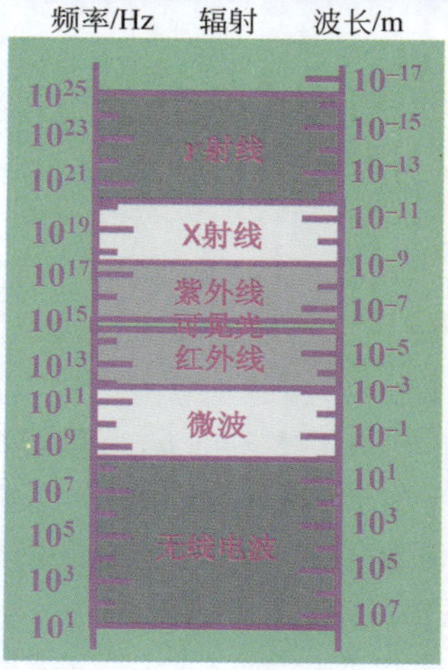

电磁波谱	应用	电磁辐射的产生方式
	癌症治疗	由原子核衰变时发出或高能粒子与原子核碰撞所产生
	材料探伤 X 射线诊断	用高速电子流轰击原子的内层电所产生
	原子结构识别(紫外线) 人类的视觉(可见光) 红外照片,热灯(红外线)	由炽热物体、气体放电或其他光源激发分子或原子等微观客体所产生
	微波炉等	
	雷达 电视 调频、调幅收音机 长波段收音机 导航	由电子线路中电磁振荡所激发

*12.7 核磁共振及其医学成像原理

核磁共振(**nuclear magnetic resonance, NMR**)是指具有磁矩的原子核在恒定磁场中由电磁波引起的共振跃迁现象。最初,NMR 是为了精确测定核磁矩而提出的。早在 1946 年就被美国的布劳克和相塞尔等分别发现,作为一种分析手段广泛应用于物理、化学等领域,用作研究物质的分子结构。因此,他们荣获 1952 年诺贝尔物理学奖。直到 1971 年,美国人达曼迪恩才提出,将核磁共振用于医学的诊断,当时,未能被科学界所接受。然而,仅仅 10 年的时间,到 1981 年,就取得了人体全身核磁共振的图像。使人们长期以来,设想用无损伤的方法,既能取得活体器官和组织的详细诊断图像,又能监测活体器官和组织中的化学成分和反应的梦想终于得以实现。在短短的五十多年时间里,NMR 技术的飞速发展显示了它强大的生命力,现已广泛用于化学、生物、地质、医学等众多领域,成为广大科技工作者手中的有力武器。图 12-26 是核磁共振机。

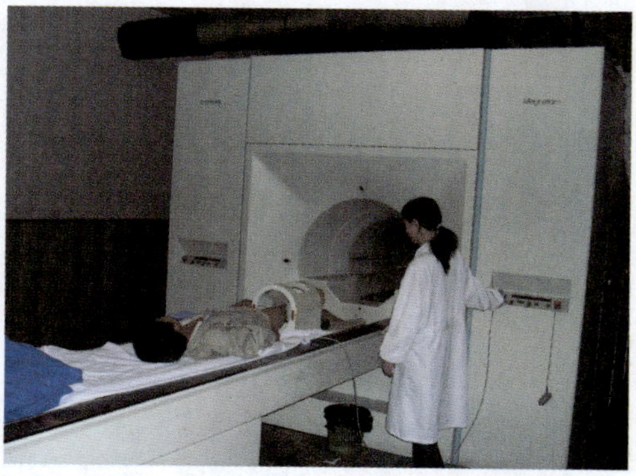

图 12-26 核磁共振机

1. 原子核的自旋

核磁共振主要是由原子核的自旋运动引起的。不同的原子核，自旋运动的情况不同，它们可以用核的自旋量子数 l 来表示。自旋量子数与原子的质量数和原子序数之间存在一定的关系，大致分为三种情况：l 为零的原子核可以看作一种非自旋的球体；l 为 1/2 的原子核可以看作一种电荷分布均匀的自旋球体，1H，13C，15N，19F，31P 的 l 均为 1/2，它们的原子核皆为电荷分布均匀的自旋球体；l 大于 1/2 的原子核可以看作一种电荷分布不均匀的自旋椭圆体。

2. 核磁共振现象

原子核是带正电荷的粒子，不能自旋的核没有磁矩，能自旋的核有循环的电流，会产生磁场，形成磁矩(m)。在无外磁场时，生物体中原子核的取向是随机的，不产生宏观的净磁效应。当自旋核处于磁场强度为 B_0 的外磁场中时，除自旋外，还会绕 B_0 运动，这种运动情况与陀螺的运动情况十分相像，称为进动。自旋核进动的频率 $f=\frac{v}{2\pi}B_0$，v 为核的回磁比。

微观磁矩在外磁场中的取向是量子化的，自旋量子数为 l 的原子核在外磁场作用下，只可能有 $2l+1$ 个取向，每一个取向都可以用一个自旋磁量子数 m 来表示，m 与 l 之间的关系是 $m=l,l-1,l-2,\cdots,-l$。

原子核的每一种取向都代表了核在该磁场中的一种能量状态，正向排列的核能量较低，逆向排列的核能量较高。它们之间的能量差为 $\Delta E=\frac{\nu h B_0}{2\pi}$。一个核要从低能态跃迁到高能态，必须吸收 ΔE 的能量。让处于外磁场中的自旋核接受一定频率的电磁波辐射，当辐射的能量恰好等于自旋核两种不同取向的能量差时，处于低能态的自旋核吸收电磁辐射能跃迁到高能态。这种现象称为核磁共振，简称 NMR。

目前研究得最多的是 1H 的核磁共振，13C 的核磁共振近年也有较大的发展。1H 的核磁共振称为**质磁共振(proton magnetic resonance)**，简称 PMR，也表示为 1H-NMR。**13C 核磁共振(Carbon-13 nuclear magnetic resonance)**简称 CMR，也表示为 13C-NMR。

3. 核磁共振成像(magnetic resonance imaging，MRI)和核磁共振仪

脉冲终止后，原子核处于激发态，质子群的磁矩 $\boldsymbol{m}$ 在原有磁场的转矩作用下要重新回到原磁场的方向。该磁矩围绕磁场以进动频率 f 旋进。由法拉第电磁感应定律知，磁矩 $\boldsymbol{m}$ 的变化将使周围的闭合线圈产生感生电流。将这个电流放大，就可以得到核磁共振信号。由于受到 m 返回时间(即弛豫时间)的影响，该信号将以指数曲线衰减。而弛豫时间又取决于受检人体的组织特性，所以该信号能反映出组织部位的正常或异常，这就是诊断疾病的依据。在成像过程中，人体断面被分成一个个单个体积元所组成的阵位，在匀强磁场(0.15～1.5T)上，再附加一线性梯度场进行层面选择，被检人体质子群被分割成一个个并列的横向断层，再进行断层编码，最后由二维傅里叶变换进行图像重建。

目前使用的核磁共振仪有连续波及脉冲傅里叶变换两种形式。连续波核磁共振仪主要由磁铁、射频发射器、检测器和放大器、记录仪等组成。磁铁用来产生磁场，主要有三种：永久磁铁，磁感应强度 1.4T，频率 60MHz；电磁铁，磁感应强度 2.35T，频率 100MHz；超导磁铁，频率可达 200MHz 以上，最高可达 500～600MHz。频率大的仪器，分辨率好、灵敏度高、图谱简单易于分析。磁铁上备有扫描线圈，用它来保证磁铁产生的磁场均匀，并能在一

个较窄的范围内连续精确变化。射频发射器用来产生固定频率的电磁辐射波。检测器和放大器用来检测和放大共振信号。记录仪将共振信号绘制成共振图谱。

20世纪70年代中期出现了脉冲傅里叶核磁共振仪，它的出现使13C核磁共振的研究得以迅速开展。

4. MRI的优缺点

生物组织中含有^{1}H、^{13}C、^{19}F、^{23}Na、^{31}P等元素，有磁性的元素近百种，但现在MRI的研究和使用中多是指^{1}H质子像，主要是因为^{1}H是磁化最高的原子核，且占活体组织的原子数的2/3。核磁共振成像MRI与X射线CT一样，是体剖面的数字图像，不同的是MRI为多参数成像，而X射线CT只与组织的X射线衰减有关，因此，MRI可获得更多的信息。它不仅能观察到X射线CT不能观察的人体神经、眼球、牙齿及骨头内侧，而且无放射性危害。图像反差好，密度层次分辨率高，对软组织尤其有用。另外，由于它具有极大的灵活性、能得到其他成像技术所不能接近或难以接近的部位的图像。空间分辨率达1.0mm左右。主要缺点是成像速度慢，检查时间长；对活动组织（如心脏）要用心电图同步技术；对环境要求有严格的磁屏蔽，因此，装有心脏起搏器、人工关节、假牙的患者，不宜进行这种检查。自1980年商用MRI机问世以来，由于MRI所具备的突出优点，这一新的医学成像诊断技术已广泛被采用。

原理应用

力学新进展——对称性的破缺

南部阳一郎，1921年出生于日本，是美国理论物理学家，芝加哥大学教授。他把凝聚态物理方法运用于粒子物理理论，提出了著名的南部-Jona-Lasinio模型，他因此获得了1994—1995年度的沃尔夫奖。2008年10月7日南部阳一郎因为发现次原子物理的对称性自发破缺机制而获得2008年度诺贝尔物理学奖。

日本科学家小林诚和益川敏英合作，提出“小林-益川理论”，在标准模型的框架内解释了宇称和电荷破缺现象。他们认为，造成宇宙中正粒子多于反粒子的原因是夸克的反应衰变速率不同。他们因发现对称性破缺的起源和南部阳一郎一起获得2008年度诺贝尔物理学奖。

一个原先具有较高对称性的系统，在没有受到任何不对称因素的影响突然间对称性明显下降的现象称为对称性的自发破缺。对称性自发破缺突然开始，带有偶然性。比如水和水蒸气在各个不同空间方向上都是一样的，具有球对称性。将水慢慢冷却，在冰点的时候水会结成冰，而冰中的水分子是有择优取向的。这时，它的对称性变低了。在水结成冰的过程中发生了对称性破缺。再有，设想我们削一支铅笔，铅笔本身均匀，笔头和笔杆可看作具有轴对称的圆锥体和圆柱体。设桌面是严格水平的，室内空气绝对宁静，我们小心翼翼地用手将此铅笔尖朝下地竖立在桌面上，尽量使其轴线没有一点偏斜。将手放开后笔倒下了，倒向哪一边？那就难以预料了。铅笔未倒之前，它对于铅垂线具有轴对称性；倒下后，这种对称性突然打破了。显然，这也可以说是一种对称性的自发破缺。下面介绍两个对称性自发破缺问题。

1. 粒子物理中的对称性自发破缺

粒子物理学家认为，我们所处的世界相对于理论物理中的某些能量是一个能量很低的状态。

因此，只要构成我们世界的基本规律允许，我们完全有可能处在一个对称性自发破缺了的世界。理论物理学家用对称性自发破缺解释弱相互作用和电磁相互作用的分离，其中最重要的机制是西格斯机制。涉及的一系列理论被称为粒子物理的标准模型。在该理论下，电磁相互作用和弱相互作用原本是同一个相互作用，称为电弱相互作用。电弱相互作用与西格斯场耦合，由于西格斯场具有特殊的势函数，而世界又要选择能量低的状态，那么，西格斯场将会由原来具有 SU(2)对称性的场破缺变为没有对称性的场。破缺使得传递弱相互作用的粒子获得很大的质量，从而弱相互作用比电磁作用弱得多。

1956 年李政道和杨振宁提出弱相互作用（发生在一些衰变过程中）不存在空间反演对称性，不服从宇称守恒定律，后被吴健雄用实验证明。因此，李政道、杨振宁于 1957 年共同获得了诺贝尔物理学奖。

2. 顺磁铁磁相变中的对称性自发破缺

大家常见的永磁铁通常都是铁磁体。铁磁体随着温度的升高，磁性会逐渐下降。直到超过某个特定的温度后，磁性会完全消失。在这个温度以上，只要没有外界磁场，磁体不能自己产生磁场，这时铁磁体已经变成顺磁体。这个转变温度称为居里温度。将居里温度以上的材料逐渐降温，材料又会从不能自己保留磁场的顺磁体变回能够自己产生磁场的铁磁体。只要温度降得足够缓慢，恢复后的铁磁体往往会带有磁场。考虑材料在居里温度以上到居里温度以下这个转变。在居里温度以上，磁体往往是各向同性的（某些特殊材料除外）。物理体系具有很大的对称性。从宏观上看，这时材料没有磁性，因此也不存在特定的方向。当温度降低时，磁体恢复磁性。如果没有外界磁场诱导，恢复的磁场方向将是随机的，这跟之前处在一个没有特殊方向的状态相关。材料恢复磁场，说明它内部选择了某一个特定的方向作为体系的特定方向，对称性不再保持。这一相变，由具有对称性的状态自动变到了不具有对称性的状态，就是顺磁铁磁相变中的对称性自发破缺。

由上面两个对称性自发破缺的例子可以看出，对称性破缺起因于系统中存在或受到破坏对称性的微扰。微扰通常会引起系统三种不同情况：稳定、随动、不稳定。

稳定：系统会使偏离对称性的因素衰减掉，它们在结果中不体现出来。现今的太阳系属于这种例子。各行星的轨道大体上在同一平面内，从而对此平面太阳系有镜像对称，尽管有破坏这一对称性的内部或外部的众多微扰。但据科学家考证，太阳系的这一对称性从行星诞生时就保持着，直到现在，预计它还会长久保持下去。这表明，太阳系有抗拒这些微扰的稳定性。

随动：系统有多大的不对称原因，相应地产生多大的不对称后果，既不放大，也不衰减。直流电路属于这种例子。电路中电阻的布局偏离对称到什么程度，电流分布的不对称就达到相应的程度。

不稳定：系统放大破坏对称性的微扰，最终在现象中表现出明显的后果，对称性的自发破缺就是这样产生的。

总之，当系统中存在或受到破坏对称性的微扰时，若这种小微扰会被不断地放大，最终就会出现明显的不对称，对称性的自发破缺就是这样产生的。时空、不同种类的粒子、不同种类的相互作用、整个复杂纷纭的自然界，包括人类自身，都是对称性自发破缺的产物。在基本粒子物理学中，对于对称和破缺的矛盾曾进行了深入的研究，揭示出基本粒子间的各种对称性。但是，整体对称性向对称破缺转化，定域对称性向对称破缺转化，究竟需要什么条件，出现的原因是什么，还缺乏有力的说明。对称性自发破缺对于认识自然具有重要的意义。

内容提要

1. 楞次定律　法拉第电磁感应定律

楞次定律：感应电流的效果，总是反抗引起感应电流的原因。

法拉第电磁感应定律：感应电动势 $\varepsilon=-\dfrac{\mathrm{d}\Phi_{\mathrm{m}}}{\mathrm{d}t}$，感应电流 $I=\dfrac{\varepsilon}{R}=-\dfrac{1}{R}\dfrac{\mathrm{d}\Phi_{\mathrm{m}}}{\mathrm{d}t}$

2. 动生电动势

动生电动势的产生机制：产生动生电动势的非静电力是洛伦兹力。

动生电动势：$\varepsilon=\int_a^b \boldsymbol{E}_{\mathrm{k}}\cdot\mathrm{d}\boldsymbol{l}=\int_a^b(\boldsymbol{v}\times\boldsymbol{B})\cdot\mathrm{d}\boldsymbol{l}$

3. 感生电动势和感应电场

感生电动势的产生机制：变化的磁场在其周围空间激发感生电场 $\boldsymbol{E}_{\mathrm{k}}$，感生电场不是静电场，作用在电荷上的力是一种非静电场力，如果有导体或导体回路存在，非静电场力就会产生感生电动势。感生电场的电场线是闭合的。

感生电动势：$\varepsilon=\oint_L \boldsymbol{E}_{\mathrm{k}}\cdot\mathrm{d}\boldsymbol{l}=-\dfrac{\mathrm{d}\Phi_{\mathrm{m}}}{\mathrm{d}t}$

4. 互感现象　互感和互感电动势

线圈的互感：$M=\Psi_{21}/I_1=\Psi_{12}/I_2$

互感电动势：$\varepsilon_{21}=-\dfrac{\mathrm{d}\Psi_{21}}{\mathrm{d}t}=-M\dfrac{\mathrm{d}I_1}{\mathrm{d}t}$

$$\varepsilon_{12}=-\frac{\mathrm{d}\Psi_{12}}{\mathrm{d}t}=-M\frac{\mathrm{d}I_2}{\mathrm{d}t}$$

5. 自感现象　自感和自感电动势

线圈的自感：$L=\Psi/I$

自感电动势：$\varepsilon_L=-\dfrac{\mathrm{d}\Psi}{\mathrm{d}t}=-L\dfrac{\mathrm{d}I}{\mathrm{d}t}$

6. 载流线圈的磁能

储存在载流线圈中的磁能：$W_{\mathrm{m}}=\dfrac{1}{2}LI^2$

7. 真空中磁场的能量

磁场能量密度：$w_{\mathrm{m}}=\dfrac{1}{2}\dfrac{B^2}{\mu}$

磁场能量：$W_m=\iiint_V w_m \mathrm{d}V=\iiint_V \frac{1}{2}\frac{B^2}{\mu}\mathrm{d}V$

8. 位移电流　全电流的安培环路定理

位移电流密度：电位移矢量 $\boldsymbol{D}$ 对时间的变化率 $\boldsymbol{j}_d=\frac{\partial \boldsymbol{D}}{\partial t}$

位移电流：电位移矢量的通量对时间的变化率 $I_d=\frac{\mathrm{d}}{\mathrm{d}t}\iint_S \boldsymbol{D}\cdot \mathrm{d}\boldsymbol{S}$

全电流的安培环路定理：$\oint_L \boldsymbol{H}\cdot \mathrm{d}\boldsymbol{l}=\iint_S \boldsymbol{j}\cdot \mathrm{d}\boldsymbol{S}+\iint_S \frac{\partial \boldsymbol{D}}{\partial \boldsymbol{t}}\cdot \mathrm{d}\boldsymbol{S}$

9. 麦克斯韦方程组的积分形式

变化的磁场可以激发涡旋电场，变化的电场可以激发涡旋磁场，电场和磁场不是彼此孤立的，它们相互联系、相互激发组成一个统一的电磁场。

麦克斯韦方程组的积分形式：表述电磁场普遍规律的四个方程。

习题

一、选择题

12-1　如图所示，一根无限长平行直导线载有电流 I，一矩形线圈位于导线平面内沿垂直于载流导线方向以恒定速率运动，则(　　)。

(A) 线圈中无感应电流

(B) 线圈中感应电流为顺时针方向

(C) 线圈中感应电流为逆时针方向

(D) 线圈中感应电流方向无法确定

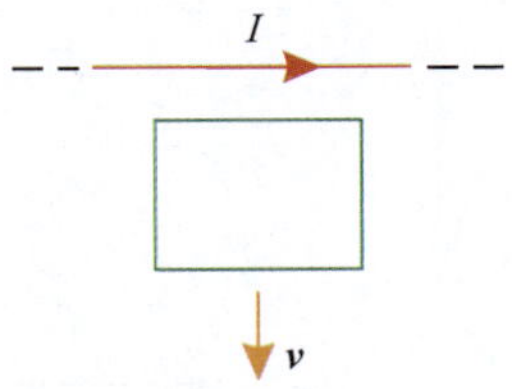

习题 12-1 图

12-2　尺寸相同的铁环和铜环所包围的面积中，通以相同变化率的磁通量，则环中(　　)。

(A) 感应电动势不同，感应电流不同　　(B) 感应电动势相同，感应电流相同

(C) 感应电动势不同，感应电流相同　　(D) 感应电动势相同，感应电流不同

12-3　如图所示，导线 AB 在均匀磁场中分别作下列四种运动，(1)垂直于磁场平动；(2)绕固定端 A 垂直于磁场转动；(3)绕其中心点 O 垂直于磁场转动；(4)绕通过中心点 O 的水平轴作平行于磁场的转动。关于导线 AB 的感应电动势哪个结论是错误的？(　　)

(A) (1)有感应电动势，A 端为高电势　　(B) (2)有感应电动势，B 端为高电势

(C) (3)无感应电动势　　(D) (4)无感应电动势

12-4　如图所示，边长为 l 的正方形导线框 $abcd$，在磁感应强度为 $\boldsymbol{B}$ 的匀强磁场中以速度 v 垂直于 bc 边在线框平面内平动，磁场方向与线框平面垂直，设整个线框中总的感应电动势为 ε，bc 两点间的电势差为 u，则(　　)。

(A) $\varepsilon = Blv, u = Blv$　　(B) $\varepsilon = 0, u = Blv$

(C) $\varepsilon = 0, u = 0$　　(D) $\varepsilon = Blv, u = 0$

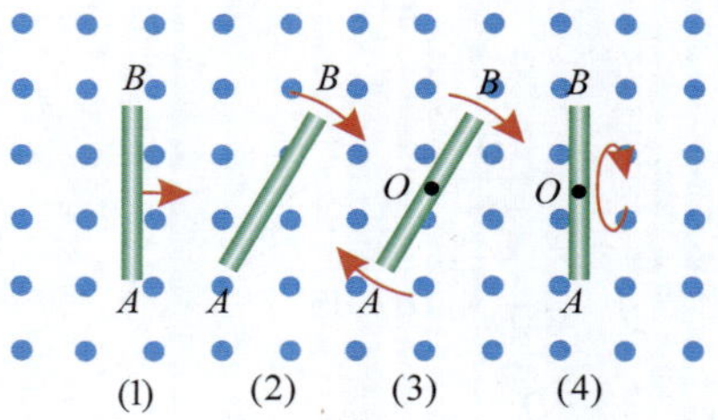

习题 12-3 图

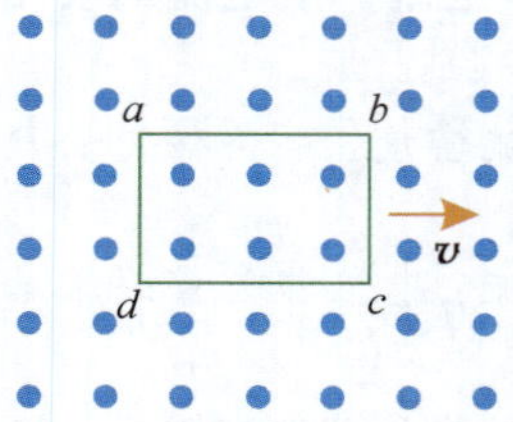

习题 12-4 图

12-5　细长螺线管的横截面积为 2cm^2，其线圈总匝数 $N=200$，通以 4A 电流时，测得螺线管内的磁感应强度 $B=2\text{T}$，则该螺线管的自感系数为(　　)。

(A) 10mH　(B) 20mH　(C) 1H　(D) 2H

12-6　一矩形线框长为 a，宽为 b，置于均匀磁场中，线框绕 OO' 轴以匀角速度 ω 旋转(如图所示)。设 $t=0$ 时，线框平面平行于磁场，则任一时刻感应电动势的大小为(　　)。

(A) $\omega abB|\cos\omega t|$　　(B) $\omega abB|\sin\omega t|$

(C) $\frac{1}{2}\omega abB|\cos\omega t|$　　(D) $\frac{1}{2}\omega abB|\sin\omega t|$

12-7　下列概念正确的是(　　)。

(A) 感生电场也是保守场

(B) 感生电场的电场线是一组闭合曲线

(C) $\Phi=LI$，因而线圈的自感系数与回路的电流成反比

(D) $\Phi=LI$，回路的磁通量越大，回路的自感系数也一定大

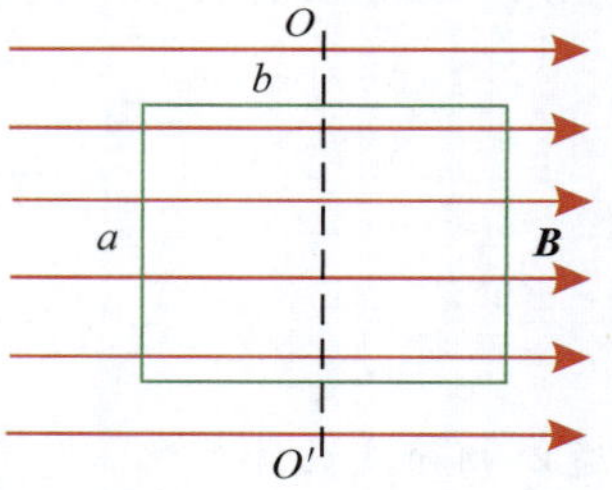

习题 12-6 图

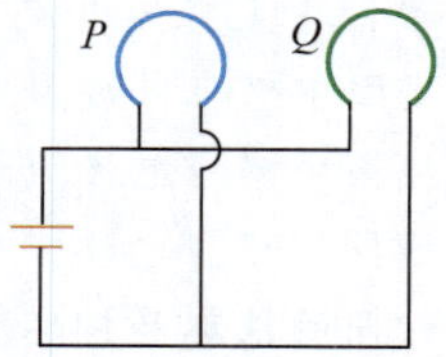

习题 12-8 图

12-8　如图所示，两线圈 P 和 Q 并联地接到一电动势恒定的电源上，线圈 P 的自感和电阻分别是线圈 Q 的两倍。当达到稳定状态后，线圈 P 的磁场能量与 Q 的磁场能量的比值是(　　)。

(A) 4　(B) $\frac{1}{2}$　(C) 1　(D) 2

12-9　有两个线圈，线圈 1 对线圈 2 的互感系数为 M_{21}，而线圈 2 对线圈 1 的互感系数为 M_{12}。若它们分别流过 i_1 和 i_2 的变化电流且 $\left|\frac{di_1}{dt}\right| < \left|\frac{di_2}{dt}\right|$，并设由 i_2 变化在线圈 1 中产生的互感电动势大小为 ε_{12}，由 i_1 变化在线圈 2 中产生的互感电动势大小为 ε_{21}，则论断正确的是(　　)。

(A) $M_{12}=M_{21}, \varepsilon_{21}=\varepsilon_{12}$　　(B) $M_{12}\neq M_{21}, \varepsilon_{21}\neq\varepsilon_{12}$

(C) $M_{12}=M_{21}, \varepsilon_{21}>\varepsilon_{12}$　　(D) $M_{12}=M_{21}, \varepsilon_{21}<\varepsilon_{12}$

12-10　对于位移电流，下述说法正确的是(　　)。

(A) 位移电流的实质是变化的电场

(B) 位移电流和传导电流一样是定向运动的电荷

(C) 位移电流服从传导电流遵循的所有定律

(D) 位移电流的磁效应不服从安培环路定理

二、填空题

12-11　电阻 $R=2\Omega$ 的闭合导体回路置于变化磁场中，通过回路包围面的磁通量与时间的关系为 $\Phi=(5t^2+8t-2)\times10^{-3}$(Wb)，则 $t=0$s 时，回路中的感应电流的大小 $i=$________；在 $t=2$s 至 $t=3$s 的时间内，流过回路导体横截面的感应电荷的大小 $q_i=$________。

12-12　如图所示，把一半径为 R 的半圆形导线 OP 置于磁感应强度为 $\boldsymbol{B}$ 的均匀磁场中，当导线 OP 以匀速率 v 向右移动时，导线中感应电动势大小为________，________端电势较高。

12-13　在磁感应强度为 $\boldsymbol{B}$ 的均匀磁场中，有一刚性直角三角形线圈 ABC，$AB=a$，$BC=2a$，AC 边平行于 $\boldsymbol{B}$，线圈绕 AC 边以匀角速度 ω 转动，方向如图所示，AB 边的动生电动势为________，BC 边的动生电动势为________，线圈的总电动势为________。

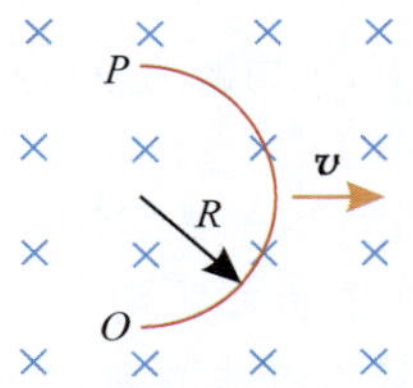

习题 12-12 图

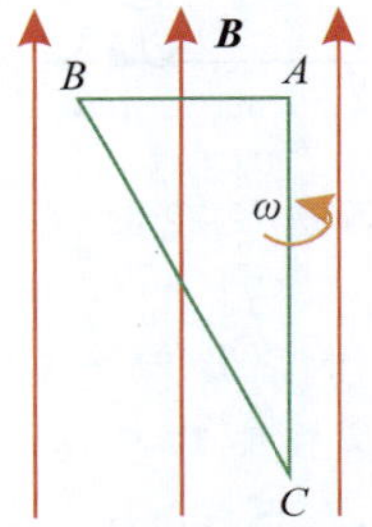

习题 12-13 图

12-14　半径为 a 的无限长密绕螺线管，单位长度上的匝数为 n，螺线管导线中通过交变电流 $i=I_0\sin\omega t$，则围在管外的同轴圆形回路(半径为 r)上的感生电动势为________。

12-15　半径 $r=0.1$cm 的圆线圈，其电阻为 $R=10\Omega$，匀强磁场垂直于线圈，若使线圈中有稳定电流 $i=0.01$A，则磁场随时间的变化率为 $\frac{\mathrm{d}B}{\mathrm{d}t}=$________。

12-16　引起动生电动势的非静电力是________力，引起感生电动势的非静电场是________。

12-17　一自感系数为 0.25H 的线圈，当线圈中的电流在 0.01s 内由 2A 均匀地减小到零。线圈中的自感电动势的大小为________。

12-18　如图所示，矩形线圈由 N 匝导线绕成，长直导线通有电流 $i=I_0\sin\omega t$，则它们之间的互感系数为________。

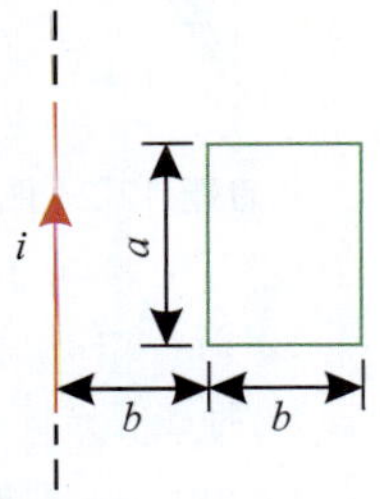

习题 12-18 图

12-19　在一个自感系数为 L 的线圈中通有电流 I，线圈中所储存的能量是________。

12-20　半径为 R 的无限长柱形导体上通有电流 I，电流均匀分布在导体横截面上，该导体材料的相对磁导率为 1，则在导体轴线上一点的磁场能量密度为________，在与导体轴线相距为 r 处($r<R$)的磁场能量密度为________。

三、计算题

12-21 有一匝数 $N=200$ 匝的线圈，今通过每匝线圈的磁通量 $\Phi=5\times10^{-4}\sin10\pi t$(Wb)。求：(1)在任意时刻线圈内的感应电动势；(2)在 $t=10$s 时线圈内的感应电动势。

12-22 如图所示，一长直导线中通有 $I=5.0$A 的电流，在距导线 9cm 处，放一面积为 0.10cm^2，10 匝的小圆线圈，线圈中的磁场可看作均匀的。今在 1.0×10^{-2}s 内把此线圈移至距长直导线 10.0cm 处。(1)求线圈中的平均感应电动势；(2)设线圈的电阻为 $1.0\times10^{-2}\Omega$，求通过线圈横截面的感应电荷。

12-23 如图所示，导体 AD 长为 L，在匀强磁场 $\boldsymbol{B}$ 中绕 OO' 转动。角速度为 ω，$AC=\frac{1}{3}L$。求 A、D 两点的电势差并判断电势高低。

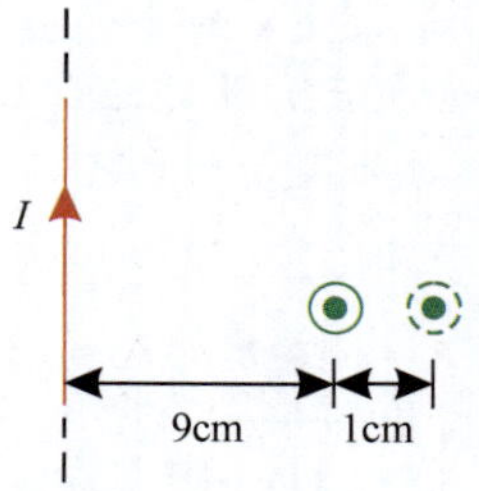

习题 12-22 图

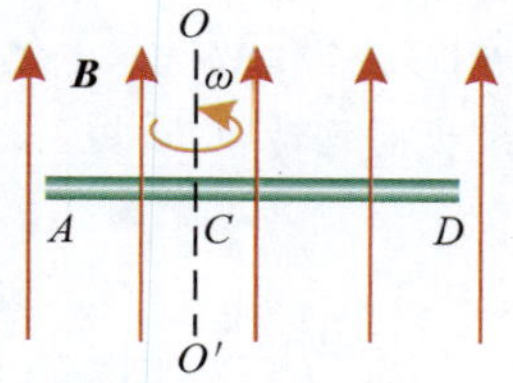

习题 12-23 图

12-24 如图所示，长为 L 的导体棒 OP 处于均匀磁场中，并绕 OO' 以角速度 ω 转动，棒与转轴间夹角恒为 θ，磁感应强度 $\boldsymbol{B}$ 与转轴平行。求 OP 棒在图示位置处的电动势。

12-25 如图所示，金属杆 AB 以匀速率 v 平行于一长直导线移动，此导线通有电流 I。求杆中的感应电动势，杆的哪一端电势较高？

12-26 在半径为 R 的圆柱体空间中存在着均匀磁场，$\boldsymbol{B}$ 的方向与柱的轴平行。如图所示，有一长为 L 的金属棒放在磁场中，设 $\boldsymbol{B}$ 随时间的变化率为 $\frac{\mathrm{d}B}{\mathrm{d}t}=$常量(>0)，求棒上感应电动势的大小。

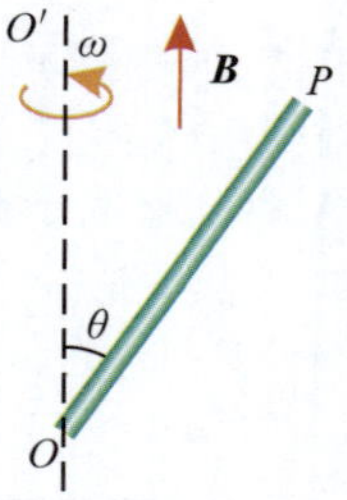

习题 12-24 图

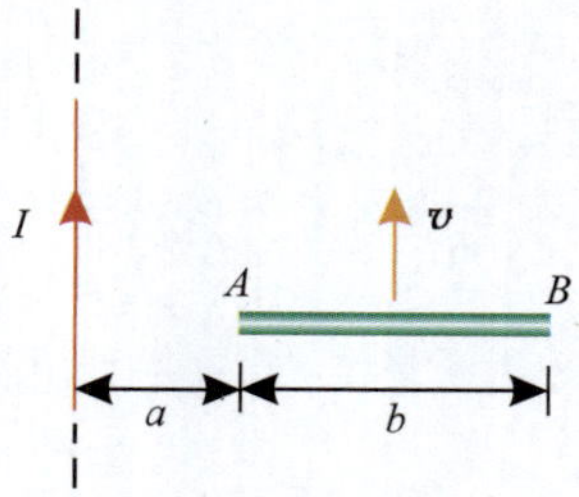

习题 12-25 图

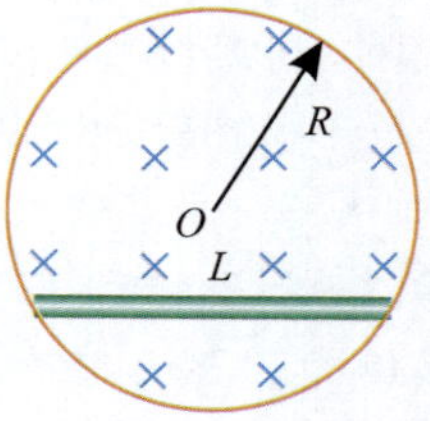

习题 12-26 图

12-27 在长为 60cm、直径为 5.0cm 的空心纸筒上绕多少匝线圈才能得到自感为 6.0×10^{-3}H 的线圈？

12-28 一圆形线圈 A 由 50 匝细线绕成，其面积为 4cm^2，放在另一个匝数等于 100 匝、半径为 20cm 的圆形线圈 B 的中心，两线圈同轴(如图所示)。设线圈 B 中的电流在线圈 A 所在处激发的磁场是均匀的。求：(1)两线圈的互感；(2)当线圈 B 中的电流变化率为 -50A/s 时，线圈 A 中的感生电动势的大小和方向。

12-29　在两条平行长直载流输电导线的平面内，有一矩形线圈，如图所示。如两导线中电流同为 $I=I_0\sin\omega t$，但方向相反。求线圈中的感生电动势。

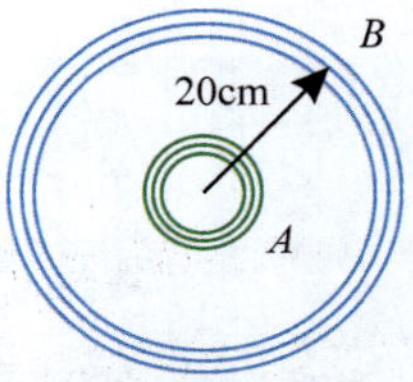

习题 12-28 图

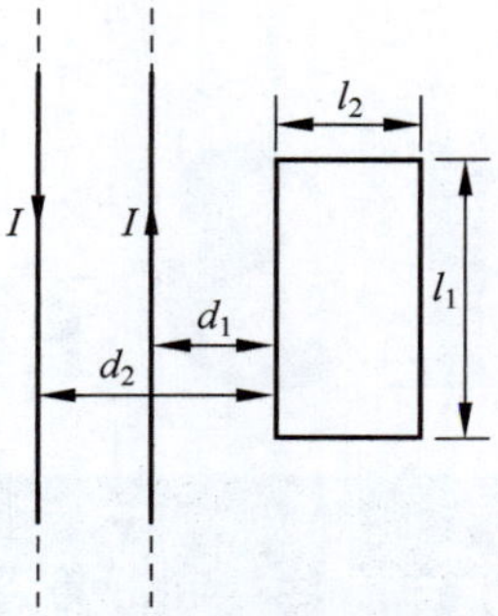

习题 12-29 图

12-30　一个直径为 0.01m，长为 0.10m 的长直密绕螺线管，共 1000 匝线圈，总电阻为 7.76Ω。如把线圈接到电动势为 2V 的电池上，电流稳定后，线圈中所储存的磁能有多少？磁能密度又是多少？

12-31　一根长直导线，载有电流 I，已知电流均匀分布在导线的圆形横截面上。求单位长度导线内所储存的磁能。

12-32　在真空中，若一均匀电场中的电场能量密度与一磁感应强度为 0.5T 的均匀磁场中的磁场能量密度相等，则该电场的电场强度为多少？

Chapter 13

第13章

光学

光学(optics)是一门有悠久历史的学科，它的发展史可追溯到 2000 多年前。人类对光的研究，最初主要是试图回答“人怎么能看见周围的物体”等问题。在公元前 400 多年，中国的《墨经》中记录了世界上最早的光学知识，叙述了影的定义和生成，光的直线传播性和针孔成像，并且以严谨的文字讨论了在平面镜、凹球面镜和凸球面镜中物和像的关系。

11 世纪阿拉伯学者伊本发明制作了凸透镜，16 世纪到 17 世纪初詹森和李普希同时相互独立地发明显微镜，17 世纪斯涅耳和笛卡儿将光的反射和折射的观察结果归结为光的反射定律和折射定律。

通常光学分成几何光学、波动光学和量子光学。历史上人们对光的本性的认识有两种不同的学说，这就是以牛顿为代表的微粒说(corpuscular theory)和以惠更斯为代表的波动说(undulatory theory)。微粒说认为，光是发光体发出的以一定速度在空间传播的微粒。尽管牛顿在后期也认识到光的微粒说所存在的缺陷，但光的微粒说却能解释光的反射与折射现象。波动说认为，光是在介质中传播的一种波动。惠更斯用子波理论不仅能解释光的反射与折射现象，而且还能解释光的干涉和衍射现象。波动说和微粒说虽然都能解释光的反射和折射现象，但是在解释光从空气进入水中的折射现象时两种观点得出的结论不同。波动说认为水中的光速小于空气中的光速，微粒说却认为水中的光速大于空气中的光速。在当时由于光速没办法精确测量，所以难以判断是非。从 17 世纪到 18 世纪末牛顿的微粒说占据了统治地位，直到 19 世纪初，由于光的偏振、光的干涉、光的衍射等现象的发现，以及由实验测量出水中的光速小于空气中的光速，光的波动说才进入它的辉煌时期。

现在人们认识到光具有波动和粒子的两重性质：一方面，光的干涉、衍射和偏振现象表明光具有波动性；另一方面，在热辐射、光电效应和康普顿效应等现象中光表现出粒子性。这就是光的波粒二象性。

光的量子理论促进了近代物理学的发展。在运动媒介的光学现象的研究中，19 世纪 80 年代用迈克耳孙干涉仪测量由同一光束分成相互垂直的两个方向光速的差异，其结果显示光速是不变的，成为爱因斯坦狭义相对论的实验基础，这一事实是近代物理中十分重要的成就。因此，光学学科中的研究成果对于量子力学和相对论的建立起了决定性的作用。

由于激光的发现和发展，产生了一系列新的光学分支学科，这些新兴学科成为研究物质微观结构、微观动力学过程的重要手段，为原子物理、分子物理、凝聚态物理学、分子生物学和化学的结构和动态过程的研究提供了前所未有的新技术。

2015 年距伊本的光学著作诞生恰好一千年。一千年来，光技术带给人类文明巨大的进步。为此，联合国宣布 2015 年为“光和光基技术国际年”以纪念千年来人类在光领域的重大发现。

本章首先介绍几何光学的基本原理和光学成像规律，然后主要以光的波动说为基础，研究光的性质及其传播的规律。

奥古斯汀-让·菲涅耳(Augustin-Jean Fresnel，1788—1827 年)，法国物理学家。菲涅耳的科学成就主要有两个方面。一是衍射。他以惠更斯原理和干涉原理为基础，用新的定量形式建立了惠更斯-菲涅耳原理，完善了光的衍射理论。他的实验具有很强的直观性、敏锐性，很多现仍通行的实验和光学元件都冠有菲涅耳的姓氏，如双面镜干涉、波带片、菲涅耳透镜、圆孔衍射等。另一成就是偏振。他与阿拉果一起研究了偏振光的干涉，确定了光是横波；他发现了光的圆偏振和椭圆偏振现象，用波动说解释了偏振面的旋转；他推出了反射定律和折射定律的定量规律，即菲涅耳公式；他解释了马吕斯的反射光偏振现象和双折射现象，奠定了晶体光学的基础。

*13.1 几何光学的基本原理

以光的直线传播性质为基础来研究光的传播和成像问题，这便是**几何光学**(**geometrical optics**)。在几何光学中，把组成物体的物点(object point)看作几何点，把它所发出的光束看作无数几何光线的集合，而光线的方向就代表了光能的传播方向。于是，根据光线的传播规律，在研究物体被透镜或其他光学元件成像，以及设计光学仪器的光学系统等方面都显得十分方便和实用。实际上，由几何光学得出的结果仅仅是**波动光学**(**wave optics**)在某些条件下的近似或极限。

13.1.1 光的直线传播定律

在均匀介质中，光沿直线传播，也可表述为：在均匀介质中，光线是直线。可以说，光的直线传播是我们日常生活中司空见惯的现象。

13.1.2 光的反射和折射定律

光在均匀介质中沿直线传播，而在遇到两种不同介质的分界面时，一般会同时产生反射和折射现象，光线分为两条光线。一条由界面返回到原介质中，称为**反射光线**(**reflected ray**)。另一条由界面折射入另一介质中，称为**折射光线**(**refracted ray**)(见图 13-1)。关于这两条光线的进行方向，可分别由反射定律和折射定律来描述。

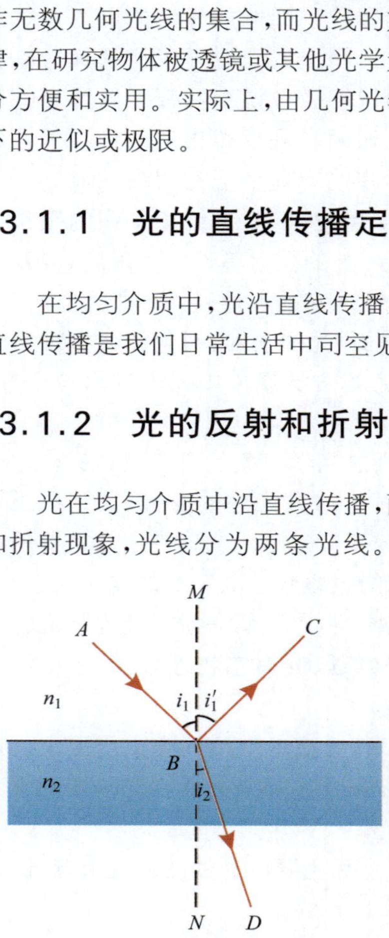

图 13-1 光的反射和折射

实验发现，对一般的两个均匀介质而言，反射光线、折射光线都在由入射光线与分界面法线所构成的平面(入射面)内，且与入射光线分别处于法线的两侧，图 13-1 中的 i_1、i'_1 和 i_2 分别是法线与入射光线、反射光线和折射光线的夹角，依次称为**入射角**(**incident angle**)、**反射角**(**reflection angle**)和**折射角**(**refraction angle**)。

实验发现，当光从一种均匀介质入射到另一种均匀介质表面时，反射角等于入射角，即

$$i_1 = i'_1 \tag{13-1}$$

这就是**光的反射定律**。

由反射定律可知，若光线逆着反射光线入射，则它被反射后必逆着原入射光线进行，我们将这一现象称为**光路的可逆性**。

实验还发现，当光从一种均匀介质入射到另一种均匀介质时，入射角与折射角的正弦之比是一个取决于两介质光学性质和光的波长的常量，即

$$\frac{\sin i_1}{\sin i_2}=n_{12} \tag{13-2}$$

式中，比例常量 n_{12} 称为第二种介质相对于第一种介质的折射率(refractive index)。这就是**光的折射定律**。式(13-2)是斯涅耳(W · Snell，1591—1626 年)在实验时发现的，故也称**斯涅耳定律**。

人们把任何介质相对于真空的折射率称为介质的**绝对折射率**(**absolute index of refraction**)，简称**折射率**(**refractive index**)。介质的折射率与光在这种介质中传播速度的关系为

$$n=\frac{c}{v} \tag{13-3}$$

式中，c 为光在真空中的传播速度，v 为光在介质中的传播速度。

介质的折射率反映了光在介质中的传播特性。两种介质相比较，折射率大的介质，光在其中速度小，称为**光密介质**(**optically denser medium**)；折射率小的介质，光在其中速度大，称为**光疏介质**(**optically thinner medium**)。

实验表明，两种介质的相对折射率等于它们各自的绝对折射率之比，即

$$n_{12}=\frac{n_2}{n_1}=\frac{v_1}{v_2} \tag{13-4}$$

因此，式(13-2)可以写成如下形式：

$$n_1\sin i_1=n_2\sin i_2 \tag{13-5}$$

介质折射率不仅与介质种类有关，而且与光波波长有关，通常由实验测定。在同一种介质中，长波的折射率小，短波的折射率大。当一束白光入射到两种介质的界面上，在折射时不同波长的光将分散开来而形成光谱，这种现象称为**色散**(**dispersion**)。

表 13-1 所示为几种常用介质的折射率。

表 13-1　几种常用介质的折射率

介　质	折　射　率
空气	1.000 29
水	1.333
普通玻璃	1.468
冕牌玻璃	1.516
火石玻璃	1.603
重火石玻璃	1.755

应该指出，光在传播过程中与其他光线相遇时，不改变传播方向，各光线之间互不受影响，独立传播。而当两光线会聚于同一点时，在该点上的光能量是简单的相加。另外，如果折射光的方向反转，光线将按原路返回。这是在折射现象中显示出的光路的可逆性。光路具有可逆性对于更复杂的光路也适用。

13.1.3 全反射

由折射定律可知，当入射角为零，光线垂直地投射到两种介质的分界面上时，进入另一种介质的光线并不改变原来的方向，折射将不发生。当折射角等于 90°时，相对应的入射角称为**临界角**。当入射角大于临界角时，其光线不能透过界面进入另一种介质中，而是被全部反射回原介质中(见图 13-2)，这种现象称为**光的全反射**。这种现象只会发生在光线从光密介质射向光疏介质的情况中，此时，$n_2<n_1$，$i_2=90°$。

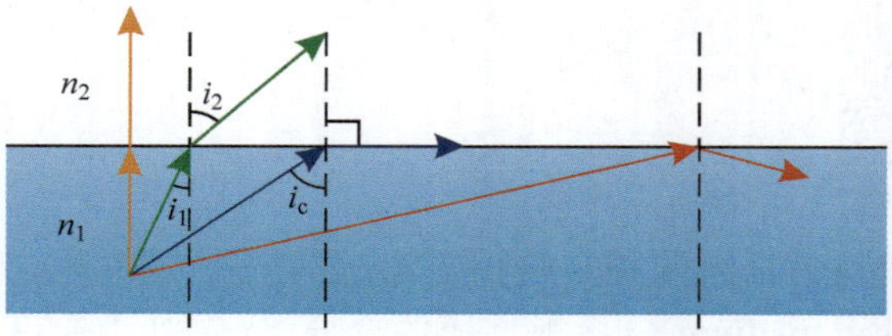

(a) 全反射光路图

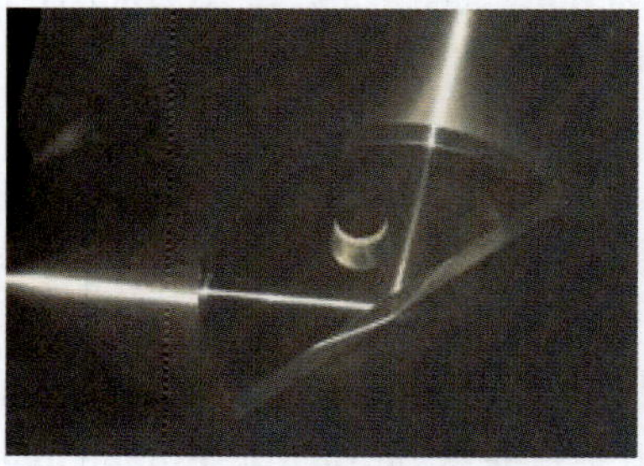
(b) 全反射实物图

图 13-2 光的全反射

由折射定律可知，临界角为

$$i_c=\arcsin\frac{n_2}{n_1} \tag{13-6}$$

对于光线从 $n_1=1.5$ 的玻璃入射到空气这种情况，其临界角 $i_c\approx 42°$，而由水入射到空气的全反射临界角约为 49°。

光的全反射在自然界中经常可见，如钻石之所以如此光彩夺目是由于它具有高折射率、小临界角的特点。当光线进入钻石后会在钻石的各内表面发生全反射，当光再从钻石表面射出时就非常明亮。

全反射的应用很广，光导纤维就是利用全反射规律而使光线沿弯曲的路径传播的光学元件。一般光导纤维由直径约为几微米的单根玻璃(或透明塑料)纤维组成，每根纤维外面包一层折射率低的玻璃介质，这样光线经过多次全反射后可沿着它从一端传到另一端，而光的能量损失非常小。

由于光导纤维柔软，不怕震动，而且光导纤维弯曲时也能传播光和图像，所以目前在医学、国防和通信等许多领域都得到广泛应用。其中，最重要的应用之一是在医学领域内，应用内窥镜之类的仪器，使外科医生有可能深入到人体内部某一小范围，通过遥控进行观察和做手术。

*13.2 光在平面和球面上的成像以及薄透镜成像规律

几何光学中大部分内容都是讨论成像(imaging)问题。为了讨论光学系统的成像问题，除前面所述几何光学的基本定律之外，还需要引入有关成像的基本概念。

有一个发射光线的光源(light source),如果它本身的几何线度比它到观察点的距离要小得多,这时光源的形状已无关紧要,因此,我们可以把它抽象成一个几何点,只考虑它的几何位置而不考虑大小,这样的光源称为**点光源**。实际的光源总是有一定大小的,点光源是为了分析方便而引入的理想化模型。若光线实际发自某点光源,则该点光源为**实点光源**;若某点光源并不发出光线,而是诸光线延长线的交点,则该点光源为**虚点光源**。

物体可以自己发光,也可以反射光或透射光。从物体发出的光经过一定的光学系统后,由出射的实际光线或实际光线的反向延长线会聚成的与物体形状相似的图形称为**像**(**image**)。

13.2.1 光在平面上的反射、折射成像

1. 光在平面上的反射成像

下面研究平面上反射光的成像。如图 13-3(a)所示,有一点光源 S(即物)发出的光束,被平面镜反射,根据反射定律,其反射光的反向延长线都将在点 S'处相交,S'为 S 的像。S'与平面之间的距离和 S 与平面之间的距离相等,平面反射镜中的像总是虚像。从日常生活的经验可知,这种像是十分“真实”的,其所成的像与对称于镜面的原物大小相同。平面镜能获得“完善”的物之虚像,如图 13-3(b)所示的水中倒影。

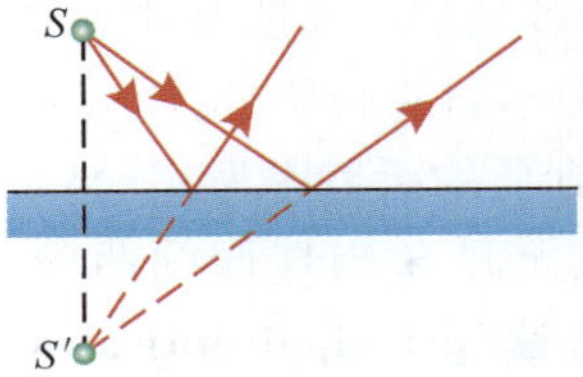

(a) 在平面上的反射光路图

(b) 水中倒影

图 13-3 光在平面上的反射

2. 光在平面上的折射成像

对于光线在平面上的折射光,与反射光不同,折射光的折射角与入射角不能形成线性关系变化。所以,点光源的折射光的反向延长线一般不会相交于同一点。因此,折射不能形成“完善”的像。这可以用一个例子来说明。

如图 13-4(a)所示,在水深度为 y 处有一发光点 S,从 S 发出的光射向空气,其入射角为 i,射出水面的折射角为 i'。作 OS 垂直于水面,折射线延长线与 OS 相交处 S'的深度为 y',设水相对于空气的折射率为 n(≈1.33),根据折射定律有

$$n\sin i = \sin i'$$

设入射角 i 的光线与水面相遇于点 M,则 $y=x\cot i$,$y'=x\cot i'$,故

$$y' = y\frac{\sin i\cos i'}{\sin i'\cos i} = \frac{y\sqrt{1-n^2\sin^2 i}}{n\cos i} \tag{13-7}$$

这就表明,由 S 发出的不同方向的入射光线,折射后的反向延长线不再相交于同一点。这就是说,当我们从空气中垂直俯视水中物体时,像的位置较实物所在位置为高。通常把一根

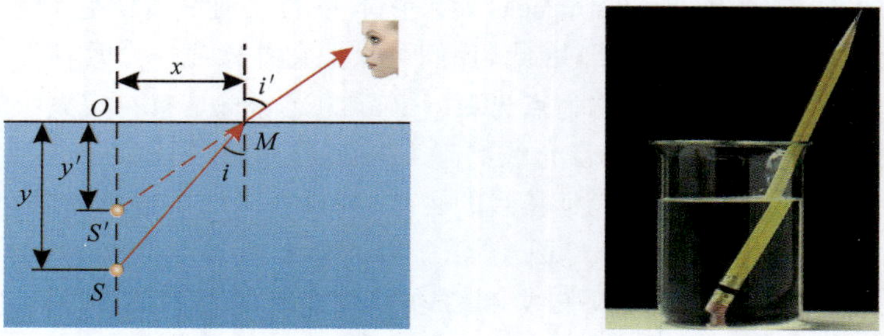

(a) 眼睛看水中的物体　　(b) 插入水中的一段筷子的像

图 13-4　光在平面上的折射

筷子斜插入水中时，在水面上方可以看到插入水中的一段筷子的像与水面上一段筷子好像被曲折了。这就是光的折射成像使得视深度减小的缘故。

13.2.2　光在球面上的折射和反射成像

1. 光在球面上的折射成像

(1) 单球面折射成像公式

单球面既是一个简单的光学系统，又是组成许多光学仪器的基本元件。下面我们就单球面的折射进行讨论。如图 13-5 所示，球面将两种不同的介质分开，左边介质的折射率为 n_1，右边介质的折射率为 n_2，球表面的曲率半径为 r，通过点光源 S 与球面的曲率中心 C 作一直线称为**主光轴**(**principal optical axis**)，主光轴与折射球面相交于点 O。从点光源 S 作一条光线与球面相交于点 M，经球面折射后与光轴相交于点 S'。

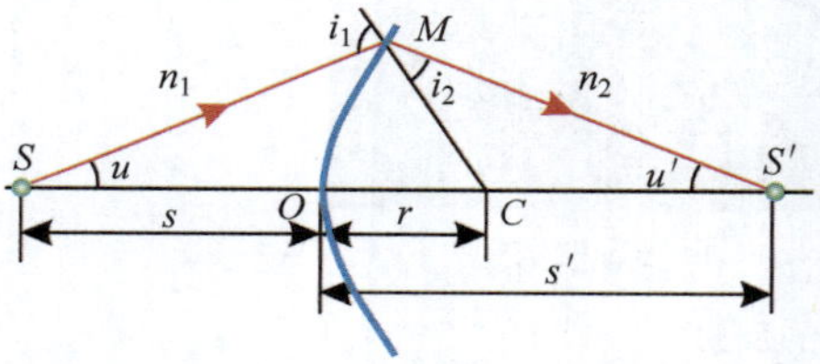

图 13-5　单球面折射成像

在△SMC 中，由正弦定律得

$$\frac{s+r}{\sin(\pi-i_1)}=\frac{r}{\sin u}=\frac{s+r}{\sin i_1} \tag{13-8}$$

同理，由△$S'MC$ 得

$$\frac{s'-r}{\sin i_2}=\frac{r}{\sin u'} \tag{13-9}$$

根据折射定律

$$n_1\sin i_1=n_2\sin i_2 \tag{13-10}$$

将式(13-8)、式(13-9)代入式(13-10)，可得

$$s'=r+\frac{n_1}{n_2}(s+r)\frac{\sin u}{\sin u'} \tag{13-11}$$

由此可知，s'不仅取决于 s 的数值，而且还与倾角 u、u'有关，也就是说，由点光源发出的不同倾角的光线，经单球面折射后不再与光轴相交于同一点，变成了非同心的光束，不能给出完善的像。

但是，如果我们考虑 u 和 u' 都很小的情况，此时 $\sin u \approx \tan u \approx u$，因此有

$$\sin u \approx \frac{\overline{MO}}{s}, \quad \sin u' \approx \frac{\overline{MO}}{s'} \tag{13-12}$$

光学系统中满足这样条件的区域称为**傍轴区**(**paraxial region**)。研究傍轴区域内的物像关系的光学，称为**高斯光学**(**Ganssian optics**)。将式(13-12)代入式(13-11)得

$$\frac{n_1}{s} + \frac{n_2}{s'} = \frac{n_2 - n_1}{r} \tag{13-13}$$

式(13-13)为傍轴条件下的单球面成像公式，可以看出，s' 仅取决于 s 的数值。因此，在傍轴条件下，由主光轴发光点发出的同心光束经球面折射后，仍保持为同心光束，即能得到完善的像。

以上我们讨论的是一种特殊情况(凸球面)，一般情况下，球面也可能是凹球面。不管是凸球面还是凹球面，在傍轴条件下，为了使式(13-13)都是成立的，需要约定一种正负号法则。设入射光从左到右，规定：①若物点 S 在顶点 O 的左边，则 $s>0$；若 S 在顶点 O 的右边，则 $s<0$；②若像点 S' 在顶点 O 的左边，则 $s'<0$；若 S' 在顶点 O 的右边，则 $s'>0$；③若球心 C 在顶点 O 的左边，则 $r<0$；若球心 C 在顶点 O 的右边，则 $r>0$。

(2) 傍轴物点成像的横向放大率

现在我们用解析法分析单球面折射中共轭线或点之间的几何上的比例关系。如图 13-6 所示，S 和 S' 为单球面主轴上的一对共轭点，过 S 点作垂直于主轴的线段 SP，其物高为 h_1，经过单面球成像为 $S'P'$，像高为 h_2，h_1 和 h_2 的正负号作如下规定：若 P(或 P')在光轴的上方，h_1(或 h_2)大于零；若 P(或 P')在光轴的下方，h_1(或 h_2)小于零。

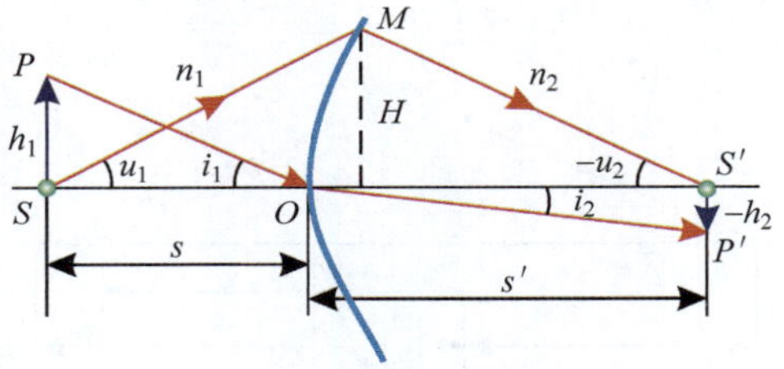

图 13-6 单球面成像放大率

由△OPS 和△$OP'S'$ 可得

$$\frac{-h_2}{h_1} = \frac{s' \cdot i_2}{s \cdot i_1}$$

根据傍轴近似下的折射定律 $n_1 i_1 \approx n_2 i_2$，上式可改写为

$$\frac{-h_2}{h_1} = \frac{s' \cdot n_1}{s \cdot n_2} \tag{13-14}$$

引入单球面成像的**横向放大率**(**lateral magnification**)的概念，其定义为

$$\beta = \frac{h_2}{h_1} = -\frac{s' \cdot n_1}{s \cdot n_2} \tag{13-15}$$

式(13-15)表示在傍轴条件下，横向放大率取决于像距与物距。也就是说，在通过物点并垂直于主轴的平面(称为物平面)上的各点，当成像于通过对应像点并垂直于主轴的平面(称为像平面)上的各点时，其放大率是相同的，所以像和物应该是相似的。

当 $\beta>0$ 时，像与物在主光轴的同一侧，为正立的像；当 $\beta<0$ 时，像与物在主光轴的两侧，为倒立的像。$|\beta|>1$ 表示放大，$|\beta|<1$ 表示缩小。

2. 光在球面上的反射成像

对于光线在球面反射镜上的反射情况，物空间与像空间重合，且反射光线与入射光线的

进行方向恰好相反，可以把反射看作折射的特例，认为 $n_2=-n_1$，这样通过式(13-13)可以得到曲率半径为 r 的球面反射镜在傍轴条件下的反射公式：

$$\frac{1}{s'}-\frac{1}{s}=\frac{2}{r} \tag{13-16}$$

由于式(13-16)中不包含折射率，这表明球面反射成像的情况与所处的介质无关，而只与球面曲率半径有关。

13.2.3 薄透镜

大多数光学仪器都是由一系列单球面(折射面和反射面)所构成。各个单球面的曲率中心又都处在同一条直线上，这条直线就是光学系统的主光轴，这种光学系统称为**共轴光具组**。

由两个共轴单球面组成的光学系统称为**透镜**(lens)，透镜是一个最简单的共轴光具组。透镜两表面在其主轴上的间隔称为透镜的厚度。若透镜的厚度远小于球面的曲率半径，这种透镜称为**薄透镜**(thin lens)，否则称为**厚透镜**(thick lens)。常用的光学仪器上的透镜，一般都是薄透镜。

1. 薄透镜的成像公式

图 13-7 示出了一个透镜，其厚度为 t，透镜材料的折射率为 n，透镜前后两种介质的折射率分别为 n_1 和 n_2。前后二球面的曲率半径分别为 r_1 和 r_2，当物点 S 发出的光线经过第一球面成像于 S''，根据单球面成像公式(13-13)，则有

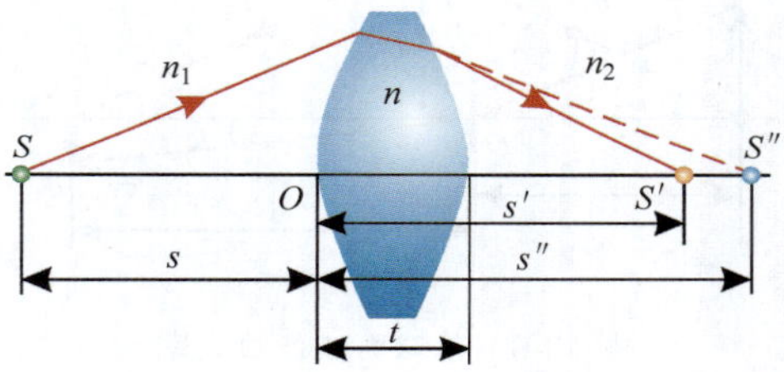

图 13-7 透镜成像

$$\frac{n}{s''}+\frac{n_1}{s}=\frac{n-n_1}{r_1} \tag{13-17}$$

经第一球面折射形成的像 S'' 对第二球面来说是虚物，经第二球面折射后成像在 S' 点，由式(13-13)可得

$$\frac{n_2}{s'}+\frac{n}{-(s''-t)}=\frac{n_2-n}{r_2} \tag{13-18}$$

由于薄透镜厚度极薄，$t \ll s''$，故可忽略不计，从式(13-17)和式(13-18)中消去 s'' 得

$$\frac{n_2}{s'}+\frac{n_1}{s}=\frac{n-n_1}{r_1}+\frac{n_2-n}{r_2} \tag{13-19}$$

这就是薄透镜的成像公式。

如果薄透镜置于空气中，$n_1=n_2=1$，则式(13-19)可改写为

$$\frac{1}{s'}+\frac{1}{s}=(n-1)\left(\frac{1}{r_1}-\frac{1}{r_2}\right) \tag{13-20}$$

根据焦距的定义，当 $s\to\infty$ 时，$s'=f'$。同理，当 $s'\to\infty$ 时，可得 $s=f$，且 $f=f'$。由式(13-20)得

$$f=f'=\frac{1}{(n-1)\left(\frac{1}{r_1}-\frac{1}{r_2}\right)} \tag{13-21}$$

式(13-21)给出薄透镜焦距 f 与其自身的折射率 n 和曲率半径的关系，称为磨镜者公

式，显然，我们可以用这个公式由曲率半径和材料的折射率计算薄透镜的焦距。

由式(13-21)可知，如果$\frac{1}{r_1}>\frac{1}{r_2}$，透镜的焦距 $f=f'>0$，这样的透镜叫作**正透镜**(**positive lens**)或**会聚透镜**(**convergent lens**)。会聚透镜可以是双凸、平凸和凹凸三种形状，它们的共同特点是中央厚，边缘薄，这类透镜统称**凸透镜**(**convex lens**)。如果$\frac{1}{r_1}<\frac{1}{r_2}$，透镜的焦距 $f=f'<0$，这种透镜叫作**负透镜**(**negative lens**)或**发散透镜**(**divergent lens**)。发散透镜可以有双凹、平凹和凸凹三种形状，它们的共同特点是边缘厚，中央薄，这类透镜统称**凹透镜**(**concave lens**)。图 13-8 画出了这几种透镜的形状。

图 13-8 透镜的种类

薄透镜的两个顶点是指透镜两个表面的交点，通常在薄透镜的中心位置。在光学中，这两个顶点称为透镜的**光心**(**optical center**)。当光线通过光心时，光线不会发生折射，即光线的传播方向不会改变。这是薄透镜的一个重要特性，使它在光学系统中具有广泛的应用。在薄透镜中，物距 s、像距 s' 和焦距 f、f' 都从光心算起。通过光心的任一直线称为薄透镜的**副光轴**(**secondary optic axis**)。通过焦点 F、F' 分别作一垂直于主光轴的平面，在傍轴条件下，这两个平面分别称物方焦平面和像方焦平面。

2. 薄透镜成像的作图法

在傍轴区域，求物像关系的另一种方法是作图法。按照成像的含义，通过物点每条光线的共轭光线或其延长线都应通过像点。于是，对光轴外的物点的成像，可有三条特殊的光线以供选择：①平行于主光轴的光线，折射后通过像方焦点 F'(图 13-9 中的光线 1)；②通过物方焦点 F 的光线，折射后平行于主光轴(图 13-9 中的光线 3)；③通过光心的光线，按原方向传播不发生偏折(图 13-9 中的光线 2)。

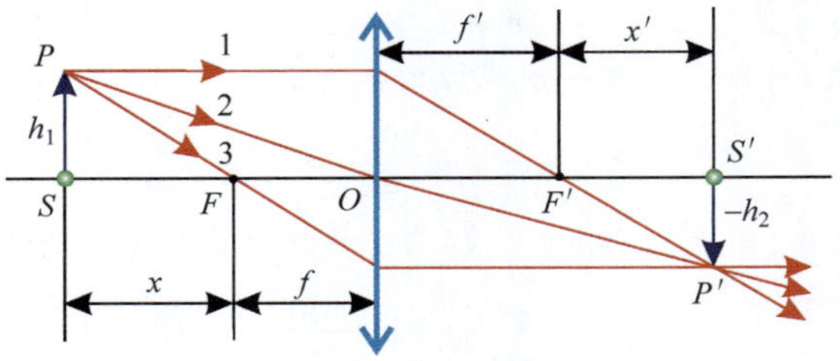

图 13-9 轴外物点的成像

由图 13-9 可知，根据三角形相似原理，薄透镜的横向放大率可以写成

$$\beta=\frac{h_2}{h_1}=-\frac{s'}{s}=-\frac{x'}{f'}=-\frac{f}{x} \tag{13-22}$$

必须指出，物像之间具有等光程性。如图 13-10 所示，物点 S 和像点 S' 之间各光线的光程都相等。从光轴上的物点 S 发出的同心光束经过透镜后会聚在像点 S'。这读者可以由费马原理自己证明。由此我们可以得出如下结论：透镜的使用可以改变光线的传播路径，但对各光线不会引起附加的光程差，这一结论在后面的波动光学中要用到。

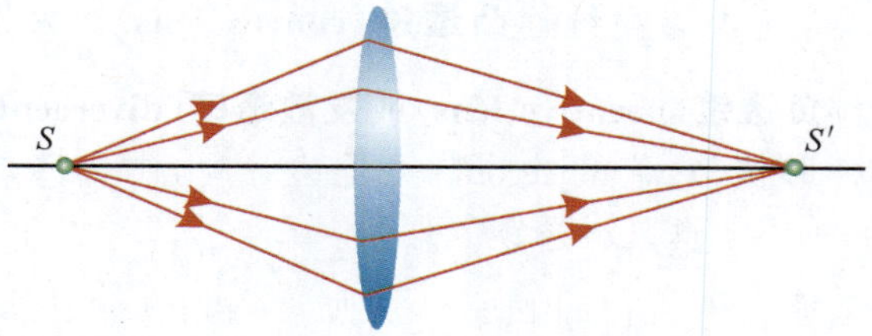

图 13-10　物像之间的等光程性

[例题 13-1]

一高为 h 的发光体位于一个焦距为 10cm 的会聚透镜的左侧 40cm 处，第二个焦距为 20cm 的会聚透镜位于第一个透镜的右侧 30cm 处。(1) 计算最终成像的位置；(2) 计算最终成像的高度与物体高度 h 之比。

解　(1) 将式(13-21)代入式(13-20)得

$$\frac{1}{s'}+\frac{1}{s}=\frac{1}{f}$$

则可得通过第一个透镜成像的位置 s_1' 为

$$\frac{1}{s_1'}+\frac{1}{40}=\frac{1}{10}$$

$$s_1'=\frac{40}{3}\text{cm}$$

对于第二个透镜来说，物体位于 $s_2=(30-40/3)\text{cm}=50/3\text{cm}$ 处，其焦距为 $f_2=20\text{cm}$，同样可以得到通过第二透镜成像的位置 s_2' 为

$$\frac{1}{s_2'}+\frac{1}{50/3}=\frac{1}{20}$$

$$s_2'=-100\text{cm}$$

由以上计算可知，最终成像位于第二个透镜左侧 100cm 处，也就是在物体的左侧 30cm 处。

(2) 根据式(13-22)可以得到第一次成像的横向放大率

$$\beta_1=\frac{s_1'}{s_1}=-\frac{40/3}{40}=-\frac{1}{3}$$

可知，这是一个缩小 3 倍、倒立的实像。同样第二次成像的横向放大率为

$$\beta_2=-\frac{s_2'}{s_2}=-\frac{-100}{50/3}=6$$

这是一个放大 6 倍、正立的虚像。总的横向放大率为

$$\beta=\beta_1\beta_2=\left(-\frac{1}{3}\right)\times 6=-2$$

这说明，最终物体成像为放大 2 倍的倒立虚像。

*13.3 光学仪器

照相机、显微镜和望远镜都是常用的光学仪器，它们都是由几个透镜组合而成的。根据它们的用途，显微镜所成的像必然是放大的虚像，而照相机所成的像却是缩小的实像。处理透镜组合的基本方法是利用单透镜成像公式及放大率公式，逐次计算，按具体要求构建所要求的组合形式。以下将不加证明地介绍照相机、显微镜和望远镜的工作原理及放大率的计算。

13.3.1 照相机

照相机(camera)的光学原理就是利用会聚透镜将远处的物聚成缩小的实像于照相胶片上。然后，再经过显影等步骤而得到最后的照片。照相机的主要部分有：①照相物镜(objective)，俗称镜头。光学玻璃聚集来自前面的光束，并在胶片上聚焦，形成清晰可辨的影像。简单的镜头是由一片曲面玻璃或塑料制成的。更复杂些的镜头是由称作透镜单元的两片或更多片光学玻璃组成的，并将所有透镜单元组装在一起，成为一个整体。②光圈，这个装置根据镜头孔径大小的变化，控制到达胶片的光量。"虹膜"类型的光圈是由一系列相互重叠的薄金属叶片组成的，叶片的离合能够改变中心圆形孔径的大小。可大可小的孔径可以增加或减少通过镜头到达胶片的光量。③快门，这是一个控制进入照相机光线时间长短的机械或电子装置。有些照相机，转动一个旋钮或者按动一个按钮就可以设置快门速度，而另外一些照相机的快门速度是自动设定的。

目前，市场上流行的数码照相机与上述传统照相机具有很多相似之处，图 13-11 所示单反数码照相机。但它们的工作原理却有着很大的不同。数码照相机不是直接将镜头聚焦的影像储存在化学胶片上，而是投射到光电转换器芯片 CCD(称为电荷耦合半导体器件)上，CCD 将投射而来的景物光信号转化成电流信号，然后将数据传输到模拟电子信号处理器上，转化成计算机能识别的数码信号，通过数码压缩处理、模块压缩处理后储存在闪烁式电子芯片上，最后经过各种运算转换为图像的数码文件，供后期处理使用。

图 13-11 单反数码照相机

13.3.2 显微镜

显微镜的功能是使近距离微小物体成放大的像。简单放大镜的放大率太小，最多 10～20 倍，甚至不能满足观察一般生物切片的要求。为了提高放大率，必须采用组合放大镜——**显微镜**(microscope)。显微镜是由伽利略在 1610 年发明的，它的构造比较复杂，其放大倍数也比较大，可达到 1500 倍以上。

图 13-12(a)所示为一种简单显微镜的外形图。显微镜系统的光路图如图 13-12(b)所示，在放大镜(目镜)前面再加一个焦距极短的会聚透镜组，称为物镜(objective)。通过

调节各透镜相对于物的距离，使被观察的物体处在物镜物方焦点 F_1 外侧附近，并使它经物镜放大成实像于目镜物方焦点 F_2 内侧附近，再经目镜放大成虚像于明视距离 s_0（明视距离是国际上规定的正常照明条件下正常人眼能观察到物体的距离。$s_0=25\text{cm}$）以外。这样，就达到了显微镜观物的作用。为简单起见，显微镜的目镜和物镜都以一块会聚透镜表示。

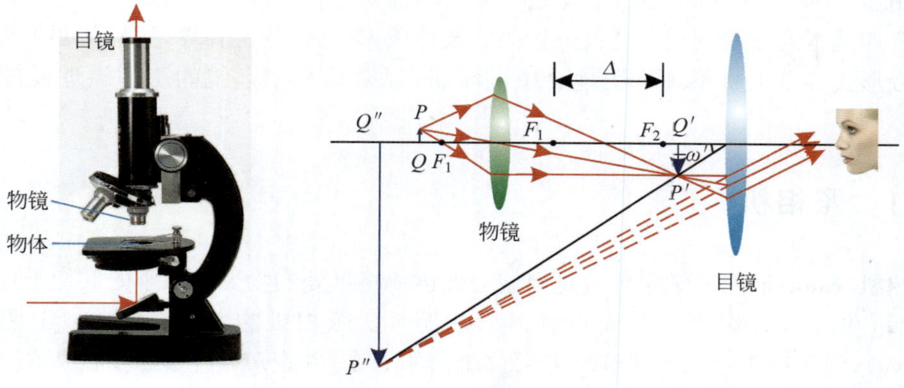

(a) (b)

图 13-12 显微镜及其光路图

由于显微镜、望远镜等的作用是通过透镜放大物体对人眼的视角，从而达到获得放大了的物体像的目的，因此，定义显微镜的视角放大率为 $M=\omega'/\omega$，其中 ω 为无显微镜时物体在明视距离 s_0 处所张的视角，即 $\omega=h_1/s_0$（h_1 为物体 PQ 的高度），而 ω' 为通过显微镜最后成的虚像对人眼所张的视角，它近似为前述实像对目镜的视角，即 $-\omega'=-h_2/f_2$（h_2 为实像 $P'Q'$ 的高度，f_2 为目镜的焦距），则显微镜的视角放大率为

$$M=\frac{\omega'}{\omega}=\frac{h_2}{h_1}\frac{s_0}{f_2}=\beta_0 M_E \tag{13-23}$$

式中，$\beta_0=\dfrac{h_2}{h_1}$ 为物镜的横向放大率，$M_E=\dfrac{s_0}{f_2}$ 为目镜的视角放大率，即显微镜的视角放大率等于物镜的横向放大率和目镜的视角放大率的乘积。通常在显微镜物镜和目镜上分别刻有10×、20×等字样，以便我们计算显微镜的视角放大率。

设 Δ 为物镜像方焦点 F_1' 到目镜物方焦点 F_2 的距离（称光学间隔），f_1 为物镜的焦距，则物镜的横向放大率可写为

$$\beta_0=\frac{h_2}{h_1}=-\frac{\Delta}{f_1}$$

这样，显微镜的视角放大率可写为

$$M=-\frac{\Delta}{f_1}\frac{s_0}{f_2} \tag{13-24}$$

由此可见，显微镜的光学间隔越大，物镜和目镜的焦距越短，显微镜的放大倍数就越高。但是光学间隔也不能太大（一般为 16～18cm）。若 $\Delta=18\text{cm}$，物镜焦距 $f_1=3\text{mm}$，目镜焦距 $f_2=15\text{mm}$，则此显微镜的放大率是 1000 倍。常用显微镜的放大率可达 1500 倍，如倍数

要再加大，则需要用油浸物镜，再加灯光会聚照明，其放大率可达 2000 倍，这类显微镜称为超级显微镜。

13.3.3 望远镜

望远镜的结构与显微镜有些类似，只是望远镜的功能是对远处物体成视角放大的像。正常人眼虽然可观察的远点能达到无限远，但此时在眼球视网膜上形成的像太小，以致很难分辨。要清晰地观察远方物体，必须借助于望远镜。人们在望远镜中所观察到的像，实际上并不比原物体大，望远镜起的作用只是把远处的物体移近，增大视角，原来看不清楚的物体就能被看清楚了，这是与显微镜有本质不同的地方。

望远镜也是由物镜和目镜所组成的。从远处物体上射来的光线可看作平行光线，它们通过长焦距物镜后，在物镜的像方焦平面上形成了倒立的实像，如图 13-13 所示。目镜在望远镜和显微镜中都起放大镜的作用，如果调节目镜，使物镜所成之像恰好在目镜第一焦平面的内侧，则经过目镜后，在明视距离处形成一个放大虚像。不过通常是把实像正好调节在两透镜的共同焦点上，使通过目镜出射的光线成为平行光，而虚像在无穷远处。最后的像总是成在视网膜上。从图 13-13 中可以看出物体对眼睛所张的视角为 $\omega=-h/f_1$，最后的虚像对目镜所张的视角为 $-\omega'=-h/f_2$。

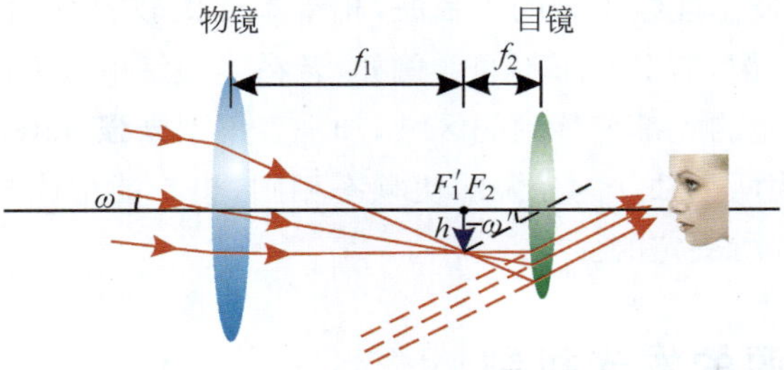

图 13-13　望远镜的光路图

望远镜的视角放大率定义为最后的虚像对目镜所张的视角和物体本身对眼睛所张的视角之比值，即

$$M=\frac{\omega'}{\omega}=-\frac{f_1}{f_2} \tag{13-25}$$

由此可知，物镜的焦距越长，目镜的焦距越短，则望远镜的放大率就越大。由两个会聚透镜分别作为物镜和目镜所组成的天文望远镜称为开普勒望远镜，此时物镜和目镜的焦距都为正值，望远镜的视角放大率为负值，故形成的是倒立的像。用发散透镜作为目镜的望远镜称为伽利略望远镜。对于伽利略望远镜，由于目镜的焦距为负，放大率为正值，故形成正立的像。

开普勒望远镜（或伽利略望远镜）的物镜和目镜所成的复合光学系统的光学间隔等于零，这样的光学系统叫作望远光学系统，即无焦系统。它的特点是平行光束通过时，透射出来的仍是平行光束，但方向改变。

13.4 相干光

13.4.1 光的相干性

干涉现象是波动过程的基本特征之一。在第 5 章已经指出：由频率相同、振动方向相同、相位相同或相位差保持恒定的两个波源所发出的波是相干波，在相干波相遇的区域内，有些点的振动始终加强，有些点的振动始终减弱或完全消失，即产生干涉现象。尽管人们对光的本性争论不休，但实际上早就发现了光的干涉现象，例如水面上的油膜呈现的彩色图案等，只是当时人们试图以各种其他方法来解释这种现象。

由于光是一种电磁波，所以对于光波来说，振动和传播的是电场强度 $\boldsymbol{E}$ 和磁感应强度 $\boldsymbol{B}$，其中能引起人眼视觉或对感光设备起作用的主要是电场强度 $\boldsymbol{E}$，故通常把 $\boldsymbol{E}$ 矢量叫作**光矢量**(**light vector**)。若两束光的光矢量满足相干条件，则它们是**相干光**(**coherent light**)，其光源叫作**相干光源**(**coherent source**)。

虽然光波的相干条件与机械波相同，但光的相干性却有些特殊。机械波或无线电波的波源可以连续地振动，发出连续不断的正弦波，相干条件比较容易满足，因此比较容易产生干涉现象。对于普通光源，情况有所不同。例如，若在实验室里放着两个发光频率完全相同的钠光灯，在它们所发出的光都能传到的区域，却观察不到**光强**(**intensity of light**)分布有明暗相间的变化。这表明两个独立的光源即使频率相同，也不能构成相干光源。这是由普通光源发光本质的复杂性所决定的。

13.4.2 普通光源的发光机制

光源就是发射光波的物体，星体、萤火虫、灯都是光源。普通光源发光的机制是处于激发态的原子或分子(以原子为例)的**自发辐射**(**spontaneous radiation**)。近代物理理论和实验都表明，原子的能量具有不连续的一系列分立值，这些分立值称为**能级**(**energy level**)。原子通常总是趋于处在能量最低的**基态**(**ground state**)，如果它们受到外界的某种激励，就会吸收一定的能量从基态跃迁到能量较高的**激发态**(**excited state**)。处在激发态的原子是不稳定的。它们会自发地跃迁回到基态或较低能量的激发态。在这个过程中，每个原子将多余的能量以电磁波的形式辐射出来，或者说辐射出光子，发出了光。这个辐射过程很短，为 $10^{-10}\sim10^{-8}$ s。一般来说，各个原子的激发与辐射是彼此独立的、随机的(randomness)，是间歇(intermittence)进行的。因而，同一瞬间不同原子发射的电磁波，或同一原子先后发射的电磁波，其频率、相位、振动方向各不相同。另外，光源中每个原子每次发光为持续时间很短、长度有限的**波列**(**wave train**)，如图 13-14 所示为原子光波列的示意图。按傅里叶变换，一个有限长的波列可以表示为许多不同频率、不同振幅的简谐波的叠加。因此，普通光源发出的光波是大量简谐波叠加起来的。

综上所述，原子是物质发光的基元，它们每次发出一个有限长的波列，这些波列是不相干的，这就是普通光源的发光机制。

只具有单一波长（或频率）的光称为**单色光**，由各种波长（或频率）的单色光复合而成的光称为**复色光**。显然，普通光源发出的光是复色光。太阳光中的可见光是波长连续分布的白光，波长范围为 400～760nm，相应的频率范围为 $3.95\times10^{14}\sim7.5\times10^{14}$ Hz。白光通过三棱镜时发生色散，形成一个连续光谱。有些物质的光谱是分立的线光谱。

严格的单色光是不存在的，任何光源发出的光都有一定的频率范围，且每种频率的光所对应的强度是不同的。实验上常用一些设备从复色光中获得近似单色光的准单色光，例如使用滤光片、三棱镜、光栅等得到准单色光。准单色光是由一些波长（或频率）相差很小的单色光组成，所以，准单色光有一定的波长（或频率）范围。以波长（频率）为横坐标，光的谱强度（指单位波长间隔的光波强度）为纵坐标画出的如图 13-15 所示的曲线称为**光谱曲线**（谱线）。设最大谱强度 I_0 对应的波长为 λ_0，将谱强度下降到 $I_0/2$ 的两点之间的波长范围 $\Delta\lambda$ 称为**谱线宽度**。我们常用谱线宽度来表征准单色光的单色程度。$\Delta\lambda$ 越小，谱线就越尖锐，光的单色性就越好。例如钠光灯、汞灯等普通光源谱线宽度的数量级为 $10^{-3}\sim10^{-1}$ nm，而**激光**（laser）谱线宽度的数量级为 10^{-9} nm。

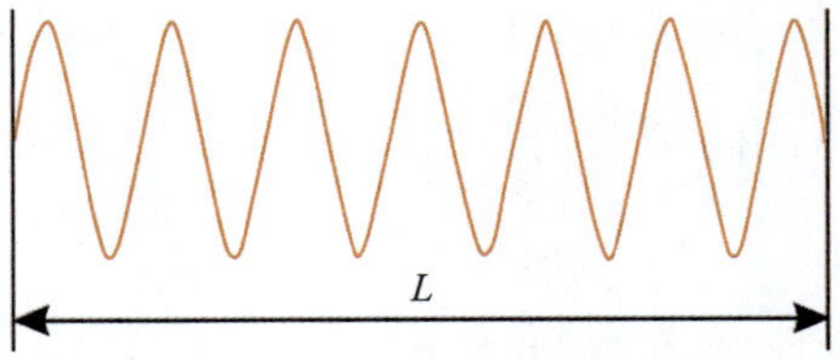

图 13-14　原子跃迁发出的光波列

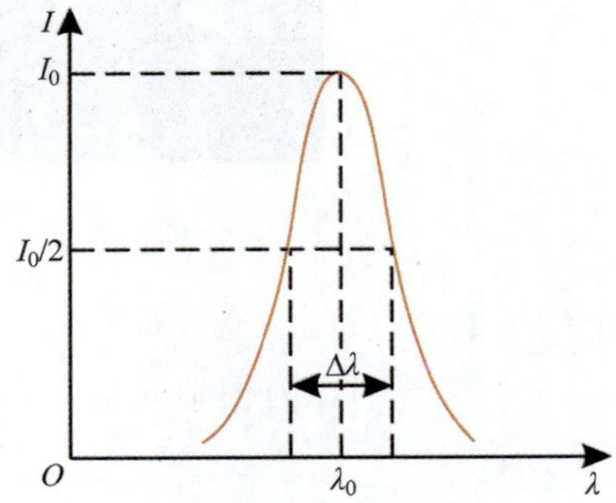

图 13-15　光谱曲线

13.4.3　相干光的获得

从普通光源的发光机制可知，来自两个独立光源的光是非相干光，而来自同一光源的两个不同部分的光也不是相干光。但是可以利用普通光源获得相干光，其基本原理是：把光源上某一点发出的同一个光波列设法分成两部分，并沿两条不同的路径传播，然后再使它们相遇，从而使这两部分的光叠加起来。由于这两部分光实际上来自点光源发出的同一波列，所以它们满足相干条件，是相干光。把同一光源发出的光分成两部分的方法有两种。一是从一点光源（或线源）发出的光波波阵面上分离出两个点（或两条线），由于波阵面上任一点都可视为新光源，而且这些新光源具有相同的相位，所以这两个新光源发出的光是相干光，这种方法称为**分割波阵面方法**。杨氏双缝干涉就采用了这种方法；二是利用反射和折射把一光源上同一点发出的光波波面上某处的振幅分成两部分，反射光和折射光沿两条不同路径传播并相遇，这时，原来的每一波列都分成了频率相同、振动方向相同、相位差恒定的两部分，当它们相遇时，就能产生干涉现象，这种方法称为**分割振幅方法**。薄膜干涉就是利用这种方法获得相干光。

我们在日常生活中看到油膜、肥皂泡所呈现的彩色，就是一种光的干涉现象，如图 13-16 所示。因太阳光中含有各种波长的光，当太阳光照射油膜时，经油膜上、下两表面反射的光形成相干光束，有些地方红光加强，有些地方绿光加强等，这样就可以看到油膜呈现出彩色条纹。如果用单色光照射在竖立的肥皂膜上，由于干涉，在膜表面可以看到明暗相间的横条纹。

图 13-16 肥皂膜的彩色图案

上面讨论的是普通光源，对于单频的激光光源，由于从激光器窗口输出的激光都具有相干性，从而用激光可以方便地演示光的干涉现象。

13.5 杨氏双缝干涉 劳埃德镜

13.5.1 杨氏双缝干涉实验

1801 年，托马斯·杨（Thomas Young，1773—1829 年，英国物理学家）通过杨氏双缝干涉实验观察到光的干涉现象。图 13-17(a)所示为杨氏双缝干涉实验示意图，在单色点光源前放一狭缝 S，使 S 成为实施本实验的缝光源。S 前对称地放置两个相距很近与 S 平行的狭缝 S_1 和 S_2，S_1 和 S_2 位于从 S 出发的子波的同一波阵面上，因此 S_1 和 S_2 构成一对相干光源。这里采用的是分割波阵面法来获得相干光。这样，由 S_1 和 S_2 发出的光在空间相遇，将产生干涉现象。

实验中在与狭缝相距约为 1m 处的观察屏上出现了一系列稳定的明暗相间的条纹，即干涉条纹，如图 13-17(b)所示，条纹间的距离（确切地说是相应条纹中心间的距离）彼此相等，且都与狭缝平行，O 处的中央条纹是明条纹。

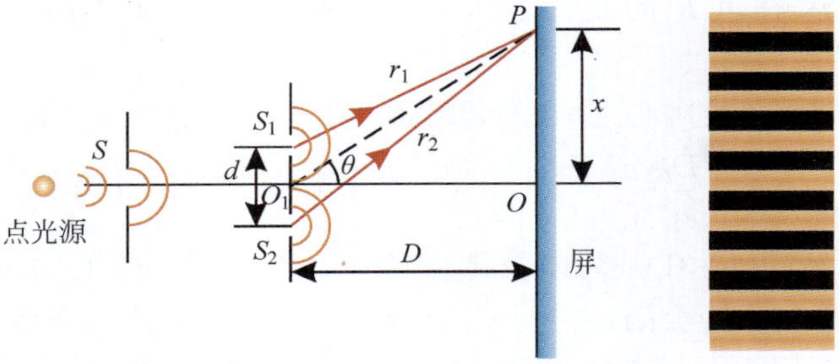

(a) 干涉实验示意图　　(b) 干涉条纹

图 13-17　杨氏双缝干涉

动画：杨氏双缝干涉

下面定量分析屏幕上形成干涉明、暗条纹所应满足的条件。如图 13-17(a)所示，设双缝 S_1 和 S_2 的间距为 d，双缝到屏的距离为 $D(D\gg d)$，O 为屏幕中心，双缝 S_1 和 S_2 到屏幕上点 P 的距离分别为 r_1 和 r_2，点 P 到点 O 的距离为 x，从同相波源 S_1 和 S_2 发出的两束光到达点 P 处的波程差为

$$\Delta = r_2 - r_1$$

由几何关系得到

$$r_1^2 = D^2 + \left(x - \frac{d}{2}\right)^2, \quad r_2^2 = D^2 + \left(x + \frac{d}{2}\right)^2$$

两式相减，得到

$$r_2^2 - r_1^2 = (r_2 + r_1)(r_2 - r_1) = 2xd$$

由于 $D\gg d$，所以当 $D\gg x$ 时，$r_2 + r_1 \approx 2D$。则

$$\Delta = r_2 - r_1 = \frac{d}{D}x \tag{13-26}$$

设入射光波长为 λ，由两相干同相波源干涉相长和相消的条件可得，两束光到达点 P 的波程差为

$$\Delta = \pm k\lambda, \qquad k = 0,1,2,\cdots \qquad \text{干涉相长(明条纹中心)} \tag{13-27}$$

$$\Delta = \pm(2k+1)\frac{\lambda}{2}, \qquad k = 0,1,2,\cdots \qquad \text{干涉相消(暗条纹中心)} \tag{13-28}$$

将式(13-26)代入式(13-27)中就得到干涉明条纹所在的位置

$$x = \pm k\frac{D\lambda}{d}, \quad k = 0,1,2,\cdots \tag{13-29}$$

满足上述条件的点在屏幕上是一条条平行于狭缝的直线，因此在屏上出现直线段明条纹，式中正负号表明干涉明条纹是在点 O 两侧对称分布的。对于点 O，$\Delta = 0$，$k = 0$，因此，点 O 处也为一明条纹的中心。此明条纹叫作中央明条纹。在点 O 两侧，与 $k = 1,2,3,\cdots$ 相应的明条纹分别叫作第 1、2、3、…级明条纹。它们对称分布在中央明条纹的两侧。

将式(13-26)代入式(13-28)中就得到干涉暗条纹所在的位置

$$x = \pm\left(k + \frac{1}{2}\right)\frac{D\lambda}{d}, \quad k = 0,1,2,\cdots \tag{13-30}$$

满足上述条件的点在屏幕上也是一条条平行于狭缝的直线，因此在屏幕上出现直线段暗条纹。$k = 0,1,2,\cdots$ 分别对应于第 1、2、3、…级暗条纹。式中正负号表明干涉暗条纹是相对中央明条纹两侧对称分布的。若 S_1 和 S_2 在点 P 的波程差既不满足式(13-29)，也不满足式(13-30)，则点 P 处既不是最明，也不是最暗。

从式(13-29)和式(13-30)看到，相邻明条纹中心之间、相邻暗条纹中心之间的间距都是

$$\Delta x=\frac{D\lambda}{d} \tag{13-31}$$

因此干涉条纹是**等距离分布的直条纹**。从式(13-31)还可以看到，当 D、λ 一定时，条纹间距 Δx 与 d 成反比，所以双缝间距要小，否则，条纹间距会因过密而无法分辨；当 D、d 一定时，条纹间距 Δx 与入射光的波长 λ 成正比，波长不同，其明条纹中心的位置就不同，据此可以区分不同波长的入射光。如果用白光照射，从式(13-29)可知，各单色光的中央明条纹位置都在屏幕中央，各色光合成后仍为白光，而其他各级明条纹的位置和条纹间距都与波长成正比。因此，除中央明条纹仍为白光外，其两侧因各色光的波长不同而呈现彩色条纹，同一级各单色光明条纹形成一个内紫外红的**彩色光谱(spectrum)**，如图 13-18 所示。

图 13-18 白光干涉条纹

13.5.2 劳埃德镜实验

劳埃德镜实验的原理本质上与杨氏双缝干涉实验类似。

如图 13-19 所示，M 为一反射镜，S 为狭缝光源，从狭缝 S 发出的光一部分直接照射到屏幕 E 上，另一部分射到反射镜 M 上，反射后到达屏幕 E 上。于是，处在这两束相干光的交叠区域里的屏幕上将出现干涉条纹，反射光可看成是由虚光源 S_1 发出的，S、S_1 构成一对相干光源，相当于杨氏双缝干涉实验中的双缝。

劳埃德镜实验结果的分析方法与杨氏双缝干涉实验基本相同，唯一的区别是在计算反射光的波程时必须加上 $\frac{\lambda}{2}$ $\left(或减去\frac{\lambda}{2}\right)$，这是因为当光从光疏介质(折射率较小的介质)射向光密介质(折射率较大的介质)而被反射时，就会发生相位为 π 的突变，这相当于反射光多(或少)走了半个波长的波程，这个现象称为**半波损失(half-wave loss)**。在劳埃德镜实验中，若将观察屏 E 平移至与反射镜 M 接触(图 13-19 中 E' 位置)，此时从 S、S_1 发出的光到达接触点的几何波程相等，因此这里本来应该出现明条纹，而实验上却观察到暗条纹，这说明在该处入射光和反射光相位相反，两者相消。从另一方面讲，劳埃德镜实验是半波损失的一个实验验证。

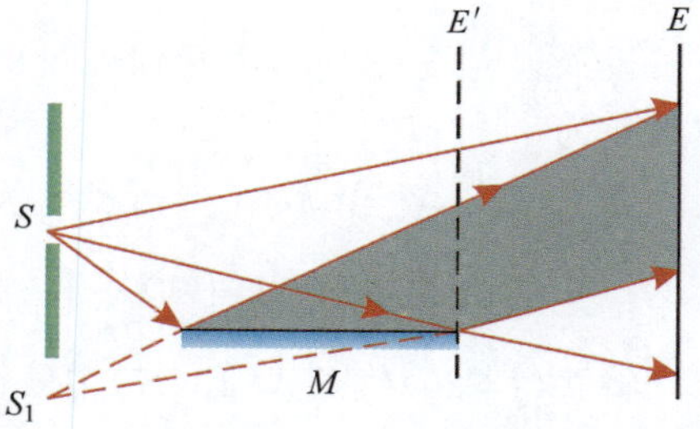

图 13-19 劳埃德镜实验示意图

[例题 13-2]

在杨氏双缝干涉实验中，以单色光垂直照射到相距为 0.2mm 的双缝上，双缝与屏幕的垂直距离为 10m。(1)若屏上第 1 级干涉明条纹到同侧的第 4 级明条纹中心间的距离为 75mm，求单色光的波长；(2)若入射光的波长为 600nm，求相邻两暗条纹中心间的距离。

解 (1) 根据杨氏双缝干涉明条纹的条件，第 k 级明条纹中心的坐标

$$x_k = \pm k\frac{D\lambda}{d},\quad k=0,1,2,\cdots$$

以 $k=1$ 和 $k=4$ 代入，得第 1 级干涉明条纹到同侧的第 4 级明条纹中心间的距离为

$$\Delta x_{14} = x_4 - x_1 = \frac{D\lambda}{d}(4-1) = \frac{3D\lambda}{d}$$

将已知数据代入，可得单色光的波长为

$$\lambda = \frac{\Delta x_{14} d}{3D} = \frac{75\times10^{-3}\times2\times10^{-4}}{3\times10}\text{m} = 500\text{nm}$$

(2) 当 $\lambda=600\text{nm}$ 时，相邻两暗条纹中心间的距离为

$$\Delta x = \frac{D\lambda}{d} = \frac{10\times600\times10^{-9}}{2\times10^{-4}}\text{m} = 30\text{mm}$$

[例题 13-3]

使一束水平的氦氖激光器发出的波长为 632.8nm 的激光垂直照射到一双缝上。在缝后 2.0m 处的墙上观察到中央明条纹和第 1 级明条纹的间隔为 14cm。(1)求两缝的间距；(2)在中央条纹以上还能看到几条明条纹？

解 (1) 由双缝干涉的基本公式 $\Delta x=\frac{D}{d}\lambda$，得

$$d = \frac{D}{\Delta x}\lambda = \frac{2\times632.8\times16^{-9}}{14\times10^{-2}}\text{m} = 9.0\mu\text{m}$$

(2) 因为 $\Delta = d\sin\theta = \pm k\lambda$，$\theta$ 为图 13-17 中 O_1O 和 O_1P 之间的夹角，所以能在屏上看到的 θ 角的极限为 $\pm\frac{\pi}{2}$，即

$$\pm1 = \pm k\frac{\lambda}{d},\quad k=\frac{d}{\lambda}=14(\text{条})$$

因此，在中央条纹以上还能看到 14 条明条纹。

13.6 光程 薄膜干涉

13.6.1 光程

以上所讨论的双缝干涉，两束相干光都在同一种介质中传播，光的波长不发生变化，所以只要计算出两相干光到达相遇点时的波程差 Δ，就可根据 $\Delta\varphi=\frac{2\pi}{\lambda}\Delta$ 确定两相干光的相位

差 $\Delta\varphi$。当光不是很强、不发生非线性效应时，光的频率是不随介质而改变的，但当两束同频率的光在传播过程中经历了不同的介质，那么由于光在不同介质中折射率不同，光的波长也不同，因此就不能直接由波程差来计算相位差了。为此，需要引入光程的概念。

设频率为 ν 的单色光在折射率为 n 的介质中的传播速率为 u，波长为 λ_n，在真空中的传播速度为 c，波长为 λ。因为 $n=c/u=(\lambda\nu)/(\lambda_n\nu)=\lambda/\lambda_n$，则有

$$\lambda_n=\frac{\lambda}{n} \tag{13-32}$$

由于 $n>1$，光在介质中的波长 λ_n 要比光在真空中的波长 λ 小。图 13-20 所示的是光从真空入射到折射率为 1.5 的介质后的波长变化。

设光在介质中传播几何路程 r 所需时间为 t，则 $r=ut=ct/n$，即 $nr=ct$，由此定义**光程**（**optical path**）：

$$L=nr \tag{13-33}$$

因此介质中的光程就是**几何路程与介质折射率的乘积，它等于相同的时间内光在真空中所通过的路程**。光程实质是将光在介质中传播的距离换算成真空中的长度。

有了光程这一概念，当光通过几种不同介质时，就不必考虑光在不同介质中波长的差别，而统一用光在真空中的波长计算相位差。如图 13-21 所示，设两束相干光分别在折射率为 n_1 和 n_2 的介质中传播了几何路程 r_1 和 r_2 后相遇，则它们之间的光程差为

$$\delta=n_2r_2-n_1r_1 \tag{13-34}$$

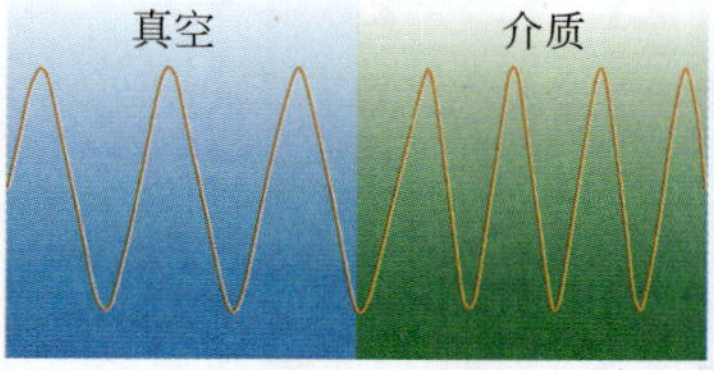

图 13-20　光在不同介质中的波长

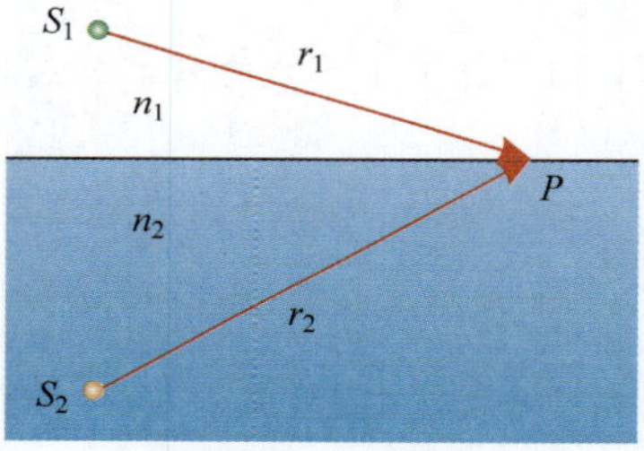

图 13-21　光在两个介质中的光程差

若两束光的初相位相同，则它们在相遇时的相位差

$$\Delta\varphi=2\pi\left(\frac{r_2}{\lambda_2}-\frac{r_1}{\lambda_1}\right)=\frac{2\pi}{\lambda}(n_2r_2-n_1r_1)$$

式中，λ_1 和 λ_2 分别是光在两种介质中的波长，λ 是光在真空中的波长。利用式(13-34)得，相位差与相应的光程差之间的关系为

$$\Delta\varphi=\frac{2\pi}{\lambda}\delta \tag{13-35}$$

所以，当

$$\delta=\pm k\lambda,\quad k=0,1,2,\cdots \tag{13-36}$$

时，有 $\Delta\varphi=\pm 2k\pi$，干涉相长（光的强度最强）；当

$$\delta=\pm(2k+1)\frac{\lambda}{2},\quad k=0,1,2,\cdots \tag{13-37}$$

时，有 $\Delta\varphi=\pm(2k+1)\pi$，干涉相消（光的强度最弱）。

在干涉和衍射装置中，透镜是经常用到的光学器件。下面简单说明薄透镜的等光程性。我们知道，平行光线或物点(object point)发出的不同光线，经不同路径通过薄透镜后会聚成为一个明亮的实像。说明从物点到像点，各光线具有相等的光程。如图 13-22 所示，当平行光束通过透镜后，在图 13-22(a)中会聚于焦点 F，在图 13-22(b)中会聚于焦平面上点 P，相互加强成为一个亮点，这是由于在垂直于平行光的某一波阵面 GH 上各点的相位相同，从这些点发出的光线到达焦平面后相位仍然相同，因而互相加强。由此可见，从同相面 GH 上的 A、B、C、D、E 各点经透镜到达点 P 的各光线，虽然它们的几何路程长度不同，但透镜的折射率比空气的折射率大，几何路程较长的光线在透镜内的路程较短，而几何路程较短的光线在透镜内的路程较长。这样就使得从同相面 GH 上各点到达会聚点的各光线的光程总是相等的。由此可见，**使用透镜只能改变光波的传播路径，但不引起附加的光程差**。

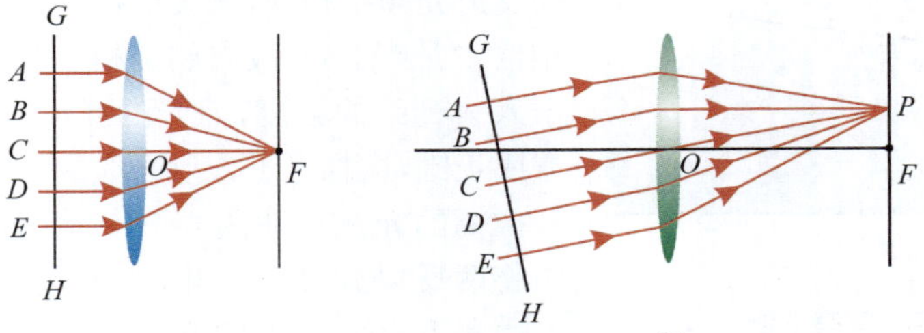

图 13-22 光通过透镜时的光程

［例题 13-4］

如图 13-23 所示，一双缝装置的一个缝被折射率为 1.4 的薄玻璃片所遮盖，另一个缝被折射率为 1.7 的薄玻璃片所遮盖，在两薄玻璃片插入以后，屏上原来的中央明条纹处现变为第 5 级明条纹，假定 $\lambda=480\text{nm}$，且两薄玻璃片厚度均为 d，求 d。

解 玻璃片插入前后，通过狭缝的两束光到达屏幕上的原中央明条纹位置处的光程差分别为

$$\delta_1=r_2-r_1=0$$

$$\delta_2=(n_2-n_1)d+r_2-r_1$$

在原中央明条纹位置处光程差的变化量为

$$\delta_2-\delta_1=(n_2-n_1)d$$

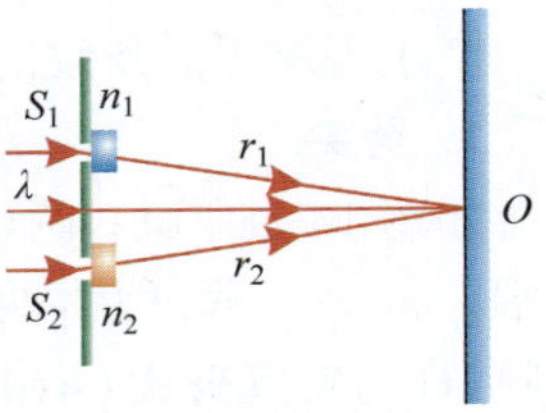

图 13-23 例题 13-4 用图

由于这一光程差的变化量使原中央位置处 5 条明条纹移过，因此，有

$$(n_2-n_1)d=5\lambda$$

将已知数据代入，可得

$$d=\frac{5\lambda}{n_2-n_1}=8000\text{nm}=8\mu\text{m}$$

由此可知，两薄玻璃片厚度为 $8\mu\text{m}$。

13.6.2 薄膜干涉

薄膜干涉(film interference)是日常生活中常见的光学现象，具有丰富多彩的内容，例如在太阳光下，肥皂泡或水面上的油膜上都呈现出彩色条纹。很多精密测量和检验都用到薄膜干涉的原理，例如照相机镜头、眼镜镜片的镀膜层，劈尖和牛顿环等。下面介绍薄膜的等厚干涉条纹。

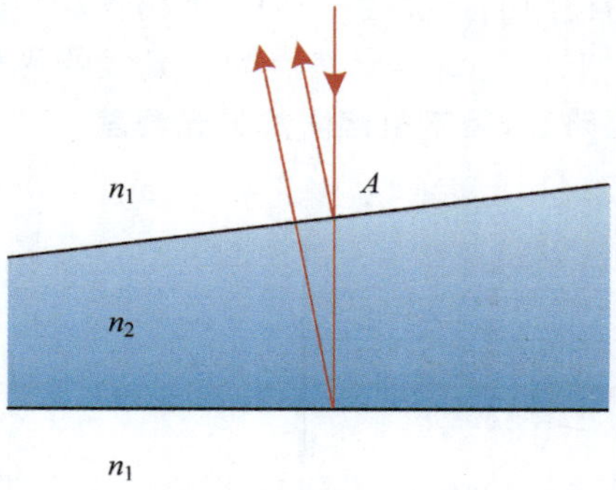

图 13-24 薄膜干涉

如图 13-24 所示，在折射率为 n_1 的均匀介质中，有一折射率为 n_2、厚度不均匀的薄膜，且 $n_2 > n_1$。当单色平行光垂直入射到薄膜表面时，上下两表面的反射光频率相同，光矢量振动方向基本平行，而且相位差保持不变，故它们是相干光，它们的强度都小于入射光线的强度，而光的强度与光矢量振幅的平方成正比，这相当于入射光线的振幅被分割了，这种分振幅的光线在薄膜表面 A 相遇（为看清光路，图中将两反射光分得很开，实际上薄膜上表面反射的光线和下表面反射的光线都可看作垂直于薄膜表面，因而两光与入射光重合）。由于光是从光疏介质入射到光密介质的界面，故存在半波损失。其光程差为

$$\delta = 2n_2 e + \frac{\lambda}{2} \tag{13-38}$$

式中，e 为该处薄膜厚度。由式(13-38)可知，当入射光波长和薄膜折射率一定时，光程差仅与薄膜厚度有关，即膜上同一厚度的各点反射的各对相干光有相同的光程差，因而这些点对应于同一条纹，光强相等。由此，薄膜上的干涉条纹与薄膜表面的等厚线形状相同。这种干涉条纹称为**等厚干涉**(equal thickness interference)条纹。

产生等厚干涉条纹的典型装置是劈尖和牛顿环，分别介绍如下。

1. 劈尖

如图 13-25 所示，两块平面玻璃片，一端相叠合，另一端之间夹一薄纸片，两玻璃片之间就形成一劈形空气膜，称为**空气劈尖**(wedge)。因劈尖的等厚线与两玻璃片的交棱平行，故单色平行光垂直照射时，就会在劈尖表面形成与棱边平行的一系列平行于劈尖棱边的明暗相间的直条纹。

图 13-25 空气劈尖及干涉条纹

空气劈尖上下的介质都是玻璃，在劈尖的下表面光线反射时，由于光是从光疏介质空气几乎垂直入射到光密介质玻璃界面，故存在半波损失。因此在计算空气劈尖上下表面反射的光程差时，需要加上半个波长的附加光程差 $\lambda/2$。设空气的折射率为 n，由式(13-38)可得，在空气劈尖厚度为 e 的地方，光程差等于

$$\delta = 2ne + \frac{\lambda}{2} \tag{13-39}$$

根据干涉相长条件式(13-36)及相消条件式(13-37)，得到空气劈尖干涉明、暗条纹的条件是

$$\delta = 2ne + \frac{\lambda}{2} = \begin{cases} k\lambda, & k=1,2,3,\cdots, \quad 明条纹 \\ (2k+1)\dfrac{\lambda}{2}, & k=0,1,2,\cdots, \quad 暗条纹 \end{cases} \tag{13-40}$$

需要注意式(13-40)中 k 的取值范围。特别地，在劈尖的棱边即厚度 $e=0$ 处，由于光程差 $\delta=\frac{\lambda}{2}$，因此实际上观察到的是暗条纹。

下面分析劈尖干涉条纹的间距，如图 13-26 所示，设劈尖顶角为 θ，由式(13-40)可以看出，相邻的明条纹(或暗条纹)对应的空气层厚度差为半个波长即 $\lambda/2$。在劈尖表面上任意两相邻明条纹(或暗条纹)之间的距离 l 与相应的空气层厚度差 Δe 满足几何关系：

$$\Delta e = l\sin\theta = \frac{\lambda}{2n}$$

$$l = \frac{\lambda}{2n\sin\theta} \approx \frac{\lambda}{2n\theta} \tag{13-41}$$

这就是劈尖干涉条纹的间距与劈尖顶角 θ 的关系。从式(13-41)可以看到，干涉条纹是等间距明暗相间分布的，θ 越小，l 越大，条纹越疏；θ 越大，l 越小，条纹越密。劈尖顶角 θ 大到一定限度，条纹就不能区分，观察不到干涉条纹。通常要求 $\theta \ll 1$。

利用劈尖干涉可以检验光学表面的平整度，能查出约 0.1μm 的凹凸缺陷，还能测量微小角度、细丝的直径或薄片的厚度。图 13-27(a)所示为表面平整的工件的等厚干涉条纹，图 13-27(b)存在极小凸凹不平的工件的等厚干涉条纹。观测干涉条纹弯曲情况，可判断工件表面是凹痕还是凸痕，以及痕的深度。这种光学测量方法的精度可达到光的波长的十分之一，即 10^{-8}m 的量级，远高于机械方法测量的精度。

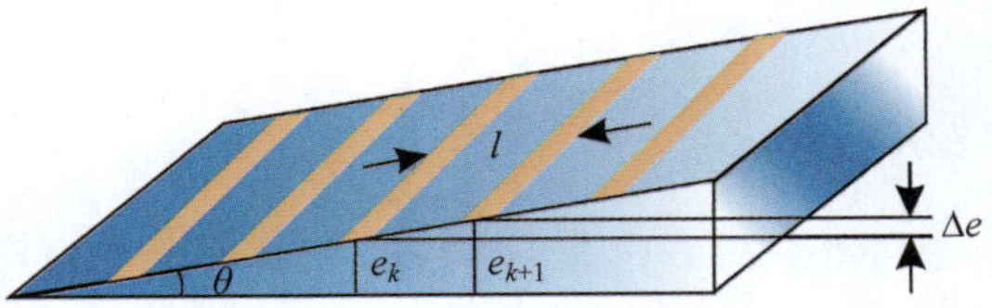

图 13-26 等厚干涉条纹的间距

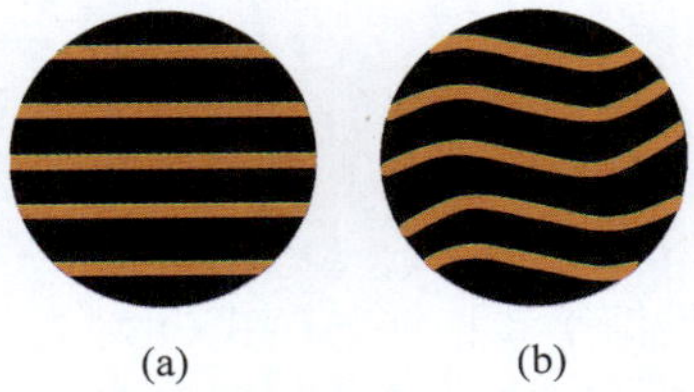

图 13-27 用等厚干涉条纹检验表面质量

利用劈尖干涉还可以测定薄膜厚度。在制造半导体元件时，经常要在硅片上生成一层很薄的二氧化硅膜，要测量其厚度，可将二氧化硅膜制成劈尖形状，用图 13-25 所示的装置测出劈尖干涉明条纹的数目，就可算出二氧化硅薄膜的厚度。

[例题 13-5]

两块玻璃夹一细金属丝形成空气劈尖，金属丝与棱边的距离 $L=3.0$cm。用波长 $\lambda=590$nm 的黄光垂直照射，测得 30 条明条纹的总距离为 4.3mm。求金属丝的直径。

解 由于空气劈尖的倾角 θ 很小，则有 $\theta \approx \sin\theta, D = L\theta$。根据式(13-41)可得

$$\theta = \frac{\lambda}{2l}$$

其中 l 是两相邻明条纹之间的距离。因此金属丝的直径为

$$D = L\theta = \frac{L\lambda}{2l} = \frac{3.0\times10^{-2}\times590\times10^{-9}}{2\times\dfrac{4.3\times10^{-3}}{30-1}}\text{m} = 6.0\times10^{-5}\text{m}$$

2. 牛顿环

如图 13-28 所示，在一块平板玻璃上放一曲率半径 R 很大的平凸透镜，在两者之间形成厚度不均匀的球面形的空气薄层。用单色平行光垂直照射平凸透镜，透镜下表面反射的光和平板玻璃上表面所反射的光发生等厚干涉。由于这里空气劈尖的等厚轨迹是以平玻璃与平凸透镜的接触点为圆心的一系列同心圆，所以干涉条纹的形状是以接触点为圆心的一组同心圆环，因其最早是被牛顿观察到的，故称为**牛顿环**(**Newton ring**)。

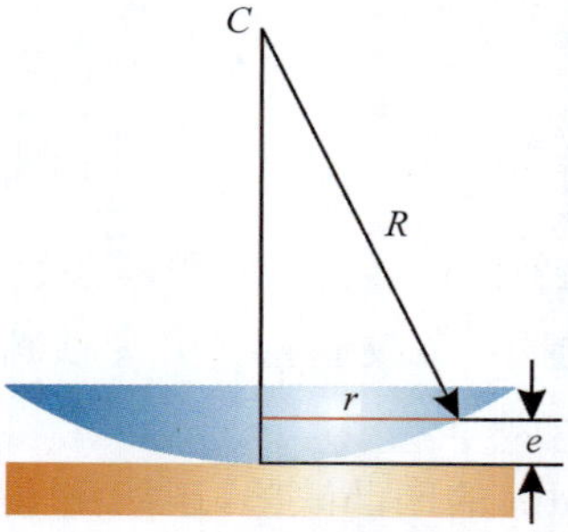

图 13-28 牛顿环装置的结构

下面推导干涉条纹的半径 r、光波波长 λ 和平凸透镜的曲率半径 R 之间的关系。考虑到空气劈尖的折射率($n\approx1$)小于玻璃的折射率，以及光垂直入射的情形，可知在厚度为 e 处，两相干光的光程差为

$$\delta = 2e + \frac{\lambda}{2}$$

由图 13-28 可得

$$r^2 = R^2 - (R-e)^2 = 2eR - e^2$$

已知 $R \gg e$，略去二阶小量 e^2 得

$$e = r^2/2R$$

根据干涉相消条件式(13-37)，即 $\delta = \frac{r^2}{R} + \frac{\lambda}{2} = (2k+1)\frac{\lambda}{2}\ (k=0,1,2,\cdots)$，可得牛顿环暗条纹的半径

$$r = \sqrt{kR\lambda},\quad k = 0,1,2,\cdots \tag{13-42}$$

牛顿环中心($r=0$)是暗环，k 越大，暗环的半径越大，即级数高的条纹在外。因暗环的半径正比于$\sqrt{k}$，因此 k 越大，相邻暗条纹的半径之差越小，所以牛顿环是**内疏外密的一系列同心圆环**。

由于存在半波损失，所以牛顿环中心为暗环。图 13-29 所示为实际拍摄的牛顿环照片。

在牛顿环实验装置中，从平板玻璃透射出来的光也有干涉，其条纹与反射光的干涉条纹明暗互补。利用这个特性可以根据需要将薄膜制成增透膜(antireflection film)或增反膜。

视频：牛顿环

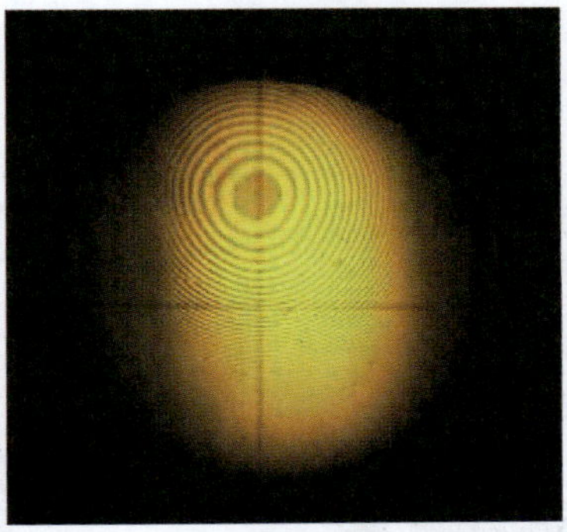

图 13-29　牛顿环照片

[例题 13-6]

观察牛顿环的装置如图 13-30 所示，入射平行光束波长 $\lambda=589\text{nm}$，入射光束经部分反射部分透射的平面镜 M 反射后，垂直入射到牛顿环装置上。测得第 k 级暗环的半径 $r_k=4.0\text{mm}$，第 $k+5$ 级暗环半径为 $r_{k+5}=6.0\text{mm}$。求平凸透镜的球面曲率半径 R 及暗环的 k 值。

解　根据式(13-42)，可得空气薄膜牛顿环的第 k 级和第 $k+5$ 级暗环半径分别为

$$r_k=\sqrt{kR\lambda},\quad r_{k+5}=\sqrt{(k+5)R\lambda}$$

将以上两式消去 k，便得到平凸透镜的曲率半径为

$$R=\frac{r_{k+5}^2-r_k^2}{5\lambda}=\frac{(6.0^2-4.0^2)\times10^{-6}}{5\times589\times10^{-9}}\text{m}=6.8\text{m}$$

由式 $r_k=\sqrt{kR\lambda}$ 得到，级数 k 为

$$k=\frac{r_k^2}{R\lambda}=\frac{(4.0\times10^{-3})^2}{6.8\times589\times10^{-9}}=4$$

因此，第 4 级暗环的半径是 4.0mm。

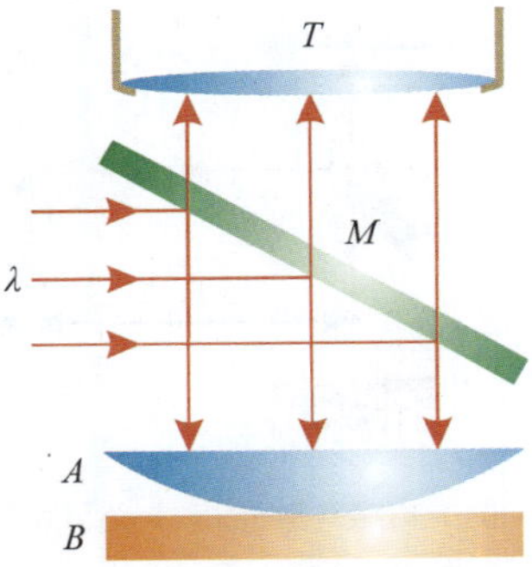

图 13-30　例题 13-6 用图

在实验室中，常用牛顿环来测定光波的波长或平凸透镜的曲率半径。在工业上，常用牛顿环来检查透镜的加工质量，根据牛顿环的圆环条纹疏密来判断工件与样品的差异。

原理应用

激光干涉仪

干涉仪是根据光的干涉原理制成的精密仪器之一。在**迈克耳孙干涉仪**(**Michelson interferometer**)的基础上作各种改进，便可设计成各种干涉仪。由于激光具有高强度、高度方向性、空间同调性、窄带宽和高度单色性等优点，所以激光干涉仪在当前应用很广泛。激光干涉仪可配合各种折射镜、反射镜等来做线性位置、速度、角度、真平度、真直度、平行度和垂直度等测量

工作，并可进行精密工具机或测量仪器的校正工作。激光干涉仪有单频的和双频的两种，如图 P13-1 和图 P13-2 所示。

图 P13-1　单频激光干涉仪

图 P13-2　双频激光干涉仪

1. 单频激光干涉仪

单频激光干涉仪是在 20 世纪 60 年代中期出现的，最初用于检定基准线纹尺，后又用于在计量室中精密测长。单频激光干涉仪的工作原理如图 P13-3 所示，从激光光源 S 发出的光束，经扩束准直后由分光镜 G(半透明的玻璃片)分为两路，并分别从固定平面反射镜 M_1 和可动平面反射镜 M_2 反射回来会合在分光镜上而产生干涉条纹。由于激光的相干性好，单色性好，故激光干涉仪无须像迈克耳孙干涉仪那样使用补偿玻璃片。此外，由于激光的方向性好，亮度高，故可采用光电计数器实现条纹计数的自动化测量。

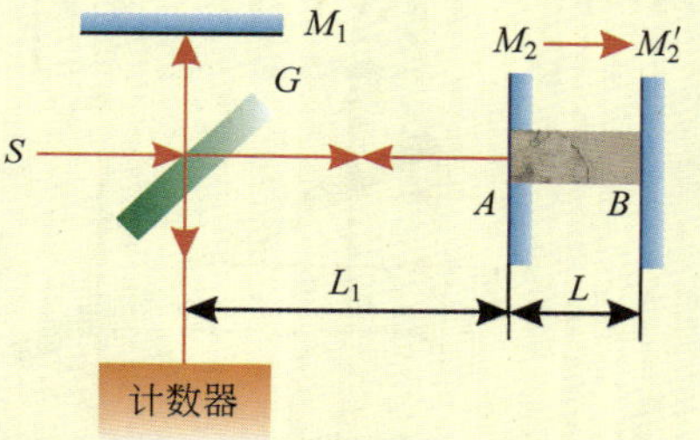

图 P13-3　激光干涉仪测长示意图

设待测物为 AB，其长度为 L，入射光波长为 λ，n 为空气的折射率，当可动反射镜 M_2 移动时，干涉条纹的光强变化由接收器中的光电转换元件和电子线路等转换为电脉冲信号，经整形、放大后输入可逆计数器计算出的总脉冲数为

$$m=\frac{2nL}{\lambda}$$

由电子计算机按上式算出可动反射镜 M_2 的位移量 L，即待测物 AB 的长度。若事先计算好 m 与 L 对应数值的表格，则由 m 的读数可直接查表求出待测物 AB 的长度 L。使用单频激光干涉仪时，要求周围大气处于稳定状态，各种空气湍流都会引起直流电平变化而影响测量结果。

2. 双频激光干涉仪

双频激光干涉仪是 1970 年出现的，它适宜在车间中使用。双频激光干涉仪的工作原理与单频激光干涉仪的工作原理不同之处是双频激光干涉仪在激光器上，加上一个约 0.03T 的轴向磁场。由于塞曼分裂效应和频率牵引效应，激光器产生两个不同频率的左旋和右旋圆偏振光。经 1/4 波片后成为两个互相垂直的线偏振光，再经分光镜 G 分为两路。一路经偏振片 1 后成为含有频率为 f_1-f_2 的光的参考光束。另一路经偏振分光镜后又分为两路：一路成为仅含有 f_1 的光束，另一路成为仅含有 f_2 的光束。当可动反射镜 M_2 移动时，含有 f_2 的光束经可动反射镜反射后成为含有 $f_2\pm\Delta f$ 的光束，Δf 是可动反射镜移动时因多普勒效应产生的附加频率，正负号表示移动方向(多普勒效应是奥地利物理学家 C. A. 多普勒提出的，即波的频率在波源或接收器运动时会产生变化)。这路光束和由固定反射镜 M_1 反射回来仅含有 f_1 的光束经偏振片 2 后会

合成频率为 $f_1-(f_2\pm\Delta f)$ 的测量光束。测量光束和上述参考光束经各自的光电转换元件、放大器、整形器后进入减法器相减，输出仅含有 $\pm\Delta f$ 的电脉冲信号。经可逆计数器计数后，由电子计算机进行当量换算（乘 1/2 激光波长）后即可得出可动反射镜的位移量。双频激光干涉仪是应用频率变化来测量位移的，这种位移信息载于 f_1 和 f_2 的频差上，对由光强变化引起的直流电平变化不敏感，所以抗干扰能力强。它常用于检定测长机、三坐标测量机、光刻机和加工中心等的坐标精度，也可用作测长机、高精度三坐标测量机等的测量系统。利用相应附件，还可进行高精度直线度测量、平面度测量和小角度测量。

13.7 光的衍射 单缝衍射

13.7.1 光的衍射现象

日常生活中，我们看到光是沿直线传播的，即光波在传播的过程中遇到障碍物时，在障碍物后的光屏上呈现明晰的几何影，当障碍物的线度减小到与光的波长可比拟时，它就不再遵循直线传播规律，而会传到障碍物的阴影区，并形成明暗相间的条纹。这就是**光的衍射**（**diffraction**）。

根据光源和观察屏离障碍物的距离，可将光的衍射分为菲涅耳衍射和夫琅禾费衍射两类。

如图 13-31 所示，当障碍物（衍射孔）与光源、障碍物与观察屏之间的距离其中之一为有限远时，所发生的衍射称为**菲涅耳衍射**（**Fresnel diffraction**）。如图 13-32(a)所示，当障碍物（衍射孔）与光源、障碍物与观察屏之间的距离均为无限远时，所发生的衍射称为**夫琅禾费**（Joseph von Fraunhofer，1787—1826 年，德国物理学家）**衍射**。这类衍射的特点是使用平行光，为压缩空间距离可以使用透镜，将入射到衍射孔以及从衍射孔出射的光线变成平行光并会聚到屏上，以实现夫琅禾费衍射，如图 13-32(b)所示。在实际场合，只要光源和屏幕到达衍射物体的距离远远大于衍射物的尺寸，也可以近似当作夫琅禾费衍射。例如，在教室内做衍射演示实验，将激光器发出的平行光照射到尺寸一般只有 10^{-4} m 量级的衍射孔（或衍射缝）上，若衍射光不经过透镜直接照射到教室的墙壁上，这时所观察的衍射条纹可以认为是夫琅禾费衍射图样。

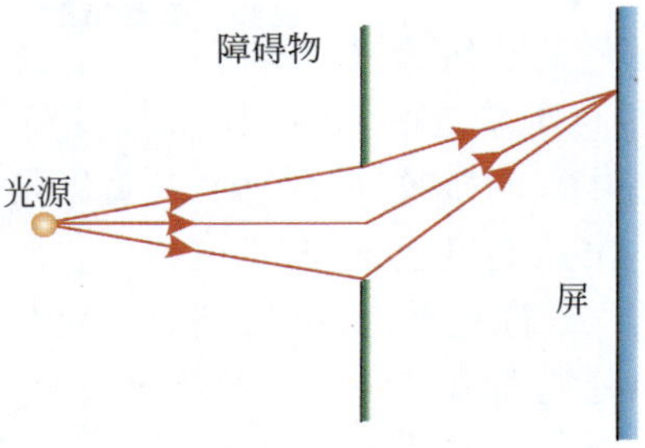

图 13-31 菲涅耳衍射

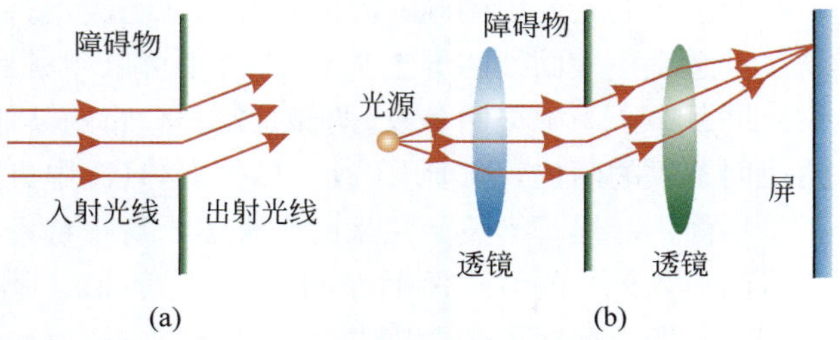

图 13-32 夫琅禾费衍射

衍射和干涉一样，也是波动的重要特征。从理论上分析，干涉和衍射都是光波发生相干叠加的结果，通常在实验中既有干涉现象又有衍射现象，它们之间并没有严格的区别，只是衍射的理论计算较为复杂一些。

13.7.2 惠更斯-菲涅耳原理

惠更斯原理指出，波阵面上各点都可看作子波波源。利用惠更斯原理，可以定性地从某时刻的已知波阵面位置求出下一时刻的波阵面位置。但惠更斯原理的子波假设不涉及子波的强度和相位，因而无法解释衍射图样中的光强分布。

菲涅耳在惠更斯的子波假设基础上，提出了子波相干叠加的思想，从而建立了反映光的衍射规律的**惠更斯-菲涅耳原理**(**Huyghens-Fresnel principle**)。这个原理指出：**波阵面前方空间某点处的光振动取决于到达该点的所有子波的相干叠加**。

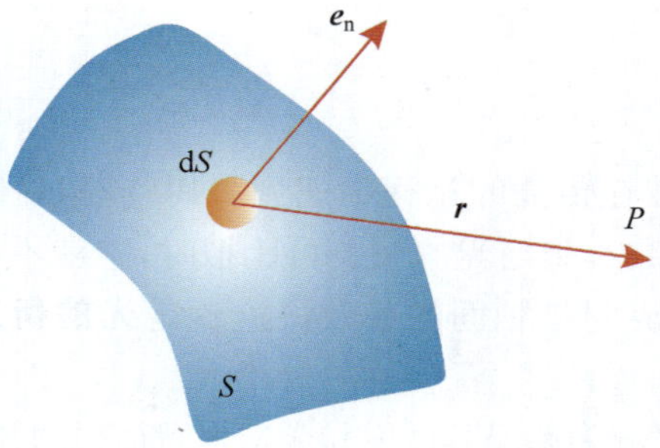

图 13-33　子波 dS 对点 P 光振动的贡献

根据惠更斯-菲涅耳原理可将某时刻的波前 S 分割成无数面元 dS(见图 13-33)，每一面元可视为一子波源。所有面元发出的子波在空间某点 P 的叠加结果决定了该点的振动情况，即决定了该点的振幅或光强。因此，根据惠更斯一菲涅耳原理可进一步定量讨论衍射区的光强度分布，从而为解决衍射问题奠定了理论基础。由上述分析也可看到，衍射问题实际上是波面 S 发出的无数子波的相干叠加问题，其相应的数学处理应为积分运算。由于一般情况下此积分十分复杂，在讨论单缝夫琅禾费衍射时，我们将采用**菲涅耳半波带法**(**Fresnel half-wave zone method**)作近似处理。

13.7.3 单缝衍射

狭缝(slit)的宽度 a 远小于其长度的矩形孔叫作**单缝**。1821 年，夫琅禾费研究了一种单缝衍射。单缝夫琅禾费衍射的实验装置示意图及衍射图样如图 13-34 所示。当单色平行光垂直入射到单缝上时，从单缝出射的光可以看成是由一系列传播方向不同的平行光束组成的。衍射光线和缝面法线的夹角称为**衍射角**(**angle of diffraction**)，每组这样的平行光束，都由缝面上各面元发出的同一方向传播的光组成，它们被单缝后的透镜会聚到位于透镜焦平面处的屏上某点，在屏上可以观察到一组平行于单缝的明暗相间的衍射条纹。屏幕中心为中央明条纹，两侧是对称分布的其他条纹。中央明条纹亮度很强，其宽度是两边明条纹的两倍，两边明条纹亮度很弱，且离中央明条纹越远，亮度也越弱。

视频：单缝衍射

下面用菲涅耳半波带法来解释夫琅禾费单缝衍射现象。平行光垂直入射到单缝，故单缝缝面与入射光的波阵面平行，根据惠更斯-菲涅耳原理，单缝缝面上每一面元都是子波源，它们向外发出球面子波，沿各方向传播，形成衍射光线。

先考察衍射角 $\theta=0$ 的一束平行光，如图 13-35 所示。由于这组平行光从单缝出发时相位相同，而透镜又不产生附加光程差，因此它们经透镜后同相位地到达点 P_0，在点 P_0 干涉加强，光强最强，形成单缝衍射的中央明条纹。

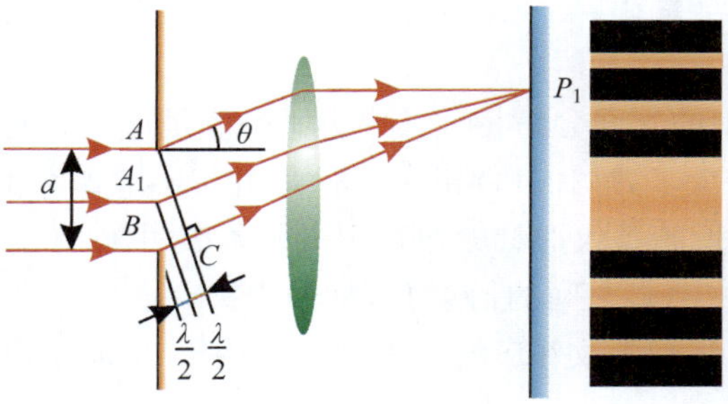

图 13-34 单缝衍射

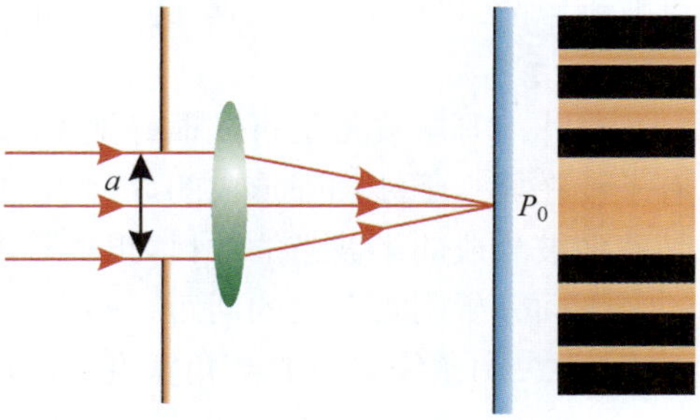

图 13-35 单缝衍射的中央明条纹

进一步考察衍射角 θ 不为零的一束平行光，如图 13-34 所示，它们经透镜会聚于屏上点 P_1。1818 年，菲涅耳提出一种波带作图法，对波阵面进行有限的分割就能定性地得出衍射暗条纹中心的位置。从缝的上边点 A 作缝的下边缘点 B 发出的衍射光的垂线，垂足为 C。用 $\lambda/2$ 来分割 BC，得到一个割点，过割点作 BC 的垂面，这个垂面与缝所截取的入射光的波阵面相交于 A_1 点，这样用相距为半个波长的平行于 AC 的平面，将波面 AB 划分为两个条带 AA_1、A_1B，这样的条带称为**菲涅耳半波带**(**Fresnel half wave zone**)。

因透镜不产生附加的光程差，即从 AC 面各点到达点 P_1 的光程都相等，因此，从波面 AB 上发出的这束平行光到达点 P_1 的光程差仅取决于它们从 AB 面到 AC 面时的光程差。由半波带的分割方法看出，从 AA_1、A_1B 这两个半波带上的任意两个对应点(例如，它们的顶点 A、A_1)发出的平行光线到达 P_1 点的光程差都是 $\lambda/2$，即相位差为 π，因此它们将因相互干涉而抵消。由此可见，从相邻两个半波带上所发出的平行衍射光到达点 P_1 的光振动将干涉相消，点 P_1 处形成暗条纹，这是第 1 级暗条纹，其衍射角 θ 满足

$$BC = a\sin\theta = \lambda = 2\,\frac{\lambda}{2}$$

即 BC 等于半波长的 2 倍。

如果某个衍射角 θ 正好能使 BC 等于半波长的偶数倍，即波面 AB 正好能被划分为偶数个半波带，同上面分析，各个相邻半波带的衍射光成对干涉相消，因此在点 P_1 出现暗条纹。这样就得到出现单缝衍射暗条纹的条件

$$a\sin\theta = \pm 2k\,\frac{\lambda}{2} = \pm k\lambda, \quad k = 1,2,3,\cdots \tag{13-43}$$

式中，k 为暗条纹的级数。

如果波面 AB 可分为三个半波带，此时，相邻两波带上各对应点的子波相互干涉抵消，到达点 P_1 处时只剩下一个半波带上的子波没有被抵消，因此点 P_1 将是明条纹。以此类推，如果某个衍射角 θ 正好能使 BC 等于半波长的奇数倍，即波面 AB 正好能被划分为奇数个半波带，同上面分析，各个相邻半波带的衍射光成对干涉相消，只剩下一个半波带上的子波到达点 P_1 处时没有被抵消，因此在 P_1 点出现明条纹。这样就得到出现单缝衍射明条纹的条件

$$a\sin\theta = \pm(2k+1)\,\frac{\lambda}{2}, \quad k = 1,2,3,\cdots \tag{13-44}$$

式中，k 为亮条纹的级数。注意 k 的最小取值为 1。

如果某个衍射角 θ 不能使 BC 等于半波长的整数倍，即波面 AB 不能被划分为整数个半波带，那么以衍射角 θ 出射的平行光束经透镜会聚在屏上时，其光可介于明条纹和暗条纹之间。

用菲涅耳半波带法可以很好地说明单缝衍射的光强分布特征。中央明条纹是单缝上所有子波在屏上干涉加强形成的，因此它的光强最大。式(13-43)和式(13-44)中 $2k$ 和 $2k+1$ 是波面被分成的半波带的数目，正负号表示各级明暗条纹对称分布在中央明条纹两侧。

下面分析明暗条纹的间距。两个第 1 暗条纹中心之间的衍射角，称为中央明条纹的角宽度，中央明条纹对应的半角宽度 $\Delta\theta_0$ 就是第 1 级暗条纹对应的衍射角 θ_1。由于 θ_1 通常很小，$\Delta\theta_0=\theta_1\approx\sin\theta_1=\dfrac{\lambda}{a}$，因此中央明条纹的角宽度为

$$2\Delta\theta_0=\frac{2\lambda}{a} \tag{13-45}$$

如果在缝后放一焦距为 f 的透镜，则在位于焦平面的观察屏上中央明条纹的线宽度为

$$l_0=\frac{2\lambda}{a}f \tag{13-46}$$

通过类似的分析不难发现，其他各级明条纹的宽度都一样，且都是中央明条纹宽度的一半。这和杨氏双缝干涉图样中条纹呈等宽等亮的分布不同，单缝衍射图样的中央明条纹既宽又亮，两侧的明条纹则窄而较暗。图 13-36 所示的曲线是单缝衍射的光强随衍射角的分布，可见，单缝衍射光能量集中在中央明条纹处。

从以上诸式中可以看出，当缝越窄，条纹分散得越开，衍射现象越明显；反之，条纹向中央靠拢，衍射条纹宽度随波长的减小而变窄。如果用白光作为光源，各个波长的中央明条纹都在同一个位置，故中央明条纹仍然为白色。由于其他各级明条纹的衍射角与波长有关，故两侧各级明条纹都为彩色条纹。在两侧某一级彩色条纹中，各种彩色条纹将按波长排列，衍射角最小的是紫色，最大的是红色，形成内紫外红分布的衍射光谱，如图 13-37 所示。

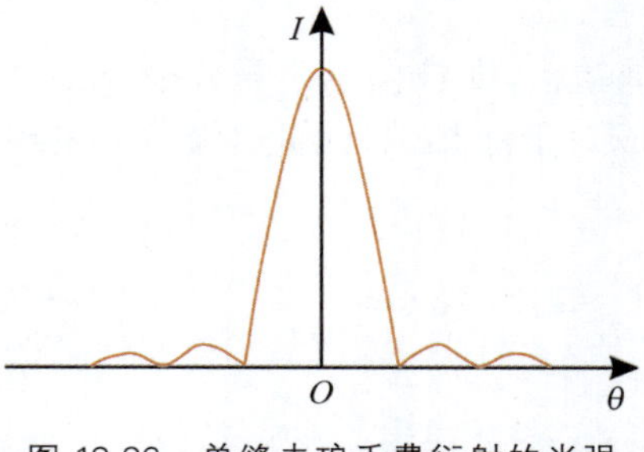

图 13-36　单缝夫琅禾费衍射的光强

图 13-37　白光单缝衍射条纹

单缝衍射现象自从激光和计算机技术出现以来，在工程技术中得到了广泛的应用。众所周知，利用激光作光源照射单缝时，衍射条纹清晰、明亮，而且观察的衍射级次很高。当用一束激光照射在宽度可调节的狭缝上时，在数米外的接收屏上便可得到衍射图样。激光束在单缝上哪个方向受到限制，那么接收屏上的衍射图样就沿该方向扩展，且缝越窄，衍射图样扩展越显著，衍射现象越明显。于是，我们说单缝宽度与接收屏上衍射图样的扩展之间存

在着反比关系。这种衍射反比关系，提供了一种特殊的放大原理。当然这不是简单的几何相似放大，而是一种光学变换。我们可以先测量单缝衍射条纹，然后再由衍射反比关系推算单缝的宽度。在工程应用中，单缝实际上是反映了物体的间隔、位移、剖面以及构成温度、折射率等许多物理量的转换器。这种测量具有非接触、无损伤、测量精度高等优点，而且还可以连续动态监测、自动控制等。

[例题 13-7]

在单缝夫琅禾费衍射实验中，用单色平行可见光垂直照射到缝宽为 $a=0.6\text{mm}$ 的单缝上，在缝后放一焦距 $f=0.4\text{m}$ 的透镜，在光屏上离中央条纹中心 1.4mm 处的点 P 为明条纹。求：(1)入射光的波长；(2)点 P 处明条纹的级次；(3)相对于点 P，单缝波面可分出的半波带数。

解 (1) 根据衍射装置上的几何关系，在屏上距离中央明条纹中心 x 处的点 P 明条纹的衍射角可以近似由下式求出

$$\tan\theta=\frac{x}{f}=\frac{1.4\times10^{-3}}{0.4}=3.5\times10^{-3}$$

由于 θ 角很小，所以有 $\tan\theta\approx\sin\theta\approx\theta$，根据出现明条纹的条件式(13-44)有

$$\lambda=\frac{2a\sin\theta}{2k+1}=\frac{2a\tan\theta}{2k+1}$$

可见光的波长范围为 400～760nm。使点 P 成为明条纹，入射光的波长有两个值：

当 $k=3$ 时， $\lambda_1=600\text{nm}$； 当 $k=4$ 时， $\lambda_2=467\text{nm}$

(2) 当波长是 600nm 时，点 P 明条纹为第 3 级明条纹；当波长是 467nm 时，点 P 明条纹为第 4 级明条纹。

(3) 对于 $k=3$，与其条纹对应的半波带数为 $(2k+1)$，故半波带数为 7；对于 $k=4$，与其条纹对应的半波带数为 $(2k+1)$，故半波带数为 9。

[例题 13-8]

一单色平行光垂直入射于一单缝，其衍射第 3 级明条纹位置恰与波长为 600nm 的单色光垂直入射该缝时衍射的第 2 级明条纹位置重合，试求该单色光的波长。

解 对应于同一观察点，两次衍射的光程差相同，由于衍射明条纹条件 $a\sin\theta=\pm(2k+1)\dfrac{\lambda}{2}$，故有 $(2k_1+1)\lambda_1=(2k_2+1)\lambda_2$，在两明条纹级次和其中一种波长已知的情况下，即可求出另一种波长。将 $\lambda_2=600\text{nm}$，$k_2=2$，$k_1=3$ 代入

$$(2k_1+1)\lambda_1=(2k_2+1)\lambda_2$$

得

$$\lambda_1=\frac{5}{7}\lambda_2=429\text{nm}$$

13.8 光栅 光栅衍射

在单缝衍射中，若缝较宽，明条纹亮度虽然较强，但相邻明条纹的间隔很窄且不易分辨；若缝很窄，间隔虽可加宽，但明条纹的亮度却显著减小。在这两种情况下，都很难精确地测定条纹的宽度，所以用单缝衍射并不能精确地测量光波波长。那么，我们是否可以使获得的明条纹本身既亮又窄，且相邻明条纹分得很开呢？利用**衍射光栅**(diffraction grating)可以获得这样的衍射条纹。

13.8.1 光栅

光栅是由大量等宽等间距的平行狭缝所组成的光学器件。光栅分为两类。一类是用金刚石尖端在玻璃板上刻划等间距的平行刻痕，由于刻痕毛糙，它们不透光，因此相邻刻痕之间的部分就相当于透光的狭缝。这样的装置就称为**透射光栅**。另一类是**反射光栅**，它是在高反射率金属板上刻出许多平行锯齿形槽，以每个槽面的反射光来替代透射光栅各缝的透射光。下面以透射光栅为例介绍光栅衍射。

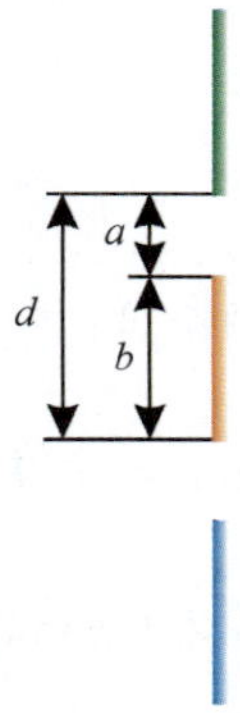

图 13-38 光栅示意图

如图 13-38 所示，光栅上每个狭缝的宽度 a 和相邻两缝间不透光部分的宽度 b 之和称为**光栅常数**(grating constant)，表示为

$$d=a+b \tag{13-47}$$

d 就是相邻两缝对应点之间的距离，它是表征光栅性能的一个重要常数。一个精制的光栅，在 1cm 内的刻痕可以达到一万多条。如在 1cm 宽度上分布有 1000 条缝的光栅，它的光栅常数等于 $d=1\times10^{-5}\,\text{m}$。一般光栅常数为 $10^{-6}\sim10^{-5}\,\text{m}$ 的数量级。

13.8.2 光栅衍射

图 13-39(a)为透射光栅衍射的示意图，设光栅常数为 d，光栅的总缝数为 N。当一束平行单色光垂直照射在光栅上时，每个单缝都要发生单缝衍射，且每个缝的衍射条纹在屏上完全重合，而从各个单缝出发的光又是相干光，因此通过光栅不同缝的光在相遇的区域又要发生干涉。用透镜把光束会聚在屏幕上，屏幕放在透镜的焦平面上，就会呈现出夫琅禾费衍射图样，如图 13-39(b)所示。由图 13-39(b)可以看出，光栅衍射条纹与单缝衍射条纹有明显的不同。光栅衍射的明条纹细而明亮，明条纹之间的暗区较宽，易于分辨。实验表明，随着单缝数目的增多，明条纹的亮度将增大，且明条纹也变细了。由此可见，**光栅衍射是衍射和干涉的综合结果**。

下面简单讨论在屏幕上某处出现光栅衍射明条纹所满足的条件。

视频：光栅衍射

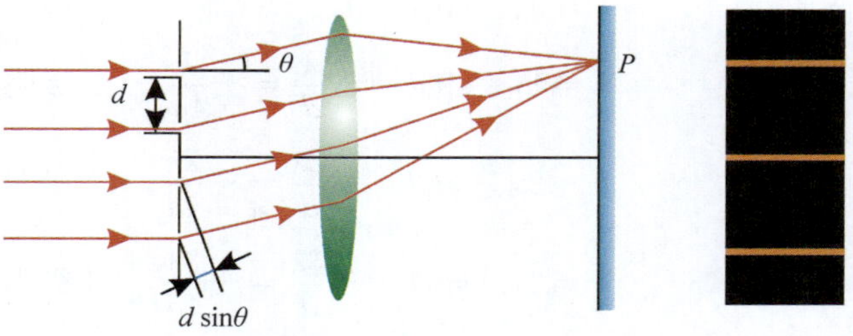

(a) 光栅衍射示意图　(b) 光栅衍射条纹

图 13-39　光栅衍射

如图 13-39(a)所示，从光栅上相邻两条缝中沿 θ 方向发射的两束相邻光束间的光程差都为 $\delta=d\sin\theta$，类似于双缝干涉，当

$$d\sin\theta=\pm k\lambda,\quad k=0,1,2,\cdots \tag{13-48}$$

时，从光栅各个缝发出的各束光强度都相等，它们因干涉而相互加强，在屏上出现明条纹。干涉极大时的合振幅是单个缝透过光的振幅的 N 倍，因此明条纹的光强为单缝衍射光强的 N^2 倍。故缝数越多，条纹越明亮。式(13-48)称为**光栅方程(grating equation)**，满足光栅方程的明条纹称为**主极大(principal maximum)**。式(13-48)中的 k 称为衍射级，相应于 $k=0$，1，2，…的明条纹称为中央主极大、1 级主极大、2 级主极大、……，正负号表示各级主极大对称分布于中央主极大的两侧。理论分析和实验都表明，在两个主极大之间由于各个缝之间的光相互干涉还会产生 $N-2$ 个强度很小的次极大(secondary maximum)和 $N-1$ 个暗条纹，如图 13-40 所示。

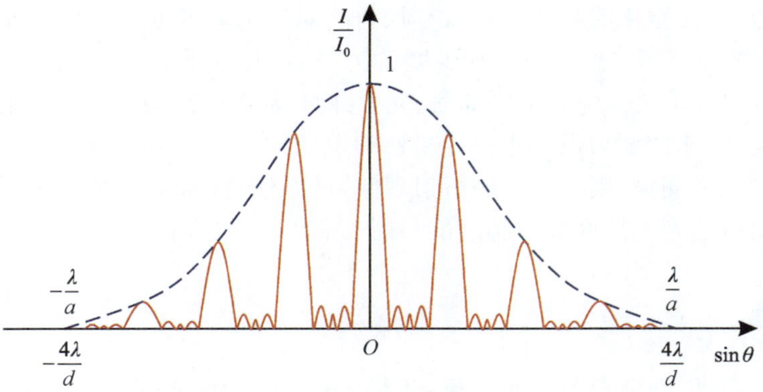

图 13-40　光栅衍射光强分布

光栅可以视为由许多单缝组成的，对于原来一个单缝衍射的中央明条纹中有几条由光栅产生的明条纹呢？首先看看这个区域有多大，从单缝衍射暗条纹条件 $a\sin\theta=\pm k'\lambda$ 可知，当 $k'=1$ 时，$\sin\theta=\pm\dfrac{\lambda}{a}$，在这个区域内是原中央明条纹的范围。设光栅 $d=4a$，与光栅公式比较：

$$k=0,\quad \sin\theta=0,\qquad 0\text{ 级明条纹}$$

$$k=1,\quad \sin\theta=\pm\frac{\lambda}{d}=\pm\frac{\lambda}{4a},\qquad 1\text{ 级明条纹}$$

$$k=2,\quad \sin\theta=\pm\frac{2\lambda}{d}=\pm\frac{2\lambda}{4a},\qquad 2\text{ 级明条纹}$$

$$k=3,\quad \sin\theta=\pm\frac{3\lambda}{d}=\pm\frac{3\lambda}{4a},\qquad 3\text{ 级明条纹}$$

$$k=4,\quad \sin\theta=\pm\frac{4\lambda}{d}=\pm\frac{\lambda}{a},\qquad 4\text{ 级明条纹}$$

以上计算应有 9 条明条纹，但只能观察到 7 条明条纹，观察不到第 4 条明条纹，这种现象称为**缺级**，因为这时单缝衍射 $\sin\theta=\pm\frac{\lambda}{a}$ 是暗条纹。以此类推，在所有单缝衍射暗条纹处没有光栅的主极大出现，称为光栅缺级。

根据光栅方程式(13-48)，当复色光入射时，除中央明条纹外，不同波长的同级明条纹以不同的衍射角出现，这样就形成光栅光谱。例如当白光垂直入射时，由于各个波长的中央明条纹对应的衍射角都是零，因此它们并没有分开，仍为白光。对于其他各级主极大，不同波长的光对应的衍射角不同，因此除中央明条纹以外的各级明条纹都形成颜色连续变化的光谱。由光栅方程还可知，不同波长按由短到长的次序自中央向外侧依次分开排列，光栅常数 d 越小，或光谱级次越高，则同一级衍射光谱中的各色谱线分散得越开。由于不同元素(或化合物)各有自己特定的谱线，所以根据谱线的成分，可分析出发光物质所含的元素或化合物，还可从谱线的强度定量分析出元素的含量。

光栅衍射的规律在实际生活中有较多的应用。例如，随着科学技术和工业生产的发展，产品出现了小型化、微型化的趋势。对微小尺寸的测量越来越重要，要求测量的精度也越来越高。因此，探索一些新的测量微小线度的方法越来越重要。目前，有许多直径小于 0.1mm 的细丝，如电子器件中的金属细线、光学纤维、游丝等。这些细丝的直径测量若采用接触式机械测量法，即使测力很小也很容易使细丝变形，产生较大的测量误差；若采用非接触式的光学显微镜来测量，则由于光的衍射现象，被测件越细，测量误差就越大。然而，用光的衍射法测量便可达到无接触和高精度的目的。

[例题 13-9]

用每毫米刻有 1000 条栅纹的光栅，观察 $\lambda=589.3\text{nm}$ 的钠光谱线，试问在平行光线垂直入射光栅时，最多能看到第几级明条纹？总共有多少条明条纹？

解 由题意可知，每毫米有 1000 条栅纹，所以光栅常数为

$$d=a+b=\frac{1}{1000}\text{mm}=1\times10^{-6}\text{ m}$$

根据光栅方程 $d\sin\theta=k\lambda$，可得

$$k=\frac{d}{\lambda}\sin\theta$$

由上式可知，当 $\sin\theta=1$ 时，k 为最大值。由于 $\sin\theta=1$，$\theta=\pi/2$，所以实际上这个衍射角的条纹是不会出现在屏幕上的。

将已知数据代入，并设 $\sin\theta=1$，得

$$k=\frac{1\times10^{-6}}{589.3\times10^{-9}}=1.7$$

由于 k 只能取整数，故取 $k=1$，即最多能看到第 1 级明条纹。根据光栅条纹对称分布的特点，总共有 $2k+1=3$ 条明条纹(其中加 1 是计入中央明条纹)。

[例题 13-10]

波长为 600nm 的单色光垂直入射到一光栅上，已知第 2、第 3 级光谱级分别出现在衍射角 φ_2、φ_3 上，且 $\sin\varphi_2=0.2$，$\sin\varphi_3=0.3$，第 4 级缺级。求：(1)光栅常数等于多少？(2)光栅上狭缝宽度有多大？(3)在屏幕上可能出现的全部光谱线的级次。

解 (1) 由题意可知光栅常数为

$$d=a+b=\frac{k\lambda}{\sin\varphi}=\frac{2\times6.00\times10^{-7}}{0.2}\text{m}=6.00\times10^{-6}\text{m}=6.00\mu\text{m}$$

(2) 由于第 4 级缺级，则

$$\frac{d}{a}=\frac{4\lambda}{\lambda}=4$$

光栅的狭缝宽度为

$$a=\frac{d}{4}=\frac{6.00}{4}\mu\text{m}=1.50\mu\text{m}$$

(3) 在屏幕上可能出现的全部光谱线的级数

$$k=\frac{d}{a}k'=4k',\quad k'=1,2,3,\cdots$$

$$k\leqslant k_{\max}\leqslant\frac{d}{\lambda}=\frac{6.00\times10^{-6}}{6.00\times10^{-7}}=10$$

所以 $k=4,8$，缺级。当 $d=6\mu\text{m}$，$a=1.5\mu\text{m}$ 时，在屏幕上可能出现的全部光谱线的级次为

$$k=0,\pm1,\pm2,\pm3,\pm5,\pm6,\pm7,\pm9$$

13.9 光的偏振

在前面讨论光的干涉和衍射的规律时，并没有说明光是横波，还是纵波。这就是说无论是横波还是纵波，都可以产生干涉和衍射现象。因此，通过这两类现象无法判断光是横波还是纵波。从 17 世纪末到 19 世纪初，在这漫长的一百多年间，相信波动说的人们都将光波与声波相比较，无形中已把光波视为纵波了，惠更斯也是如此。对于纵波来说，在通过波的传播方向的一切平面内，没有一个平面较其他平面具有特殊性，这叫作波的振动对传播方向具有对称性；对于横波来说，通过波的传播方向且包含振动矢量的那个平面显然和其他不包含振动矢量的平面有区别，即振动对于传播方向的轴来说是不对称的，这种不对称性称为**偏**

振(polarization)。只有横波才有偏振性。相信光为横波的论点是杨于1817年提出的，菲涅耳也运用横波理论解释了偏振光的干涉。光的偏振性有力地证明了光是横波。本节主要讨论偏振光的产生和检验及偏振光遵从的基本规律。

13.9.1 光的偏振　线偏振光和自然光

电磁波理论已经告诉我们，光波是电磁波，电磁波是变化的电场和变化的磁场在空间相互激发形成的。在电磁波传播过程中，电场强度 $\boldsymbol{E}$（光矢量，light vector）和磁感应强度 $\boldsymbol{B}$ 都始终与波的传播方向垂直，并构成右手螺旋关系。因此光波是横波。在远离波源的自由空间传播的电磁波可近似地看成是平面波，平面电磁波的传播方式如图13-41所示。

视频：光的偏振

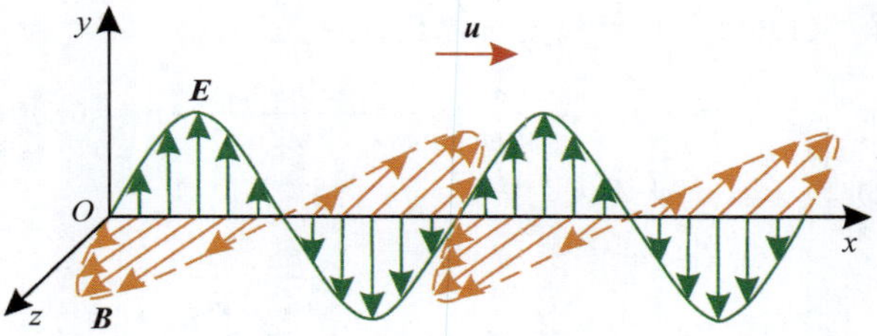

图13-41　平面电磁波的传播

通过波的传播方向可以作无数个平面，始终在垂直于传播方向的平面内沿一个固定方向振动的光，称为**线偏振光(linearly polarized light)**，简称**偏振光**。原子每次自发辐射发出的光，一般都是线偏振光。偏振光的振动方向与传播方向组成的平面称为振动面。通常用短线和黑点分别表示与纸面平行和垂直的振动，如图13-42所示，图中 k 表示光的传播方向，图13-42(a)中带箭头的短线表示光振动在纸面内，图13-42(b)中黑点表示振动垂直于纸面。

普遍光源如太阳、白炽灯、钠灯等发出的光，包含各个方向的光矢量，在垂直于光传播方向的平面内，光矢量可以在任何方向振动，没有哪一个方向比其他方向更占优势，在所有的方向上光矢量振幅也相等。这样的光称为**自然光(natural light)**。在任意时刻，我们可以把入射的自然光光矢量分解成互相垂直的两个光矢量分量，每个光矢量分量的光强度都是该入射自然光光强的一半，用图13-43所示的方法表示自然光。图13-43中的黑点表示垂直于纸面的光振动，带箭头的短线表示在纸面内的光振动，黑点和短线等距离分布，表示这两个方向的光振动强度相同，没有哪一个方向的光振动占优势。

(a) 光振动方向在纸面内　(b) 光振动方向垂直于纸面

图13-42　线偏振光示意图

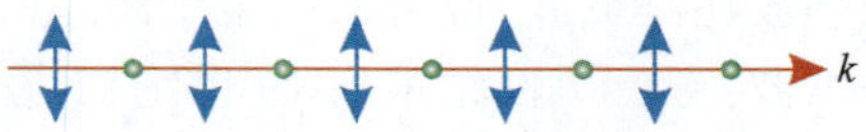

图13-43　自然光示意图

应该指出，由于自然光中各个光矢量之间无固定的相位关系，所以分解的这两个相互垂直的光矢量之间并无固定的相位关系，不能把它们叠加成一个具有某一方向的合矢量。

若光波中虽然像自然光一样包含各种方向的振动，但是在某特定方向上的振动占优势，例如在某一方向上的振幅最大，而在与之垂直的另一方向上的振幅最小，则这种偏振光称为**部分偏振光**(partial polarized light)。这种优势越大，其偏振化程度越高。部分偏振光的两个相互垂直的光振动也没有任何固定的相位关系。

实际上，光的偏振态不止前面提到的三种情况，如果一束光可以分解为两个相互垂直的分量，而且两个分量间存在不等于 0 或 π 的相位差时，就可以得到椭圆偏振光，根据两个垂直分量之间相位的不同，可以得到不同形式的椭圆偏振光，其中两个分量振幅相等、相位差为 $\pi/2$ 对应的是圆偏振光。另外，线偏振光可以看作相位差为 0 或 π 的椭圆偏振光。

相对于自然光、部分偏振光和线偏振光，椭圆偏振光和圆偏振光是较难得到的。一般是先得到线偏振光，再利用特殊光学元件(如波片等)改变两个垂直分量的相位差，从而得到各种椭圆偏振光。

除激光器等特殊光源外，一般光源(如太阳、日光灯等)发出的光都是自然光，使自然光成为偏振光的方法主要有以下三种：

(1) 由二向色性产生偏振光；

(2) 由反射和折射产生偏振光；

(3) 由双折射产生偏振光。

13.9.2 偏振片　起偏和检偏

某些物质(如硫酸金鸡纳碱)能吸收某一方向的光振动，而只让与这个方向垂直的光振动通过，这种性质称为**二向色性**(dichroism)。把具有二向色性的材料涂在透明薄片上，就成为**偏振片**(polaroid)。当自然光照射到偏振片上时，它只让某一特定方向的光振动通过，这一方向称为**偏振化方向**(polarizing direction)或**透振方向**。通常用如图 13-44 所示的记号把偏振化方向标示在偏振片上。图 13-45 所示为特大演示偏振片。

如图 13-44 所示，当自然光通过偏振片时，某一方向上的光矢量被吸收，只有与此方向垂直的光矢量能透过，从而使自然光成为线偏振光，这称为**起偏**，被用来起偏的偏振片称为**起偏器**(polarizer)。显然，从起偏器透出的线偏振光的光强是入射自然光光强的 1/2。

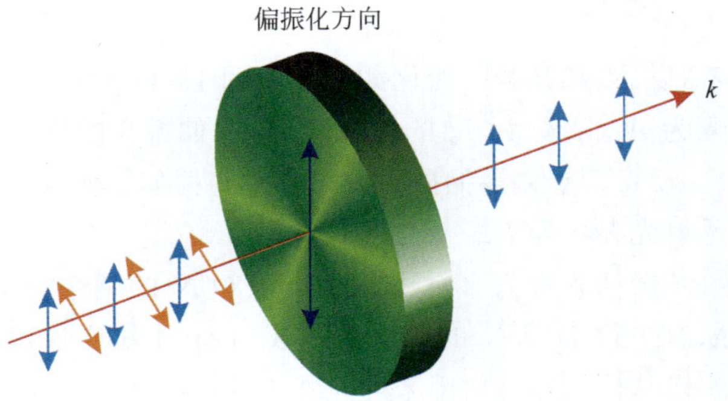

图 13-44　偏振片起偏

图 13-45　特大演示偏振片

设有一束强度为 I_0 的自然光垂直入射到起偏器上，出射后光强 $I_1=I_0/2$，如果让光强为 I_1 的线偏振光再通过一个偏振片，让此偏振片绕入射光旋转 360°，在此偏振片后观察，透过偏振片的光强呈现周期性变化，透射光强出现了最大和零，当两个偏振片的偏振化方向平行时，透过光强 $I_2=I_1$，如图 13-46(a)所示，当两个偏振片的偏振化方向垂直时，透过光强 $I_2=0$，如图 13-46(b)所示，由此可见，第二个偏振片起到了一个**检偏器**(analyzer)的作用，即可用偏振片来检查一束光是自然光还是线偏振光。因为自然光垂直入射偏振片时，旋转偏振片透射光强保持不变。

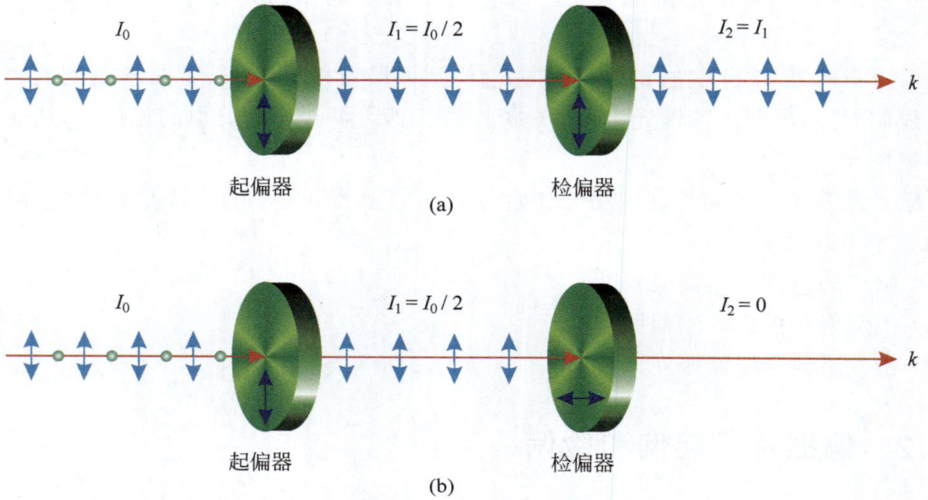

图 13-46 偏振片的检偏

动画：光的偏振

13.9.3 马吕斯定律

由起偏器产生的偏振光在通过检偏器以后，其光强的变化如何？如图 13-47 所示，设一束自然光经过起偏器后，成为一束光振幅为 A_0、光强为 I_0 的线偏振光，线偏振光的光矢量振动方向就是起偏器的偏振化方向 OM。设 α 为起偏器偏振化方向 OM 与检偏器偏振化方向 $O'N$ 之间的夹角，透过检偏器以后，透射光强变为 I。

如图 13-48 所示，将入射到检偏器的光振动分解为平行于和垂直于 $O'N$ 的两个分量，垂直于 $O'N$ 的分量不能通过检偏器，只有平行于 $O'N$ 的分量 $A=A_0\cos\alpha$ 才能通过检偏器。因光强正比于光振动振幅的平方，所以从检偏器透射出来的光强 I 与 I_0 之比为

$$\frac{I}{I_0}=\frac{A^2}{A_0^2}=\frac{(A_0\cos\alpha)^2}{A_0^2}$$

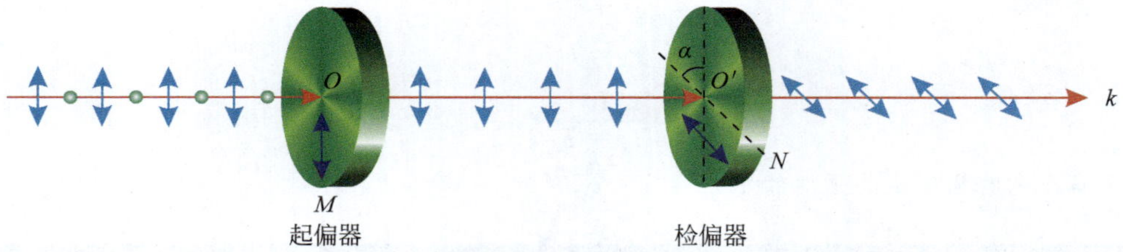

图 13-47 起偏与检偏示意图

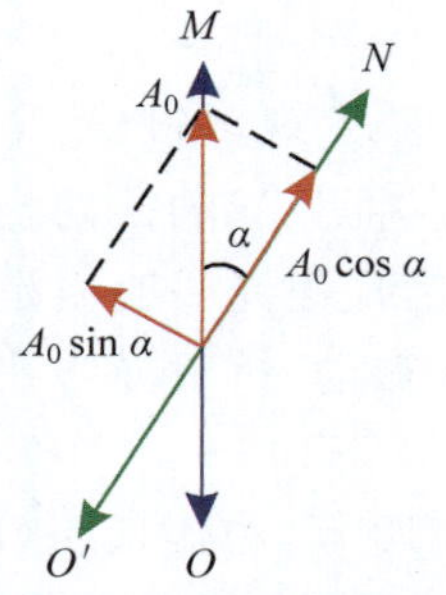

图 13-48 光振动振幅示意图

即

$$I = I_0\cos^2\alpha \qquad (13\text{-}49)$$

这一关系称为**马吕斯定律**(**Malus law**),是马吕斯(E. L. Malus,1775—1812 年,法国物理学家)于 1808 年由实验发现的。

当起偏器和检偏器的偏振化方向平行,即 $\alpha=0°$ 或 $180°$ 时,$I=I_0$,透射光最强;当起偏器和检偏器的偏振化方向垂直,即 $\alpha=90°$ 或 $270°$ 时,透射光强为零;当 α 为其他值时,光强介于 0 和 I_0 之间。因此从检偏器透射出来的光强随检偏器的偏振化方向而变化。由此可检查入射光是否为偏振光,并确定其偏振化的方向。

[例题 13-11]

使一束部分偏振光垂直射向一偏振片,在保持偏振片平面方向不变而转动偏振片 360°的过程中,发现透过偏振片的光的最大强度是最小强度的 3 倍。试问在入射光束中,线偏振光的强度是总强度的几分之几?

解 部分偏振光可由强度为 I_1 的自然光和强度为 I_2 的线偏振光混合而成。透过偏振片的总透射光强为

$$I=\frac{I_1}{2}+I_2\cos^2\alpha$$

最大的透射光强

$$I_{\max}=\frac{I_1}{2}+I_2$$

最小的透射光强

$$I_{\min}=\frac{I_1}{2}$$

由题意可知

$$I_{\max}=3I_{\min}$$

故

$$\frac{I_1}{2}+I_2=3\,\frac{I_1}{2}$$

解上式可得

$$I_1 = I_2$$

$$\frac{I_2}{I_1 + I_2} = \frac{1}{2}$$

即线偏振光的强度是总强度的1/2。

13.9.4 反射光和折射光的偏振

实验发现，当自然光在两种各向同性介质分界面上反射、折射时，不仅光的传播方向要改变，而且光的振动状态也要改变。反射光和折射光不再是自然光，折射光变为部分偏振光，反射光一般也是部分偏振光。反射光中垂直于入射面的光振动多于平行于入射面的光振动，折射光中平行于入射面的光振动多于垂直于入射面的光振动，如图 13-49 所示。

1812 年，布儒斯特（David Brewster，1781—1868 年，英国物理学家）发现，当改变入射角 i 时，反射光的偏振程度也随之改变。当 i 等于某一特定角 i_0 时，反射光中只有光振动垂直入射面的线偏振光，而折射光仍为平行于入射面的光振动多于垂直于入射面的光振动的部分偏振光。如图 13-50 所示。使反射光变为线偏振光的入射角 i_0 称为**起偏角**（**polarizing angle**），此时折射角为 r_0，入射角 i_0 与两介质折射率 n_1、n_2 符合以下关系：

$$\tan i_0 = \frac{n_2}{n_1} \tag{13-50}$$

式中，n_1 为入射光所经介质的折射率，n_2 为折射光所经介质的折射率。这一关系称为**布儒斯特定律**（**Brewster law**），因此起偏角 i_0 又称为**布儒斯特角**（**Brewster angle**）。例如，光线自空气射向折射率为 $n=1.6$ 的玻璃，其布儒斯特角 $i_0=58°$。

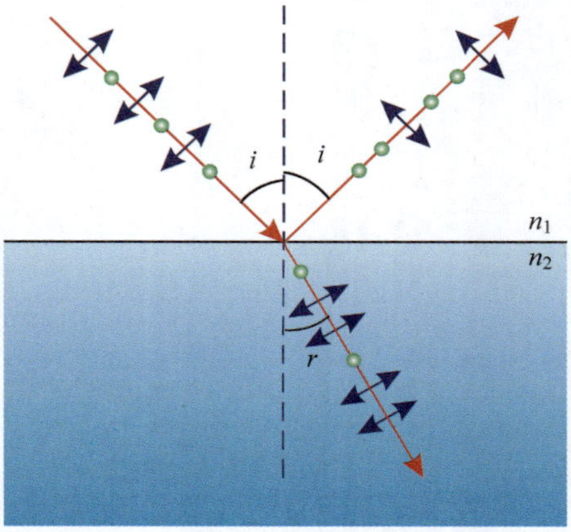

图 13-49　自然光反射折射

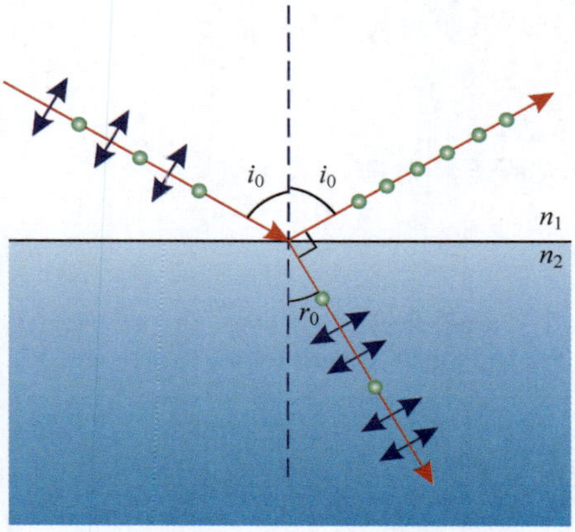

图 13-50　反射光起偏条件

根据折射定律

$$n_1 \sin i_0 = n_2 \sin r_0$$

及布儒斯特定律可得

$$\frac{n_2}{n_1}=\frac{\sin i_0}{\sin r_0}=\tan i_0$$

故有

$$\sin r_0=\cos i_0$$

得

$$r_0+i_0=\frac{\pi}{2}$$

可见，当入射角等于起偏角 i_0 时，反射光线与折射光线互相垂直。

当自然光以起偏角入射到两种介质的界面，反射光为偏振光，折射光仍为部分偏振光。对处于空气中的一般玻璃，反射光的强度约占入射光光强的7.5%，大部分光将能透过玻璃，因此仅靠自然光在一块玻璃的反射来获得偏振光，其强度是比较弱的。为了增强反射光的强度和提高折射光的偏振化程度，要让自然光通过由许多相互平行的、相同的玻璃片组成的玻璃片堆。当自然光以布儒斯特角入射到这个玻璃片堆上时，垂直于入射面的振动在每一个分界面上都要被反射掉一部分，而与入射面平行的振动都不被反射。这样除反射光为垂直于入射面光振动的线偏振光外，多次折射后的折射光的偏振化程度将越来越高，最后透射光可近似地看作是平行于入射面光振动的线偏振光。自然光在反射和折射时的这种偏振特性，也可以作起偏和检偏的装置。

到达地球上空的太阳光并不完全是从太阳直接照射下来的，部分是从其他行星反射来的，因此我们观察到的太阳光并不是真正的自然光。如果我们通过一个偏振片来观察太阳光，将发现来自天空的太阳光是部分偏振光。天文学家根据从行星表面反射的太阳光的偏振性质，推断出金星表面覆盖着水滴或冰晶，并确定土星光环是由冰晶所组成的。

［例题 13-12］

自然光以60°的入射角照射到两介质交界面时，反射光为线偏振光，则折射光为______________。

答案　部分偏振光且折射角为30°。

解析　根据布儒斯特定律，当入射角为布儒斯特角时，反射光是线偏振光，相应的折射光为部分偏振光。此时，反射光与折射光垂直，因为入射角为60°，所以折射角为30°。

原理应用

液晶显示原理

液晶电视与传统电视相比较，有质量轻、占用空间小、辐射少、耗电量低、分辨率高等优点，但它同时还存在着可视角度过小、响应时间较长且容易影响画面的连贯性等缺点。液晶电视显示技术的具体种类很多，但它们所运用的液晶电控光开关原理基本一致。下面从马吕斯定律出发，介绍液晶平板电视的明暗显示机制。

偏振光通过多个偏振片时，光矢量方向逐步转向的行为也类似地发生在液晶显示器的电控光开关实验原理中。

这里以扭曲向列型液晶显示器为例来讨论液晶电控光开关的工作原理。图 P13-4 中的显示器液晶盒的上下玻璃基片相当于两个偏振片(偏振 1 和偏振片 2),液晶的分子多为细长棒状。如图 P13-4(a)所示,当无外场时,液晶分子的长轴方向是平行于玻璃基片的。在液晶盒很薄的情况下,液晶分子的排列方向可由玻璃基片的表面定向处理方式来控制。液晶盒的两玻璃基片的偏振化方向是互相垂直的,这将导致基片之间的棒状液晶分子自上而下随着位置的改变而逐步扭转,累积的转向总量为 $\pi/2$。当光波的波长远远小于液晶分子扭曲的螺距时,在与光线垂直的平面薄层内大致同向排列的液晶分子构成了局部偏振片。这里,二向色性是由于液晶材料相对介电常数 ε_r 的各向异性而出现的。我们知道,电介质在被外电场极化后,极化电荷在电介质中产生的附加电场与外场方向反向,从而导致介质中的电场被削弱;电介质的相对介电常数 ε_r 越大,外场被削弱得越厉害。用 $\varepsilon_{/\!/}$ 和 $\varepsilon_{\perp}$ 分别代表棒状液晶分子沿着长轴方向和垂直于长轴方向的相对介电常数,图 P13-4(a)中使用的液晶材料的介电性质为 $\varepsilon_{/\!/}$ 小于 $\varepsilon_{\perp}$。由此可知,在偏振光在通过液晶时,与液晶分子长轴垂直的光矢量分量被削弱的程度要比在液晶分子长轴的平行方向的光矢量分量被削弱的程度更大。因此,每个与光线垂直的平面薄层都相当于一个局部偏振片,而每个薄层内的各个棒状液晶分子长轴的平行方向相当于该局部偏振片的偏振化方向。这样,自然光通过偏振片 1 后成为线偏振光,该光线通过扭曲向列型液晶层的时候,其光矢量方向随着分子扭曲结构而同步旋转(这种现象被称为偏振光“光波导”)。当线偏振光到达扭曲向列型液晶盒的下端时其光矢量方向也旋转了 $\pi/2$,此时出射光光矢量方向恰与偏振片 2 的偏振化方向平行,可以通过该偏振片,这时的液晶盒呈现“亮”状态,也就是液晶盒光开关的“开”状态。

上面谈到液晶盒“亮”状态的实现,而图 P13-4(b)显示了液晶盒呈现“暗”状态的实验原理。如果在液晶盒上下玻璃基片上的透明导电镀膜之间加上外电场,电场对液晶材料的极化作用使液晶分子垂直于液晶盒表面排列,这时,通过液晶盒的线偏振光的光矢量在液晶分子的长轴方向没有分量,而垂直于长轴方向的介电常数因轴对称而相同,所以不会发生光矢量方向的旋转。所以,当线偏振光到达液晶盒的下端时,出射光的光矢量与液晶盒下面的偏振片的偏振化方向垂直,而不能通过该偏振片,这就是液晶盒光开关的“关”状态。

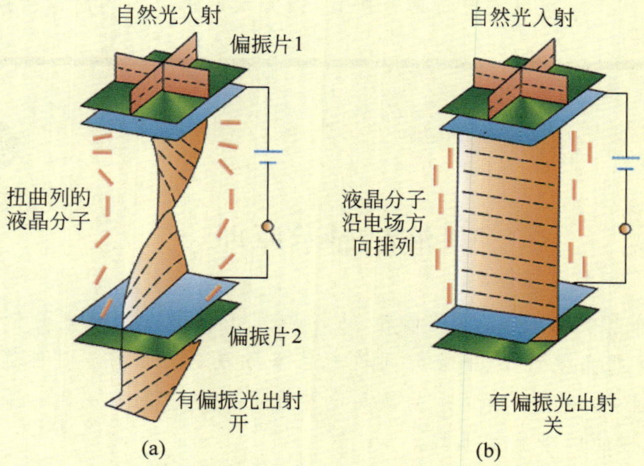

图 P13-4 扭曲向列型液晶显示器工作原理

综上所述，液晶电控光开关原理中的旋光现象可以从液晶材料极化的各向异性的角度出发，结合马吕斯定律进行定性的解释。液晶的旋光状态可以通过电场来控制，这是液晶电视得以实现明暗显示的机制。

*13.10 激光简介

激光最初的中文名叫作“镭射”“莱塞”，意思是“通过受激辐射光放大”。1964 年按照我国著名科学家钱学森的建议将“光受激发射”改称“激光”。激光是 20 世纪以来，继原子能、计算机、半导体之后，人类的又一重大发明，被称为“最快的刀”“最准的尺”“最亮的光”和“奇异的激光”。它的亮度为太阳光的 100 亿倍（见图 13-51）。它的原理早在 1916 年就已被著名的物理学家爱因斯坦发现，但直到 1960 年激光才被首次成功制造。激光是在有理论准备和生产实践迫切需要的背景下应运而生的，它一问世，就获得了异乎寻常的飞快发展，激光的发展不仅使古老的光学科学和光学技术获得了新生，而且导致整个一门新兴产业的出现。激光可使人们有效地利用前所未有的先进方法和手段，去获得空前的效益和成果，从而促进了生产力的发展，也在军事上起到重大作用。本节扼要地介绍激光产生的机制及其特性。

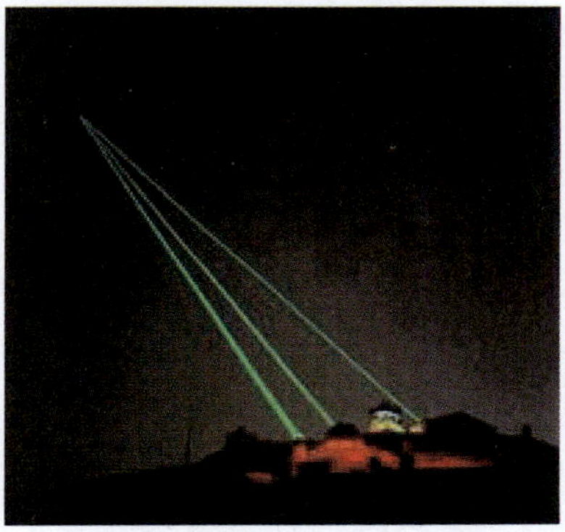

图 13-51　激光

13.10.1　激光的基本原理

光与物质的相互作用，实质上是组成物质的微观粒子吸收或辐射光子，同时改变自身运动状况的表现。微观粒子都具有特定的能级（通常这些能级是分立的）。任一时刻粒子只能处在与某一能级相对应的状态（或者简单地表述为处在某一个能级上）。与光子相互作用时，粒子从一个能级跃迁到另一个能级，并相应地吸收或辐射光子。光子的能量值为此两能级的能量差 ΔE，频率 $\nu=\Delta E/h$（h 为普朗克常量）。

动画：自发辐射、受激辐射

1. 自发辐射、受激辐射和受激吸收

设低能级 E_1 和高能级 E_2 是某粒子的任意两个能级，N_1 和 N_2 是分别处在这两个能级上的分子数，根据玻耳兹曼分布律，在热平衡状态下，如果 $E_1<E_2$，则 $N_1>N_2$，即能级越高，处在该能级上的粒子数越少。

当粒子自发地从高能级 E_2 跃迁到低能级 E_1 时，可能发射一个频率为

$$\nu=\frac{E_2-E_1}{h}$$

的光波列(或者说能量为 $h\nu$ 的光子)。这个过程叫**自发辐射**，如图 13-52 所示。众多原子以自发辐射发出的光，不具有相位、偏振态、传播方向上的一致，是物理上所说的非相干光。普通光源的发光过程都是自发辐射。

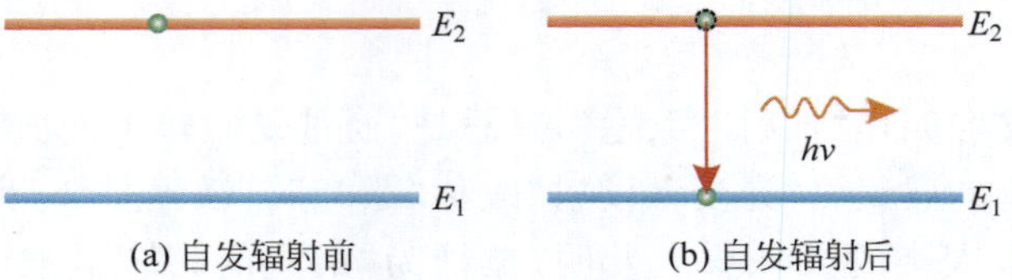

图 13-52 自发辐射

当处在高能级 E_2 上的粒子在自发辐射之前受到频率为 ν 的外来光波列的刺激作用，从高能级 E_2 跃迁到低能级 E_1 时，同时辐射一个与外来光波列完全相同的光波列，这个过程叫**受激辐射**，如图 13-53 所示。受激辐射发出的光波与入射光波具有完全相同的性质，它们的频率、相位、偏振方向及传播的方向都相同。用粒子说的观点来说，一个外来的入射光子，由于受激辐射变成两个完全相同的光子，这两个光子又去刺激粒子而变成四个光子，如此进行下去，产生连锁反应。这说明受激辐射使入射光强得到放大，受激辐射光放大是激光产生的基本机制。处于较低能级 E_1 的粒子在受到外界的激发(即与其他的粒子发生了有能量交换的相互作用，如与光子发生非弹性碰撞)，吸收了能量时，跃迁到与此能量相对应的较高能级 E_2，这种跃迁称为**受激吸收**(见图 13-54)，受激吸收使入射光强衰减。

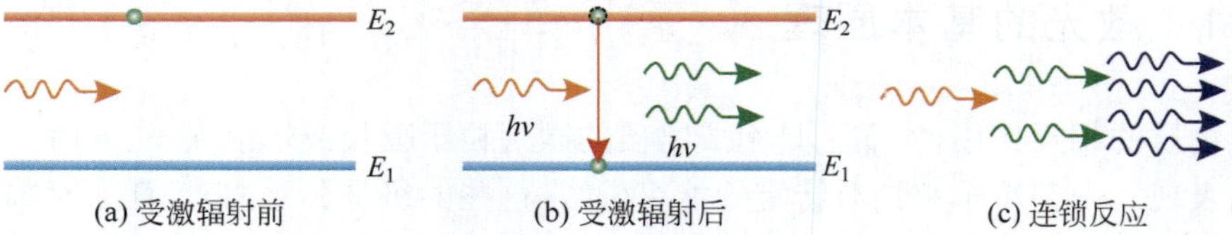

图 13-53 受激辐射

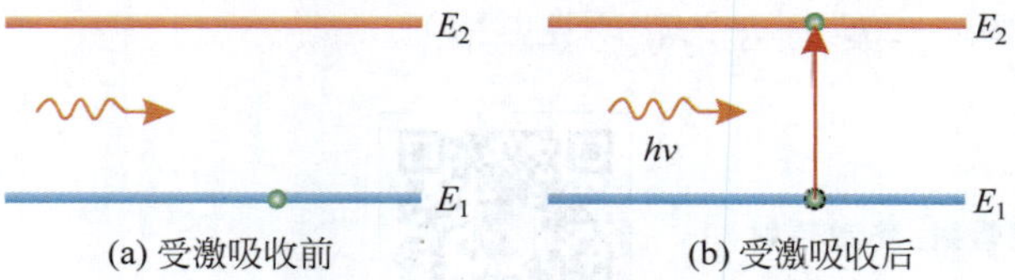

图 13-54 受激吸收

2. 粒子数反转态

光和物质相互作用时，在两能级间存在着自发发射跃迁、受激发射跃迁和受激吸收跃迁等三种过程。受激发射跃迁所产生的受激发射光，与入射光具有相同的频率、相位、传播方

向和偏振方向。因此，大量粒子在同一相干辐射场激发下产生的受激发射光是相干的。受激发射跃迁几率和受激吸收跃迁几率均正比于入射辐射场的单色能量密度。当两个能级的统计权重相等时，两种过程的几率相等。在热平衡情况下 $N_2<N_1$，所以自发吸收跃迁占优势，光通过物质时通常因受激吸收而衰减。外界能量的激励可以破坏热平衡而使 $N_2>N_1$，这种状态称为粒子数反转状态。在这种情况下，受激发射跃迁占优势。只有具有合适能级结构的介质才能实现粒子数反转态，这种介质通常称为激活介质。当光通过一段长为 l 的处于粒子数反转状态的激光工作物质(激活物质)后，光强增大 e^{Gl} 倍。G 为正比于(N_2-N_1)的系数，称为增益系数，其大小还与激光工作物质的性质和光波频率有关。G 越大，激活介质的光放大能力越强，光强增加越快。一段激活物质就是一个激光放大器。

3. 光学谐振腔

在实现了粒子数反转分布的激活介质内，处于高能态的粒子必须受到光子的刺激才能产生受激辐射，这最初的光子来源于介质的自发辐射。因为自发辐射是随机的，所以不同光子引起的受激辐射相互之间也是随机的，所辐射的光的相位、偏振状态、频率、传播方向都是互不相关的，如图 13-55 所示。为了使某一方向和某一频率的光得到放大，其他方向和其他频率的光被抑制，人们设计了光学谐振腔。在激活介质两端放置两块反射镜，一块是全反射镜，另一块是部分反射镜，这两块反射镜可以是平面，也可以是凹面，或者是一平面一凹面，两反射镜的轴线与工作物质的轴线平行放置，这对反射镜就构成了光学谐振腔。图 13-56 所示的是两平面反射镜构成的谐振腔。光学谐振腔对光束传播方向具有选择性。根据光的传播规律，非轴向传播的光波很快逸出谐振腔外；轴向传播的光波却能在腔内往返传播，当它在激光物质中传播时，光强不断增长，从部分反射镜输出稳定的激光束。

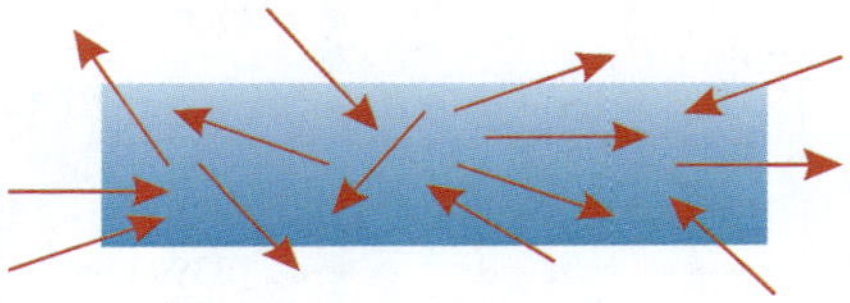

图 13-55　无谐振腔时的受激辐射

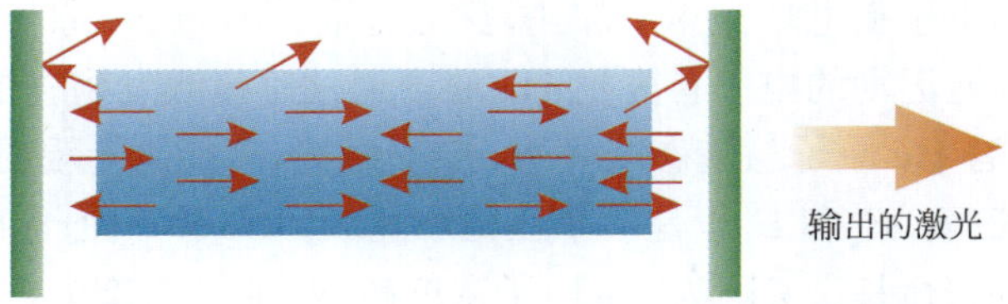

图 13-56　两平面反射镜构成的谐振腔

谐振腔对激光的波长具有选择性。激光器中所用的反射镜都镀有多层反射膜，恰当地选择每层膜的厚度使所需要的波长的光束得到最大限度地反射，而限制其他波长光的反射。另外，精心设计两反射镜之间的距离，使之等于所需要光的半波长的整数倍，该波长的光在腔内形成以镜面为波节的驻波，产生稳定的振荡而不断得到加强。

一般的激光器都是由激活介质、激励能源和谐振腔这三部分组成的。常用激光器按发出激光的激活介质分为固体激光器、气体激光器、液体激光器和半导体激光器；按激光输出的工作形式，分为连续式激光器和脉冲式激光器。下面以氦氖(He-Ne)激光器为例，具体说明激光的产生过程。氦氖激光器的激活介质是氦氖混合气体，采用气体放电方式激励，谐振腔多采用两平面镜构成的平行腔或平面镜与凹面镜构成的平凹腔。

13.10.2 氦氖激光器

图 13-57 所示为内腔式 He-Ne 激光器结构示意图。放电管是一毛细管，内径约为 1mm，管内充有 He-Ne 混合气体，其中 Ne 为激活介质，He 为辅助物质，He 和 Ne 的比例约为 7∶1，He 原子自发辐射、受激辐射和受激吸收的概率都比 Ne 原子大得多。放电管正极用钨棒，负极用铝皮圆筒。在放电管两端垂直毛细管的轴线各粘贴一块镀有多层介质膜的反射镜，其中一块为全反射镜，它的反射率几乎是 100%；另一块是半反射镜，它的反射率是 99%，激光透过半反射镜输出，它们构成激光器的谐振腔。氦氖激光器是属于连续输出式的激光器，它发出波长为 632.8nm 的红光。

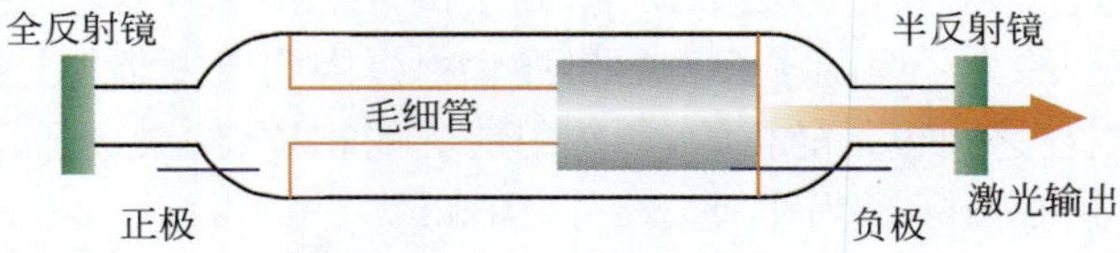

图 13-57 内腔式氦氖激光器

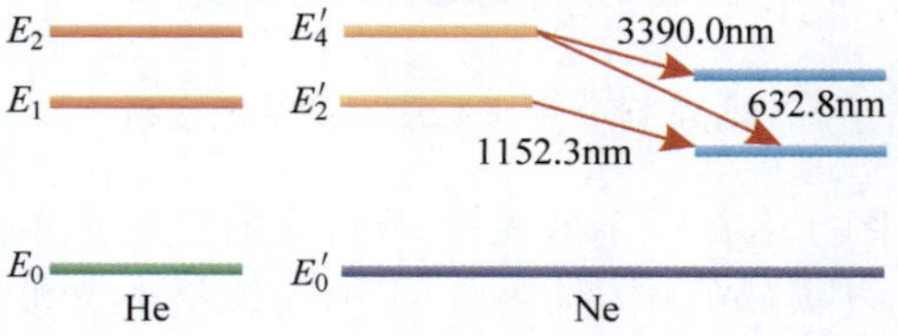

图 13-58 氦、氖气体部分能级图

为了阐明氦氖激光器产生的机理，图 13-58 给出了与产生激光有关的 He 和 Ne 的能级简图。由图 13-58 可知，E_0 和 E'_0 分别是 He 和 Ne 的基态能级，He 原子的两个亚稳态能级 E_1 和 E_2 与 Ne 原子的两个亚稳态能级 E'_2 和 E'_4 很接近，而 E'_1 和 E'_3 是 Ne 原子的两个激发态能级。当几千伏的电压加在激光管的正负极上时，放电管中的电子在电场作用下加速，获得能量。因为 Ne 原子吸收电子能量被激发的概率很小，所以高速运动的电子首先把 He 原子通过碰撞激发到它的两个亚稳态能级，然后处于亚稳态能级的 He 原子与基态能级 Ne 原子碰撞，将能量无辐射地转移给 Ne 原子，使它激发到 E'_2 和 E'_4 能级。E'_2 和 E'_4 也是两个亚稳态能级。Ne 原子处于 E'_2 或 E'_4 能级的寿命较处于 E'_1 或 E'_3 能级的寿命长。又因为 He 原子密度较 Ne 原子密度大，这样就有较多的 He 原子与基态 Ne 原子碰撞，使较多的 Ne 原子处于 E'_2 和 E'_4 能态，从而实现 Ne 原子的 E'_2 和 E'_4 能态相对 E'_1 和 E'_3 能态的粒子数反转。当适当频率的光波入射时，就会产生相应能级间受激辐射光放大，分别发出 3390.0nm、1152.3nm、632.8nm 波长的激光。要想获得其中一个波长的激光，必须采取适当措施抑制其他波长激光的产生。由于波长为 3390.0nm 和 1152.3nm 的光是不可见的红外光，而波长为 632.8nm 的光是可见光，它在通常使用中比较方便。

13.10.3 激光的特点及应用

从前面对谐振腔的分析中知道，从激光器的半反射镜端射出的激光光束基本上是沿着与镜面垂直的方向传播的，在空间几乎不发散，所以激光具有很好的**定向性**。由于激活介质的粒子数反转只在确定的能级间发生，相应的激光发散也就只能在确定的光谱线范围内产生，又由于谐振腔的选频性，因此激光具有很好的**单色性**。因为激光具有很高的定向性，使激光能量限制在很小的空间范围，所以激光具有很高的**亮度**。普通光源是通过自发辐射发光，光源上不同的发光粒子所发出的光波列以及同一粒子不同时刻发出的光波列之间无固定的相位关系，所以不是相干光。而激光器辐射的激光是通过受激辐射发光的，受激辐射的光波列与入射的光波列具有相同的相位，所以激光具有很好的**相干性**。

激光是现代新光源，由于具有方向性好、亮度高、单色性好等特点而被广泛应用在科学技术及工业、农业、化学、医学、生物、通信等领域，例如激光测距、激光钻孔和切割、地震监测、激光手术、激光唱头等。激光武器产生的独特烧蚀效应、激波效应和辐射效应，已被广泛运用于防空、反坦克、轰炸机等方面，并已显示了它的神奇威力。激光的空间控制性和时间控制性很好，对加工对象的材质、形状、尺寸和加工环境的自由度都很大，特别适用于自动化加工。激光加工系统与计算机数控技术相结合可构成高效自动化加工设备，已成为企业实行适时生产的关键技术，为优质、高效和低成本的加工生产开辟了广阔的前景。目前，激光技术已经融入我们的日常生活之中了，在未来的岁月中，激光会带给我们更多的奇迹。

原理应用

全息摄影

全息摄影是指一种记录被摄物体反射波的振幅和相位等全部信息的新型摄影技术，亦称“全息照相”。普通摄影是记录物体表面上的光强分布，它不能记录物体反射光的相位信息，因而失去了立体感。全息摄影是利用光的干涉原理，要求光源有很高的时间相干性和空间相干性，激光正好满足了这个条件。所以全息摄影采用激光作为照明光源，将光波的振幅和相位全部记录在底片上，人眼直接去看这种感光的底片，只能看到像指纹一样的干涉条纹，但如果用激光去照射它，人眼透过底片就能看到与原来被拍摄物体完全相同的三维立体像。一张全息摄影图片即使只剩下一小部分，依然可以重现全部景物。

1. 全息摄影的基本原理

激光全息摄影包括全息记录和图像再现。下面分别介绍这两部分。

(1) 全息记录。全息记录就是全息照片的拍摄。它没有利用透镜成像原理。拍摄全息照片的基本光路大致如图 P13-5 所示，把激光束分成两束，一束激光直接投射在感光底片上，称为参考光束；另一束激光投射在物体上，经物体反射或者透射，就携带有物体的有关信息，称为物光束。物光束经过处理也投射在感光底片的同一区域上。在感光底片上，物光束与参考光束发生相干叠加，形成干涉条纹，这就完成了一张全息图。

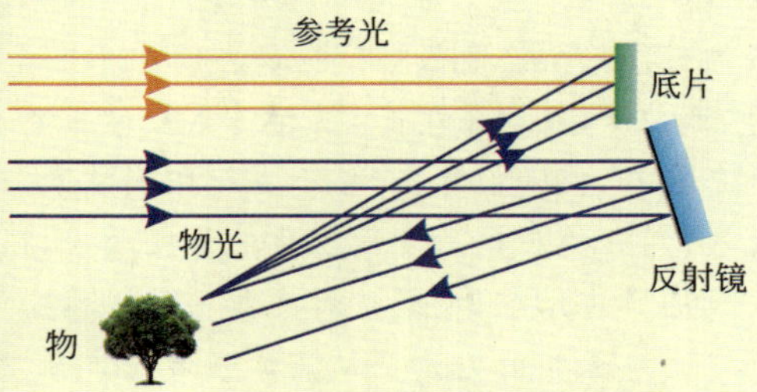

图 P13-5 全息照相基本光路

(2) 图像再现。全息照片并不直接显示物体的形象，要观察全息底片所记录的物体的形象，必须用一束激光照射全息图，这束激光的频率和传输方向应该与参考光束完全一样，于是就可以再现物体的立体图像，如图 P13-6 所示。人从不同角度看，可看到物体不同的侧面，就好像看到真实的物体一样，只是摸不到真实的物体。其成像的原理可作如下简单说明，全息照片包含大量的、细密的干涉条纹，它相当于一个透射光栅，照明光透过它们时将发生衍射。设 A、B 为底片上两条相邻的暗条纹，底片冲洗后 A、B 成为两条透光缝。根据光栅衍射的知识，我们知道，沿原来物体上点 O 发出的物光方向的两束衍射光，其光程差是 λ，这两束光被人眼会聚后，就会使人感到在原来点 O 所在处有一虚发光点 O'。而物体上所有发光点在全息照片上产生的透光条纹对入射照明光的衍射，就会使人眼看到一个在原来位置处的原物的立体虚像。当人眼换一个观察位置时，原来被挡住的部分可能显露出来，原来显露的部分可能被挡住，完全是立体的感觉，图 P13-7 所示是全息照相的花。

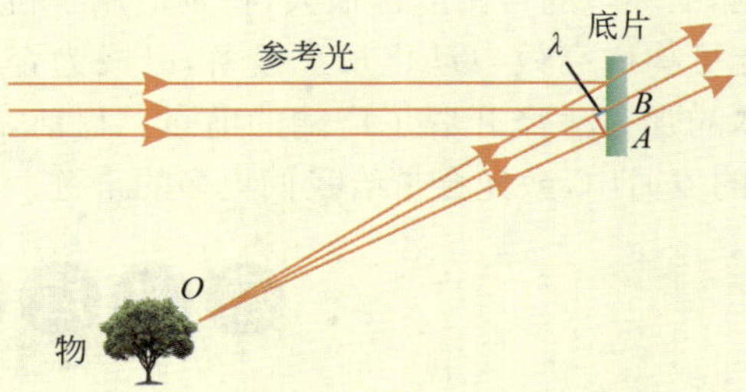

图 P13-6　全息照相再现

图 P13-7　全息照相的花

如果一张全息照片破碎成几块，则由于其中每一小块上都包含物体上各个发光点光波的信息，故而用一小块照片仍可以再现物体的像，这是普通照片所不能比拟的。当然，小块的全息照片上包含的光信息的容量有所减少。

若再现全息照片的像时采用其他波长的单色光，或采用的光不是平行光，一般也能出现物体的像，但像会发生颜色、亮暗、位置等方面的改变。

2. 全息摄影的应用

全息技术在生产实践和科学研究领域中有着广泛的应用。例如：全息电影和全息电视，全息储存及全息显示等。在我们的生活中，也常常能看到全息摄影技术的运用。大型全息图既可展示轿车、卫星以及各种三维广告，亦可采用脉冲全息术再现人物肖像、结婚纪念照。小型全息图可以戴在颈项上形成美丽装饰，它可再现人们喜爱的动植物，如多彩的花朵与蝴蝶。迅猛发展的模压彩虹全息图，既可成为生动的卡通片、贺卡、立体邮票，也可以作为防伪标识出现在商标、证件卡、银行信用卡，甚至钞票上。装饰在书籍中的全息立体照片，以及礼品包装上闪耀的全息彩虹，使人们体会到 21 世纪印刷技术与包装技术的新飞跃。模压全息标识，由于它的三维层次感，并随观察角度而变化的彩虹效应，以及千变万化的防伪标记，再加上与其他高科技防伪手段的紧密结合，把新世纪的防伪技术推向了新的辉煌顶点。

全息照相的方法已从光学领域推广到其他领域。如微波全息、声全息等得到很大发展，成功地应用在工业医疗等方面。地震波、电子波、X 射线等方面的全息也正在深入研究中。全息图有极其广泛的应用，如用于研究火箭飞行的冲击波、飞机机翼蜂窝结构的无损检验等。现在不仅有激光全息，而且有白光全息、彩虹全息，以及全景彩虹全息，使人们能看到景物的各个侧面。全息三维立体显示正在向全息彩色立体电视和电影的方向发展。

内容提要

1. 光的干涉

光的相干条件：光矢量的振动方向相同，频率相同，相位差恒定。

2. 杨氏双缝干涉

干涉明条纹所在的位置：$x=\pm k\dfrac{D\lambda}{d}$， $k=0,1,2,\cdots$

干涉条纹是等距离分布的直条纹，相邻明条纹之间、相邻暗条纹之间的间距 $\Delta x=\dfrac{D\lambda}{d}$。

3. 光程

光程 $L=nr$，相位差与相应的光程差 δ 之间的关系：$\Delta\varphi=\dfrac{2\pi}{\lambda}\delta$

干涉相长的条件：$\delta=\pm k\lambda, k=0,1,2,\cdots$

干涉相消的条件：$\delta=\pm(2k+1)\dfrac{\lambda}{2}, k=0,1,2,\cdots$

4. 薄膜的等厚干涉

空气劈尖干涉明、暗条纹的条件：

$$\delta=2ne+\frac{\lambda}{2}=\begin{cases}k\lambda, & k=1,2,3,\cdots, \quad \text{明条纹}\\(2k+1)\dfrac{\lambda}{2}, & k=0,1,2,\cdots, \quad \text{暗条纹}\end{cases}$$

空气劈尖干涉条纹特点：平行于劈尖棱边的明暗相间的直条纹。等厚干涉条纹。空气劈尖干涉条纹间距与劈尖顶角 θ 的关系：$l\approx\dfrac{l}{2n\theta}$

牛顿环暗条纹：$r=\sqrt{kR\lambda}$， $k=0,1,2,\cdots$

牛顿环干涉条纹的特点：内疏外密的一系列同心圆环。

5. 光的衍射

惠更斯-菲涅耳原理。

分析单缝夫琅禾费衍射的半波带法。

单缝衍射暗条纹的条件：

$$a\sin\theta=\pm 2k\frac{\lambda}{2}=\pm k\lambda, \quad k=1,2,3,\cdots$$

单缝衍射明条纹的条件：

$$a\sin\theta=\pm(2k+1)\frac{\lambda}{2}, \quad k=1,2,3,\cdots$$

单缝衍射条纹的角分布特点，各级明条纹的角宽度。
光栅及光栅常数。
光栅方程：$d\sin\theta=\pm k\lambda$，　$k=0,1,2,\cdots$
光栅衍射条纹的特点。

6. 光的偏振

线偏振光、部分偏振光和自然光，起偏和检偏。
马吕斯定律：$I=I_0\cos^2\alpha$
自然光在分界面上反射和折射的偏振特点。
起偏角，布儒斯特定律：$\tan i_0=\dfrac{n_2}{n_1}$

习题

一、选择题

*13-1　在水中的鱼看来，水面上和岸上的所有景物都出现在一倒立圆锥里，其顶角为(　　)。

(A) 48.8°　　(B) 41.2°　　(C) 97.6°　　(D) 82.4°

*13-2　一远视眼的近点在1m处，要清楚地看见眼前10cm处的物体，应佩戴的眼镜是(　　)。

(A) 焦距为10cm的凸透镜　　(B) 焦距为10cm的凹透镜
(C) 焦距为11cm的凸透镜　　(D) 焦距为11cm的凹透镜

13-3　在双缝干涉实验中，若单色光源 S 到两缝 S_1、S_2 距离相等，则观察屏上中央明条纹位于图中点 O 处，现将光源 S 向下移动到图中的 S' 位置，则(　　)。

(A) 中央明条纹向上移动，且条纹间距增大
(B) 中央明条纹向上移动，且条纹间距不变
(C) 中央明条纹向下移动，且条纹间距增大
(D) 中央明条纹向下移动，且条纹间距不变

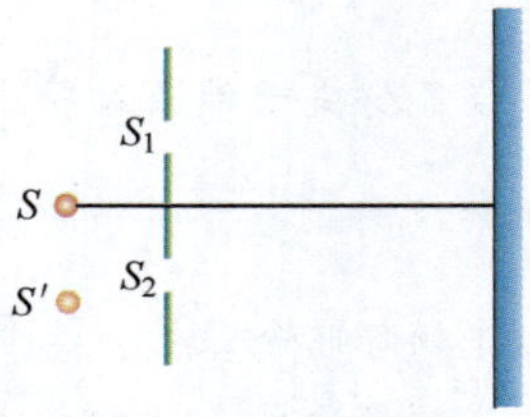

习题13-3图

13-4　用平行单色光垂直照射在单缝上时，可观察夫琅禾费衍射。若屏上点 P 处为第2级暗条纹，则相应的单缝波阵面可分成的半波带数目为(　　)。

(A) 3个　　(B) 4个　　(C) 5个　　(D) 6个

13-5　波长 $\lambda=550\text{nm}$ 的单色光垂直入射于光栅常数 $d=1.0\times10^{-4}\text{cm}$ 的光栅上，可能观察到的光谱线的最大级次为(　　)。

(A) 4　　(B) 3　　(C) 2　　(D) 1

13-6　三个偏振片 P_1、P_2 与 P_3 堆叠在一起，P_1 与 P_3 的偏振化方向相互垂直，P_2 与 P_1 的偏振化方向间的夹角为30°，强度为 I_0 的自然光入射于偏振片 P_1，并依次透过偏振片 P_1、P_2 与 P_3，则通过三个偏振片后的光强为(　　)。

(A) $\dfrac{3I_0}{16}$　　(B) $\dfrac{\sqrt{3}I_0}{8}$　　(C) $\dfrac{3I_0}{32}$　　(D) 0

13-7 自然光以54.7°的入射角照射到两介质交界面时，反射光为线偏振光，则折射光为(　　)。

(A) 线偏振光，且折射角是35.3°

(B) 部分偏振光且只是在该光由真空入射到折射率为$\sqrt{2}$的介质时，折射角是35.3°

(C) 部分偏振光，但需知两种介质的折射率才能确定折射角

(D) 部分偏振光且折射角是35.3°

二、填空题

13-8 在双缝干涉实验中，若使两缝之间的距离减小，则屏幕上干涉条纹间距________，若使单色光波长减小，则干涉条纹间距________。

13-9 如图所示，当波长为λ的单色光垂直入射到厚度为e的薄膜上时，经上下两表面反射的两束光发生干涉。当$n_1<n_2<n_3$时，其光程差为________；当$n_1=n_3<n_2$时，其光程差为________。

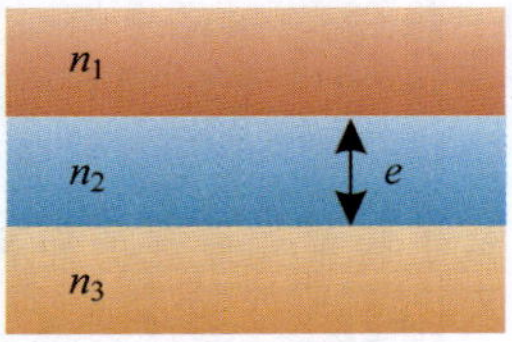

习题13-9图

13-10 波长为λ的单色光垂直照射在缝宽为$a=4\lambda$的单缝上，对应$\theta=30°$衍射角，单缝处的波面可划分为________个半波带，对应的屏上条纹为________条纹。

13-11 平行单色光垂直入射到平面衍射光栅上，若增大光栅常数，则衍射图样中明条纹的间距将________，若增大入射光的波长，则明条纹间距将________。

13-12 强度为I_0的自然光，通过偏振化方向互成30°的起偏器与检偏器后，光强度变为________。

三、计算题

*13-13 一人高1.8m，站在照相机前3.6m处拍照，摄得其像的高恰为100mm，问此照相机镜头的焦距有多大？

*13-14 一个光学系统由一个焦距为5cm的会聚透镜和一焦距为10cm的发散透镜组成，二者之间相距5cm。若物体放在会聚透镜前10cm处，求经此光学系统所成像的位置和放大率。

*13-15 一架显微镜的物镜和目镜相距为20cm，物镜焦距为7mm，目镜的焦距为5mm，把物镜和目镜均看作薄透镜。试求：(1)被观察物到物镜的距离；(2)物镜的横向放大率；(3)显微镜的视角放大率。

13-16 在双缝干涉实验中，两缝间距为0.3mm，用单色光垂直照射双缝，在离缝1.20m的屏上测得中央明条纹一侧第5条暗条纹与另一侧第5条暗条纹间的距离为22.78mm。问所用光的波长为多少，是什么颜色的光？

13-17 在双缝干涉实验中，用波长$\lambda=546.1$nm的单色光照射，双缝与屏的距离$D=300$mm。测得中央明条纹两侧的两个第5级明条纹的间距为12.2mm，求双缝间的距离。

13-18 如图所示，将一折射率为1.58的云母片覆盖于杨氏双缝实验装置上的一条缝上，使得屏上原中央极大的所在点O改变为第5级明条纹。假定$\lambda=550$nm，求：(1)条纹如何移动；(2)云母片厚度t。

13-19 用白光垂直入射到间距$d=0.25$mm的双缝上，距离缝1.0m处放置屏幕。求：第2级干涉条纹中紫光和红光极大点的间距(白光的波长范围是400～760nm)。

13-20 白光垂直照射到空气中一厚度为380nm的肥皂膜上。设肥皂膜的折射率为1.32，试问肥皂膜表面反射光的波长？

13-21 如图所示，利用空气劈尖测细丝直径，已知 $\lambda=589.3\text{nm}$，$L=2.888\times10^{-2}\text{m}$，测得30条条纹的总宽度为 $4.295\times10^{-3}\text{m}$，求细丝直径 d。

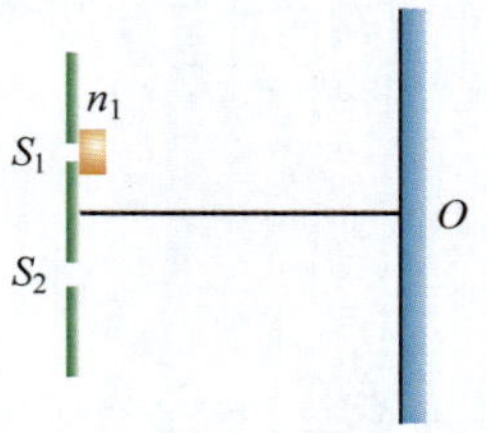

习题 13-18 图

习题 13-21 图

13-22 在利用牛顿环测未知单色光波长的实验中，当用波长为 589.3nm 的钠黄光垂直照射时，测得第1和第4暗环的距离为 $\Delta r=4.0\times10^{-3}\text{m}$；当用波长未知的单色光垂直照射时，测得第1和第4暗环的距离为 $\Delta r'=3.85\times10^{-3}\text{m}$，求该单色光的波长。

13-23 一单色平行光垂直照射于一单缝，若其第3级明条纹位置正好和波长为 600nm 的单色光入射时的第2级明条纹位置一样，求前一种单色光的波长。

13-24 一单色平行光束垂直照射在宽为 1.0mm 的单缝上，在缝后放一焦距为 2.0m 的会聚透镜。已知位于透镜焦平面处的屏幕上的中央明条纹宽度为 2.5mm，求入射光波长。

13-25 某单色光垂直入射到一每厘米刻有 6000 条刻线的光栅上。如果第1级光谱线的衍射角为 20°，求：(1)入射光的波长；(2)第2级光谱线的衍射角。

13-26 已知单缝宽度 $a=1.0\times10^{-4}\text{m}$，透镜焦距 $f=0.50\text{m}$，用 $\lambda_1=400\text{nm}$ 和 $\lambda_2=760\text{nm}$ 的单色平行光分别垂直照射，求这两种光的第1级明条纹离屏中心的距离，以及这两条明条纹之间的距离。若用每厘米刻有 1000 条刻线的光栅代替这个单缝，则这两种单色光的第1级明条纹分别距屏中心多远？这两条明条纹之间的距离又是多少？

13-27 一束平行光垂直入射到某个光栅上，该光束有两种波长的光，$\lambda_1=440\text{nm}$ 和 $\lambda_2=660\text{nm}$。实验发现，两种波长的谱线(不计中央明条纹)第二次重合于衍射角 $\varphi=60°$ 的方向上，求此光栅的光栅常数。

13-28 测得从一池静水的表面反射出来的太阳光是线偏振光，求此时太阳处在地平线的多大仰角处。(已知水的折射率为 1.33)

13-29 一束太阳光以某一入射角入射到平面玻璃上，这时反射光为线偏振光。若折射光的折射角 $\gamma=32°$，求：(1)太阳光的入射角；(2)此种玻璃的折射率。

13-30 一束光是自然光和平面线偏振光的混合，当它通过一偏振片时发现透射光的强度取决于偏振片的取向，其强度可以变化5倍，求入射光中两种光的强度各占总入射光强度的比例。

Chapter 14

第 14 章

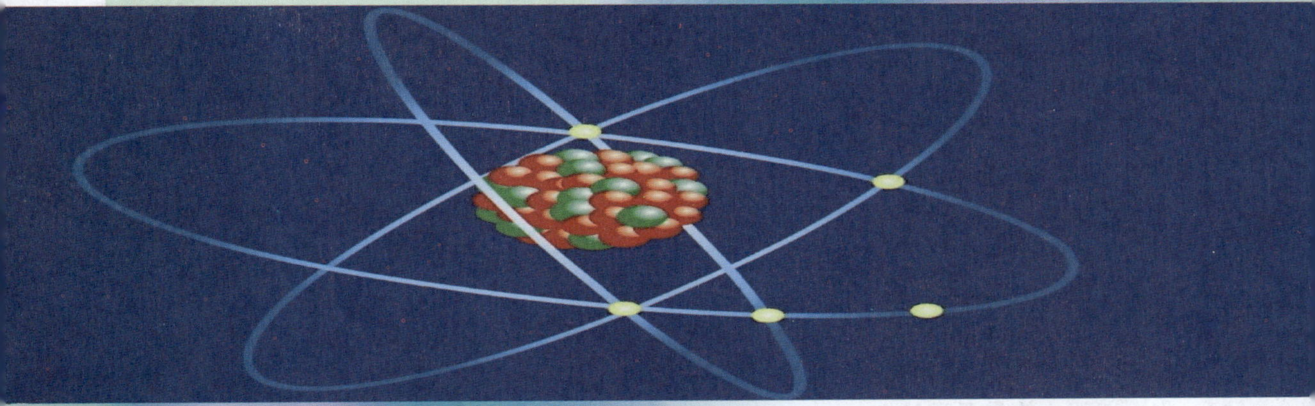

量子物理

从 17 世纪到 19 世纪，经典物理学取得了很大的成就。在牛顿力学的基础上，拉格朗日(Joseph Lagrange，1736—1813 年，法国籍意大利裔数学家、物理学家和天文学家)等的工作使经典力学趋于完善，而且研究的范围也扩大了，从机械运动的范畴进入了热运动和电磁运动。在这时期内，通过克劳修斯、开尔文、玻耳兹曼等对热现象的研究，建立了热力学和统计力学；通过牛顿、惠更斯、杨、菲涅耳等对光的研究，建立了光学；而安培、法拉第、麦克斯韦等对电磁现象的研究，则为电动力学奠定了基础。至 19 世纪末，经典物理学已经发展到相当完善的阶段，当时许多物理学家，包括像开尔文那样知名的、对物理学理论有着多方面贡献的物理学家，都认为物理学的基本规律已经被揭露出来，今后的任务只是使这些规律进一步完善，并把物理学的基本定律应用到具体问题的处理上，以及用来说明新的实验事实而已。

正当物理学家为经典物理学的成就感到满意的时候，一些新的实验事实却给经典物理学以有力的冲击，这些冲击主要来自以下三个方面。一是 1887 年的迈克耳孙-莫雷实验否定了绝对参考系的存在；二是 1900 年瑞利和金斯用经典的能量均分定理来说明热辐射现象时，出现了所谓的“紫外灾难”(ultraviolet catastrophe)；三是 1897 年 J. J. 汤姆孙(Joseph John Thomson，1856—1940 年，英国物理学家，因通过气体电传导性的研究，测出电子的电荷与质量的比值，1906 年获诺贝尔物理学奖)发现电子，说明原子不是物质的基本单元，原子是可分的。经典物理学无法对这些新的实验结果做出正确的解释，从而使经典物理学处于非常困难的境地，也使一些物理学家深感困惑。

量子(**quantum**)物理世界的大门是在**黑体辐射**(**black-body radiation**)问题研究中打开的，普朗克假设能量在辐射过程中不是连续的，而是一股股的“再不可分”的涓流被释放或吸收。普朗克的**量子理论**(**quantum theory**)是牛顿以后自然哲学所经受的最巨大、最深刻的变革，能量的量子思想奠定了现代微观物理的基础。在解释**光电效应**(**photoelectric effect**)和氢原子(hydrogen)的光谱等实验事实时，爱因斯坦、玻尔等物理学家意识到在微观世界中存在一种新的效应，这就是量子效应。尽管这种早期的量子理论不尽完善，在很大程度上是经典概念和量子假设的混合物，但这是物理学发展中的一个里程碑。1924 年德布罗意(Louis Victor · Duc de Broglie，1892—1987 年，法国理论物理学家，物质波理论的创立者，量子力学的奠基人之一)提出物质波概念后，人们认识到微观粒子(microscopic particle)具有**波粒二象性**(**wave-particle dualism**)，在此基础上逐步建立了描述微观世界的量子力学理论。从此，以量子概念为基础的量子力学在微观领域代替了经典的牛顿力学。

近代物理学的发展不仅使物理学、化学、生物学、天文学等基础科学从经典形态发展到现代形态，产生了一批崭新的交叉自然科学，使自然科学理论发展到新的现代水平，同时也使我们全面进入了原子能、电子技术、激光、生物工程的应用时代，微电子技术、信息技术、生物工程技术、新材料、新能源、航天、海洋和核技术等新兴技术得到迅速发展和广泛应用，这些技术的发展将使社会的生产和生活发生巨大变化。

本章首先介绍黑体辐射、普朗克能量子假设、光电效应、玻尔氢原子理论，在这些问题中电磁辐射都表现出量子性，即光的量子性；然后介绍德布罗意波假设、微观粒子运动状态的不确定关系等有关微观粒子波动性的基本概念；最后介绍量子力学的波函数和薛定谔方程。

马克斯·普朗克(Max Karl Ernst Ludwig Planck,1858—1947年),德国物理学家,量子物理学的开创者和奠基人。1900年,普朗克抛弃了"能量是连续的"这一传统经典物理观念,在理论上导出了与实验完全符合的黑体辐射经验公式。普朗克提出了最小能量单位称为"能量子",还进一步提出了能量子与频率成正比的观点,并引入了普朗克常数 h,结束了经典物理学一统天下的局面。普朗克由于创立量子理论而获1918年诺贝尔物理学奖。

14.1 黑体辐射 普朗克能量子假设

自古以来,人们都认为物质由一些最小的基本单元所组成。最初,人们相信原子是构成物质的基本单元,而且这种基本单元是不可分的。1897年J.J.汤姆孙发现电子是比原子更基本的物质单元,后来,科学家又相继发现了中子、质子、介子、超子等粒子。正是这些不连续的基元通过多种多样的组合方式,才得以构成如此丰富多彩的物质世界。但是,20世纪以前,人们从来不曾怀疑过物质的能量是否也是不连续的。在以牛顿为代表的经典力学理论,以玻耳兹曼为代表的统计力学理论和以麦克斯韦为代表的经典电磁理论中,人们一直认为能量是可以连续变化的,物体之间能量的传递也是以连续的方式进行的。这些观念为世人所公认,是不言而喻的。直到1900年,普朗克在试图从理论上解释黑体辐射的规律时,提出了能量子的概念,才打破了能量连续变化这一传统的观念,从而开创了物理学革命的新纪元,宣告了量子物理的诞生。

14.1.1 黑体 黑体辐射

任何一个物体,在任何温度下都要发射电磁波。这种由于物体中的分子、原子受到热激发而发射电磁辐射的现象,称为**热辐射(thermal radiation)**。另外,任何物体在任何温度下都要接受外界射来的电磁波,除反射一部分回外界外,其余部分都被物体所吸收。这就是说,物体在任何时候都存在着发射和吸收电磁辐射的过程。实验表明,不同物体在某一频率范围内发射和吸收电磁辐射的能力是不同的,例如,深色物体吸收和发射电磁辐射的能力比浅色物体要大一些。但是,对同一物体来说,若它在某频率范围内发射电磁辐射的能力越强,那么,它吸收该频率范围内电磁辐射的能力也越强;反之亦然。

一般来说,入射到物体上的电磁辐射,并不能全部被物体所吸收,物体吸收电磁辐射的能力随物体而异。通常人们认为最黑的煤烟,也只能吸收入射电磁辐射的95%。我们设想有一种物体,它能吸收一切外来的电磁辐射,这种物体称为**黑体(black body)**,也称为**绝对黑体**,黑体只是一种理想模型。如果在一个由任意材料(钢、铜、陶瓷或其他)做成的空腔壁上开一个小孔(图14-1),小孔

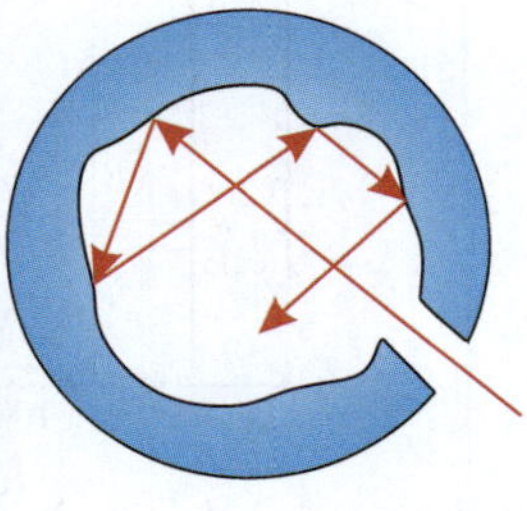

图 14-1 空腔上的小孔可作为黑体

口表面就可近似地当作黑体。这是因为射入小孔的电磁辐射，要被腔壁多次反射，每反射一次，腔壁就要吸收一部分电磁辐射能，以致射入小孔的电磁辐射很少有可能从小孔逃逸出来。不妨设想有一个单位的电磁辐射从小孔射入空腔中，在空腔内经100次反射后，才从小孔射出来。若每次反射时仅被腔壁吸收10%，那么从小孔射出的电磁辐射就只为入射的$(0.900)^{100}=2.656\times10^{-5}$了。

另外，如前所述，此空腔处于某确定的温度时，也应有电磁辐射从小孔发射出来。显然，从小孔发射出来的电磁辐射就可作为黑体的辐射。总之，无论从吸收还是发射电磁辐射来看，空腔的小孔都可以看成是黑体。实验分析表明，空腔小孔向外发射的电磁辐射是含有各种频率成分的，而且不同频率成分的电磁波的强度也不同，随黑体的温度而异。

14.1.2 斯特藩-玻耳兹曼定律 维恩位移定律

从热力学温度为T的黑体的单位面积上，单位时间内，在频率ν附近单位频率范围内所辐射的电磁波能量，称为**单色辐射出射度**(**monochromatic radiant exitance**)，简称**单色辐出度**。显然，单色辐出度是黑体的热力学温度T和频率ν(或波长λ)的函数，用$M_\nu(T)$或$M_\lambda(T)$表示。图14-2是测定黑体单色辐出度与波长(或频率)关系的实验原理图。图中A是热力学温度为T的空腔，S是腔上可当作黑体的小孔，从小孔辐射出来的各种波长的电磁波经透镜L_1和平行光管B_1后，投射到起分光作用的棱镜P上。不同波长的电磁波经过棱镜后以不同的方向射出，由会聚透镜L_2依次沿不同方向将各种波长的电磁波聚焦在探测器C(如光电管、热电偶等)上，即可测得单色辐出度$M_\lambda(T)$与波长λ之间的关系曲线(图14-3(a))。

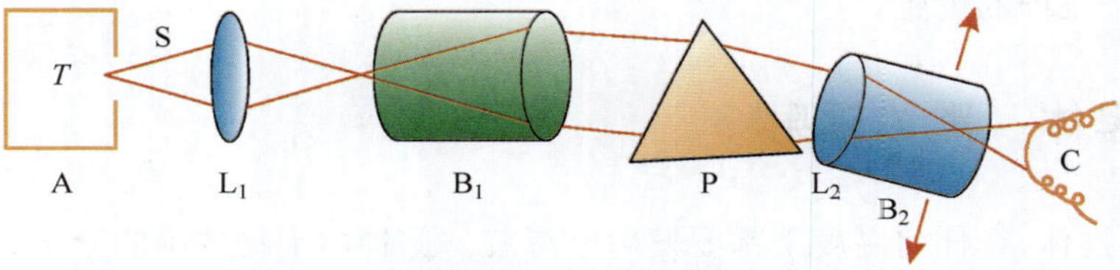

图14-2 测定黑体单色辐出度的实验原理图

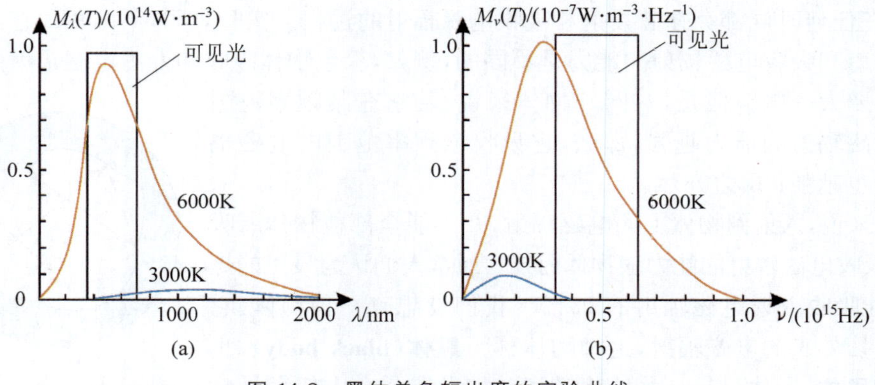

图14-3 黑体单色辐出度的实验曲线

1. 斯特藩-玻耳兹曼定律

此定律首先由斯特藩(J. Stefan,1835—1893 年,奥地利物理学家)于 1879 年从实验数据的分析中发现,1884 年玻耳兹曼从热力学理论出发也得出同样结果。定律的内容为:**黑体的辐出度(图 14-3(a)曲线下面的面积)与黑体的热力学温度的 4 次方成正比**,即

$$M(T)=\int_0^{\infty} M_\lambda(T)\mathrm{d}\lambda=\sigma T^4 \tag{14-1}$$

这就是斯特藩-玻耳兹曼定律。式中,σ 叫作斯特藩-玻耳兹曼常量,其值为 $5.670\times 10^{-8}\,\mathrm{W\cdot m^{-2}\cdot K^{-4}}$。

2. 维恩位移定律

从图 14-3(a)可以看到,随着黑体温度的升高,每一曲线的峰值波长 λ_m 与 T^{-1} 成比例减小。维恩(W. Wien,1864—1928 年,德国物理学家)于 1893 年用热力学理论找到 T 与 λ_m 之间关系为

$$\lambda_m T=b \tag{14-2}$$

式中,b 为常量,其值为 $2.898\times 10^{-3}\,\mathrm{m\cdot K}$。上式表明,**当黑体的热力学温度升高时,在 $M_\lambda(T)$-λ 的曲线上,与单色辐出度 $M_\lambda(T)$ 的峰值相对应的波长 λ_m 向短波方向移动,这称为维恩位移定律**。

维恩位移定律有许多实际的应用,例如通过测定星体的谱线分布来确定其热力学温度;也可以通过比较物体表面不同区域的颜色变化情况,来确定物体表面的温度分布,这种以图形表示出的热力学温度分布又称为热像图。利用热像图的遥感技术可以监测森林防火,也可以用来监测人体某些部位的病变。热像图的应用范围日益广泛,在宇航、工业、医学、军事等方面应用前景很好。

由于维恩提出热辐射的维恩位移定律和维恩辐射公式,于 1911 年获得诺贝尔物理学奖,其辐射公式虽只适用于短波,但维恩的工作对量子论的建立起了一定的作用。

应用斯特藩-玻耳兹曼定律的一个很有趣的例子,就是说明温室效应。

下面说明 $M_\lambda(T)$和 $M_\nu(T)$之间的关系,由于电磁波的波长和频率的乘积等于光速 c,即 $\lambda\nu=c$,所以,单色辐出度 $M_\lambda(T)$也可以用频率和温度的函数 $M_\nu(T)$来表示。这两个函数之间当然是有确定关系的。热力学温度为 T 的黑体,在波长为 $\lambda\to\lambda+\mathrm{d}\lambda$ 范围内,单位时间从单位面积上辐射电磁波的能量为 $M_\lambda(T)\mathrm{d}\lambda$。若以频率表示,则在频率为 $\nu\to\nu+\mathrm{d}\nu$ 范围内,该能量为 $M_\nu(T)\mathrm{d}\nu$。显然,这两种表示的能量应相等,即

$$M_\lambda(T)\mathrm{d}\lambda=-M_\nu(T)\mathrm{d}\nu$$

式中,负号表示 $\mathrm{d}\lambda$ 与 $\mathrm{d}\nu$ 始终反号,当 $\mathrm{d}\nu$ 为正时,$\mathrm{d}\lambda$ 为负,反之亦然。由 $\lambda\nu=c$ 有

$$\mathrm{d}\lambda=-\frac{\lambda^2}{c}\mathrm{d}\nu$$

故知

$$M_\nu(T)=M_\lambda(T)\frac{\lambda^2}{c} \tag{14-3}$$

利用式(14-3)及图 14-3(a)可作单色辐出度 $M_\nu(T)$与频率 ν 之间的关系曲线,如图 14-3(b)所示,可以看出,随着温度的升高,与单色辐出度的峰值相对应的频率向高频方向移动。

［例题 14-1］

(1)温度为室温(20℃)的黑体,其单色辐出度的峰值所对应的波长是多少?(2)若使一黑体单色辐出度的峰值所对应的波长在红色谱线范围内,其温度应为多少?(3)以上两个单色辐出度的比为多少?

解 (1) 室温的热力学温度 $T=293\mathrm{K}$,故由维恩位移定律得

$$\lambda_{\mathrm{m}}=\frac{b}{T}=9890\mathrm{nm}$$

此波长的光已属红外谱线,远远超过人眼的视觉范围。

(2) 若取红光谱线的波长为 $6.50\times10^{-7}\mathrm{m}$,由维恩位移定律得

$$T=\frac{b}{\lambda_{\mathrm{m}}}=4.46\times10^{3}\mathrm{K}$$

(3) 由斯特藩-玻耳兹曼定律可得

$$\frac{M(T_2)}{M(T_1)}=\left(\frac{T_2}{T_1}\right)^4=5.37\times10^4$$

14.1.3 黑体辐射的瑞利-金斯公式 经典物理的困难

实验测得黑体单色辐出度与频率之间的关系曲线如图 14-4 实线所示。探求单色辐出度 $M_\nu(T)$的数学表达式,对热辐射的理论研究和实际应用都是很有意义的。因此,19 世纪末,许多物理学家企图由经典电磁理论和统计物理出发,从理论上找出与实验曲线相一致的 $M_\nu(T)$的数学表达式,并对黑体辐射的频率分布做出理论说明,但都未能如愿,反而得出与实验不相符合的结果。其中最有代表性的是瑞利(J. W. Rayleigh,1842—1919 年,英国物理学家)和金斯(J. H. Jeans,1877—1946 年,英国天体物理学家)按照经典理论得出的 $M_\nu(T)$的数学表达式:

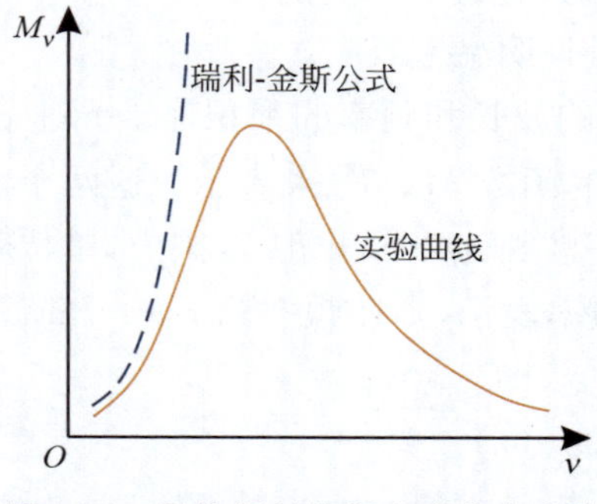

图 14-4 黑体辐射的辐出度分布实验曲线与瑞利-金斯公式的比较

$$M_\nu(T)\mathrm{d}\nu=\frac{2\pi\nu^2}{c^2}kT\mathrm{d}\nu \tag{14-4}$$

式中,k 为玻耳兹曼常数,c 为光速。上式叫作热辐射的**瑞利-金斯**公式。

根据式(14-4)可做出单色辐出度 $M_\nu(T)$与 ν 的图线,如图 14-4 虚线所示。从图 14-4 中可以看到,在低频(长波)部分,由经典理论得出的瑞利-金斯公式与实验符合得很好,但是在高频(即短波)部分,二者却出现巨大的分歧。从图中可以看出,对于温度给定的黑体,由瑞利-金斯公式给出的黑体的单色辐出度 $M_\nu(T)$将随频率的增高(即波长的变短)而趋于“无限大”,这通常称为“紫外灾难”。但实验却指出,对于温度给定的黑体,在高频范围内,随着频率的增高,单色辐出度 $M_\nu(T)$将趋于零。热辐射的经典理论与实验之间的分歧是不可调和的,“紫外

灾难"给 19 世纪末期看来很和谐的经典物理理论，带来了很大的困难，使许多物理学家感到困惑不解。

14.1.4 普朗克假设 普朗克黑体辐射公式

1900 年德国物理学家普朗克为了得到与实验曲线相一致的公式，提出了一个与经典物理概念不同的新假设：金属空腔壁中电子的振动可视为**一维谐振子(harmonic oscillator)**，它吸收或者发射电磁辐射能量时，不是过去经典物理所认为的那样可以连续地吸收或发射能量，而是以与振子的频率成正比的**能量子** $\varepsilon=h\nu$ 为基本单元来吸收或发射能量。这就是说，空腔壁上的带电谐振子吸收或发射的能量，只能是 $h\nu$ 的整数倍，即

$$\varepsilon=nh\nu \tag{14-5}$$

$n=1,2,3,\cdots$。普朗克假设中的比例常数 h 对所有谐振子都是相同的，后来人们把 h 叫作**普朗克常数(Planck constant)**。

应当指出，在经典物理中，谐振子的能量正比于振幅的 2 次方和频率的 2 次方，尤其重要的是对于给定频率的谐振子，其振幅是任意的。这就是说，给定频率 ν 的**谐振子，其能量只能取** $h\nu, 2h\nu, 3h\nu, 4h\nu, \cdots, nh\nu$ **等不连续的值中的一个值**(图 14-5)，即振子能量是按量子数(quantum number) n 作阶梯式分布的，后来人们把振子处于某些能量状态形象地称为处于某个**能级(energy level)**。上述普朗克假设一般称为**普朗克能量子假设**，或简称**普朗克量子假设**。这个假设与经典物理能量连续的概念格格不入，为物理学带来了新的概念和活力。

普朗克按照他的量子假设得到，在单位时间内，从温度为 T 的黑体单位面积上，频率在 $\nu\to\nu+\mathrm{d}\nu$ 范围内所辐射的能量为

$$M_\nu(T)\mathrm{d}\nu=\frac{2\pi h\nu^3}{c^2}\frac{\mathrm{d}\nu}{\mathrm{e}^{h\nu/kT}-1} \tag{14-6}$$

这就是著名的**普朗克黑体辐射公式(Planck formula)**。图 14-6 给出了普朗克公式与实验结果的比较，图中的"×"为实验值。从图中可见，两者是十分吻合的。一般计算时，取 $h=6.63\times10^{-34}\,\mathrm{J\cdot s}$。普朗克提出的黑体辐射公式不仅适用于短波，也适用于长波。

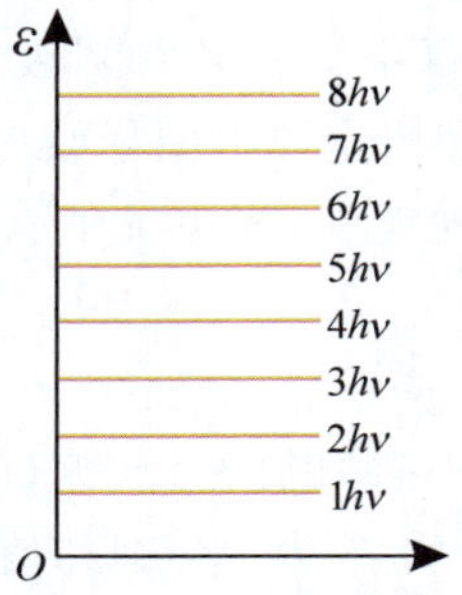

图 14-5 一维谐振子的能量

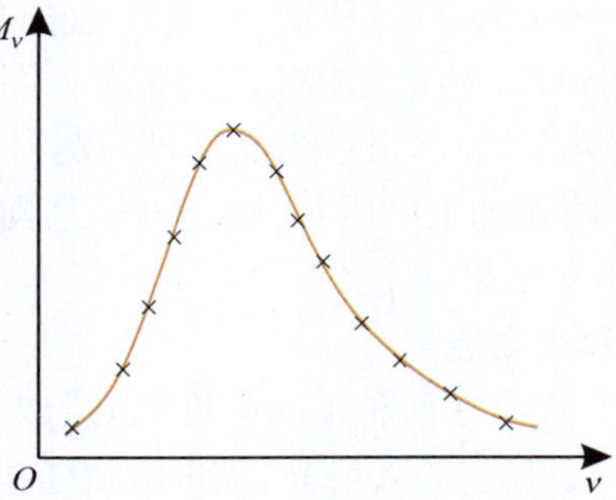

图 14-6 黑体辐射频谱分布的实验值与普朗克公式的理论曲线比较

虽然普朗克的能量子假设从理论上得出了与实验相一致的黑体辐射频谱分布，但是，对于提出**能量量子化**(quantization)概念的普朗克来说，他并未因此而高兴。相反地，他却认为自己做了一件错事，把本来很和谐的经典物理弄得一团糟，内心不安，诚惶诚恐，甚至企图将能量量子化纳入经典物理的轨道之内。持有类似态度的物理学家，当时不止普朗克一人，他们还想从经典物理概念中找出路，当然，这些努力都是徒劳的。甚至当1905年爱因斯坦在普朗克的能量量子化的启发下，提出了**光量子**(light quantum)概念以说明光电效应之后，普朗克的观点仍无改变。接着，1913年玻尔提出了量子化观念，正确地解释了氢原子光谱的规律。直到1915年以后，普朗克才逐渐认识到量子化的重要作用。科学家是人，不是神。一种科学观点的变革，即使像普朗克这样有开创精神的科学家，也不是那么容易接受的。但科学是不会忘记普朗克的开创精神的，人们称普朗克为量子之父。为了表彰普朗克对建立量子论的贡献，1918年他被授予诺贝尔物理学奖。

14.2 光电效应 爱因斯坦方程

1887年，赫兹(Heinrich Rudolf Hertz，1857—1894年，德国物理学家)发现了光电效应，18年以后(即1905年)，爱因斯坦发展了普朗克的能量量子化的假设，提出了光量子概念，从理论上成功地说明了光电效应实验的规律。为此，爱因斯坦获得了1921年诺贝尔物理学奖。

动画：光电效应

14.2.1 光电效应的实验规律

一定频率的光照射到金属表面时，电子从金属表面逸出的现象称为**光电效应**(photoelectric effect)。从金属表面逸出的电子称为**光电子**，光电子运动形成**光电流**(photocurrent)。研究光电效应的装置如图14-7所示，在一个真空管内装有阴极K和阳极A，阴极K为金属板，当单色光通过石英窗口射到金属板K上时，金属板便释放光电子。如果在A、K两端加上电压U，则光电子飞向阳极，回路中形成光电流，光电流的大小由电流表读出。实验结果如下。

1. 饱和光电流

图14-8表示在两种不同强度光的照射下，光电流i与所加在两电极上电压U之间的关系。对于一定强度的入射光，光电流i随电压U先是增大，然后趋于一个饱和值i_s。电流饱和意味着由阴极发射的光电子全部到达阳极。实验表明，当入射光频率和电压U固定时，饱和光电流i_s与入射光强度I成正比，这意味着单位时间内从阴极表面发射出的光电子数与入射光强成正比。

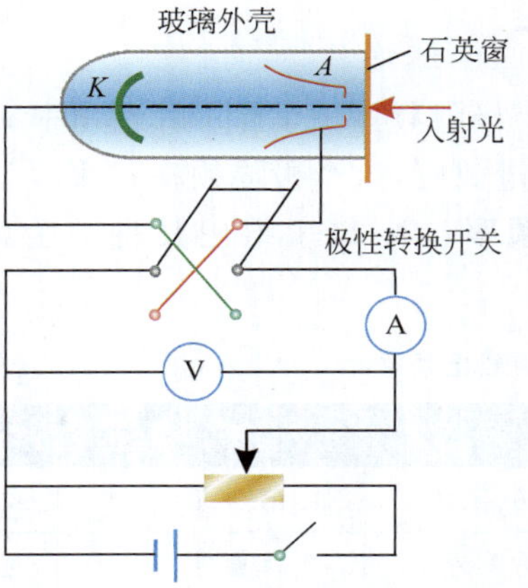

图 14-7 光电效应实验装置示意图

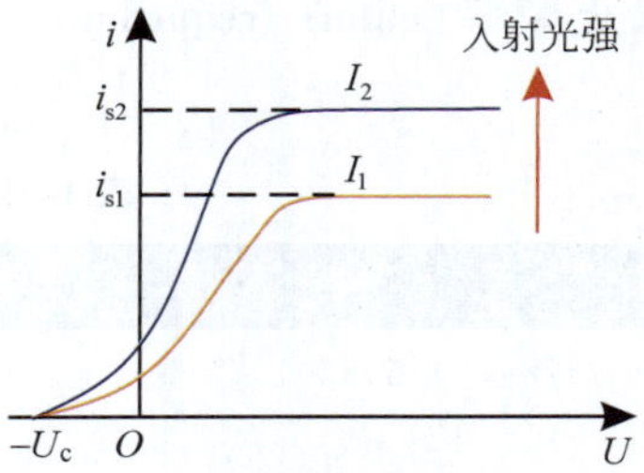

图 14-8 光电效应的实验规律

2. 截止电压

如果反向加电压，电极 A、K 间的电场使电子减速。实验表明，当反向电压的数值增大到 U_c 时，光电流才减少为零。这个反向电压 U_c 称为光电效应的**截止电压**(cutoff voltage)。实验还表明 U_c 与入射光强无关。按照能量关系得

$$\frac{1}{2}m_e v_m^2 = eU_c \tag{14-7}$$

式中，eU_c 是光电子克服截止电场力所做的功，v_m 为从阴极发射的光电子最大初速度，m_e 为电子的质量。式(14-7)表明，光电子克服截止电场力所做的功等于刚好能到达阳极的光电子应具有的最大初动能。因 U_c 与入射光强无关，则光电子最大初动能与入射光强无关。

3. 截止频率

改变入射光的频率，光电效应的截止电压 U_c 则随之变化。实验发现：截止电压 U_c 与入射光频率之间具有如图 14-9 所示的线性关系：

$$U_c = K\nu - U_0 \tag{14-8}$$

式中，K、U_0 都是正值，K 是普适恒量，对所有的金属都是相同的。U_0 则对不同金属有不同的值，对同一金属为恒量。利用式(14-7)得到

$$\frac{1}{2}m_e v_m^2 = eK\nu - eU_0 \tag{14-9}$$

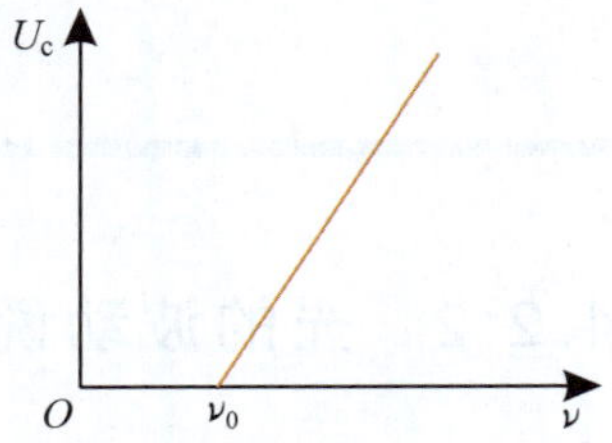

图 14-9 截止电压与频率呈线性关系

这表明，光电子的最大初动能随入射光频率线性变化，而与入射光强无关。式(14-9)还给出了对入射光频率的约束条件：

$$\nu \geqslant \frac{U_0}{K} \tag{14-10}$$

即 ν 必须满足上述条件，才能产生光电效应。定义一个与金属有关的恒量：

$$\nu_0 = \frac{U_0}{K} \tag{14-11}$$

我们看到：对于用某种材料制成的金属，存在一个极限频率 ν_0，当入射光频率 $\nu<\nu_0$ 时，无论入射光强多大、照射时间多长，都不会产生光电效应，这个极限频率 ν_0 称为光电效应的临界**截止频率**（**cutoff frequency**），又称为**红限频率**。表 14-1 给出几种纯金属的截止频率。

表 14-1 几种纯金属的截止频率

金属	铯	钠	锌	铱	铂
截止频率 ν_0/Hz	4.545×10^{14}	4.39×10^{14}	8.065×10^{14}	1.153×10^{15}	1.929×10^{15}
所在波段	可见光(红)	可见光(绿)	近紫外	远紫外	远紫外

4. 瞬时效应

只要入射光的频率大于红限频率，当光照射到阴极时，即使光的强度非常弱，也几乎立刻产生光电效应，即光电效应是瞬时的，实际上几乎观察不到时间延迟（时间间隔小于 10^{-9}s）。

[例题 14-2]

在一个光电效应实验中，以波长为 500nm 的光照射到一种金属的表面上，产生的光电子的动能遍及零到 1.6×10^{-19}J，欲阻止最快的光电子到达阳极，需施加的最小电压为多大？

解 因为最小电压就是对于此种入射光的截止电压 U_c，最快的光电子具有最大的初动能，所以由式(14-7)得施加的最小电压为

$$U_c = \frac{1}{2}m_e v_m^2/e = \frac{1.6\times10^{-19}}{1.6\times10^{-19}}\text{eV} = 1.0\text{eV}$$

14.2.2 光的波动说遇到的困难

光的波动理论仅能解释 14.2.1 节实验结果 1，即饱和光电流随着光强的增大而增加。这是因为入射光强越大，金属接收到的能量越多，故发射出的电子就越多。而其他实验事实结果则完全不能用波动理论来解释。按照光的波动理论，入射光照射到金属上连续地向金属输送能量，金属中的电子从入射光中吸收能量，作受迫振动，电子连续地吸收能量使振幅越来越大，当振动的能量积累到一定值时，电子能逸出金属表面成为光电子。光波的能量决定于光波的强度，而后者与波的振幅平方成正比。不管入射光的频率多大，总可以通过增大波的振幅的办法使入射光达到足够的强度，以便使金属中的电子获得足以逸出金属表面的能量。所以不应以截止频率来限制入射的频率，任意频率的光波入射都能产生光电效应。逸出电子的初动能也将随入射光强的增大而增大，与入射光频率无关。

进一步研究光电效应的时间响应问题。设电子吸收能量的面积为原子半径平方的量级，以钾原子为例，原子半径取 $r=0.5\times10^{-10}\,\text{m}$，已知一个电子脱离钾原子需要 1.8eV 的能量，按照经典电磁理论计算，一个距离功率 1W 的光源 3m 处的原子积累到 1.8eV 能量要一个多小时。而实验事实是，只要光的频率超过红限频率，无论光的强度怎样弱，光电子几乎是瞬时发射出来的。

14.2.3 爱因斯坦光量子理论

光电效应实验结果让爱因斯坦意识到，辐射不仅在能量上是量子化的，而且在空间分布上也是不连续的。1905 年爱因斯坦将普朗克的量子假设加以发展，认为不仅发射光的振子具有量子性，发出的光也有量子性，即光在被发射、被吸收和传播时能量都是量子化的，可将光看作一束以光速 c 运动的粒子流，这种粒子称为**光量子**或**光子**(**photon**)，每个光子的能量由光的频率决定，大小为

$$\varepsilon=h\nu \tag{14-12}$$

式中，h 为**普朗克常量**，它是一个很小的量，$h=6.626\times10^{-34}\,\text{J}\cdot\text{s}$。普朗克常量是一个普适常量。入射光的强度 I 取决定于单位时间内垂直通过单位面积上的光子数 N，即 $I=Nh\nu$。

同普朗克的量子假设一样，爱因斯坦的光子假设在当时也是十分大胆的。按照爱因斯坦的光量子假设，光子不可分割，当光照射到金属阴极时，光子一个一个地打在金属表面，发生光子与金属中电子的碰撞，金属中的电子只能整个地吸收光子的能量 $h\nu$，或者完全不吸收。如果电子吸收了一个光子，电子吸收的能量一部分用来提供解脱表面束缚所需的能量，另一部分变成从金属中射出后的电子动能，即

$$h\nu=\frac{1}{2}m_e v_m^2+W \tag{14-13}$$

上式称为光电效应的**爱因斯坦光电效应方程**(**Einstein photoelectric equation**)。式中，W 表示移走束缚电子所需要的最小的能量，称为金属的**逸出功**或**功函数**(**work function**)。由于金属中的电子被表面束缚的程度各不相同，因此将电子从金属内移到表面处所需要的能量也是各不相同的，电子被束缚得越紧，这个能量就越大。逸出功取决于金属材料的特性。表 14-2 给出了几种金属的逸出功的近似值。

表 14-2 几种金属的逸出功

金属	钠	铝	锌	铜	银	铂
W/eV	1.90～2.46	2.50～3.60	3.32～3.57	4.10～4.50	4.56～4.73	6.30

爱因斯坦光电效应方程可以解释光电效应的所有实验结果。单位时间内由阴极发射的光电子数与入射光子数成正比，而光的强度正比于光子数，所以饱和电流与入射光强成正比。但无论入射光强大小如何，一个电子一次只吸收一个光子，故从式(14-13)可以直接解释光电子的初动能与频率的线性关系，与入射光强无关。从式(14-13)还可以看出，只有当 $h\nu\geqslant W$ 时，才有光电子逸出。因此光电效应的截止频率

$$\nu_0=\frac{W}{h} \tag{14-14}$$

另外，光照射到金属阴极，实际上是单个能量为 $h\nu$ 的光子束入射到阴极，光子与阴极内的电子发生碰撞。当电子一次性地吸收了一个光子后，便获得了 $h\nu$ 的能量而立刻从金属表面逸出，没有时间延迟，即光电效应是瞬时的。

读者可能要问，电子同时吸收两个或两个以上频率低于截止频率的光子，不是也能发生光电效应吗？实验表明，在用普通光源发出的光照射的情况下，电子同时吸收多个光子的概率十分微小，实际上不发生。接着的疑问是，电子吸收一个频率低于截止频率的光子，紧接着再吸收一个这样的光子，通过能量累计是否发生光电效应？这也不行，电子吸收这样的光子后仍留在金属内，由于电子之间、电子与晶格点之间的频繁碰撞，电子吸收的光子能量来不及积累就损失掉了。

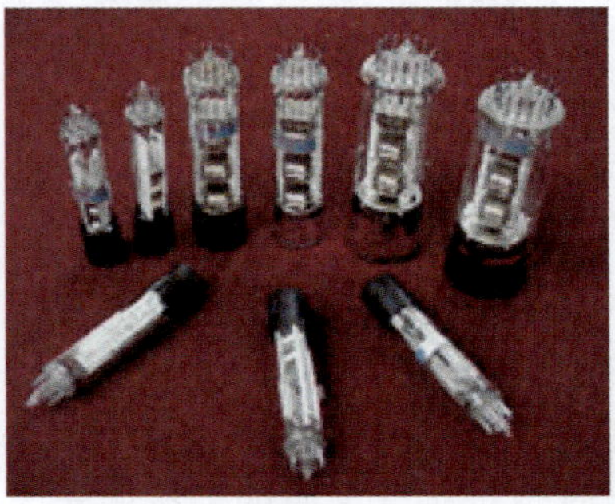
图 14-10 光电管

比较式(14-9)和式(14-13)，还可以得到常量 K 和 U_0 的数值

$$K=\frac{h}{e},\quad U_0=\frac{W}{e} \tag{14-15}$$

利用光电效应中光电流与入射光强成正比的特性，可以制造光电转换器，实现光信号与电信号之间的相互转换，这些光电转换器如光电管(图 14-10)等，广泛应用于光功率测量、光信号记录、电影、电视和自动控制等诸多方面。

[例题 14-3]

用波长为 400nm 的紫光去照射某种金属，观察到光电效应，同时测得截止电压是 1.24V，试求该金属的红限频率和逸出功。

解 将等式(14-13)两边同时除以普朗克常数 h，利用式(14-14)得

$$\nu=\frac{1}{2}m_e v_m^2/h+\nu_0$$

整理得红限频率 ν_0

$$\nu_0=\nu-\frac{1}{2}m_e v_m^2/h$$

利用式(14-7)，得

$$\nu_0=\frac{c}{\lambda}-\frac{eU_c}{h}$$

将已知数据代入，即可求得该金属的红限频率

$$\nu_0=\frac{3.00\times10^8}{4.00\times10^{-7}}\text{Hz}-\frac{1.60\times10^{-19}\times1.24}{6.63\times10^{-34}}\text{Hz}=4.51\times10^{14}\text{Hz}$$

根据逸出功与红限频率的关系，可求得逸出功 W 为

$$W=h\nu_0=6.63\times10^{-34}\times4.51\times10^{14}\text{J}=2.99\times10^{-19}\text{J}=1.87\text{eV}$$

14.2.4 光的波粒二象性

光的干涉、衍射现象表明光具有**波动性**(undulatory property)，即“相干叠加性”；而光电效应揭示了光还具有**粒子性**(corpuscular property)，或“颗粒性”。在一些现象中光表现出明显的波动性，而在另一些现象中光却表现出粒子性。人们可以通过特定的实验分别观察到光的波动性或粒子性，但这并不意味着观察到光的一种属性时，光的另一种属性就消失了，因此光的本质不能归结为单一的属性。为解释光的全部实验事实，应该认为光具有**波粒二象性**(wave-particle dualism)。在经典理论中这种观点是无法接受的，如何理解光的波粒二象性呢？首先应该看到，这里所说的波或者粒子都是经典观念中对物质运动图像的一种抽象和近似，这种抽象和近似不能用来恰当地描述微观世界，微观世界的事物有着与宏观世界的事物不同的性质和规律，从这个意义上说，光既不是经典观念中的波，也不是经典观念中的粒子。另外，在对光的本性的理解上，不应在波动性和粒子性之间进行简单的非此即彼的取舍，而应将其视为光的本性在不同侧面的反映。一般来说，在光与物质的相互作用过程中，光的粒子性表现得较为显著，在光的传播过程中，光的波动性表现得较为明显。

1916 年，爱因斯坦提出，光子不仅具有能量，而且还有质量、动能等粒子共有的一般特性。根据相对论的质量能量关系，光子的质量为

$$m=\frac{\varepsilon}{c^2}=\frac{h\nu}{c^2} \tag{14-16}$$

光子以光速运动，因此光子的动量

$$p=mc=\frac{h\nu}{c}=\frac{h}{\lambda} \tag{14-17}$$

能量 ε 和动量 p 描述了光子的粒子性，而频率 ν 和波长 λ 描述了光子的波动性，这种双重性质通过式(14-16)和式(14-17)由普朗克常数 h 联系起来。如果在实际问题中，相比之下，光子的能量 $\varepsilon=h\nu\to 0$，动量 $p=h/\lambda\to 0$，则光的粒子性就不会显著地表现出来。

[例题 14-4]

一激光器的输出波长为 663nm，激光器的输出功率为 3.0mW，光束横截面积为 2.0mm^2。试求：(1)每秒有多少光子通过光束的横截面？(2)若该光束垂直入射到一个面积为 4.0mm^2 的光表面并全部反射，则此表面受到的光压是多少？

解 (1) 因为每秒通过光束横截面的能量为 3.0×10^{-3}J，每个光子的能量为 $h\nu=hc/\lambda$，所以，每秒钟通过横截面的光子数为

$$N=\frac{3.0\times10^{-3}\times663\times10^{-9}}{6.63\times10^{-34}\times3.0\times10^{8}}\ \text{个/s}=1.0\times10^{16}\ \text{个/s}$$

(2) 由式(14-17)得每个光子的动量为

$$p=\frac{h}{\lambda}=\frac{6.63\times10^{-34}}{663\times10^{-9}}\text{kg}\cdot\text{m/s}=1.0\times10^{-27}\text{kg}\cdot\text{m/s}$$

当光子在表面反射时，其动量由 p 改变为 $-p$，因此，一个光子对表面的冲量大小为 $2p$，而每秒钟撞击表面的光子数为 N，所以，光束每秒钟作用在表面上的冲量，即作用在表

面上的冲力的大小 F 为

$$F=2pN=2\times1.0\times10^{-27}\times1.0\times10^{16}\,\text{N}=2.0\times10^{-11}\,\text{N}$$

则表面受到的光压为

$$P=\frac{F}{S}=\frac{2.00\times10^{-11}}{4.0\times10^{-6}}\,\text{N/m}^2=5.0\times10^{-6}\,\text{N/m}^2$$

14.3 康普顿效应

吴有训(1897—1977年),中国近代物理学奠基人,教育家,毕业于南京高等师范学校。1921年赴美入芝加哥大学,随康普顿从事物理学研究。1924年他与康普顿合作发表了《经过轻元素散射后的钼Ka射线的波长》一文,1962年他单独发表了《康普顿效应中的变线与不变线之间能量的分布》等两篇论文。他的15种物质散射曲线,成了康普顿效应最有力的实验证据之一。

在光电效应中,光子与电子作用时,光子被电子所吸收,电子得到光子的全部能量。若被吸收的光子能量大于金属的逸出功,电子就会携带一定的动能逸出金属表面。这些电子是金属中的自由电子。

光子与电子作用的形式还有其他种类,康普顿效应就是其中之一。

1920年,康普顿(A. H. Compton,1892—1962年,美国物理学家)在观察X射线被物质散射时,发现散射线中含有波长变化了的成分。图14-11是康普顿实验装置的示意图。由单色X射线源R发出的波长为 λ_0 的X射线(波长为0.071nm),通过光阑D成为一束狭窄的X射线,并被投射到散射物质C(如石墨)上,用摄谱仪S可探测到不同散射角 θ 的散射X射线的相对强度 I。图14-12是康普顿的实验结果。从实验结果中我们可以看到,**在散射X射线中除有与入射波长相同的射线外,还有波长比入射波长更长的射线**,这种现象就称为**康普顿效应**(Compton effect)。实验结果显示,在散射角 $\theta=0°$ 的方位,只有与入射波长 λ_0 相同的散射光;在 $\theta\neq0°$ 的其他方位,存在波长大于入射波长 λ_0 的散射光 λ,并且随着散射角 θ 的增大,波长的偏移量 $\Delta\lambda=\lambda-\lambda_0$ 也随之增大。我国物理学家吴有训在这方面也做出了卓有成效的贡献。

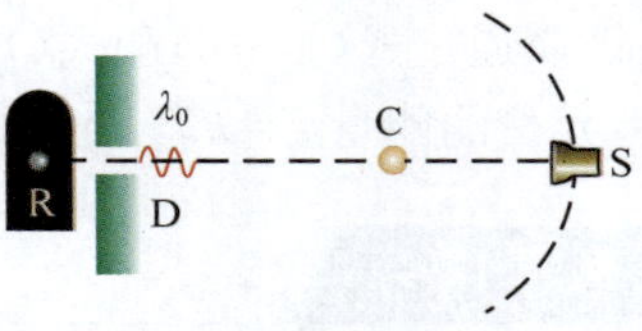

图14-11 康普顿散射实验装置示意图

按照经典电磁理论,当波长为 λ_0 的X射线进入散射体后,将引起构成物质的带电粒子作受迫振动,每一个作受迫振动的带电子粒子将向四周辐射电磁波,这就是散射的X射线。根据波动理论,系统作受迫振动时的频率,与强迫力的频率是相等的。所以,散射的X射线波长应具有和入射X射线一样的波长。即不能产生康普顿效应。可见,经典理论在康普顿效应问题上同样遇到了困难。

怎样正确认识康普顿 X 射线散射的实验结果呢？1922 年康普顿提出按照光子学说可以圆满地解释康普顿效应。当波长为 λ_0 的 X 射线进入散射体以后，光子将要与构成物质的粒子发生弹性碰撞，包括点阵离子和自由离子，光子与它们碰撞将产生不同的结果。

（1）光子与点阵离子的碰撞：由于离子的质量要比光子的质量大得多，碰撞后光子的能量基本不变。所以散射光的波长可以认为是不变的，这就是在散射光中与入射线同波长的射线。

（2）光子与自由电子的碰撞：图 14-13 表示一个光子和一个自由电子作弹性碰撞的情形。由于电子的速度远小于光子的速度，所以可认为电子在碰撞前是静止的，即 $\nu_0=0$，并设频率为 ν_0 的光子沿 x 轴正向入射。碰撞后，频率为 ν 的散射光子沿着与 x 轴成 θ 角的方向散射，电子则获得了速率 v，并沿与 x 轴成 φ 角的方向运动，这个电子称为**反冲电子**。

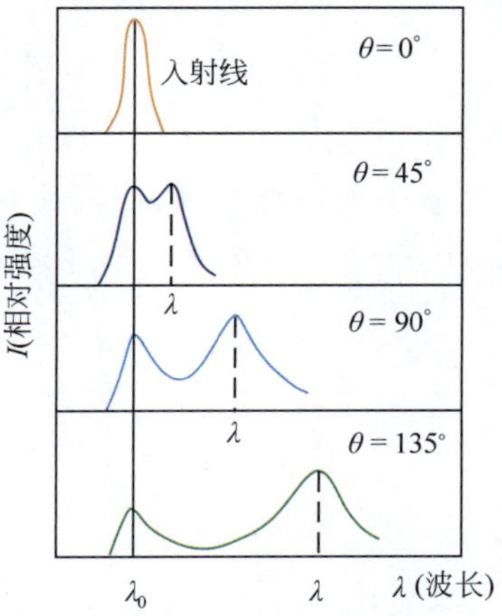

图 14-12　康普顿的 X 射线散射实验结果

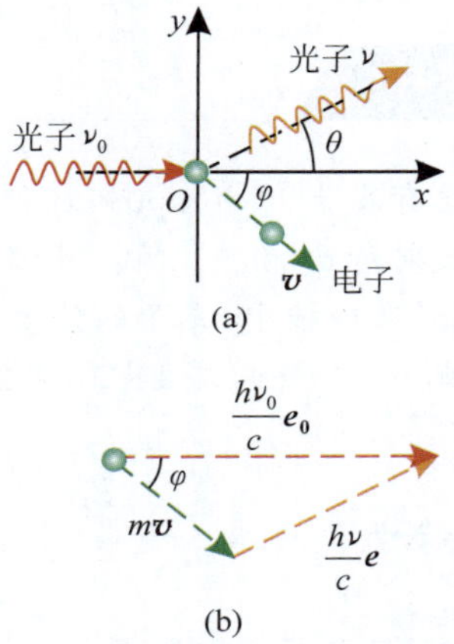

图 14-13　光子与自由电子的碰撞及动量变化

因为碰撞是弹性的，所以应同时满足能量守恒定律和动量守恒定律。又考虑到所研究的问题涉及光子，故这两定律应写成相对论性的形式。设电子碰撞前后的静质量和相对论性质量分别为 m_0 和 m，由狭义相对论的质能关系可知，其相应的能量为 m_0c^2 和 mc^2。所以，在碰撞过程中，根据能量守恒定律有

$$h\nu_0+m_0c^2=h\nu+mc^2$$

即

$$mc^2=h(\nu_0-\nu)+m_0c^2 \tag{14-18}$$

而光子在碰撞后损失的动量便是电子所获得的动量，如图 14-13 所示。设 $\boldsymbol{e}_0$ 和 $\boldsymbol{e}$ 分别为碰撞前后光子运动方向上的单位矢量，于是，根据动量守恒定律可得

$$\frac{h\nu_0}{c}\boldsymbol{e}_0=\frac{h\nu}{c}\boldsymbol{e}+m\boldsymbol{v} \tag{14-19}$$

联立求解式(14-18)和式(14-19)可得

$$\Delta\lambda=\lambda-\lambda_0=\frac{h}{m_0c}(1-\cos\theta)=\frac{2h}{m_0c}\sin^2\frac{\theta}{2} \tag{14-20}$$

式中，λ_0 为入射光的波长，λ 为散射光的波长。式(14-20)给出了散射光波长的改变量与散射角 θ 之间的函数关系。$\theta=0$ 时，波长不变；θ 增大时，$\lambda-\lambda_0$ 也随之增加。这个结论与

图 14-12 所表示的实验结果是一致的。

在式(14-20)中，h/m_0c 是一个常量，称为**康普顿波长(Compton wavelength)**，其值为

$$\frac{h}{m_0c}=\frac{6.63\times10^{-34}}{9.11\times10^{-31}\times3\times10^{8}}\text{m}=2.43\times10^{-12}\text{m}$$

由上述讨论可见，散射波长改变量 $\Delta\lambda$ 的数量级为 10^{-12}m。对于波长较长的可见光(波长的数量级为 10^{-7}m)以及无线电波等波长更长些的波来说，波长的改变量 $\Delta\lambda$ 与入射光的波长 λ_0 相比，要小得多，例如 $\lambda_0=10$cm 的微波，$\Delta\lambda/\lambda\approx2.43\times10^{-11}$。因此，对这些波长较长的电磁波来说，康普顿效应是难以观察到的。这时，量子结果与经典结果是一致的。只有波长较短的电磁波(如 X 射线，其波长的数量级为 10^{-10}m)，波长的改变量与入射光的波长才可以相比较。例如，$\lambda_0=10^{-10}$m，$\Delta\lambda/\lambda_0\approx2.43\times10^{-2}$，这时才能观察到康普顿效应。在这种情况下，经典理论就失效了，也就是说，波长比较短的波，其量子效应较为显著。这也是和实验相符合的。

[例题 14-5]

设有波长 $\lambda_0=1.00\times10^{-10}$m 的 X 射线的光子与自由电子作弹性碰撞，散射 X 射线的散射角 $\theta=90°$。问：(1)散射波长的改变量 $\Delta\lambda$ 为多少？(2)反冲电子得到多少动能？(3)在碰撞中，光子的能量损失了多少？

解 (1) 根据式(14-20)可得 $\Delta\lambda$ 为

$$\Delta\lambda=\frac{h}{m_0c}(1-\cos\theta)$$

将已知数据代入，得

$$\Delta\lambda=2.43\times10^{-12}\text{m}$$

(2) 根据式(14-18)得

$$mc^2-m_0c^2=h\nu_0-h\nu$$

因为反冲电子的动能 $E_k=mc^2-m_0c^2$，所以

$$E_k=h\nu_0-h\nu=\frac{hc}{\lambda_0}-\frac{hc}{\lambda}$$

即

$$E_k=hc\left(\frac{1}{\lambda_0}-\frac{1}{\lambda_0+\Delta\lambda}\right)=\frac{hc\Delta\lambda}{\lambda_0(\lambda_0+\Delta\lambda)}$$

代入已知数据，可得

$$E_k=4.72\times10^{-17}\text{J}=295\text{eV}$$

(3) 光子损失的能量等于反冲电子所获得的动能，也为 295eV。

14.4 氢原子的玻尔理论

我们知道，原子本身的尺度只有 10^{-10}m 的数量级，用常规方法是探测不到原子本身的大小，更看不到其内部结构的。在这种情况下，卢瑟福于 1909 年用放射性元素镭(Ra)的高

能 α 粒子与原子相互碰撞并探测了 α 粒子的大角散射，从而确定了原子的核式结构模型，即认为原子中央是一个几乎占有全部原子质量的带正电荷的核，电子在核的周围绕核转动。但 α 粒子散射实验不能揭示原子内部更详细的结构。实验知道，原子要发光，不同原子所发出的光谱特征各不相同。通过观测原子发光规律性，确定原子内部结构的规律性。下面通过氢原子光谱的研究，阐述原子结构的基本知识和量子力学的一些基本概念。

14.4.1 氢原子光谱

由实验得知，液体、固体等密集型物质所发出的光是各种波长的连续光谱；但气体发出的光并不是连续光谱，而是具有分立的线光谱，如各种原子气体放电发出的原子光谱。在原子光谱中隐藏着原子结构的重要信息，人们希望从原子光谱中寻找规律，从而对光谱与原子结构的关系做出理论解释。然而一般元素的原子光谱都十分复杂，由几百上千条谱线构成，要从中整理出基本规律非常困难。因此，具有最简单结构的氢原子特征光谱成了当时研究的突破口。利用非常精密的分光镜测量，人们找到了氢原子在可见光和不可见光范围内的谱线序列，1885 年，巴耳末应用归纳法，将氢原子的光谱波长用下列经验公式来表示：

$$\lambda = B\,\frac{n^2}{n^2-4},\quad n=3,4,5,\cdots \tag{14-21}$$

式中，$B=365.46\text{nm}$。当 $n=3,4,5,\cdots$时，式(14-21)给出 $H_\alpha, H_\beta, H_\gamma,\cdots$谱线的波长。

光谱学中也常用到**波数** $\sigma=\dfrac{1}{\lambda}$这个物理量，$\sigma$ 的意义是单位长度内所含有的波的数目，用波数来表示式(14-21)，得

$$\sigma=\frac{1}{\lambda}=\frac{4}{B}\left(\frac{1}{2^2}-\frac{1}{n^2}\right)$$

此式称为**巴耳末公式**(**Balmer formula**)，在可见光范围内的谱线称为氢原子光谱的**巴耳末系**(**Balmer series**)。

1889 年，瑞典物理学家里德伯提出了更一般的氢原子光谱序列的**里德伯公式**：

$$\sigma=R_\infty\left(\frac{1}{k^2}-\frac{1}{n^2}\right),\quad k=1,2,3,\cdots,\quad n=k+1,k+2,k+3,\cdots \tag{14-22}$$

式中，$R_\infty=\dfrac{4}{B}=1.097\,373\,153\,4\times10^7\,\text{m}^{-1}$，称为**里德伯常量**，这个公式与实验观测结果符合得很好，相当精确地反映了氢原子光谱的实验规律。公式中不同的 k 为不同线系，对应于同一个 k 值、不同的 n 值构成系中的不同谱线。

氢原子光谱有以下线系：

$k=1$，莱曼系(紫外)；

$k=2$，巴耳末系(可见)；

$k=3$，帕邢系(红外)；

$k=4$，布拉开系(远红外)；

$k=5$，普丰德系(远红外)；

$k=6$，汉弗莱系(远红外)。

用摄谱仪摄得的氢、氦和汞的光谱图(可见光部分)如图 14-14 所示，它们是一系列线谱。

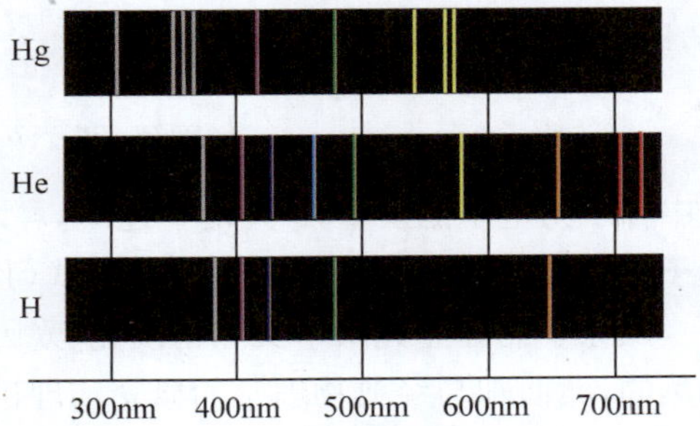

图 14-14 线光谱

14.4.2 玻尔理论

上述氢原子光谱的实验规律与经典电磁理论发生了尖锐的矛盾。按照卢瑟福的原子模型,在最简单的氢原子中,一个电子绕着带正电的**原子核**(atomic nucleus)作圆周运动。由于匀速圆周运动是加速运动,于是按照经典电磁场理论得到:加速运动的电子要向周围空间发射电磁波,电磁波的频率等于电子绕核旋转的频率;随着电子不断地发射电磁波,原子的能量不断地被消耗,使得电子的轨道半径连续不断地变小,相应的频率也越来越大,进而发射出的电磁波的频率也是连续变化的,而且频谱是连续的,随着这样的辐射过程的进行,电子最终将与原子核相遇,因此,这样的原子在经典理论中是一个不稳定的系统。以氢原子为例,假定在 $t=0$ 时刻,电子处在半径为 10^{-10} m(原子半径的数量级)的轨道上,则到时刻 $t=1.1\times10^{-10}$ s,电子的轨道半径就变为零,即落在原子核上,然而物质世界中的原子却是稳定存在着的,并且原子发出的是线状光谱。原子结构的核式模型已被大量的实验所证实,至今仍然被确认是完全正确的。因此,以上困难揭示了经典物理论所描绘的原子内部运动图像是不正确的。

针对这种矛盾,玻尔在卢瑟福的原子结构核式模型的基础上,仍然利用经典力学的概念,但把量子化的概念应用到原子系统的状态上,认为原子态是量子化的。他于 1913 年提出了下面的三个基本假设,建立了氢原子的量子论,很好地解释了氢原子光谱的实验规律。

(1) 定态假设:原子系统只能处在一系列不连续的能量状态,在这些状态中,氢原子的核静止不动,电子绕核作匀速圆周运动。虽然电子绕核转动,具有加速度,但并不辐射电磁波,这些状态称为原子的**定态**(stationary state),相应的能量为 $E_1,E_2,E_3,\cdots(E_1<E_2<E_3<\cdots)$。通过吸收或发射电磁辐射,或者通过原子间的碰撞,原子从一个定态变成另一个定态,原子的能量相应地从一个值跳变到另一个值,而不能任意连续地变化。

(2) 跃迁假设:当原子从能量为 E_n 的定态**跃迁**(transition)到另一能量为 E_k 的定态时,就要吸收或放出一个光子,光子频率 ν_{kn} 为

$$\nu_{kn}=\frac{|E_n-E_k|}{h} \tag{14-23}$$

(3) 角动量量子化条件:作定态轨道运动的电子的角动量 $\boldsymbol{L}$ 的数值只能等于 $\frac{h}{2\pi}$ 的整数倍,即

$$L=m_e vr=n\frac{h}{2\pi},\quad n=1,2,3,\cdots \tag{14-24}$$

式中,m_e 为电子的质量,v 为电子速率,r 为轨道半径,h 为普朗克常量,$n=1,2,3,\cdots$ 为**主量子数**(principle quantum number)。式(14-24)也称为**量子化条件**。

从原子的分立光谱事实和普朗克、爱因斯坦的光量子论,玻尔提出的这三条假设是十分自然的,然而却与经典物理学的概念和理论存在着尖锐的矛盾。

根据玻尔的假设很容易求得氢原子或类氢离子的定态并对氢原子光谱的规律性做出解释。

设氢原子的原子核所带正电荷为 e，质量为 m_e 的电子以原子核为中心，作半径为 r、速率为 v 的匀速圆周运动。万有引力很小可忽略不计，由于作圆周运动的向心力是原子核对电子的静电吸引力，则根据牛顿运动定律有

$$\frac{e^2}{4\pi\varepsilon_0 r^2}=m_e\frac{v^2}{r} \tag{14-25}$$

由玻尔角动量量子化假设可知，电子的定态轨道运动应满足

$$m_e vr=n\frac{h}{2\pi},\quad n=1,2,3,\cdots \tag{14-26}$$

联立式(14-25)和式(14-26)两式，可得

$$r_n=\frac{\varepsilon_0 h^2}{\pi m_e e^2}n^2=a_0 n^2,\quad n=1,2,3,\cdots \tag{14-27}$$

注意：由于轨道半径 r 是主量子数 n 的函数，所以这里用 r_n 代替了 r。式中，$a_0=\frac{\varepsilon_0 h^2}{\pi m_e e^2}=0.529\times10^{-10}\text{m}$，称为氢原子第一玻尔轨道半径，简称**玻尔半径**（**Bohr radius**）。

又设电子处在第 n 轨道时，电子的速率为 v_n，原子系统的总能量 E_n 为电子的动能 $E_k=\frac{1}{2}m_e v_n^2$ 与系统的势能 $E_p=-\frac{e^2}{4\pi\varepsilon_0 r_n}$之和，即

$$E_n=E_k+E_p=\frac{1}{2}m_e v_n^2-\frac{e^2}{4\pi\varepsilon_0 r_n}=-\frac{e^2}{8\pi\varepsilon_0 r_n} \tag{14-28}$$

利用式(14-27)，求出原子定态的能量为

$$E_n=-\frac{m_e e^4}{8\varepsilon_0^2 h^2}\frac{1}{n^2},\quad n=1,2,3,\cdots \tag{14-29}$$

从式(14-27)和式(14-29)可以看出，r_n 正比于 n^2，而 E_n 反比于 n^2，原子定态的轨道半径和能量都是一系列不连续的分立值，即原子内部运动状态及其相应的能量是量子化的。定态能量 E_n 对于所有主量子数 n 的取值集合就构成了原子的分立能谱，而其中的每一个分立能量就是一个能级，如图 14-15 所示，以主量子数 n 所表征的能级 E_n 和半径为 r_n 的轨道，就代表了原子内部运动的第 n 量子化定态。

根据式(14-29)，$n=1$ 时原子定态的能量最低，这个定态称为**原子的基态**（**ground state**），基态的能量为 $E_1=-\frac{m_e e^4}{8\varepsilon_0^2 h^2}=-13.6\text{eV}$，其余的与 $n=2,3,4,\cdots$相应的那些定态，能量依次增大，分别称为第一、第二、第三**激发态**（**excitation state**）。当 $n\to\infty$时，$E_n\to 0$，能级趋于连续，$n\to\infty$时达到最高能量零。$E>0$，表明原子已发生电离，此时能量可连续变化。

按照玻尔的跃迁假设，当原子从高能级 E_n 向低能级 E_k 跃迁时，发射一个光子，其频率和波数分别为

$$\nu_{nk}=\frac{E_n-E_k}{h},\quad k=1,2,3,\cdots,\quad n=k+1,k+2,k+3,\cdots$$

$$\sigma_{nk}=\frac{1}{\lambda}=\frac{\nu_{nk}}{c}=\frac{E_n-E_k}{hc}=\frac{m_e e^4}{8\varepsilon_0^2 h^3 c}\left(\frac{1}{k^2}-\frac{1}{n^2}\right),\quad k=1,2,3,\cdots,\quad n=k+1,k+2,k+3,\cdots$$

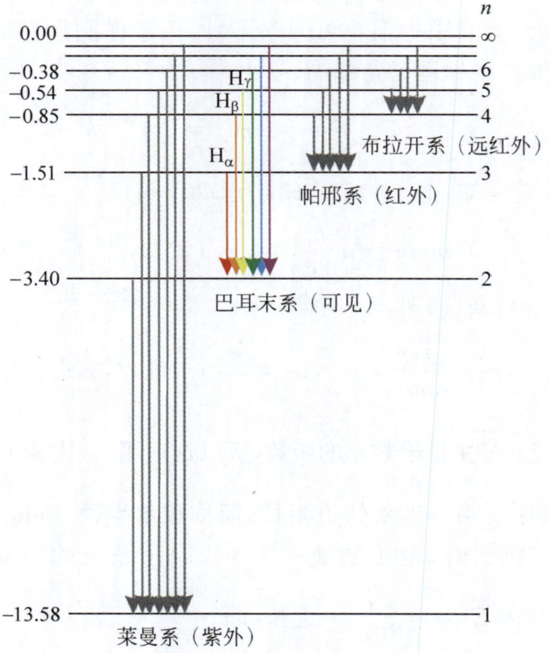

图 14-15　氢原子的能级及其光谱系

这与氢原子光谱的实验规律式(14-22)一致,并由此得到氢原子里德伯常量的理论值为

$$R_{\mathrm{H}}=\frac{m_{\mathrm{e}}e^{4}}{8\varepsilon_{0}^{2}h^{3}c}=1.097\ 373\ 1\times 10^{7}\ \mathrm{m}^{-1}$$

R_{H} 与实验值 R_{∞} 符合得相当好。然而 R_{H} 与 R_{∞} 之间还是有一些差别的,这主要是由于我们在前面假设了原子核静止不动,相当于将原子核的质量看成无限大(与电子的质量相比而言)。对此进行修正,得到理论值 R_{H} 与实验值 R_{∞} 符合得更好。

利用 R_{H} 就可将波数写成

$$\sigma=R_{\mathrm{H}}\left(\frac{1}{k^{2}}-\frac{1}{n^{2}}\right),\quad k=1,2,3,\cdots,\quad n=k+1,k+2,k+3,\cdots \tag{14-30}$$

这就是氢原子光谱的实验规律式(14-22)。

这样,玻尔理论就成功地解释了氢原子光谱的规律性,从理论上导出了氢原子里德伯常量的正确表达式,并对只有一个价电子的原子或离子,即类氢离子光谱给予说明。他提出的能级概念,在 1914 年,被弗兰克(James Franck,1882—1964 年,德裔美籍实验物理学家)和赫兹(Gustav Ludwig Hertz,1887—1975 年,德国物理学家)的电子碰撞实验所证实,为此弗兰克和赫兹共同分享了 1925 年度的诺贝尔物理学奖。但是,玻尔的氢原子理论也有一些缺陷。例如,玻尔理论只能说明氢原子及类氢离子的光谱规律,不能解释多电子原子的光谱;对谱线的宽度、强度也无能为力;也不能说明原子是如何组成分子、构成液体和固体的。此外,玻尔理论还存在结构性的缺陷,没有逻辑上的统一性。它是经典理论与假设的混合物,既沿用了质点坐标、速度和轨道等经典力学概念来描述原子内部的运动,又人为地引入了量子假设，而这些假设缺乏令人信服的理论依据。玻尔理论中的原子定态、跃迁、轨道角动量量子化等概念现在仍然有效，它对量子力学的发展有很大贡献。

[例题 14-6]

如果用能量为 12.6eV 的电子轰击氢原子，将产生哪些波长的光谱线？

解 设氢原子可以从对它轰击的高能电子上吸收能量而使自己从低能级(基态)激发到较高的能级，则

$$E_n - E_1 = 13.6\text{eV} - \frac{13.6}{n^2}\text{eV} = 12.6\text{eV}$$

得

$$n^2 = \frac{13.6}{13.6 - 12.6}\text{eV} = 13.6$$

解得 $n=3.7$。因为 n 只能取整数，所以氢原子最高能激发到 $n=3$ 的能级。由于激发态都是不稳定的，其后它又会自发跃迁回基态，可以有三种可能的辐射。

从 $n=3 \to n=1$，由式(14-30)求得对应的波长，即

$$\sigma_1 = R_H\left(\frac{1}{1^2} - \frac{1}{3^2}\right) = \frac{8}{9}R_H$$

$$\lambda_1 = \frac{9}{8R_H} = \frac{9}{8 \times 1.097 \times 10^7}\text{m} = 102.6\text{nm}$$

从 $n=3 \to n=2$

$$\sigma_2 = R_H\left(\frac{1}{2^2} - \frac{1}{3^2}\right) = \frac{5}{36}R_H$$

$$\lambda_2 = \frac{36}{5R_H} = \frac{36}{5 \times 1.097 \times 10^7}\text{m} = 656.4\text{nm}$$

从 $n=2 \to n=1$

$$\sigma_3 = R_H\left(\frac{1}{1^2} - \frac{1}{2^2}\right) = \frac{3}{4}R_H$$

$$\lambda_3 = \frac{4}{3R_H} = \frac{4}{3 \times 1.097 \times 10^7}\text{m} = 121.5\text{nm}$$

14.5 德布罗意波 实物粒子的二象性

氢原子光谱的实验规律表明，原子内部的运动一定有不容置疑的量子性。另外，从玻尔氢原子理论的局限性可以看到，原子内电子的运动一定具有某种用经典物理学理论不能描述的基本性质。后来的理论和实验都发现，电子既具有粒子性又具有波动性，这种基本性质称为电子的波粒二象性。实验证实，所有的实物粒子都具有波粒二象性。实物粒子的波动性用德布罗意波描述。

14.5.1 德布罗意波假设

由光的波粒二象性,人们自然会想到这样的问题,既然光具有波和粒子两方面的性质,那么其他微观粒子是否也具有这两方面的性质呢?1924年法国一位年轻人德布罗意,在他的博士论文中提出了实物粒子也具有波粒二象性。他还进一步提出,一个质量为 m、以速率 v 作匀速运动的微观粒子,从粒子性看,可以用能量 E 和动量 p 描述它;从波动性看,可以用频率 ν 和波长 λ 描述它。后者以下列关系相联系:

$$\nu=\frac{E}{h}=\frac{mc^2}{h} \tag{14-31}$$

$$\lambda=\frac{h}{p}=\frac{h}{mv} \tag{14-32}$$

应用于粒子的这些公式称为**德布罗意公式**或**德布罗意假设**。这种波就称为**德布罗意波(de Broglie wave)**,式(14-32)所表示的波长就是**德布罗意波长**。式中 m 为以速率 v 运动的粒子的质量。

如果德布罗意假设成立,那么人们不禁会产生疑问:为什么从前人们会忽略宏观物体的波动性呢?而且把它们看成经典粒子,却没有犯什么错误呢?对于一个宏观物体来说,例如,一颗飞行的子弹,假设其质量 $m=10^{-2}$kg,速率 $v=500$m/s,按照式(14-32)计算可得对应的德布罗意波长为 $\lambda=1.32\times10^{-25}$nm。由此可见,德布罗意波长小到惊人的程度,以至于无法测量。通过此例说明,宏观物体的德布罗意波长非常短,因此宏观物体的波动性极不显著。

对于微观物体,如电子,$m_e=9.1\times10^{-31}$kg,速度 $v=5.0\times10^6$m/s,如果不考虑相对论效应,对应的德布罗意波长与晶体的晶格间距有相同的数量级,$\lambda=0.146$nm。因此,可以用金属表面上排列规则的原子作为精细的衍射光栅来显示电子的波动性。

电子一般通过加速电场来获得一定的动能,不考虑相对论效应,经加速电压 U 加速后的电子,其动能为

$$E_k=\frac{p^2}{2m_e}=eU$$

故电子的德布罗意波波长可用加速电压 U 表示为

$$\lambda=\frac{h}{p}=\frac{h}{\sqrt{2em_e}}\frac{1}{\sqrt{U}}=\frac{1.225}{\sqrt{U}}\text{nm} \tag{14-33}$$

式中,电压 U 的单位是V。

[例题 14-7]

比较动能均为1MeV的电子、中子、光子的德布罗意波长。

解 (1) 对于电子,其静能 $E_0=m_0c^2=0.51$MeV

由于1MeV的电子动能已经大于电子的静能,因此需要用相对论公式计算其德布罗意波长

$$\lambda=\frac{h}{p}=\frac{hc}{\sqrt{E_k^2+2E_kE_0}}=8.75\times10^{-4}\text{nm}$$

(2) 对于中子，其静能 $E_0 = m_0 c^2 = 939\text{MeV}$

由于 1MeV 的中子动能远小于中子的静能，因此可以用非相对论公式计算德布罗意波长

$$\lambda = \frac{h}{\sqrt{2m_0 E_k}} = 2.87 \times 10^{-5}\,\text{nm}$$

(3) 对于光子，其动量 $p = mc$，能量 $E = mc^2$，由此可以计算德布罗意波长

$$\lambda = \frac{h}{p} = \frac{hc}{E} = 1.24 \times 10^{-3}\,\text{nm}$$

通过此例具体说明：计算德布罗意波长时，在 $v \ll c$ 时，用非相对论公式；否则要用相对论公式。在同一个问题中，不同的情况既要用非相对论公式，又要用相对论公式，可以突破德布罗意波长计算的难点。

14.5.2 德布罗意假设的实验验证

德布罗意假设的正确与否，必须由实验来验证。1927 年，戴维孙(Davisson，Clinton Joseph，1881—1958 年，美国物理学家)和革末(Lester Germer，1896—1971 年，美国物理学家)用低能电子在镍单晶上的衍射，观察到了与 X 射线类似的电子衍射现象。戴维孙和革末的实验装置简图如图 14-16 所示，电子由电子枪射入，垂直投射到镍单晶的某个晶面上，电子束经晶格散射后，用探测器测量各个方向散射的电子束强度。实验发现，当加速电子的电压 $U = 54\text{V}$ 时，在 $\varphi = 50°$ 的方向上散射电子束的强度最大。如果把电子看成德布罗意波，就可以利用衍射理论对此加以解释，从而验证了物质波的存在。戴维孙-革末实验为电子显微镜的发展奠定了基础。

汤姆孙(George Paget Thomson，1892—1975 年，英国物理学家)也在 1927 年用实验证实了电子在穿过金属片后也像 X 射线一样产生衍射现象，图 14-17 是电子射线通过多晶时的衍射图样。因发现电子衍射，戴维孙和汤姆孙一起荣获 1937 年诺贝尔物理学奖。

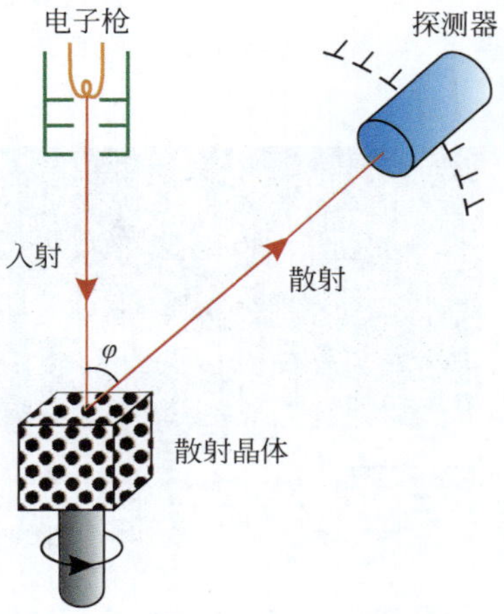

图 14-16 电子的散射实验

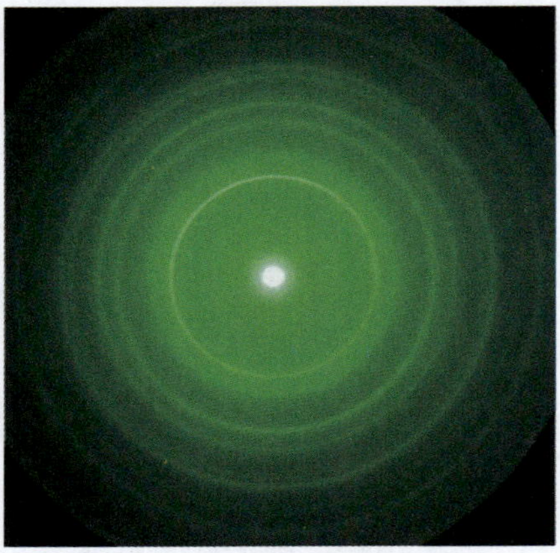

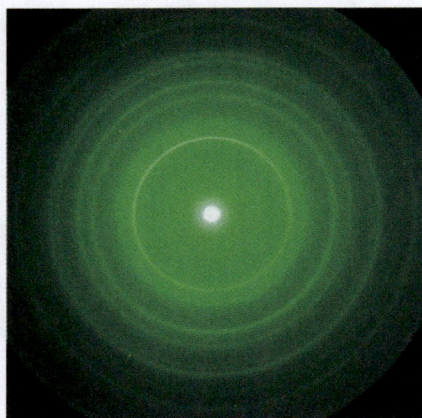

图 14-17 电子的衍射图样

图 14-18　电子的双缝干涉图样

1961 年，德国物理学家约恩孙（C. Jonsson）直接做了电子双缝干涉实验，从屏上摄得了类似杨氏双缝干涉图样的照片，干涉图样如图 14-18 所示。这个实验更加直接地说明了电子的波动性。在这个实验中，即使我们控制电子，使之一个接一个地向双缝发射，仍然出现干涉图样。

微观粒子的波动性已经在现代科学技术上得到应用。一个常见的例子是广泛利用微观粒子的波动性来产生衍射效应。例如，我们知道光学仪器的分辨本领与波长成反比，而电子的德布罗意波长短很多，比如在 10 万伏的加速电压下，电子的波长只有 0.004nm，比可见光短 10 万倍左右，因而利用电子波代替光波制成电子显微镜就可以有极高的分辨本领。现代的电子显微镜的分辨能力可以达到 0.1nm，不仅可以直接看到如蛋白质一类的大分子，而且能分辨单个原子，为研究物质结构提供了有力的工具。

1981 年，德国人宾宁（G. binning）及其老师、瑞士物理学家罗雷尔（H. Roher）制成了扫描隧道显微镜，他们两人因此与鲁斯卡（E. Ruska）共获 1986 年诺贝尔物理奖。扫描隧道显微镜对纳米材料、生命科学和微电子学有着不可估量的作用。

另外，利用中子的波动性制成的中子摄谱仪已成为研究固体微观结构的最有效的手段之一。

原理应用

扫描隧道显微镜

扫描隧道显微镜（**scanning tunneling microscope，STM**）是目前放大率最高的显微镜之一，其分辨率为一个原子的限度，用它可以“看见”物质表面原子的分布细节，再现表面原子重新排列的时间过程等如图 P14-1 所示。这些为光学显微镜及电子显微镜所望尘莫及。

图 P14-2 所示是用扫描隧道显微镜拍摄的一片黄金表面的图像。由图可见，该表面并不是一个严格的平面，而是一个台阶状的。阶高仅为一个原子。该图是宾宁、罗雷尔及其同事拍摄的。

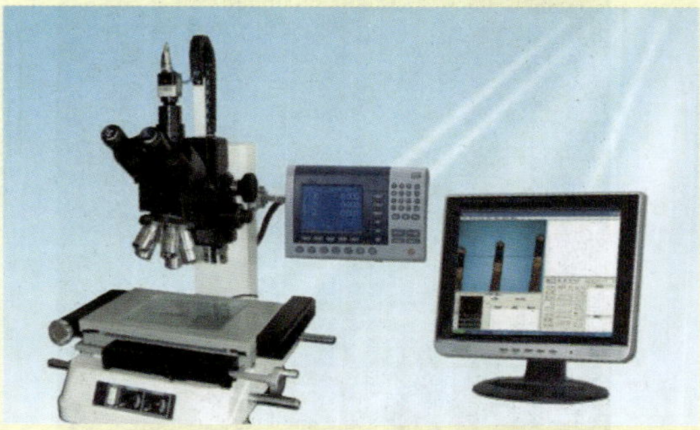

图 P14-1　扫描隧道显微镜

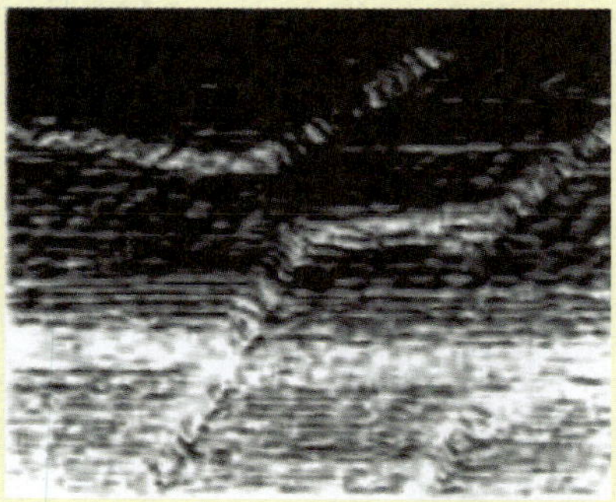

图 P14-2　晶体金表面的 STM 图

STM的特点是不用光源也不用透镜，其显微部件是一枚细而尖的金属（如钨）探针。它的工作原理是量子隧道效应。由经典物理可知，金属内的自由电子（突出其粒子性的一面）可粗略地看成被束缚在金属表层内，而一般不逸出金属表面。但是，由量子力学可知，这些电子除具有粒子性外，还具有波动性。正是由于它的波动性，它就有可能穿出金属表面而跑到空间来，量子力学把这种现象叫**隧道效应**。隧道效应使金属表面附近电子密度不会突然地降为零，而是按指数衰减分布，形成电子云、衰减长度为1nm。STM根据这种现象，设法让探针表面的电子云和待测样品表面的电子云发生重叠，从而形成**隧道电流**（**tunnel current**），并通过隧道电流的变化来得到样品表面的微观结构的。

扫描隧道显微镜由四部分组成，它们是STM主体、电子反馈系统、计算机控制系统及高分辨图像显示终端，其核心部件——STM的探针装在主体箱内。使用STM时，先将探针推向样品，直至二者的电子云略有重叠为止，这时在探针和样品间加上电压，电子便会通过电子云形成隧道电流。由于电子云密度随距离迅速变化，所以隧道电流对针尖与表面间的距离极其敏感，例如，距离改变一个原子的直径，隧道电流会变化一千倍。当探针在样品表面上方全面横向扫描时，根据隧道电流的变化，利用一个反馈装置控制针尖与表面间保持恒定的距离。把探针尖扫描和起伏运动的数据送入计算机进行处理，就可以在荧光屏或绘图机上显示出样品表面的三维图像，和实际尺寸相比，这一图像可放大到1亿倍。

STM的独特优点，使之获得广泛的应用。自它发明以来的近二十年中，不仅在物理学领域，而且在表面科学、材料科学、生命科学及微电子技术等领域的研究都取得了许多令人瞩目的成就。它已成为观察微观世界的重要工具和改造微观世界的手段。这里我们仅介绍几个典型的例子。

作为一个例子，图P14-3给出了用STM观察到的石墨表面碳原子分布的显微照片，我们看到碳原子像一颗颗“小草莓”一样整齐地排列着。有人曾做出过推算，假如可以用STM来观察一个足球，则被“放大”了的足球将像地球一样庞大。作为另一个例子，图P14-4是TaS_2（一种层状物质）表面电子的STM图，从图中可见这个表面上缺少了3个原子。该图是在液氮中测得的，可见STM还可以在“水下工作”。

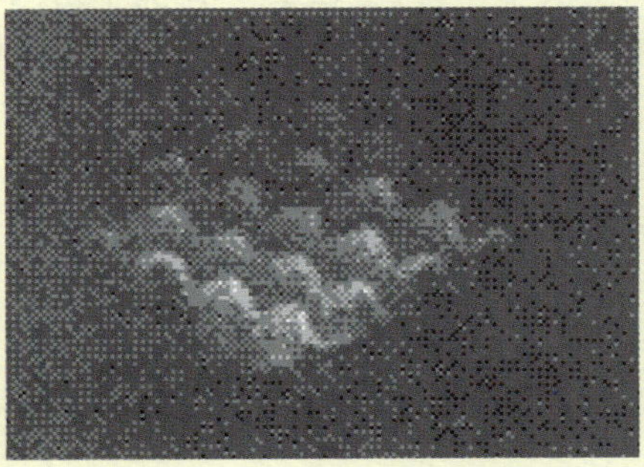

图P14-3　石墨表面碳原子排列的STM图

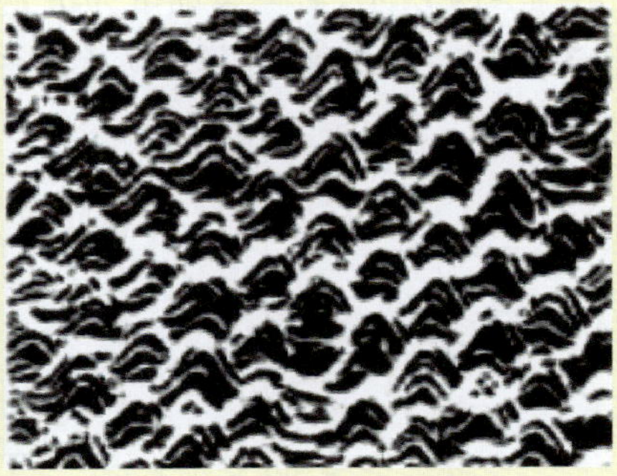

图P14-4　TaS_2 表面电子的STM图

图P14-5是当精子遇到卵子时的图片，这张美丽色彩艳丽的图片中胚胎和精细胞核呈紫色，而精子的尾巴是绿色。蓝色区域是**缝隙连接**（**gap junction**），它们把细胞彼此联系在一起。

英国和德国的科学家借助STM，成功捕捉到了冰的最小颗粒形式hexamers并成像，如图P14-6所示，hexamers揭示了冰的最小微观结构。在冷却至5K（−268℃）时，科学家发现，hexamers是由六个水分子构成，是冰的最简单、最基本的形式。除此之外，科学家还成像了“纳米冰串"(nanoclusters),它可以分别包含7、8、9个分子。

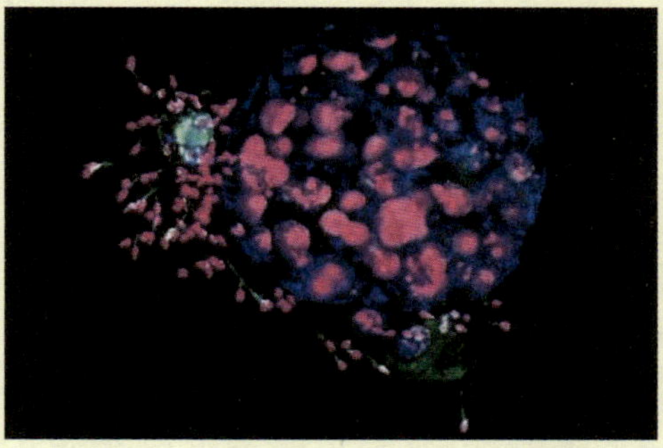

图 P14-5　当精子遇到卵子时的 STM 图片

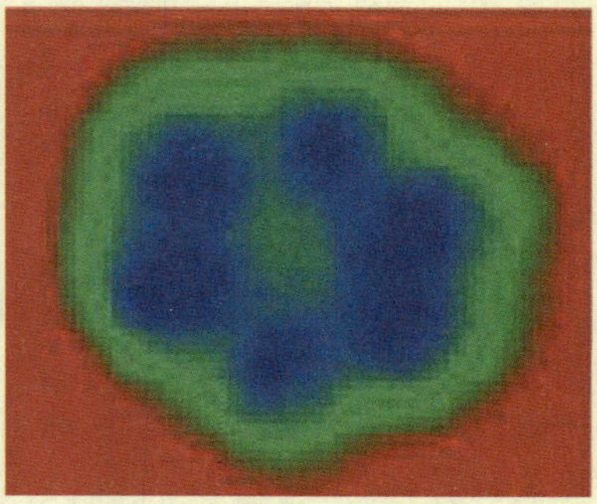

图 P14-6　冰的微观结构

14.6 不确定关系

对于一般经典粒子来说,它们遵守牛顿力学或相对论力学,有确定的运动轨迹,可同时确定位置和动量(或速度)。但是微观粒子具有波动性,无法同时确定它的位置和动量,时间和能量也是无法同时确定的。那么这种不确定关系界限有多大?海森伯认为,在量子力学中,一个电子只能以一定的不确定性处于某一位置,同时也只能以一定的不确定性具有某一速度,可以把这些不确定性限制在最小的范围内,但不能等于零。经过大约一年时间的研究,海森伯于1927年提出了著名的不确定关系,即在 x 方向上,电子的位置不确定量 Δx 和动量在该方向上分量的不确定量 Δp_x,它们的乘积为普朗克常数的数量级。下面我们利用电子单缝衍射实验来推导不确定量 Δx 和 Δp_x 之间的关系。

如图14-19所示,有一束动量为 p 的单色光或单能电子流,以速度 $\boldsymbol{v}$ 沿 y 轴射向屏 AB 上的单缝,缝宽为 Δx,在屏幕 CD 上得到衍射图样。在单缝处,电子位置在 x 方向上的不

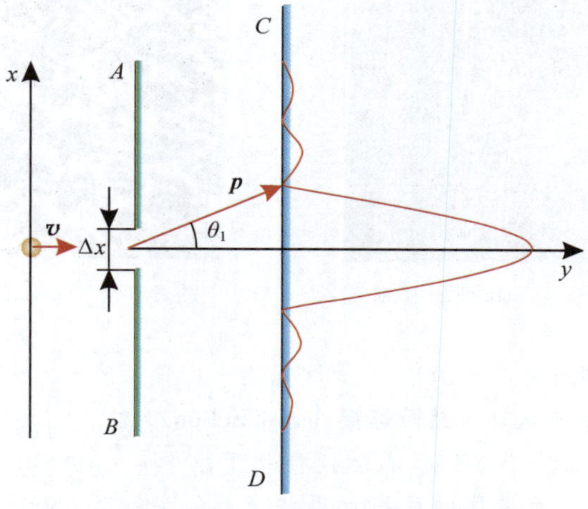

图 14-19　电子的单缝衍射强度曲线

确定量为 Δx，由于衍射的缘故，显然电子在通过单缝后在 x 方向上的动量分量 p_x 不再为零，而具有各种不同的量值。如果只考虑衍射主极大区域，即近似认为电子都进入了中央亮条纹，那么电子通过在单缝后的最大偏转角就是衍射第 1 级极小对应的衍射角 θ_1。根据单缝衍射暗条纹条件式(13-43)有

$$\sin\theta_1 = \frac{\lambda}{\Delta x}$$

根据动量矢量 $\boldsymbol{p}$ 的合成可知，电子在 x 方向上动量分量 p_x 的大小将被限制在

$$0 \leqslant p_x \leqslant p\sin\theta_1$$

的范围内，即 x 方向动量分量 p_x 的不确定量 Δp_x 为

$$\Delta p_x = p\sin\theta_1 = \frac{h}{\lambda}\frac{\lambda}{\Delta x} = \frac{h}{\Delta x}$$

整理得

$$\Delta x \cdot \Delta p_x = h \tag{14-34a}$$

如果考虑衍射次极大，Δp_x 还要大些，即 $p_x \geqslant p\sin\theta_1$，因此

$$\Delta x \cdot \Delta p_x \geqslant h \tag{14-34b}$$

这就是海森伯分析得到的**不确定关系**(**uncertainty relation**)，这个关系说明，微观粒子在某个方向上的动量和位置坐标不能同时准确地测量，或者说由于粒子的波动性，速度和位置不能同时确定，其不确定量的乘积不小于普朗克常量，不确定关系表明，如果粒子的位置测量得越准确(Δx 越小)，那么其动量就越不确定(Δp_x 越大)，反之亦然。例如，在一个单一实验中，要同时测量位置和动量到任意精度是不可能的，它们的测量精度受到一个终极的、不可逾越的限制。这种机制不是由于仪器的误差或人为测量误差造成的，而是波粒二象性的必然结果，我们只能说，粒子位置不确定性越大，粒子的动量就越确定，反之亦然。不确定关系是自然界的客观规律，是量子力学中一个基本原理。

不确定关系不仅存在于位置坐标和动量之间，也存在于能量和时间之间。如果微观体系处于某一状态的时间为 Δt，则其能量必有一个不确定量 ΔE，由量子力学可以推出二者之间有如下关系式：

$$\Delta E \cdot \Delta t \geqslant \frac{\hbar}{2} \tag{14-35}$$

式中 $\hbar$ 称为约化普朗克常量，$\hbar = \dfrac{h}{2\pi}$，应用式(14-35)可以解释原子激发态能级宽度 ΔE 和原子在该能级的平均寿命 Δt 之间的关系，平均寿命越长的能级越稳定，能级宽度越小。由于能级有一定的宽度，两个能级间跃迁所产生的光谱线必将有一定的宽度，这也得到了证实。

电子的波动性已开始对现代电子计算机的发展产生影响。近五十年来，计算机芯片的集成度按摩尔定律，即大约每十八个月就提高一倍的速率指数增长。目前计算机芯片的布线密度已达到 0.1μm。这种微型化的发展将会制造出尺寸仅为纳米量级的超微型计算机元件。当计算机芯片的布线密度很大时，根据不确定关系，电子将表现出波动性，电子不再被束缚，会有量子干涉效应，这种效应甚至会破坏芯片的功能。近几年来，科学家们已提出了多种量子计算方案，并在此基础上研制量子计算机。

然而应强调的是，作用量 h 是一个极小的量，其数量仅为 10^{-34}。所以，不确定关系只

对微观粒子起作用，而对宏观物体（质点）就不起作用了，这也就是说明了为什么经典力学对宏观物体（质点）仍是十分有效的。关于这一点，参阅下面的例子将会有助于理解。

［例题 14-8］

已知一颗子弹的质量为 100g，在子弹运动过程中的某一瞬时，测得它的位置的不确定量为 10^{-6} m。求子弹射出枪口时横向速率的不确定量。

解 由不确定关系式(14-34a)，得到子弹射出枪口时横向速率的不确定量为

$$\Delta v_x \geqslant \frac{h}{m\Delta x} = \frac{6.63\times 10^{-34}}{0.1\times 10^{-6}} = 6.63\times 10^{-27}\ \text{m/s}$$

和子弹飞行速率每秒几百米相比，上述速度的不确定量是微不足道的，所以子弹的运动速度是确定的。本题表明，对于宏观物体完全不必考虑其波动性。

［例题 14-9］

设原子的线度为 10^{-10} m，电子在原子中运动位置的不确定量至少为原子大小的 1/10，即 $\Delta x\approx 10^{-11}$ m，试求原子中电子速率的不确定值。

解 由不确定关系式(14-34a)，得到原子中电子速率的不确定值为

$$\Delta v_x \geqslant \frac{h}{m_e\Delta x} = \frac{6.63\times 10^{-34}}{9.11\times 10^{-31}\times 10^{-11}} = 7.29\times 10^{7}\ \text{m/s}$$

由玻尔理论可估算出氢原子中电子的轨道运动速率为 10^6 m/s，可见，原子中电子速率的不确定量与电子速率的数量级相同。因此，对原子范围内的电子，谈论其速率没有什么实际意义，在任一时刻它没有确定的位置和速率，也没有确定的轨道，这时电子的波动性十分显著，必须用波动性理论来处理。

*14.7 波函数 薛定谔方程及简单应用

14.7.1 波函数及其统计解释

在第 5 章曾指出，沿 x 轴正方向传播的单色平面波可以用如下的波函数表示：

$$y = A\cos(\omega t - kx)$$

式中，y 可以是机械波的位移，也可以是电磁波的电场强度 E 或磁感应强度 B，$k=\frac{2\pi}{\lambda}$ 称为波数。也可以写成复数形式：

$$y = A\mathrm{e}^{-\mathrm{i}(\omega t - kx)} \tag{14-36}$$

根据德布罗意假设，一个以速率 v 运动的粒子相当于一个单色平面波，所以式(14-36)可以用于表示自由粒子的波动性。我们用 $\Psi(x,t)$ 代替 y，并根据关系式 $E=h\nu$ 和 $p=\dfrac{h}{\lambda}$ 将式(14-36)化为下面的形式：

$$\Psi(x,t)=\Psi_0 e^{-i\frac{2\pi}{h}(Et-\boldsymbol{p}x)} \tag{14-37}$$

这就是描述德布罗意波的**波函数(wave function)**。在三维空间，波函数可以表示为

$$\Psi(x,t)=\Psi_0 e^{-i\frac{2\pi}{h}(Et-p_x x-p_y y-p_z z)} \tag{14-38}$$

我们已经知道，从波动性来说，光的强度正比于振幅的平方，而从粒子性来说，光射在某处的强度正比于落在该处的光子的数目。可见，光子落在某处的数目必定与描述光子波函数的振幅平方成正比。对于其他微观粒子，这一关系也是适用的，即粒子出现在某处的数目，也可以说出现在某处的概率，必定与描述该粒子的波函数的振幅平方成正比。由此我们可以把粒子在 t 时刻出现在 $\boldsymbol{r}$ 处单位体积内的概率，即**概率密度(probability density)**用 Ψ^2 表示。根据复数的一般性质，复数的模的平方等于该复数与其共轭复数乘积。所以概率密度也可以用 $\Psi\Psi^*$ 表示。于是粒子在 t 时刻出现在 $\boldsymbol{r}$ 处 $\mathrm{d}V$ 体积内的概率可表示为

$$\mathrm{d}w=|\Psi|^2\mathrm{d}V=\Psi\Psi^*\mathrm{d}V \tag{14-39}$$

这就是微观粒子波函数的统计意义，即**在空间某处波函数的二次方与粒子在该处出现的概率成正比**。因此德布罗意波也称为**概率波(probability wave)**。如果在空间某处 $|\Psi|^2$ 的值越大，粒子出现在该处的概率也越大，$|\Psi|^2$ 的值越小，则粒子出现在该处的概率也就越小。然而，无论 $|\Psi|^2$ 如何小，只要它不等于零，那么粒子总有可能出现在该处。波函数的统计意义是玻恩(Max Born，1882—1970 年，德国犹太裔理论物理学家)在 1926 年提出的，为此，他与博特(Walther Bothe，1891—1957 年，德国物理学家、数学家和化学家)共同获得了 1954 年诺贝尔物理学奖。

由于粒子要么出现在空间的这个区域，要么出现在空间的其他区域，所以某时刻在整个空间内发现粒子的概率应为 1，即

$$\int|\Psi|^2\mathrm{d}V=1 \tag{14-40}$$

式(14-40)称为**归一化条件(normalizing condition)**。满足此式的波函数，称为**归一化波函数(normalizing wave function)**。

14.7.2 薛定谔方程

如同质点运动遵从牛顿运动方程一样，描述微观粒子的波函数也必须遵从一定的方程式，当粒子在某瞬间的状态已知时，以后任意时刻的状态都可由这个方程来决定，具有这种作用的方程式就是薛定谔方程。下面我们从自由粒子的情况入手，探讨薛定谔方程的形式。

一维自由粒子的波函数，即式(14-37)一定遵从我们将要建立的薛定谔方程，也就是说式(14-37)一定是薛定谔方程的一个特解。将式(14-37)对时间求偏微商，得

$$\frac{\partial\Psi}{\partial t}=-i\frac{2\pi}{h}E\Psi \tag{14-41}$$

将式(14-37)对 x 求二阶偏微商，得

$$\frac{\partial^2 \Psi}{\partial^2 x}=-\frac{4\pi^2 p^2}{h^2}\Psi \tag{14-42}$$

考虑到自由粒子的能量 E 只是它的动能$\frac{1}{2}mv^2$，并且在低速情况下动能与动量之间的关系为 $p^2=2mE$，于是可以得到下面的方程式：

$$-\frac{h^2}{8\pi^2 m}\frac{\partial^2 \Psi}{\partial^2 x}=\mathrm{i}\frac{h}{2\pi}\frac{\partial \Psi}{\partial t} \tag{14-43}$$

这就是一维自由粒子的波函数所满足的方程式。

现在进一步考虑非自由粒子，即处于保守力场中的粒子。这时粒子的能量应等于动能和势能的总和，即

$$E=\frac{p^2}{2m}+U \tag{14-44}$$

式中，U 为粒子的势能。用粒子的波函数 $\Psi(x,t)$ 乘以方程式(14-44)两边，结合式(14-41)和式(14-42)，可得

$$\mathrm{i}\frac{h}{2\pi}\frac{\partial \Psi}{\partial t}=-\frac{h^2}{8\pi^2 m}\frac{\partial^2 \Psi}{\partial^2 x}+U\Psi \tag{14-45}$$

这就是我们所要探求的**薛定谔方程**(**Schrödinger equation**)，它描述了在势能为 U 的保守力场中粒子状态随时间变化的规律。在三维空间，薛定谔方程可以表示为

$$\mathrm{i}\frac{h}{2\pi}\frac{\partial \Psi}{\partial t}=-\frac{h^2}{8\pi^2 m}\nabla^2 \Psi+U(x,y,z,t)\Psi \tag{14-46}$$

式中，$\nabla^2=\frac{\partial^2}{\partial x^2}+\frac{\partial^2}{\partial y^2}+\frac{\partial^2}{\partial z^2}$称为**拉普拉斯算符**(**operator**)，这时波函数应由式(14-38)表示。

对于定态问题，保守力场不随时间变化，U 只是坐标的函数。这时我们可以把波函数写为两部分的乘积：

$$\Psi(x,y,z,t)=\Psi(x,y,z)f(t) \tag{14-47}$$

将式(14-47)代入(14-46)，并用 $\Psi(x,y,z)f(t)$ 除以方程两边，可得

$$\frac{\mathrm{i}h}{2\pi f}\frac{\mathrm{d}f}{\mathrm{d}t}=\frac{1}{\Psi}\left(-\frac{h^2}{8\pi^2 m}\nabla^2 \Psi+U(x,y,z)\Psi\right)$$

在等式中，左边只是时间 t 的函数，右边只是坐标(x,y,z)的函数，在这种情况下等式要成立，只有两边都等于某个常数才可能。设这个常数为 E，于是可得到两个方程式：

$$\mathrm{i}\frac{h}{2\pi}\frac{\mathrm{d}f}{\mathrm{d}t}=Ef \tag{14-48}$$

$$-\frac{h^2}{8\pi^2 m}\nabla^2 \Psi+U(x,y,z)\Psi=E\Psi \tag{14-49}$$

式(14-48)的解为

$$f(t)=C\mathrm{e}^{-\mathrm{i}\frac{2\pi}{h}Et}$$

式中，积分常数 C 可以归并到 $\Psi(x,y,z)$中，最后由归一化条件确定。将式(14-49)整理后写为

$$\nabla^2 \Psi+\frac{8\pi^2 m}{h^2}(E-U)\Psi=0$$

或

$$\frac{\partial^2 \Psi}{\partial x^2}+\frac{\partial^2 \Psi}{\partial y^2}+\frac{\partial^2 \Psi}{\partial z^2}+\frac{8\pi^2 m}{h^2}(E-U)\Psi=0 \tag{14-50}$$

式(14-50)称为**定态薛定谔方程**(**stationary Schrödinger equation**)。这个方程的解 $\Psi(x,y,z)$ 与 $f(t)$ 的乘积 $\Psi(x,y,z,t)=\Psi(x,y,z)\mathrm{e}^{-\frac{\mathrm{i}}{h}2\pi Et}$ 就是粒子的波函数。

上面我们由波函数倒推出薛定谔方程，实际上这个方程是无法直接证明或推导的，它的正确性只能由实验加以验证。大量事实表明，利用薛定谔方程所得结论与实验结果符合得很好。如果已知粒子的质量和它所在保守力场中的势能函数 U 的具体形式，就能写出薛定谔方程；根据所给初始条件和边界条件求解薛定谔方程，就得出描述粒子运动状态的波函数；波函数的模的平方就是粒子在不同时间、不同位置出现的概率密度。这就是量子力学处理粒子运动问题的基本方法。

14.7.3 薛定谔方程的应用

1. 一维无限深方势阱

假设有一粒子在某力场中作一维运动，它的势能在一定的区域内为零，而在此区域外为无穷大，即

$$U(x)=0,\quad 0\leqslant x\leqslant a$$
$$U(x)=\infty,\quad x<0 \text{ 且 } x>a$$

这种理想化的势能随 x 变化的曲线称为一维**无限深方势阱**(**infinite potential well**)，如图 14-20 所示。设想有一个在无限深山谷底运动的小球，它的能量是一个有限的值，故只能在山谷底往返运动，而不能跳出山谷；又如束缚于金属内的自由电子只能在金属内运动而不能逃逸出金属表面。上述两例中小球的重力势能曲线以及自由电子的势能曲线，都可近似地作为一维无限深方势阱来处理。

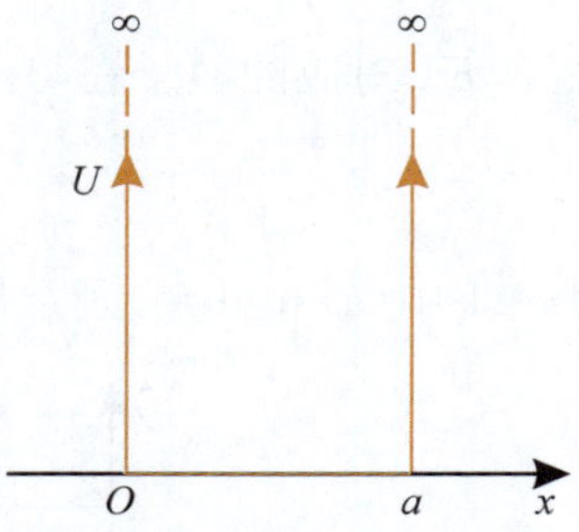

图 14-20 一维无限深方势阱

由于 $U(x)$ 与时间无关。因此在势阱中运动的粒子处于定态，可以用一维定态薛定谔方程来求解。又因在 $0\sim a$ 范围内 $U(x)=0$，式(14-50)简化为

$$\frac{\mathrm{d}^2 \Psi(x)}{\mathrm{d}x^2}+\frac{8\pi^2 m}{h^2}E\Psi(x)=0$$

设 $k=\sqrt{\dfrac{8\pi^2 mE}{h^2}}$，则有

$$\frac{\mathrm{d}^2 \Psi(x)}{\mathrm{d}x^2}+k^2\Psi(x)=0$$

方程的通解为

$$\Psi(x)=A\sin(kx+\delta)$$

A 和 δ 为待定常数。先利用边界条件确定常数 δ。

由于阱壁和阱外势能为无限大，粒子不可能跑到阱外，即粒子在阱外出现的概率为零，根据波函数的连续性，故边界条件应为 $\Psi(a)=\Psi(0)=0$。欲使 $\Psi(0)=0$，必须是 $\delta=0$。欲使 $\Psi(a)=A\sin ka=0$，必须是 $ka=n\pi, n=1,2,3,\cdots$，即 $k=\dfrac{n\pi}{a}=\sqrt{\dfrac{8\pi^2 mE}{h^2}}$，此式导致能量 E 只能取一系列分立的值：

$$E_n=n^2\frac{h^2}{8ma^2},\quad n=1,2,3,\cdots \tag{14-51}$$

n 称为量子数。应该说明，n 不能为零。如果 $n=0, k=0$，这时在势阱范围内 Ψ 处处为零，表明势阱内各处都没有粒子，显然这样的 Ψ 不能满足归一化条件，不是所要求的解。能量 E 描述粒子的状态，与每一个能量值对应的波函数是

$$\Psi_n(x)=A\sin\frac{n\pi}{a}x,\quad n=1,2,3,\cdots$$

至于常数 A，可用归一化条件式(14-40)确定。由于粒子被限制在势阱内运动，粒子必定在势阱内出现，所以

$$\int_0^a|\Psi_n(x)|^2\mathrm{d}x=\int_0^a A^2\sin^2\frac{n\pi}{a}x\,\mathrm{d}x=\frac{1}{2}A^2a=1$$

$$A=\sqrt{\frac{2}{a}}$$

最后得

$$\Psi_n(x)=\sqrt{\frac{2}{a}}\sin\frac{n\pi}{a}x,\quad n=1,2,3,\cdots,\quad 0\leqslant x\leqslant a \tag{14-52}$$

与能量 E_n 对应的粒子在势阱中的概率密度为

$$|\Psi_n(x)|^2=\frac{2}{a}\sin^2\frac{n\pi}{a}x \tag{14-53}$$

图 14-21 中(a)和(b)分别绘出了 $n=1,2,3,4$ 时波函数和概率密度随 x 的分布图形。

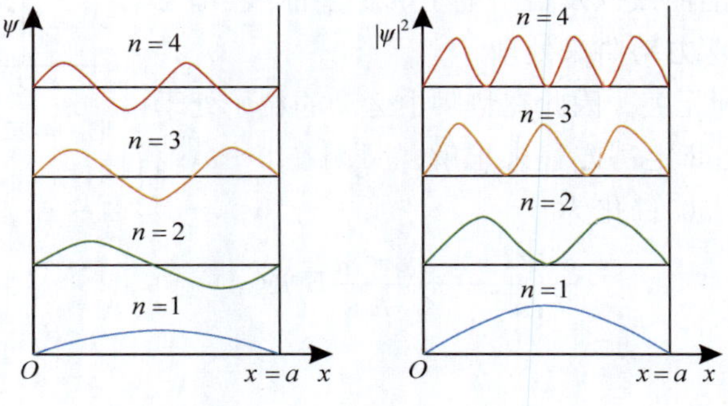

图 14-21　一维势阱中粒子的波函数和概率分布

以下对以上结果作进一步分析。

(1) 粒子的能量 E_n 只能取一系列不连续的分立值，即能量是量子化的。与玻尔氢原子理论的人为假设不同，这里，E_n 是由解薛定谔方程自然得出的。具体可由求解过程看到，虽

然薛定谔方程的通解没有限制能量的取值,但由于波函数边界条件的要求(粒子应被限制在一定区域内运动),能量的取值只能是量子化的。可见,**能量量子化的原因在于粒子受到了束缚**。

进一步分析两相邻能级差:

$$\Delta E = E_{n+1} - E_n = (2n+1)\frac{h^2}{8ma^2} \tag{14-54}$$

可见,$\Delta E \propto \frac{1}{a^2}$,即两相邻能级的间隔与阱宽的平方成反比。若阱宽 a 为微观线度,如 $a=1\times10^{-10}\mathrm{m}$,则 $\Delta E=(2n+1)\times37.7\mathrm{eV}$,$E_1=37.7\mathrm{eV}$,$E_2=152\mathrm{eV}$,$E_3=342\mathrm{eV}$,…,能量量子化十分显著;当 a 为宏观线度,如 $a=1\times10^{-2}\mathrm{m}$,则 $\Delta E=(2n+1)\times37.7\times10^{-16}\mathrm{eV}$,此时两相邻能级间隔小到可以忽略,因而可认为能量是连续的。由以上分析可见,**能量量子化是微观世界特有的现象**。

此外,由 $\frac{\Delta E}{E_n}=\frac{2n+1}{n^2}$ 可得到 $n\to\infty$ 时,$\frac{\Delta E}{E_n}\to0$,即在量子数非常大时,能量变为连续。此时,量子物理过渡为经典物理。例如一质量 $m=0.01\mathrm{kg}$、速率 $v=\frac{1}{3}\mathrm{m/s}$ 的子弹在 $a=0.10\mathrm{m}$ 的势阱中运动。由势阱能量公式(14-51)可求得其能级 $E_n=5.5\times10^{-64}n^2\mathrm{J}$,由子弹的动能 $E_k=E_n$ 可求得以此速率运动时的量子数 n 约为 10^{30},两相邻能级差 $\Delta E=(2n+1)\times5.5\times10^{-64}\mathrm{J}\to0$,显然,子弹能量的量子化效应完全觉察不出,可以用经典力学处理。

(2) 由子弹的概率分布曲线(图 14-21(b))可知,粒子在阱内位置的分布概率是不均匀的,存在概率极大、极小点,类似驻波的波腹和波节。随着量子数 n 的增大,节点数增多,概率极大值之间的间距减小;当 $n\to\infty$ 时,概率峰值点的间距趋于零,概率分布趋于均匀,与能量变为连续"同步",此时量子物理过渡为经典物理。

2. 一维方势垒 隧道效应

由牛顿力学知道,一个以速率 v 在一水平面上运动的小球遇到一高为 h 的山包时,如果其动能 $\frac{1}{2}mv^2<mgh$,小球是不可能翻越过去的,这就是不可逾越的**势垒**(**potential barrier**)。然而对于微观粒子,结果则不同。下面以一维方势垒为例作一简要介绍。

假设一粒子受到一势能为

$$V(x)=\begin{cases}V_0, & 0<x<a\\ 0, & x\leqslant0,x\geqslant a\end{cases}$$

力场的作用,其势能曲线如图 14-22 所示,称为**一维方势垒**。粒子质量为 m,能量为 $E(E<V_0)$,沿 x 轴正向射向方势垒。

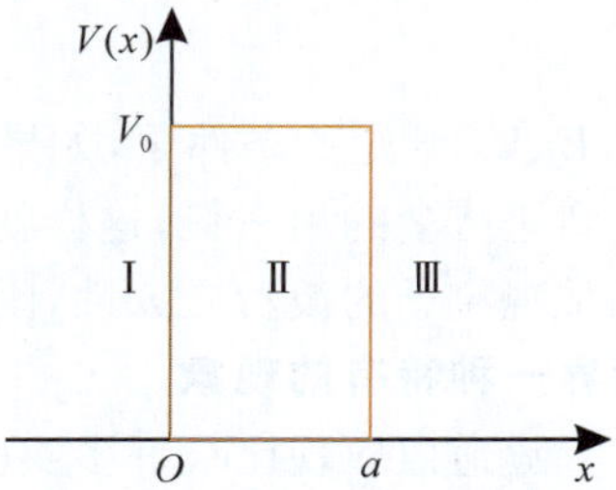

图 14-22 一维方势垒

在区域Ⅰ($x\leqslant0$)和区域Ⅲ($x\geqslant a$)粒子的波函数 Ψ 满足的薛定谔方程为

$$\frac{\mathrm{d}^2\Psi(x)}{\mathrm{d}x^2}+\frac{8\pi^2m}{h^2}E\Psi(x)=0 \tag{14-55}$$

在区域Ⅱ($0<x<a$)粒子波函数 Ψ 满足的薛定谔方程为

$$\frac{\mathrm{d}^2\Psi(x)}{\mathrm{d}x^2}-(V_0-E)\frac{8\pi^2 m}{h^2}\Psi(x)=0 \tag{14-56}$$

令 $k_1=\sqrt{\frac{8\pi^2 mE}{h^2}}$，$k_2=\sqrt{\frac{8\pi^2 m(V_0-E)}{h^2}}$，解方程(14-55)、方程(14-56)，得通解为

$$\Psi(x)=\begin{cases}A_1\mathrm{e}^{\mathrm{i}k_1x}+A_2\mathrm{e}^{-\mathrm{i}k_1x}, & x\leqslant 0\\ B_1\mathrm{e}^{k_2x}+B_2\mathrm{e}^{-k_2x}, & 0<x<a\\ C_1\mathrm{e}^{\mathrm{i}k_1x}+C_2\mathrm{e}^{-\mathrm{i}k_1x}, & x\geqslant a\end{cases} \tag{14-57}$$

波动学中 $\mathrm{e}^{\mathrm{i}kx}$ 表示入射波，$\mathrm{e}^{-\mathrm{i}kx}$ 表示反射波。由于Ⅲ区中不存在由无限远处反射回的反射波，故系数 $C_2=0$，即Ⅲ区中波函数应为

$$\Psi(x)=C_1\mathrm{e}^{\mathrm{i}k_1x},\quad x\geqslant a \tag{14-58}$$

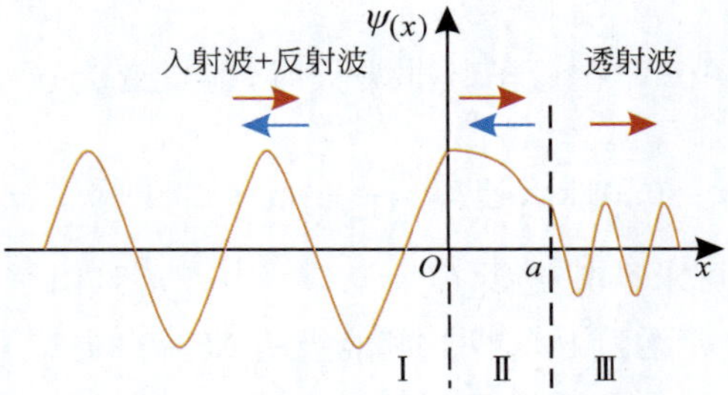

图 14-23 隧道效应的 $\Psi(x)$-x 曲线

根据波函数的边界条件和归一化条件，解方程(14-57)和方程(14-58)，可确定方程中各系数，求得波函数 $\Psi(x)$，并做出 $\Psi(x)$-x 曲线，如图 14-23 所示。由曲线可以看出，不仅在Ⅰ区，而且在Ⅱ区和Ⅲ区均有 $\Psi(x)\neq 0$，即在经典禁区——粒子总能量小于势能的区域，粒子仍以一定概率出现，这意味着粒子能够穿过势垒到达区域Ⅲ。这种微观粒子能够穿过比自身能量高的势垒的现象称为**隧道效应**(**tunnel effect**)。这是经典物理未曾预料也无法解释的现象，但在量子力学中，却是自然得出的结果。如何理解这一现象？在此，我们不作过深的分析，仅由不确定关系作一粗略说明。

根据不确定关系，粒子的坐标和动量是不能同时确定的，分别与位置和动量相关的粒子的势能 $V(x)$ 和动能 $E_\mathrm{k}(E_\mathrm{k}=p^2/2m)$ 也就不能同时确定。可以大致估算势垒中粒子动能的不确定范围。设粒子坐标的不确定范围 $\Delta x\leqslant a$，由不确定关系可得，粒子动量的不确定范围 $\Delta p_x\geqslant\frac{h^2}{8\pi^2 a}$，其动能的不确定范围为

$$\Delta E_\mathrm{k}=\frac{(\Delta p_x)^2}{2m}\geqslant\frac{h^2}{32\pi^2 ma^2}$$

在 E、V_0 给定的条件下，如果能使 $\Delta E_\mathrm{k}>V_0-E$，就有可能是粒子总能量大于 V_0 而穿过势垒到达势垒的另一侧，这样就可以解释粒子贯穿势垒的现象。由于不确定关系本质上反映了微观粒子的波粒二象性，因此，隧道效应实际上是微观粒子波动性的一种表现，也是**微观世界一种特有的现象**。

隧道效应现已被许多实验证实，并在近代物理和现代高新技术中得到很多应用。例如，α 粒子从放射核中逸出，就是 α 粒子穿过核边界上因库仑力产生的势垒而跑出的。另外，如电子的场致发射(在强电场作用下电子从金属内逸出)、半导体和**超导体**(**superconductor**)的隧道器件(隧道二极管等)，乃至近年来引人注目的扫描隧道显微镜等，都依据了隧道效应原理。

原理应用

纳米材料及其应用

纳米(nanometer)是十亿分之一米，用符号 nm 表示，$1nm=10^{-9}m$，只有一个中等大小原子直径的几十倍。纳米材料技术是在 0.1～100nm 的尺度上研究原子、分子现象及其应用，并由此发展起来的多学科的、基础研究与应用研究紧密联系的新的材料科学。纳米材料是指由几个、几十个乃至成千上万个原子、分子或离子通过物理或化学结合力组成的相对稳定的微观或亚微观聚集体，它们的物理和化学性质随所包含原子或分子数目而变化。它们的许多性质既不同于微观层次的单个原子分子，又不同于宏观层次的固体和液体，也不能用这两类的物理和化学性质作简单的线性叠加来说明。因此，人们将纳米材料看成介于原子分子和宏观聚集体之间的物质结构的新层次，称为介观层次，其理论基础也介于量子物理与经典物理之间，称为介观物理。对纳米材料中的介观物态的研究，目前还处于初期发展阶段，但有关的研究成果已经不断涌现，为 21 世纪的信息技术、生命科学、分子生物学和新材料科学的发展提供了一个新的技术基础。各国都在投入巨资开发纳米材料，将之列为 21 世纪最优先开发的项目。

1. 纳米材料的研究进展

纳米材料的研究最早始于 1956 年，实验科学家用超声膨胀技术获得纳米材料，20 世纪 80 年代，国际上纳米材料的研究获得了迅猛发展，取得了令人瞩目的成果，1985 年发现了 C_{60}。随后获得宏观量制备的简单方法引起了科学界的轰动。鉴于 C_{60} 及其衍生物的奇特结构和性质以及在科学上的意义，发现者获得了 1996 年诺贝尔化学奖。随后各种具有纳米结构的材料的奇特的光、电、磁特性不断地被发现，目前涉及的主要有半导体纳米材料、金属及金属卤化物纳米材料。按其结构体系又可分为二维体系，如薄膜、多层薄膜结构、量子阱和超晶格；一维体系，如线性链状结构和半导体量子线；零维体系，如超细微粉、量子点和嵌埋体。研究方向主要分为两方面：一方面，随着实验技术和手段的发展，对纳米材料的结构、稳定性及物理化学特性进行研究；另一方面，积极探索纳米结构构成的材料在超微器件等方面的应用，以纳米材料为基元在原子水平上设计新材料，形成了原子工程这一高新技术。

2. 纳米材料的主要特性

(1) 表面与界面效应

主要体现在具有纳米微结构的固态材料中，纳米结构大多嵌埋在大块固体中，界面区域占了很大比重，纳米结构又存在表面结构，通过扫描隧道显微镜(STM)等现代分析手段可清晰地观察其表面与界面的原子结构。研究发现，界面中的原子数密度很大，界面中原子数占了总原子数的一半左右，界面结构中原子间距的分布没有大块固体中的长程有序性和局部区域有序性，而局部区域杂乱无章。这样的界面影响和控制了纳米微结构的光、电、磁的一些性质。反过来，如果掌握了表面与界面效应的规律，就可以通过改变表面与界面结构以达到控制材料性质的目的。

(2) 量子尺度效应

由量子力学可知，势阱宽度 a 与势阱中量子态相邻能级之间的能量差 ΔE 直接有关 $\Delta E \propto a^{-2}$、势阱宽度 a 越小，量子效应越明显，能级分裂现象越明显。在纳米材料中，界面或周界物质形成势垒，纳米态处于势阱中，其线度就是势阱宽度 a，在 0.1～100nm 的范围内，可以人为控制。当势阱宽度 a 为纳米量级时，纳米材料的发光谱发生蓝移。改变势阱宽度，波长减小的数值将随之改变，而且发光强度也随之改变。

（3）宏观量子隧道效应

纳米态处于势阱中，存在量子尺寸效应，但周围是由界面等构成的势垒层，势阱中的载流子要作定向移动，必须穿越势垒层，而在一般情况下，其能量并不足以穿越势垒层。但是，当势垒层的尺寸控制在纳米量级时，即载流子的能量小于势垒层的高度，也会发生载流子贯穿势垒的现象，这可以用量子隧道效应来解释。

3. 纳米材料及技术的应用

纳米材料的结构特性及其光、电、磁特性的改变，使其具有十分广阔的应用前景。

（1）半导体纳米材料

当前微处理器已超过 3 亿个晶体管的集成度、3.8GHz 的频率和 0.06μm 的线宽，但仍满足不了技术发展的需要。根据 Intel 公司统计，到 2011 年微处理器已达到 10 亿个晶体管的集成度、10GHz 的频率和 0.07μm 的线宽，这已使以硅为主要材料的超大规模集成电路（VLSI）的工艺和原理达到极限，再继续发展就将受到限制，必须寻求技术和工艺的突破。“光电集成”就是其中一个途径，在硅电路中采用光连接取代电连接。然而大块的硅或锗的发光效率很低，且发光波段在近红外，一直认为它们不适合“光电集成”。那么寻求一种有效产生光发射的硅基材料就成为材料科学的一个热点。而半导体纳米材料（由硅或锗组成的量子阱、量子点）在可见光区具有较高的发光效率，且发光波段与发光效率可由纳米材料的尺寸得以控制。此外，多孔硅中的量子点结构、二元半导体化合物中的嵌埋结构及半导体超晶格材料，在光纤通信和光子探测器方面有着广泛的应用前景。

（2）纳米磁性材料

纳米磁性材料包括纳米磁粉芯材料、纳米磁膜材料和纳米磁性液体。在铁磁质纳米磁性材料中，存在磁单畴结构，具有超顺磁性，即纳米结构的尺寸小于磁单畴的临界尺寸时，纳米结构中的原子磁矩有序化，具有顺磁质的特性，而在无外场时，对任何一个方向都不显磁性。加外磁场后，形成磁矩有序化，形成过程不是瞬时的，有一个弛豫时间。呈现超顺磁性的材料，矫顽力 H_C 比普通体材料大 10^3 倍，这对高密度磁记录元件显得十分有意义。

（3）纳米材料制成的微型电机和微型机器

由纳米级材料制成的机器（图 P14-7 所示是纳米机器人）可实现未来科技发展的趋势——微型化。微型电子机械技术可以 100 万个极小的部件安装在一块硅圆片上，并由电子系统控制，这种微型化的电子机械将在工业制造中的自动监控、维修，医疗中的显微手术（图 P14-8 纳米医疗器）和农业中的生态保护等领域发挥巨大作用。

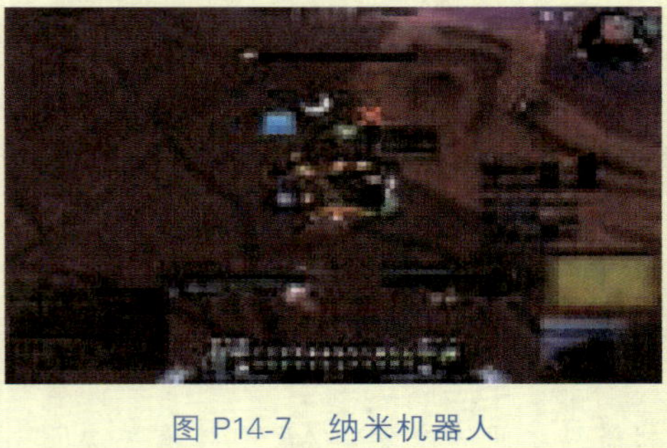

图 P14-7 纳米机器人

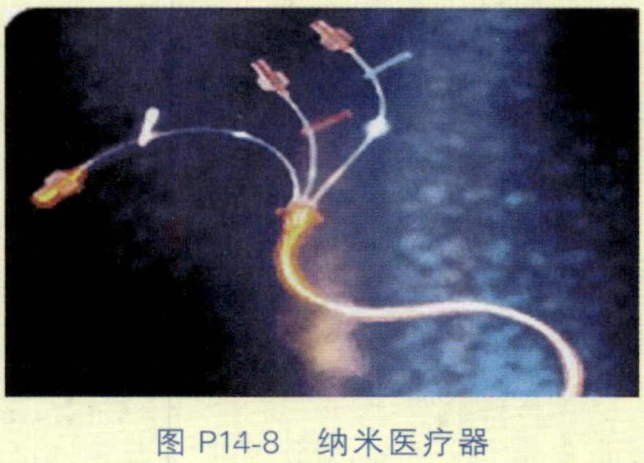

图 P14-8 纳米医疗器

(4) 碳纳米管

图 P14-9　多壁碳纳米管的 SEM 照片

自从 1991 年饭岛澄男(Sumio Iijima，1939 年出生，日本物理学家)发现碳纳米管以来，它就引起了物理学家、材料学家和化学家的广泛兴趣。越来越多的实验和理论研究表明，这种新兴材料存在大量的应用前景。碳纳米管(图 P14-9)质量轻，具有高度的柔性和延展性。因此它在任何纳米尺度的构架方面都有可能充当结构单元。事实上，理论计算表明，碳纳米管比目前发现的任何一种碳纤维材料强度都要大得多。在轴线上，碳纳米管具有良好的热传导特性。碳纳米管的电子学特性也非常引人注目。单壁碳纳米管可视为典型的一维纳米结构材料体系，是迄今已知最小的分子级导电单元，其 SP^2 杂化碳骨架结构完美无瑕，具有原子级精确的结构均一性，且构效关系明确。碳纳米管导电特性与几何结构之间的关系在固体物理研究领域是个全新的现象。研究人员还希望利用碳纳米管制造纳米尺度的电子元件。Zettl 等发现由不同直径的碳管连接而成的碳纳米管具有二极管的性质。1998 年，Heer 等证实了碳纳米管在室温下具有弹道输运的电子传输特性，因此它具有很小的电阻。打开碳纳米管的端头，向里面注入低熔点的金属，获得金属纳米线。研究人员还根据碳纳米管具有场发射的特点，将其应用于设计制造新一代平板显示器上。在化学上，碳纳米管还可以作为分子吸附材料和催化剂载体。近年来，人们对碳纳米管的非线性光学特性和光限幅进行了大量的研究，发现碳纳米管有很好的光限幅性质，这逐渐成为光限幅材料研究的热点。纳米管的光伏特性和磁场作用下的发光效应也是纳米管光学性质研究的热点。由此可见，碳纳米管在纳米电子器件、显示器、储氢材料、高强度纤维材料等方面将发挥重要的作用。

总之，纳米材料中的基本颗粒直径不超过 100nm，包含的原子达几万个，其性能奇特：纳米结构的铜强度比普通铜高 5 倍，纳米陶瓷摔不碎，纳米结构的硒化镉溶液可变化各种色彩等。纳米材料及技术的发展将给人类文明带来不可估量的深远影响。

内容提要

1. 光电效应

光电效应：光电效应是光子与金属束缚电子的相互作用。

光子的能量：$\varepsilon = h\nu$

爱因斯坦方程：$h\nu = \frac{1}{2}m_e v_m^2 + W$，式中 W 为逸出功，$\frac{1}{2}m_e v_m^2$ 为电子最大初动能

截止频率(红限)：$\nu_0 = \frac{W}{h}$

2. 光的波粒二象性

光子的质量和动量：$m=\frac{\varepsilon}{c^2}=\frac{h\nu}{c^2}, p=mc=\frac{h\nu}{c}=\frac{h}{\lambda}$

3. 玻尔氢原子理论

氢原子光谱的里德伯公式：$\sigma=R_{\infty}\left(\frac{1}{k^2}-\frac{1}{n^2}\right), k=1,2,3,\cdots, n=k+1,k+2,k+3,\cdots$

玻尔氢原子量子论的假设：

(1) 定态假设：原子系统只能处在一系列不连续的能量状态，即原子的定态，相应的能量为 $E_1, E_2, E_3, \cdots (E_1<E_2<E_3<\cdots)$。

(2) 跃迁假设：$\nu_{kn}=\frac{|E_n-E_k|}{h}$

(3) 角动量量子化条件：$L=m_e vr=n\frac{h}{2\pi}, n=1,2,3,\cdots$

氢原子第一玻尔轨道半径：$r_n=n^2\frac{\varepsilon_0 h^2}{\pi m_e e^2}=n^2 a_0, n=1,2,3,\cdots$

氢原子定态能量：$E_n=-\frac{1}{n^2}\frac{m_e e^4}{8\varepsilon_0^2 h^2}=-\frac{E_1}{n^2}, n=1,2,3,\cdots$

4. 德布罗意波假设

所有的实物粒子都具有波粒二象性。一个能量为 E、动量为 p 的粒子的德布罗意波的频率 ν 和波长 λ：$\nu=\frac{E}{h}, \lambda=\frac{h}{p}=\frac{h}{mv}$

5. 不确定关系

粒子在某个方向上的动量和位置坐标不能同时准确地确定，不确定关系表示为：$\Delta x \cdot \Delta p_x \geqslant h$。

6. 波函数　薛定谔方程及简单应用

在三维空间的波函数：$\Psi(x,t)=\Psi_0 e^{-i\frac{2\pi}{h}(Et-p_x x-p_y y-p_z z)}$

归一化条件：$\int |\Psi|^2 dV=1$

在三维空间的薛定谔方程：$i\frac{h}{2\pi}\frac{\partial\Psi}{\partial t}=-\frac{h^2}{8\pi^2 m}\nabla^2\Psi+U(x,y,z,t)\Psi$

薛定谔方程的应用：一维无限深方势阱和一维方势垒，隧道效应。

习题

一、选择题

14-1　下列物体中属于绝对黑体的是(　　)。

(A) 不辐射可见光的物体　　(B) 不辐射任何光线的物体

(C) 不能反射可见光的物体　　(D) 不能反射任何光线的物体

14-2　用频率为 ν 的单色光照射某种金属时,逸出光电子的最大动能为 E_k;若改用频率为 2ν 的单色光照射此金属,则逸出光电子的最大初动能为(　　)。

(A) $2E_k$　　(B) $2h\nu-E_k$　　(C) $h\nu-E_k$　　(D) $h\nu+E_k$

14-3　某金属产生光电效应的红限波长为 λ_0,今以波长为 $\lambda(\lambda<\lambda_0)$ 的单色光照射该金属,金属释放出的电子(质量为 m_e)的最大初动能为(　　)。

(A) hc/λ　　(B) hc/λ_0

(C) $hc\left(\frac{1}{\lambda}-\frac{1}{\lambda_0}\right)$　　(D) $\sqrt{\frac{2m_e hc(\lambda_0-\lambda)}{\lambda\lambda_0}}$

14-4　根据玻尔氢原子理论,氢原子中的电子在第一和第三轨道上运动速率之比 v_1/v_3 是(　　)。

(A) 1/3　　(B) 1/9　　(C) 3　　(D) 9

14-5　将处于第一激发态的氢原子电离,需要的最小能量为(　　)。

(A) 13.6eV　　(B) 3.4eV　　(C) 1.5eV　　(D) 0eV

14-6　关于不确定关系 $\Delta x\Delta p_x\geqslant h$ 有以下几种理解,其中正确的是(　　)。

(1) 粒子的动量不可能确定

(2) 粒子的坐标不可能确定

(3) 粒子的动量和坐标不可能同时确定

(4) 不确定关系不仅适用于电子和光子,也适用于其他粒子

(A) (1)、(2)　　(B) (2)、(4)　　(C) (3)、(4)　　(D) (1)、(4)

二、填空题

14-7　已知某金属的逸出功为 W,用频率为 ν_1 的光照射该金属能产生光电效应,则该金属的红限频率 $\nu_0=$________,截止电势差 $U_c=$________。

14-8　在康普顿效应中,波长为 λ_0 的入射光子与静止的自由电子碰撞后反向弹回,而散射光子的波长变为 λ,则反冲电子获得的动能为________。

14-9　根据玻尔氢原子理论,若大量氢原子处于主量子数 $n=5$ 的激发态,则跃迁辐射的谱线可以有________条,其中属于巴耳末系的谱线有________条。

14-10　基态氢原子的电离能 13.6eV,则使氢原子从第二激发态跃迁到基态释放的能量为________。

14-11　运动速率等于在 300K 时方均根速率的氢原子的德布罗意波长是________;质量为 $m=1\text{g}$,以速度 $v=1\text{cm/s}$ 运动的小球的德布罗意波长是________。(氢原子质量 $m_H=1.67\times10^{-27}\text{kg}$)

14-12 在电子单缝衍射实验中，若缝宽为 $a=0.1\text{nm}(1\text{nm}=10^{-9}\text{m})$，电子束垂直射在单缝上，则衍射的电子横向动量的最小不确定量 $\Delta p=$________。

14-13 已知粒子在一维矩形无限深势阱中运动，其波函数为

$$\Psi(x)=\sqrt{\frac{2}{a}}\sin\frac{3\pi}{a}x,\quad 0\leqslant x\leqslant a$$

那么粒子在 $x=a/6$ 处出现的概率密度为________。

三、计算题

14-14 天狼星的温度大约是 11 000℃，试由维恩位移定律计算其辐射峰值的波长。

14-15 已知铝的逸出功是 4.2eV，用波长为 200nm 的紫外光照射到铝的表面。求：(1)发射的光电子的最大初动能；(2)铝的红限波长。

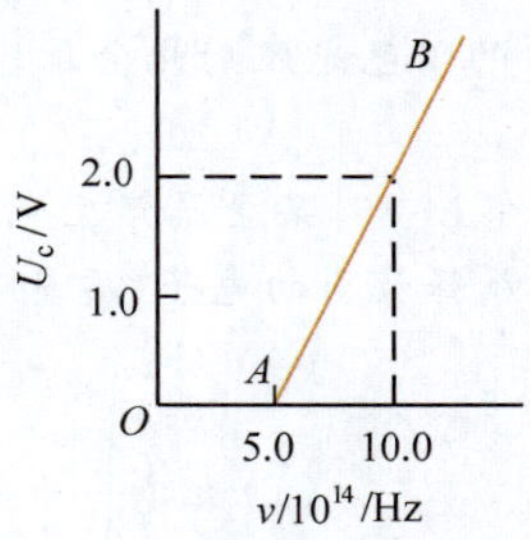

习题 14-16 图

14-16 如图所示为在一次光电效应实验中得出的曲线，(1)证明对不同材料的金属，AB 线的斜率相同；(2)由图上数据求出普朗克常数 h。

14-17 在康普顿效应中，入射光子的波长为 3.0×10^{-3}nm，反冲电子的速度为光速的 60%，求散射光子的波长及散射角。

14-18 波长为 0.1nm 的光辐射在碳上，从而产生康普顿效应。从实验中，测量到散射辐射的方向与入射辐射的方向相垂直。求：(1)散射辐射的波长；(2)反冲电子的动能。

14-19 处于基态的氢原子被外来单色光激发后发出的谱线仅有 3 条，问此外来光的频率为多少？

14-20 处于基态的氢原子吸收了一个能量为 $h\nu=15\text{eV}$ 的光子后，其电子成为自由电子，求该电子的速率。

14-21 同时确定能量为 1keV 的电子的位置与动量时，若位置的不确定值在 0.01nm 以内，则动量不确定值的相对比值 $\Delta p/p$ 至少为多少？

14-22 波长 $\lambda=500\text{nm}$ 的光沿 x 轴正向传播，若光波长的不确定量 $\Delta\lambda=10^{-4}\text{nm}$，则利用不确定关系式 $\Delta x\Delta p_x\geqslant h$ 可得光子坐标的不确定量至少为多少？

14-23 设有一电子在宽为 0.20nm 的一维无限深的方势阱中。(1)计算电子在最低能级的能量；(2)当电子处于第 1 激发态时，在势阱何处出现的概率最小，其值为多少？

附录 电磁学和近代物理的量和单位

量		单位	
名称	符号	名称	符号
电荷	q, Q	库仑	C
电场强度	E	伏特每米	V/m
真空电容率	ε_0	法拉每米	F/m
相对电容率	ε_r		
电场强度通量	Φ_e	伏特米	V·m
电势能	E_p	焦耳	J
电势	V	伏特	V
电势差	U	伏特	V
电偶极矩	p	库仑米	C·m
电容	C	法拉	F
电极化强度	P	库仑每平方米	C/m^2
电位移	D	库仑每平方米	C/m^2
电流	I	安培	A
电流密度	j	安培每平方米	A/m^2
电阻	R	欧姆	Ω
电阻率	ρ	欧姆米	Ω·m
电动势	ε	伏特	V
磁感应强度	B	特斯拉	T
磁矩	m	安培平方米	$A \cdot m^2$
磁化强度	M	安培每米	A/m
真空磁导率	μ_0	亨利每米	H/m
相对磁导率	μ_r		
磁场强度	H	安培每米	A/m
磁通量	Φ_m	韦伯	Wb
自感	L	亨利	H
互感	M	亨利	H
位移电流	I_d	安培	A
原子序数	Z		

续表

量		单位	
名称	符号	名称	符号
中子数	N		
核子数	A		
原子质量常数	m_u	原子质量单位	u①
电子静质量	m_e	千克	kg
质子静质量	m_p	千克	kg
中子静质量	m_n	千克	kg
元电荷	e	库仑	C
普朗克常量	h	焦耳秒	J·s
玻尔半径	r_1	米	m
里德伯常量	R	每米	1/m
主量子数	n		
波函数	Ψ		

① 一个原子质量单位等于一个处于基态的^{12}C中性原子的静质量的1/12。$1u=1.660\,538\,86(28)\times10^{-27}$kg。

习题参考答案

第9章 静 电 场

一、选择题

9-1 (B) 9-2 (B) 9-3 (D) 9-4 (D) 9-5 (C)

9-6 (D) 9-7 (D) 9-8 (D) 9-9 (B) 9-10 (C)

二、填空题

9-11 $\frac{q_2+q_4}{\varepsilon_0}$ 9-12 $\frac{\sigma}{2\varepsilon_0},\frac{3\sigma}{2\varepsilon_0},-\frac{\sigma}{2\varepsilon_0}$ 9-13 $\varepsilon_0 E_0,\frac{3}{2}E_0$ 9-14 $\frac{2W\varepsilon_0}{qd}$ 9-15 $<,>$

9-16 (B)(C)(D),(C),(B)(D) 9-17 $\frac{q}{4\pi\varepsilon_0}\left(\frac{1}{r_1}-\frac{1}{r_2}\right)$ 9-18 $0,\frac{Qq_0}{4\pi\varepsilon_0 R}$ 9-19 $0,\frac{Q}{4\pi\varepsilon_0 R}$

9-20 (1) 单位正电荷在电场中从点 a 移动到点 b 电场力所做的功(或 ab 两点间的电势差);(2) 通过封闭曲面 S 的电场强度通量;(3) 静电场电场强度的环流为零,表明静电场是保守场。

三、计算题

9-21 在两电荷间连线上到 q 的距离为$(\sqrt{2}-1)L$ 处

9-22 $\frac{3q}{4\pi\varepsilon_0 d^2}\boldsymbol{i}-\frac{3q}{4\pi\varepsilon_0 d^2}\boldsymbol{j}$

9-23 $\frac{Q}{4\pi\varepsilon_0 a(a+l)}$,方向水平向右

9-24 $\pi R^2 E$

9-25 $\frac{\rho r}{3\varepsilon_0}\boldsymbol{e}_r(0\leqslant r\leqslant R)$;$\frac{\rho R^3}{3\varepsilon_0 r^2}\boldsymbol{e}_r(r>R)$

9-26 $E_1=0(r<R),E_2=\frac{R\sigma}{r\varepsilon_0}(r>R)$

9-27 (1) 0;(2) 2250N/C;(3) 900N/C

9-28 $0\quad(r<R_1),\frac{\lambda}{2\pi\varepsilon_0 r}\boldsymbol{e}_r(R_1<r<R_2),0(r>R_2)$

9-29 (1) $-\frac{q}{2\pi\varepsilon_0 R},-\frac{2q}{3\pi\varepsilon_0 R}$;(2) $\frac{qQ}{6\pi\varepsilon_0 R}$;(3) $-\frac{2qQ}{3\pi\varepsilon_0 R}$

9-30 $\frac{Q}{4\pi\varepsilon_0 l}\ln\frac{a+l}{a}$

9-31 (1) $\frac{Q}{4\pi\varepsilon_0}\left(\frac{1}{r_1}-\frac{1}{r_2}\right)$;(2) 0;(3) $\frac{Q}{4\pi\varepsilon_0 r}$;(4) $\frac{Q}{4\pi\varepsilon_0 R}$

9-32 (1) $\frac{1}{4\pi\varepsilon_0}\left(\frac{Q_1}{R_1}+\frac{Q_2}{R_2}\right)(r\leqslant R_1),\frac{1}{4\pi\varepsilon_0}\left(\frac{Q_1}{r}+\frac{Q_2}{R_2}\right)(R_1\leqslant r\leqslant R_2),\frac{1}{4\pi\varepsilon_0}\frac{Q_1+Q_2}{r}(r>R_2)$;

(2) $\frac{Q_1}{4\pi\varepsilon_0}\left(\frac{1}{R_1}-\frac{1}{R_2}\right)$

9-33 $V_A=\frac{\rho}{2\varepsilon_0}(R_2^2-R_1^2)$

9-34 (1) 2.1×10^{-8} C/m；(2) 7475V/m

9-35 $E_x=\dfrac{a(x^2-y^2)}{(x^2+y^2)^2}, E_y=\dfrac{2axy}{(x^2+y^2)^2}$

第10章 静电场中的导体和电介质

一、选择题

10-1 (D) 10-2 (A) 10-3 (B) 10-4 (B) 10-5 (B)

10-6 (D) 10-7 (D) 10-8 (A) 10-9 (D) 10-10 (C)

二、填空题

10-11 $\dfrac{\sigma(x,y,z)}{\varepsilon_0}$,垂直导体表面 10-12 $\dfrac{q}{4\pi\varepsilon_0 R_1}+\dfrac{Q}{4\pi\varepsilon_0 R_2}, -\dfrac{R_1}{R_2}Q$ 10-13 $\dfrac{R}{r}q, 0$ 10-14 $\dfrac{r}{R}$

10-15 $E=\dfrac{\sigma}{4\varepsilon_0}$ 10-16 (1) 增大,不变,减小,增大；(2) 减小,减小,减小 10-17 σ；$\dfrac{\sigma}{\varepsilon_0\varepsilon_r}$；$\dfrac{\sigma^2}{2\varepsilon_0\varepsilon_r}$

10-18 $2C_0$ 10-19 $\varepsilon_r C_0, \dfrac{C_0 u_0^2}{2\varepsilon_r}$ 10-20 $\dfrac{3}{4}, \dfrac{4}{3}, \dfrac{3}{4}$

三、计算题

10-21 (1) 120V；(2) 300V

10-22 (1) 60V；(2) 270V,270V

10-23 (1) $D=\begin{cases}0 & (r<R_0)\\ \dfrac{Q}{4\pi r^2} & (r\geqslant R_0)\end{cases}$，$E=\begin{cases}0 & (r<R_0)\\ \dfrac{Q}{4\pi\varepsilon_0 r^2} & (R_0<r<R_1)\\ \dfrac{Q}{4\pi\varepsilon_0\varepsilon_r r^2} & (R_1<r<R_2)\\ \dfrac{Q}{4\pi\varepsilon_0 r^2} & (r>R_2)\end{cases}$；

(2) $-\dfrac{\varepsilon_r-1}{\varepsilon_r}\cdot\dfrac{Q}{4\pi R_1^2}(r=R_1), \dfrac{\varepsilon_r-1}{\varepsilon_r}\cdot\dfrac{Q}{4\pi R_2^2}(r=R_2)$

10-24 4.58×10^{-2} F

10-25 (1) $\dfrac{\lambda}{2\pi\varepsilon_0 x}+\dfrac{\lambda}{2\pi\varepsilon_0(d-x)}$；(2) $\dfrac{\lambda}{\pi\varepsilon_0}\ln\dfrac{d-R}{R}$；(3) $\dfrac{\pi\varepsilon_0}{\ln\dfrac{d-R}{R}}$

10-26 24μC,6V

10-27 (1) $\dfrac{\varepsilon_0\varepsilon_{r1}\varepsilon_{r2}S}{\varepsilon_{r2}d_1+\varepsilon_{r1}d_2}$；(2) $\dfrac{\varepsilon_{r1}-1}{\varepsilon_{r1}}\sigma_0, \dfrac{\varepsilon_{r2}-1}{\varepsilon_{r2}}\sigma_0$；(3) σ_0, σ_0

10-28 (1) 4μF；(2) 4V,6V,2V

10-29 (1) 3；(2) 3×10^5 V/m

10-30 $\dfrac{3Q^2}{20\pi\varepsilon_0 R}$

10-31 9.78×10^{-8} C, 4.9×10^{-6} J

第11章 稳恒磁场

一、选择题

11-1 (C) 11-2 (C) 11-3 (C) 11-4 (D) 11-5 (B)

11-6 (C) 11-7 (C) 11-8 (B) 11-9 (C) 11-10 (A)

二、填空题

11-11 $\dfrac{\mu_0 I\mathrm{d}l}{4\pi a^2}$,沿 z 轴负方向　11-12 $\dfrac{\mu_0 I}{4R}+\dfrac{\mu_0 I}{4\pi R}$,垂直纸面向里　11-13 1∶2

11-14 $1.6\times10^{-13}\boldsymbol{k}$ N　11-15 $\dfrac{e\mu_0 Iv}{2\pi a}$,水平向右　11-16 向 B 移动　11-17 2

11-18 BIR,$\dfrac{1}{4}\pi BIR^2$,竖直向下　11-19 $0,\dfrac{r_2^2-R_1^2}{R_2^2-R_1^2}I,-I$　11-20 顺磁质,抗磁质,铁磁质

三、计算题

11-21 (1) $\dfrac{\mu_0 I}{8R}$;(2) $\dfrac{\mu_0 I}{2R}-\dfrac{\mu_0 I}{2\pi R}$;(3) $\dfrac{\mu_0 I}{4R}+\dfrac{\mu_0 I}{2\pi R}$

11-22 $-\dfrac{3\mu_0 I}{8R}\boldsymbol{i}-\dfrac{\mu_0 I}{4\pi R}\boldsymbol{j}-\dfrac{\mu_0 I}{4\pi R}\boldsymbol{k}$

11-23 (1) $\dfrac{\mu_0 Ir}{2\pi R^2}(r\leqslant R)$,$\dfrac{\mu_0 I}{2\pi r}(r>R)$;(2) $\dfrac{\mu_0 IL}{4\pi}$

11-24 (1) $\dfrac{\mu_0 rI}{2\pi R_1^2}$;(2) $\dfrac{\mu_0 I}{2\pi r}$;(3) $\dfrac{\mu_0 I}{2\pi r}\dfrac{R_3^2-r^2}{R_3^2-R_2^2}$;(4) 0

11-25 5.69×10^{-5} T,1.0×10^7 rad/s

11-26 (1) 3.48×10^{-2} m;(2) 0.38m

11-27 1.1×10^2 m;2.3m

11-28 0.48T

11-29 5.66×10^{-6} T,45°

11-30 1.28×10^{-3} N

11-31 1.04×10^{-4} T

11-32 (1) $I\pi R^2$,垂直纸面向外;(2) $I\pi R^2 B$,竖直向下;(3) 0

11-33 磁场强度:$\dfrac{rI}{2\pi R_1^2}$,$\dfrac{I}{2\pi r}$,$\dfrac{I}{2\pi r}\dfrac{R_3^2-r^2}{R_3^2-R_2^2}$,0;

磁感应强度:$\dfrac{\mu_0 rI}{2\pi R_1^2}$,$\dfrac{\mu_0\mu_r I}{2\pi r}$,$\dfrac{\mu_0 I}{2\pi r}\dfrac{R_3^2-r^2}{R_3^2-R_2^2}$,0

第 12 章　电磁感应与电磁场

一、选择题

12-1 (B)　12-2 (D)　12-3 (B)　12-4 (B)　12-5 (B)

12-6 (A)　12-7 (B)　12-8 (B)　12-9 (D)　12-10 (A)

二、填空题

12-11 4×10^{-3} A,1.65×10^{-2} C　12-12 $2RvB$,P　12-13 $\dfrac{1}{2}B\omega a^2$,$\dfrac{1}{2}B\omega a^2$,0

12-14 $-a^2\pi\mu_0 n\omega I_0\cos\omega t$　12-15 3.18×10^4 T/s　12-16 洛伦兹,感生电场　12-17 50V

12-18 $\dfrac{N\mu_0 a\ln 2}{2\pi}$　12-19 $\dfrac{1}{2}LI^2$　12-20 0;$\dfrac{1}{2}\mu_0\left(\dfrac{Ir}{2\pi R^2}\right)^2$

三、计算题

12-21 (1) $-\pi\cos(10\pi t)$ V;(2) -3.14 V

12-22 (1) 1.11×10^{-8} V;(2) 1.11×10^{-8} C

12-23 $\dfrac{1}{6}B\omega L^2$,D 端电势高

12-24　$\frac{1}{2}B\omega(L\sin\theta)^2$

12-25　$-\frac{v\mu_0 I}{2\pi}\ln\frac{a+b}{a}$，$A$ 端电势高

12-26　$\frac{dB}{dt}\frac{L}{2}\sqrt{R^2-\left(\frac{L}{2}\right)^2}$

12-27　1.2×10^3

12-28　(1) 6.28×10^{-6} H；(2) 3.14×10^{-4} V，与线圈 B 中的电流同向

12-29　$\varepsilon=-\frac{\mu_0 I_0\omega l_1}{2\pi}\ln\frac{d_2(d_1+l_2)}{d_1(d_2+l_2)}\cos\omega t$，当 $\varepsilon>0$ 时，电动势的实际方向与绕行方向一致为顺时针，反之，ε 的实际方向为逆时针。

12-30　3.28×10^{-5} J；4.17J/m^3

12-31　$\frac{\mu_0 I^2}{16\pi}$

12-32　1.51×10^8 V/m

第13章　光　学

一、选择题

13-1　(C)　13-2　(C)　13-3　(B)　13-4　(B)　13-5　(D)　13-6　(C)　13-7　(D)

二、填空题

13-8　增大，减小　13-9　$2n_2e$，$2n_2e+\frac{\lambda}{2}$　13-10　4，暗　13-11　变小，变大　13-12　$3I_0/8$

三、计算题

13-13　$f=18.95$cm

13-14　最后成像在发散透镜后10cm处，是放大2倍的倒立实像。

13-15　(1) 7.3mm；(2) −26.7；(3) −1343

13-16　632.8nm，红光

13-17　1.34×10^{-4} m

13-18　(1) 向上移动；(2) 4.74×10^{-6} m

13-19　2.88mm

13-20　668.8nm；401.3nm

13-21　5.75×10^{-5} m

13-22　546nm

13-23　428.6nm

13-24　625nm

13-25　(1) 570nm；(2) 43°5′

13-26　3.0mm，5.7mm，2.7mm；2.0cm，3.8cm，1.8cm

13-27　3.05μm

13-28　36.9°

13-29　(1) 58°；(2) 1.60

13-30　$\frac{1}{3}$，$\frac{2}{3}$

第14章　量子物理

一、选择题

14-1　(D)　14-2　(D)　14-3　(C)　14-4　(C)　14-5　(B)　14-6　(C)

二、填空题

14-7　W/h；$(h\nu_1-W)/e$　14-8　$hc\left(\frac{1}{\lambda_0}-\frac{1}{\lambda}\right)$　14-9　10,3　14-10　12.09eV

14-11　0.145nm, 6.63×10^{-20} nm　14-12　6.63×10^{-24} kg·m/s　14-13　$2/a$

三、计算题

14-14　2.57×10^{-7} m

14-15　(1) 2.0eV；(2) 296nm

14-16　(1) $U_c=\frac{h}{e}\nu-\frac{W}{e}$，斜率$\frac{h}{e}$为常数，即对不同材料的金属，$AB$线的斜率相同；

(2) $h=6.4\times10^{-34}$ J·s

14-17　4.34×10^{-3} nm；63°36′

14-18　(1) 0.1024nm；(2) 4.66×10^{-17} J

14-19　2.92×10^{15} Hz

14-20　7.01×10^{5} m/s

14-21　3.88

14-22　2.5m

14-23　(1) 9.43eV；(2) $x=0$, 0.10nm, 0.20nm，在势阱这三处的概率为零

参考文献

[1] 马文蔚,周雨青.物理学教程[M].2版.北京：高等教育出版社,2006.

[2] 马文蔚,苏慧慧,解希顺.物理学原理在工程技术中的应用[M].2版.北京：高等教育出版社,2015.

[3] 刘克哲.普通物理学[M].北京：高等教育出版社,1994.

[4] 张三慧.大学物理学[M].3版.北京：清华大学出版社,2009.

[5] 吴王杰.物理[M].北京：机械工业出版社,2007.

[6] 陈信义.大学物理教程[M].2版.北京：清华大学出版社,2008.

[7] 祝之光.物理学[M].2版.北京：高等教育出版社,2004.

[8] 朱峰.大学物理学[M].3版.北京：清华大学出版社,2014.

[9] 夏兆阳.大学物理教程[M].北京：高等教育出版社,2010.

[10] 王少杰,顾牡.大学物理学[M].上海：同济大学出版社,2006.

[11] 赵言诚,姜海丽,刘艳磊.新编大学物理教程[M].北京：高等教育出版社,2014.

[12] 毛骏健.大学物理学[M].北京：高等教育出版社,2014.

[13] 王小平,王丽军,寇克起.物理学史与物理学方法论[M].北京：机械工业出版社,2019.